教育部高等学校电子信息类专业教学指导委员会规划教材
高等学校电子信息类专业系列教材·新形态教材

ARM Cortex-M3 嵌入式开发与实践

基于STM32F103　第2版·微课视频版

张　勇　编著

清华大学出版社
北京

内 容 简 介

本书基于ARM Cortex-M3内核微控制器STM32F103和嵌入式实时操作系统μC/OS-Ⅱ,详细讲述嵌入式系统的硬件设计与软件开发技术,主要内容包括嵌入式系统概述、STM32F103微控制器、STM32F103学习平台、LED灯控制与Keil MDK工程框架、按键与中断处理、定时器、串口通信、存储器管理、LCD屏与温/湿度传感器、μC/OS-Ⅱ系统与移植、μC/OS-Ⅱ任务管理、μC/OS-Ⅱ信号量与互斥信号量、μC/OS-Ⅱ消息邮箱与消息队列等。本书的特色在于理论与应用紧密结合,实例丰富,对基于STM32F1系列微控制器及嵌入式实时操作系统μC/OS-Ⅱ的教学和工程应用,都具有一定的指导和参考价值。

本书可作为普通高等院校物联网、电子工程、通信工程、自动化、智能仪器、计算机工程和嵌入式控制等相关专业的高年级本科生教材,也可作为嵌入式系统爱好者和工程开发技术人员的参考用书。

本书封面贴有清华大学出版社防伪标签,无标签者不得销售。
版权所有,侵权必究。举报: 010-62782989, beiqinquan@tup.tsinghua.edu.cn。

图书在版编目(CIP)数据

ARM Cortex-M3嵌入式开发与实践: 基于STM32F103: 微课视频版/张勇编著. —2版. —北京: 清华大学出版社, 2023.4 (2025.8重印)
高等学校电子信息类专业系列教材. 新形态教材
ISBN 978-7-302-62671-8

Ⅰ. ①A… Ⅱ. ①张… Ⅲ. ①微处理器—系统设计—高等学校—教材 Ⅳ. ①TP332

中国国家版本馆CIP数据核字(2023)第024061号

责任编辑: 刘 星
封面设计: 刘 键
责任校对: 郝美丽
责任印制: 曹婉颖

出版发行: 清华大学出版社
  网　址: https://www.tup.com.cn, https://www.wqxuetang.com
  地　址: 北京清华大学学研大厦A座 邮　编: 100084
  社 总 机: 010-83470000 邮　购: 010-62786544
  投稿与读者服务: 010-62776969, c-service@tup.tsinghua.edu.cn
  质量反馈: 010-62772015, zhiliang@tup.tsinghua.edu.cn
  课件下载: https://www.tup.com.cn, 010-83470236
印 装 者: 三河市铭诚印务有限公司
经　销: 全国新华书店
开　本: 185mm×260mm 印　张: 18.25 字　数: 448千字
版　次: 2017年3月第1版 2023年6月第2版 印　次: 2025年8月第4次印刷
印　数: 28501~29500
定　价: 59.00元

产品编号: 098745-01

高等学校电子信息类专业系列教材

顾问委员会

谈振辉	北京交通大学（教指委高级顾问）	郁道银	天津大学（教指委高级顾问）
廖延彪	清华大学　　（特约高级顾问）	胡广书	清华大学（特约高级顾问）
华成英	清华大学　　（国家级教学名师）	于洪珍	中国矿业大学（国家级教学名师）

编审委员会

主　任	吕志伟	哈尔滨工业大学			
副主任	刘　旭	浙江大学	王志军	北京大学	
	隆克平	北京科技大学	葛宝臻	天津大学	
	秦石乔	国防科技大学	何伟明	哈尔滨工业大学	
	刘向东	浙江大学			
委　员	韩　焱	中北大学	宋　梅	北京邮电大学	
	殷福亮	大连理工大学	张雪英	太原理工大学	
	张朝柱	哈尔滨工程大学	赵晓晖	吉林大学	
	洪　伟	东南大学	刘兴钊	上海交通大学	
	杨明武	合肥工业大学	陈鹤鸣	南京邮电大学	
	王忠勇	郑州大学	袁东风	山东大学	
	曾　云	湖南大学	程文青	华中科技大学	
	陈前斌	重庆邮电大学	李思敏	桂林电子科技大学	
	谢　泉	贵州大学	张怀武	电子科技大学	
	吴　瑛	战略支援部队信息工程大学	卞树檀	火箭军工程大学	
	金伟其	北京理工大学	刘纯亮	西安交通大学	
	胡秀珍	内蒙古工业大学	毕卫红	燕山大学	
	贾宏志	上海理工大学	付跃刚	长春理工大学	
	李振华	南京理工大学	顾济华	苏州大学	
	李　晖	福建师范大学	韩正甫	中国科学技术大学	
	何平安	武汉大学	何兴道	南昌航空大学	
	郭永彩	重庆大学	张新亮	华中科技大学	
	刘缠牢	西安工业大学	曹益平	四川大学	
	赵尚弘	空军工程大学	李儒新	中国科学院上海光学精密机械研究所	
	蒋晓瑜	陆军装甲兵学院	董友梅	京东方科技集团股份有限公司	
	仲顺安	北京理工大学	蔡　毅	中国兵器科学研究院	
	王艳芬	中国矿业大学	冯其波	北京交通大学	

丛书责任编辑　　盛东亮　　清华大学出版社

序
FOREWORD

我国电子信息产业占工业总体比重已经超过10%。电子信息产业在工业经济中的支撑作用凸显,更加促进了信息化和工业化的高层次深度融合。随着移动互联网、云计算、物联网、大数据和石墨烯等新兴产业的爆发式增长,电子信息产业的发展呈现了新的特点,电子信息产业的人才培养面临着新的挑战。

(1) 随着控制、通信、人机交互和网络互联等新兴电子信息技术的不断发展,传统工业设备融合了大量最新的电子信息技术,它们一起构成了庞大而复杂的系统,派生出大量新兴的电子信息技术应用需求。这些"系统级"的应用需求,迫切要求具有系统级设计能力的电子信息技术人才。

(2) 电子信息系统设备的功能越来越复杂,系统的集成度越来越高。因此,要求未来的设计者应该具备更扎实的理论基础知识和更宽广的专业视野。未来电子信息系统的设计越来越要求软件和硬件的协同规划、协同设计和协同调试。

(3) 新兴电子信息技术的发展依赖于半导体产业的不断推动,半导体厂商为设计者提供了越来越丰富的生态资源,系统集成厂商的全方位配合又加速了这种生态资源的进一步完善。半导体厂商和系统集成厂商所建立的这种生态系统,为未来的设计者提供了更加便捷却又必须依赖的设计资源。

教育部2020年颁布了新版《高等学校本科专业目录》,将电子信息类专业进行了整合,为各高校建立系统化的人才培养体系,培养具有扎实理论基础和宽广专业技能的、兼顾"基础"和"系统"的高层次电子信息人才给出了指引。

传统的电子信息学科专业课程体系呈现"自底向上"的特点,这种课程体系偏重对底层元器件的分析与设计,较少涉及系统级的集成与设计。近年来,国内很多高校对电子信息类专业课程体系进行了大力度的改革,这些改革顺应时代潮流,从系统集成的角度,更加科学合理地构建了课程体系。

为了进一步提高普通高校电子信息类专业教育与教学质量,推动教育与教学高质量发展,教育部高等学校电子信息类专业教学指导委员会开展了"高等学校电子信息类专业课程体系"的立项研究工作,并启动了《高等学校电子信息类专业系列教材》(教育部高等学校电子信息类专业教学指导委员会规划教材)的建设工作。其目的是推进高等教育内涵式发展,提高教学水平,满足高等学校对电子信息类专业人才培养、教学改革与课程改革的需要。

本系列教材定位于高等学校电子信息类专业的专业课程,适用于电子信息类的电子信息工程、电子科学与技术、通信工程、微电子科学与工程、光电信息科学与工程、信息工程及其相近专业。经过编审委员会与众多高校多次沟通,初步拟定分批次建设约100门核心课程教材。本系列教材将力求在保证基础的前提下,突出技术的先进性和科学的前沿性,体现创新教学和工程实践教学；将重视系统集成思想在教学中的体现，鼓励推陈出新，采用"自顶向下"的方法编写教材；将注重反映优秀的教学改革成果，推广优秀的教学经验与理念。

为了保证本系列教材的科学性、系统性及编写质量，本系列教材设立顾问委员会及编审委员会。顾问委员会由教指委高级顾问、特约高级顾问和国家级教学名师担任，编审委员会由教育部高等学校电子信息类专业教学指导委员会委员和一线教学名师组成。同时，清华大学出版社为本系列教材配置优秀的编辑团队，力求高水准出版。本系列教材的建设，不仅有众多高校教师参与，也有大量知名的电子信息类企业支持。在此，谨向参与本系列教材策划、组织、编写与出版的广大教师、企业代表及出版人员致以诚挚的感谢，并殷切希望本系列教材在我国高等学校电子信息类专业人才培养与课程体系建设中发挥切实的作用。

吕志伟 教授

前言
PREFACE

自 1971 年第一块单片机诞生至今,嵌入式系统的发展经历了初期阶段和蓬勃发展期,现已进入了成熟期。在嵌入式系统发展初期,各种 EDA 工具还不完善,芯片的制作工艺和成本颇高,嵌入式程序设计语言以汇编语言为主,该时期只有电子工程专业技术人员才能从事嵌入式系统设计与开发工作。到了 20 世纪 80 年代,随着 MCS-51 系列单片机的出现以及 C51 程序设计语言的成熟,单片机应用系统成为嵌入式系统的代名词,MCS-51 单片机迅速在智能仪表和自动控制等相关领域得到普及。同时期,各种 DSP 芯片、FPGA 芯片和 SoC 芯片也如雨后春笋般涌现出来,应用领域从最初的自动控制应用扩展到各种各样的智能应用。随后 1997 年,ARM 公司推出了 ARM7 微控制器,之后又推出了 Cortex 系列微控制器和微处理器,它们也成为嵌入式系统设计的首选芯片,标志着嵌入式系统进入了蓬勃发展期。

全球的半导体厂商在芯片制造上"百花齐放,百家争鸣",是嵌入式系统蓬勃发展阶段的突出写照。这段时期,嵌入式系统工程师同时兼做硬件工程师和软件工程师,需要涉猎各种各样的芯片应用知识,并开发各具特色的应用程序。直到 21 世纪初,开源嵌入式实时操作系统出现,嵌入式系统工程师才真正分为嵌入式系统硬件工程师和嵌入式系统软件工程师。硬件工程师负责硬件电路板设计、芯片外设访问驱动函数开发和嵌入式实时操作系统移植等;软件工程师负责系统资源管理与调度、图形用户交互界面设计和应用程序设计等,这标志着嵌入式系统已经发展到成熟期,几十个工程师乃至成百上千的工程师,通过细致分工、协力合作进行同一项嵌入式系统研发。

本书内容分为两篇:第 1 篇主要面向硬件工程师和物联网与电子设计类本科生;第 2 篇偏向于面向硬件工程师,同时也兼顾软件工程师。本书由作者近十年来在江西财经大学软件与物联网工程学院的"嵌入式系统应用"和"嵌入式系统原理"课程教学的讲义改编而成,教师可按章节顺序进行教学活动和课程实验。

第 1 篇包括 9 章,是全书的硬件基础和芯片级别程序设计部分。第 1 章介绍嵌入式系统的发展历程和应用领域;第 2 章介绍 ARM Cortex-M3 内核微控制器芯片 STM32F103 的内部结构、引脚配置、存储器、片内外设、异常与 NVIC 中断等;第 3 章介绍 ALIENTEK 战舰 STM32F1 学习板的硬件原理,重点介绍本书中使用的电路模块,如 STM32F103 核心电路、电源电路与按键电路、LED 与蜂鸣器电路模块、串口模块、Flash 与 EEPROM 电路模块、温/湿度传感器模块、LCD 屏模块和 SRAM 模块等,这部分内容是后面程序设计的硬件电路基础;第 4 章讨论 STM32F103 的 GPIO 访问方法以及 LED 灯控制技术,并完整地介绍基于 Keil MDK 创建工程的方法,后面的工程均基于该工程框架;第 5 章深入分析 NVIC 中断的工作原理,重点介绍 GPIO 口外部输入中断的处理方法,并给出按键响应实例;第 6 章阐述 STM32F103 内部通用定时器、看门狗定时器和系统节拍定时器的应用与实例,其中,系统节拍定时器主要用于为嵌入式实时操作系统提供时钟节拍(一般设为 100Hz);第 7 章介绍串口通信,一般借助中断方式从上位机接收串口数据,通过函数调用方式向上位机发送串口数据；第 8 章介绍 STM320F103 访问 Flash 芯片 W25Q128 和 EEPROM 芯片 24C02 的方法；第 9 章介绍 STM32F103 驱动 TFT LCD 屏的方法，介绍 LCD 屏显示字符和汉字的方法，并阐述温/湿度传感器 DHT11 的应用方法，展示 LCD 屏显示环境温/湿度值的应用实例。

第 2 篇为嵌入式实时操作系统级别的程序设计部分，介绍嵌入式实时操作系统 μC/OS-Ⅱ 在微控制器 STM32F103 上的移植和工程设计方法，包括 4 章，依次介绍系统组成与移植文件、任务管理与工程框架、信号量与互斥信号量、消息邮箱与消息队列。这篇内容没有对嵌入式实时操作系统 μC/OS-Ⅱ 的内部工作原理进行剖析，感兴趣的读者可参考文献[6,8]。

作为教材，需要体现知识的完整性和可扩展性。本书内容给读者展示了一个从事嵌入式系统设计的"认知—应用—提高"的全过程，"认知"体现为对嵌入式系统核心芯片的学习和掌握，重点在于学习一款芯片的存储器、中断与片内外设（合称为芯片的三要素），这也是第 2 章关于 STM32F103 芯片的重点内容；"应用"体现在应用芯片进行嵌入式电路板的设计，并掌握各个电路模块的工作原理和访问技术，会应用 C 语言进行驱动函数设计，即第 3～9 章的全部内容；"提高"是指实现该电路板嵌入式实时操作系统的移植，并将底层硬件的访问方法抽象为函数调用，让没有硬件电路基础的软件工程师也可在此基础上开发出高性能的用户应用程序，并实现友好的图形用户界面，即第 2 篇的内容。

配 套 资 源

- **工程文件**：扫描目录上方的二维码下载。本书全部工程都是完整且相互联系的，后续章节的工程建立在前面章节工程的基础上，并添加了新的功能。本书以有限的篇幅巧妙地将所有工程的源代码都包含了进来，强烈建议读者自行录入源程序，以加强学习效果。请使用 Keil MDK 5.37 或更高版本编写与调试本书工程程序。
- **教学课件、教学大纲等资源**：扫描封底的"课件下载"二维码在公众号"书圈"下载，或者到清华大学出版社官方网站本书页面下载。
- **微课视频**(115 分钟，27 集)：扫描书中相应章节中的二维码在线学习。

注：请先扫描封底刮刮卡中的二维码进行绑定后再获取配套资源。

本书第 3 章的硬件学习平台借鉴广州市星翼电子科技有限公司 ALIENTEK 战舰 STM32F1-V3 开发板的硬件电路原理图，该学习平台是一个完整的硬件平台，也是鼓励学生分组开展设计的硬件实验平台。需要特别说明的是，星翼电子主持的开源技术论坛收集了学习 32 位 STM32 系列微控制器的资源，有需要的读者可自行查阅。最后，感谢星翼电子公司的张洋总经理给予的大力支持，感谢学生陈云攀和石宇雯在工程验证上所做的大量工作，感谢清华大学出版社工作人员对本书出版付出的辛勤劳动。由于作者水平有限，书中难免会有疏漏之处，敬请同行专家和读者批评指正，如果改错，请见配套资源的勘误邮箱。

张　勇

2023 年 5 月

微课视频清单

序　号	视　频　名　称	时长/min	书　中　位　置
1	工程 01	5	4.3 节节首
2	工程 02	4	4.4.2 节节首
3	工程 03	5	5.3.1 节节首
4	工程 04	4	5.3.2 节节首
5	工程 05	3	6.1.2 节节首
6	工程 06	4	6.2.2 节节首
7	工程 07	4	6.2.3 节节首
8	工程 08	4	6.3.2 节节首
9	工程 09	4	6.3.3 节节首
10	工程 10	3	6.4.2 节节首
11	工程 11	4	6.4.3 节节首
12	工程 12	5	7.3 节节首
13	工程 13	5	7.4 节节首
14	工程 14	5	8.1.1 节节首
15	工程 15	5	8.1.2 节节首
16	工程 16	5	8.2.1 节节首
17	工程 17	5	8.2.2 节节首
18	工程 18	5	8.3.3 节节首
19	工程 19	4	8.3.4 节节首
20	工程 20	5	9.3.1 节节首
21	工程 21	5	9.3.2 节节首
22	工程 22	5	10.1 节节首
23	工程 23	4	11.2 节节首
24	工程 24	2	11.3 节节首
25	工程 25	3	11.4 节 程序段 11-17 旁边
26	工程 26	4	12.3 节节首
27	工程 27	4	13.3 节节首

目录
CONTENTS

配套资源

第 1 篇　STM32F103 硬件系统与 Keil MDK 工程

第 1 章　嵌入式系统概述 ... 3
1.1　嵌入式系统范例 ... 3
1.2　嵌入式系统概念 ... 4
　　1.2.1　嵌入式系统与 ARM 的关系 ... 5
　　1.2.2　嵌入式系统与嵌入式操作系统的关系 ... 5
　　1.2.3　嵌入式系统研发特点 ... 6
1.3　ARM 发展历程及应用领域 ... 6
　　1.3.1　ARM 发展史及命名规则 ... 7
　　1.3.2　ARM 微处理器系列 ... 7
　　1.3.3　ARM 微处理器应用领域 ... 12
1.4　嵌入式操作系统 ... 13
　　1.4.1　Windows CE ... 13
　　1.4.2　VxWorks ... 14
　　1.4.3　嵌入式 Linux ... 15
　　1.4.4　Android 系统 ... 15
1.5　μC/OS-Ⅱ与 μC/OS-Ⅲ ... 16
　　1.5.1　μC/OS 发展历程 ... 16
　　1.5.2　μC/OS-Ⅱ特点 ... 17
　　1.5.3　μC/OS-Ⅲ特点 ... 18
　　1.5.4　μC/OS 应用领域 ... 20
1.6　本章小结 ... 21

第 2 章　STM32F103 微控制器 ... 22
2.1　STM32F103 概述 ... 22
2.2　STM32F103ZET6 引脚定义 ... 23
2.3　STM32F103 架构 ... 29
2.4　STM32F103 存储器 ... 31
2.5　STM32F103 片内外设 ... 34
2.6　STM32F103 异常与中断 ... 37
2.7　本章小结 ... 39

第 3 章　STM32F103 学习平台 ... 40
3.1　STM32F103 核心电路 ... 41
3.2　电源电路与按键电路 ... 46
3.3　LED 与蜂鸣器驱动电路 ... 46
3.4　串口通信电路 ... 47
3.5　Flash 与 EEPROM 电路 ... 47
3.6　温/湿度传感器电路 ... 48
3.7　LCD 屏接口电路 ... 48
3.8　JTAG 与复位电路 ... 49
3.9　SRAM 电路 ... 50
3.10　本章小结 ... 51

第 4 章　LED 灯控制与 Keil MDK 工程框架 ... 52
4.1　STM32F103 通用目的输入/输出口 ... 52
4.1.1　GPIO 寄存器 ... 53
4.1.2　AFIO 寄存器 ... 56
4.2　STM32F103 库函数用法 ... 58
4.3　Keil MDK 工程框架 ... 61
4.4　LED 灯闪烁实例 ... 69
4.4.1　寄存器类型工程实例 ... 69
4.4.2　库函数类型工程实例 ... 73
4.5　本章小结 ... 76

第 5 章　按键与中断处理 ... 77
5.1　NVIC 中断工作原理 ... 77
5.2　GPIO 外部输入中断 ... 83
5.3　用户按键中断实例 ... 84
5.3.1　寄存器类型工程实例 ... 84
5.3.2　库函数类型工程实例 ... 90
5.4　本章小结 ... 94

第 6 章　定时器 ... 95
6.1　系统节拍定时器 ... 95
6.1.1　系统节拍定时器工作原理 ... 95
6.1.2　系统节拍定时器实例 ... 98
6.2　看门狗定时器 ... 101
6.2.1　窗口看门狗定时器工作原理 ... 101
6.2.2　窗口看门狗定时器寄存器类型实例 ... 102
6.2.3　窗口看门狗定时器库函数类型实例 ... 104
6.3　实时时钟 ... 106
6.3.1　实时时钟工作原理 ... 106
6.3.2　实时时钟寄存器类型实例 ... 108
6.3.3　实时时钟库函数类型实例 ... 111
6.4　通用定时器 ... 112
6.4.1　通用定时器工作原理 ... 112

6.4.2　通用定时器寄存器类型实例 ……………………………………………………… 114
　　　6.4.3　通用定时器库函数类型实例 ……………………………………………………… 115
　6.5　本章小结 ……………………………………………………………………………………… 118

第7章　串口通信 …………………………………………………………………………………… 119
　7.1　串口通信工作原理 …………………………………………………………………………… 119
　7.2　STM32F103串口 ……………………………………………………………………………… 120
　7.3　串口通信寄存器类型实例 …………………………………………………………………… 123
　7.4　串口通信库函数类型实例 …………………………………………………………………… 128
　7.5　本章小结 ……………………………………………………………………………………… 131

第8章　存储器管理 ………………………………………………………………………………… 132
　8.1　SRAM存储器 ………………………………………………………………………………… 132
　　　8.1.1　访问SRAM存储器寄存器类型实例 ……………………………………………… 137
　　　8.1.2　访问SRAM存储器库函数类型实例 ……………………………………………… 142
　8.2　EEPROM存储器 ……………………………………………………………………………… 146
　　　8.2.1　访问EEPROM寄存器类型实例 …………………………………………………… 149
　　　8.2.2　访问EEPROM库函数类型实例 …………………………………………………… 154
　8.3　Flash存储器 …………………………………………………………………………………… 159
　　　8.3.1　STM32F103同步串行口 …………………………………………………………… 159
　　　8.3.2　W25Q128访问控制 ………………………………………………………………… 161
　　　8.3.3　访问Flash存储器寄存器类型工程实例 …………………………………………… 163
　　　8.3.4　访问Flash存储器库函数类型工程实例 …………………………………………… 173
　8.4　本章小结 ……………………………………………………………………………………… 177

第9章　LCD屏与温/湿度传感器 ………………………………………………………………… 178
　9.1　LCD屏显示原理 ……………………………………………………………………………… 178
　9.2　温/湿度传感器 ………………………………………………………………………………… 189
　9.3　LCD显示实例 ………………………………………………………………………………… 193
　　　9.3.1　寄存器类型实例 ……………………………………………………………………… 193
　　　9.3.2　库函数类型实例 ……………………………………………………………………… 200
　9.4　本章小结 ……………………………………………………………………………………… 204

第2篇　嵌入式实时操作系统μC/OS-Ⅱ

第10章　μC/OS-Ⅱ系统与移植 …………………………………………………………………… 207
　10.1　μC/OS-Ⅱ系统移植 ………………………………………………………………………… 207
　10.2　μC/OS-Ⅱ系统结构与配置 ………………………………………………………………… 216
　10.3　μC/OS-Ⅱ系统任务 ………………………………………………………………………… 222
　　　10.3.1　空闲任务 …………………………………………………………………………… 222
　　　10.3.2　统计任务 …………………………………………………………………………… 222
　　　10.3.3　定时器任务 ………………………………………………………………………… 223
　10.4　本章小结 …………………………………………………………………………………… 223

第11章　μC/OS-Ⅱ任务管理 ……………………………………………………………………… 224
　11.1　μC/OS-Ⅱ用户任务 ………………………………………………………………………… 224
　11.2　μC/OS-Ⅱ多任务工程实例 ………………………………………………………………… 228

11.3 统计任务实例 ··· 239
11.4 系统定时器 ··· 243
11.5 本章小结 ·· 246

第 12 章 μC/OS-Ⅱ信号量与互斥信号量 ··································· 247
12.1 μC/OS-Ⅱ信号量 ·· 247
12.2 μC/OS-Ⅱ互斥信号量 ··· 249
12.3 信号量与互斥信号量实例 ··· 250
12.4 本章小结 ·· 264

第 13 章 μC/OS-Ⅱ消息邮箱与消息队列 ··································· 265
13.1 μC/OS-Ⅱ消息邮箱 ··· 265
13.2 μC/OS-Ⅱ消息队列 ··· 267
13.3 消息邮箱与消息队列实例 ··· 269
13.4 本章小结 ·· 277

参考文献 ·· 278

第 1 篇

STM32F103 硬件系统与 Keil MDK 工程

本篇内容包括第 1～9 章，为全书的硬件基础和芯片级别的程序设计部分，依次介绍的内容如下：

- 嵌入式系统概述
- STM32F103 微控制器
- STM32F103 学习平台
- LED 灯控制与 Keil MDK 工程框架
- 按键与中断处理
- 定时器
- 串口通信
- 存储器管理
- LCD 屏与温/湿度传感器

第1章 嵌入式系统概述

CHAPTER 1

STM32F103 微控制器主要应用于各类嵌入式系统中,本章将从宏观角度介绍嵌入式系统和各类嵌入式操作系统的概念,重点分析广泛应用于 STM32F103 微控制器的嵌入式实时操作系统 μC/OS-Ⅱ 和 μC/OS-Ⅲ 的特点。

本章的学习目标:
- 了解嵌入式系统的组成;
- 熟悉 ARM 微控制器的发展历程;
- 熟悉嵌入式实时操作系统 μC/OS-Ⅱ 的特点。

1.1 嵌入式系统范例

相对于通用计算机系统而言,嵌入式系统也称为嵌入式计算机系统,随着物联网技术的飞速发展,普遍认可的嵌入式系统的定义是:"以应用为中心,以计算机技术为基础,软硬件可裁剪,满足应用系统对功能、可靠性、成本、体积和功耗等严格要求的专用计算机系统"。例如,生活中随处可见的天网监控系统、智能家居、汽车、大型家电、数字机顶盒、医疗设备、银行 ATM 机、GPS 导航仪和交通控制系统等,都集成了大量嵌入式系统。

下面通过一个实例进一步阐述嵌入式系统的范畴。

一般地,高校教学楼每层都安设了饮水机,方便教师和学生用水;此外,高速公路服务区、列车站和机场中也安设了各种智能饮水机,为旅行者提供开水。饮水机的主要功能是提供 100℃ 的开水,其智能化体现在全自动操作上,例如可以自动进水、自动补水、满水时自动停止进水、自动温度控制、防干烧保护和温度显示等。有些高级的饮水机还提供冷水,即水烧开后,将开水分流一部分进入冷却仓中,可直接饮用。

饮水机的整个控制系统是一种典型的嵌入式系统,其核心类似于 STM32F103 的微控制器,这里用 STM32F103 表示,通过各种外部设备和传感器实现饮水机的智能控制,如图 1-1 所示。

图 1-1 中,控制中心 STM32F103 通过周期性地访问水位传感器和温度传感器,实时地记录饮水机的水位和水温,同时,控制 LED 灯实时显示饮水机的工作状态(例如,绿灯亮表示开水,红灯亮表示加热)并实时显示水温。当水位的高度低于设定的门限高度时,STM32F103 打开进水阀门自动进水,当水位涨到设定的最高水位时,STM32F103 关闭进水阀门。当水温低于设定的温度后,STM32F103 将自动启动加热管加热水仓中的水,当温

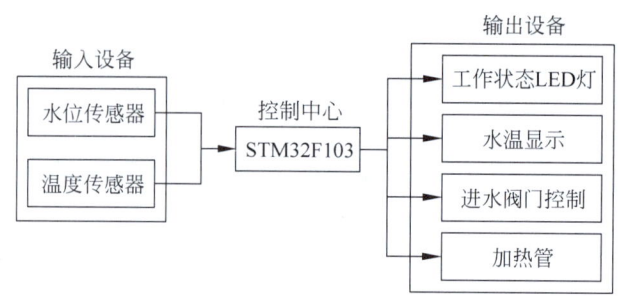

图 1-1 饮水机嵌入式系统结构

度达到 100℃时,STM32F103 关闭加热管,停止加热并进入保温状态,在此过程中,通过 LCD 屏或数码管显示水温变化。图 1-1 列出了饮水机的基本功能,饮水机嵌入式系统还应具有自检、报警、恒温处理等功能。

由图 1-1 可见,典型的嵌入式系统的硬件主要包括 3 部分,即控制中心、输入设备和输出设备,有时也称为数据处理中心、数据采集端和数据输出端。不同的应用系统,其嵌入式系统也不尽相同,一般地,控制中心是由 ARM 微控制器、DSP、FPGA 或传统 8051 单片机等可编程器件组成的核心电路,通过软件实现相应的控制或数据处理功能;输入设备和输出设备根据应用场合的不同,选用相应的传感器或显示终端。

如果将图 1-1 所示的饮水机添加 Wi-Fi 或蓝牙设备,实现联网控制,则该饮水机成为物联网的一分子。假设从北京至广州的高速公路的全部服务区的饮水机都通过 App(手机应用程序)联网,则游客可实时了解各个服务区饮水机的情况,从而可选择合适的服务区采水。这正是物联网给人们的生产生活带来的方便。

诚然,设计嵌入式系统要按照"具体问题,具体分析"的原则,根据实际问题的应用需求,选择合适的嵌入式系统。有些专家将物联网称为嵌入式系统的联网,可见嵌入式系统在物联网中具有核心地位,而微控制器又是嵌入式系统的核心。因此,基于微控制器的硬件设计和软件开发技术,是电子、通信、智能控制和物联网等相关专业学生必须具备的专业素养,可以从学习基于 STM32F103 微控制器的硬件和软件设计入手,不断开拓嵌入式系统新的应用领域。

1.2 嵌入式系统概念

数字技术和软件技术是嵌入式系统的核心技术,其中,数字技术包括数字信号处理技术和数字化芯片技术,软件技术包括芯片级的程序设计技术和操作系统级的程序设计技术。电路系统由传统的模拟电子系统演化为以可编程数字化芯片为核心、添加必要外设接口实现相应功能的嵌入式系统,在三个相互关联又相对独立的技术领域表现突出,即以单片机为核心的嵌入式控制领域、以 DSP(数字信号处理器)或 FPGA(现场可编程门阵列)为核心的嵌入式数字信号处理领域和以 ARM 或 SoC(片内系统芯片)为核心的嵌入式操作系统及其应用领域。一般地,嵌入式系统被理解为一个相对概念,即在硬件上,它是嵌入在更大规模硬件系统中的电路系统,嵌入式系统的本质在于其硬件系统具有灵活的可编程、可再配置软件等特性,即嵌入式系统必须具有自身的软件系统。

1.2.1 嵌入式系统与 ARM 的关系

广义上，凡是嵌入应用系统中的电子系统都可以统称为嵌入式系统，即使是通用的计算机系统，如果是嵌入在特定的应用系统中，也可被称为嵌入式系统，例如，在虚拟仪表系统中用于数据采集、分析和显示的嵌入式计算机系统。狭义上，嵌入式系统除了具有硬件和软件之外，还要求硬件系统具有体积小、重量轻、功耗低、成本低、可靠性高、可升级等特点，要求软件系统体积小，具有可裁剪性、健壮性、专用性、实时性等特点。因此，从狭义上讲，嵌入式系统硬件往往是以 ARM 芯片为核心的硬件平台，嵌入式系统软件是基于芯片级开发的无操作系统汇编或 C 语言实时性软件，或者是基于嵌入式实时操作系统开发的图形界面应用程序。

而 ARM 是指 ARM 公司设计的基于 RISC 架构的 32 位高性能微处理器，一般采用哈佛总线结构，具有高速指令缓存和数据缓存，指令长度固定且多级流水执行，具有 MMU（存储器管理单元）和 AMBA（高级微处理器总线结构）总线接口等。ARM 芯片除具有 ARM 核心外，通常还具有丰富的外设接口，例如，外扩 RAM（随机访问存储器）和 Flash 控制器、LCD 控制器、串行接口、SD 接口、USB 接口、I^2C 和 I^2S 总线接口等，此外，ARM 芯片还具有低功耗、体积小等特性。ARM 芯片的高性能、多接口特点决定了其比单片机和 DSP 更适合作为嵌入式系统的核心微处理器，因此，ARM 系统几乎成为嵌入式系统的代名词。

1.2.2 嵌入式系统与嵌入式操作系统的关系

一般地，嵌入式系统是面向特定应用和环境、集成硬件和软件的单板机，嵌入式系统的硬件资源有限，突出地表现在其具有较小容量的 RAM 和 ROM 空间，通过外扩 SD 卡等存储介质扩展存储空间；嵌入式系统的软件，包括嵌入式操作系统软件，都固化在 Flash 芯片中。因此，嵌入式操作系统软件体积较小，一般在 32MB 以下。

嵌入式系统的软件分为两种：其一为直接基于 ARM 芯片开发的汇编或 C 语言实时性程序，这时的程序代码负责管理 ARM 片上所有资源，包括存储空间和片上外设，程序除根据需要设计特定的功能之外，还要编写 ARM 芯片初始化代码和中断向量表，更重要的是，程序在访问嵌入式系统的硬件时，必须充分考虑硬件接口的时序特点；其二为嵌入式系统定制多任务、实时的嵌入式操作系统，嵌入式操作系统抽象了嵌入式系统的硬件访问方式，通过提供 API（应用程序接口）函数的方式，在嵌入式操作系统基础上设计用户应用程序，只需调用相应的 API 函数即可，使得嵌入式系统的应用程序设计工作更加简单方便。

由此可见，嵌入式操作系统也具有桌面操作系统的特点，即管理硬件资源、调度软件进程、处理软件中断等，嵌入式操作系统通常包括硬件驱动软件、系统内核、设备驱动接口、文件系统、图形界面等。嵌入式操作系统要求具有实时性、多任务、模块化、可移植性、可定制等特点，流行的嵌入式操作系统有 Windows CE、嵌入式 Linux、μC/OS-Ⅱ、VxWorks 等。

因此，嵌入式系统可以表示为：

嵌入式系统＝ARM 硬件系统＋嵌入式操作系统＋操作系统级应用软件系统

或者

嵌入式系统＝ARM 硬件系统＋芯片级应用软件系统

1.2.3 嵌入式系统研发特点

嵌入式系统研发需要具备电子类和软件类两方面的专门知识,是一门交叉组合型学科。嵌入式系统研发可分为以下 4 类。

(1) 嵌入式系统的硬件平台设计,需要根据应用环境选择合适的 ARM 芯片,满足处理速度和存储深度的要求,同时,需要兼顾性价比、芯片特点与生存周期等因素。ARM 芯片选型后,根据需要实现的功能,添加相应的外设接口处理芯片和电源与时钟芯片等,借助 Altium Designer 等 EDA 软件完成硬件平台的原理性设计和 PCB 设计。目前,嵌入式系统硬件平台的设计基本上实现了模型化设计,即 ARM 芯片与外设芯片的接口电路都形成了规范,只需要按模型将 ARM 芯片与所需外设芯片连接起来就可以得到特定的嵌入式系统硬件平台。尽管如此,读懂和分析这个模型仍然需要一定的电路基础。

(2) 基于 ARM 芯片的芯片级汇编或 C 语言程序设计,要求设计者对 ARM 芯片工作原理和内部结构有较好的认识和理解,这类程序包括系统初始化程序和特定功能的算法程序,需要对汇编语言和指令以及 C 语言编程有一定的了解。目前,芯片级软件设计达到了框架化的水平,即在现有的框架程序的基础上,添加特定的软件功能以达到程序设计的目的。因此,程序员需对框架程序有深入、全面的了解,程序员的主要工作集中在使用 C 语言开发算法上。

(3) 嵌入式操作系统的定制和驱动程序的开发,这类研发已经完全商业化。设计者可以根据自己选用的 ARM 芯片,直接购买特定的相兼容的嵌入式操作系统软件,只需要操作鼠标就可以定制出功能强大的专用嵌入式操作系统。并且嵌入式操作系统供应商也会提供几乎所有常见外设的驱动程序,例如触摸屏、LCD 屏、网口、串口、USB 口等。如果设计者想自行研发具有独立知识产权的嵌入式操作系统,那么认真学好开源的 μC/OS-Ⅱ 嵌入式操作系统是一个建设性的忠告。

(4) 基于嵌入式操作系统开发用户应用程序,特别是开发具有良好图形界面的用户应用程序,是对设计者的一个挑战。基于不同的嵌入式操作系统,开发应用程序的方式有很大的不同。嵌入式 Linux 和 Windows CE 都提供了良好的界面设计支持,分别可以借助 QT 和 Visual Studio 进行应用软件开发。用户可能需要对基于事件消息驱动的编程有进一步的了解,同时,如果是基于 Windows CE,那么掌握.NET Framework 编程是一条捷径。嵌入式实时操作系统 μC/OS-Ⅱ 没有图形用户界面(GUI),但 Micrium 公司提供了商业性的用户界面系统 μC/GUI(或 SEGGER 公司的 emWin 系统),与 μC/OS-Ⅱ 无缝连接。笔者在西安电子科技大学出版社出版的《Windows CE 应用程序设计》在嵌入式应用程序开发方面能起到较好的引导作用。

本书的中心任务是讨论 STM32F103 微控制器芯片级和 μC/OS-Ⅱ 操作系统级的程序设计方法,程序设计语言为 C 语言,并涵盖了嵌入式系统开发的硬件设计、软件设计和操作系统级别的应用程序设计等内容。

1.3 ARM 发展历程及应用领域

ARM(Advanced RISC Machine,高级精简指令集机器)是 ARM 公司设计的 32 位总线的高性能微处理器。ARM 公司本身不生产芯片,通过转让或出售 ARM 技术给 OEM(原始设备生产商)专业生产商来生产和销售 ARM 芯片给第三方用户。全球有约 200 家大型半导体生产厂商购买了 ARM 知识产权,生产具有 ARM 核的芯片,每秒就有约 90 片 ARM 芯片被使用。

自 1985 年第一个 ARM1 原型诞生至今(ARM 公司成立于 1990 年),ARM 公司设计的成熟 ARM 体系结构(或称指令集体系结构 ISA)有 ARMv4、ARMv4T、ARMv5TE、ARMv5TEJ、ARMv6 和 ARMv7 等,并且版本号还在不断升级,对应的处理器家族有 ARM7、ARM9、ARM9E、ARM10E、ARM11、Cortex、SecureCore 和 XScale 处理器系列等。应用领域涉及商业、军事、航空航天、网络与无线通信、消费电子、医疗电子、仪器仪表和汽车电子等各行各业。

1.3.1　ARM 发展史及命名规则

每个 ARM 处理器都对应于一个特定的 ARM 指令集体系结构版本,例如,ARM920T 微处理器支持指令集体系结构 ARMv4T。ARM 体系结构的发展史如表 1-1 所示。

表 1-1　ARM 体系结构发展史

版本	典型微处理器类型	特点
ARMv1～ARMv4(1990 年 ARM 公司成立)	已退市	早期的版本中只有 ARMv4,目前在某些 ARM7 和 StrongARM 处理器中可见,可以被视为 32 位寻址的 32 位指令集体系结构
ARMv4T(1995 年)	ARM7TDMI、ARM7TDMI-S、ARM920T、ARM922T	支持 16 位的 Thumb 指令集,比 32 位的 ARM 指令集节省约 35% 的存储空间
ARMv5TE(1999 年)	ARM946E-S、ARM966E-S、ARM968E-S、ARM996HS	增加了 ARM 与 Thumb 状态切换的指令,增强了 DSP 类型指令,尤其是在语音数字信号处理方面提高了 70% 以上的性能
ARMv5TEJ(2000 年)	ARM7EJ-S、ARM926EJ-S、ARM1026EJ-S	添加了 Java 加速技术
ARMv6(2001 年)	ARM1176JZ(F)-S	改进了异常处理,更好地支持多处理器指令,增加了支持 SIMD(单指令多数据)的多媒体指令,对视频和音频解码性能提高近 4 倍
ARMv6T2	ARM1156T2(F)-S	支持 Thumb-2 技术
ARMv7	Cortex-A8、Cortex-A9、Cortex-R4(F)	支持 NEON 技术,使得 DSP 和多媒体处理性能提高 4 倍,支持向量浮点运算,为下一代 3D 图像和游戏硬件服务
ARMv7-M	Cortex-M3	优化了微控制器,低功耗

表 1-1 中列出了一些典型的 ARM 微处理器名称。ARM 微处理器是根据其具有的功能在 ARM 后添加字母来命名的,目前,这些字母有 T、D、M、I、E、J、F、S,依次表示支持 Thumb 指令集、支持在线 JTAG 调试、内嵌乘法器、嵌入式 ICE(在线断点和调试)、增强 DSP 指令、支持 Java 技术、支持向量浮点处理、可综合。ARM 微处理器名称中的数字用于反映处理器系列、存储管理单元及高速缓存等信息。

1.3.2　ARM 微处理器系列

目前 ARM 微处理器主要有 8 个系列,即 ARM7 系列、ARM9 系列、ARM9E 系列、

ARM10E系列、ARM11系列、Cortex系列、SecureCore系列和XScale系列。各种系列微处理器均各有其特点和应用场合。

(1) ARM7微处理器系列。

ARM7微处理器系列内核基于冯·诺依曼体系结构，数据和指令共用相同的总线，内核指令3级流水，支持ARMv4T指令集，包括ARM7TDMI、ARM7TDMI-S、ARM7EJ-S和ARM720T等微处理器核(其中，ARM7EJ-S执行ARMv5TEJ指令集，5级流水，带Java加速，可综合；而ARM720T已被ARM926EJ-S替代)。

ARM7TDMI是目前非常流行的32位微处理器内核，例如，Samsung公司的S3C4510B芯片采用了该内核，它支持16位的Thumb指令集、快速乘法指令和嵌入式ICE调试技术。其S变种ARM7TDMI-S是可综合的。

ARM720T处理器核集成了一个MMU(存储器管理单元)单元和一个8KB的高速缓存，支持Windows CE、Linux、Symbian等实时嵌入式操作系统。

ARM7系列微处理器主要应用于无线接入手持设备、打印机、数码相机和随身听等。

ARM7系列微处理器采用0.13μm、0.18μm或0.25μm工艺，主频最高达130MIPS，功耗很低，代码与ARM9、ARM9E和ARM10以及XScale处理器兼容。

ARM7TDMI内核结构如图1-2所示。

(2) ARM9微处理器系列。

ARM9及其后更高系列的微处理器核均采用哈佛体系结构，数据总线与指令总线相互独立，数据空间与程序空间相互独立。ARM9系列微处理器核包括ARM920T和ARM922T两种，具有5级指令流水线(处理速率可达1.1MIPS/MHz)；ARM922T是ARM920T的变种，其数据和指令高速缓存均为8KB，而ARM920T的数据和指令高速缓存分别为16KB。

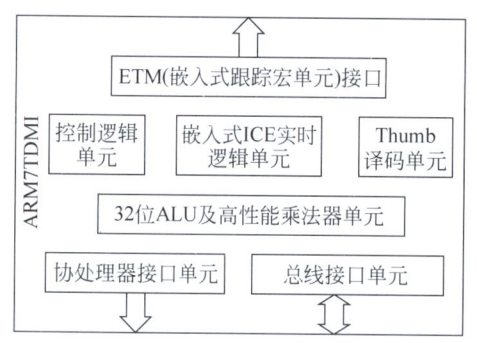

图1-2　ARM7TDMI内核结构

32位的ARM9系列微处理器执行ARMv4T指令集，具有两种工作状态，即Thumb状态和ARM状态，支持16位的Thumb指令集和32位的ARM指令集。主频300MIPS以上，具有一个32位的AMBA总线接口，具有MMU，支持Windows CE、Linux和Symbian OS等嵌入式操作系统。ARM9核具有8出口的写缓冲器，用于提高对外部存储空间的写速度。ARM9系列的生产工艺为0.13μm、0.15μm或0.18μm。

ARM9系列微处理器可用于PDA等高档手持设备、MP5播放器等数字终端、数码相机等图像处理设备及汽车电子方面。

ARM920T内核结构如图1-3所示。图1-3中，AMBA(Advanced Microprocessor Bus Architecture)为高级微处理器总线结构，AHB(Advanced High-performance Bus)为先进高性能总线，该总线与APB(Advanced Peripheral Bus)总线协议隶属于AMBA v2.0版本。

(3) ARM9E微处理器系列。

ARM9E微处理器系列目前包括ARM926EJ-S、ARM946E-S、ARM966E-S和ARM996HS共4个种类，都是可综合的，采用5级指令流水技术(速率可达1.1MIPS/MHz)，在0.13μm工艺下主频可达300MIPS，支持ARM、Thumb和DSP指令集，提供了浮点运算协处理器，

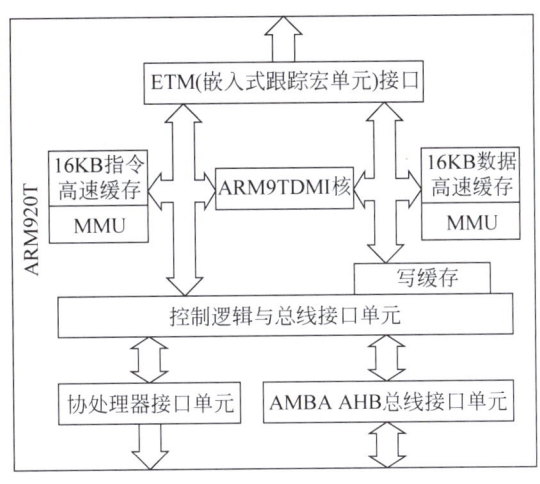

图 1-3 ARM920T 内核结构

用于图像和视频处理。其中，ARM926EJ-S 微处理器包含了 Jazelle 技术（硬件运行 Java 代码，提高速度近 8 倍），集成了 MMU，支持 Windows CE、Linux 等嵌入式操作系统。

ARM9E 核具有 16 出口的写缓冲器，用于提高处理器向外部存储空间写数据的速度，支持 ETM9，即具有实时跟踪能力的嵌入式跟踪宏单元，采用软核技术，工艺为 0.13μm、0.15μm 或 0.18μm。

ARM9E 微处理器可应用于网络通信设备、移动通信设备、图像终端、海量数据存储设备、汽车智能化设备等。

其中，ARM926EJ-S 微处理器执行 ARMv5TEJ 指令集，其内核结构如图 1-4 所示，图中 TCM(Tightly Coupled Memory)为紧耦合存储器。

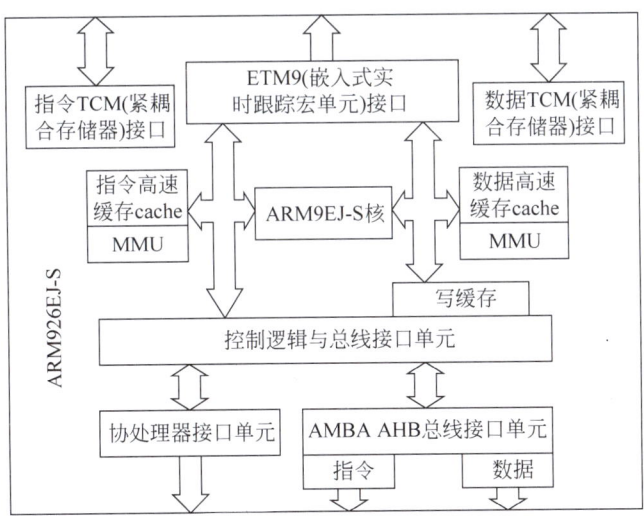

图 1-4 ARM926EJ-S 内核结构

这里解释一下 MMU、cache 和 TCM 的含义。

MMU(Memory Management Unit，存储器管理单元)是 MPU(Memory Protection Unit，存储器保护单元)的升级，MPU 将物理存储空间映射到不同的区域，通过设置区域的属性对区域进行访问限制和保护,例如,ARM946E-S 核包含 MPU,此时,ARM 的资源,即存储器系统和外设都映射到某个或某些区域中。MPU 中映射的区域地址与物理地址是一一映射关系,即地址重叠的两个程序将会竞争资源;而 MMU 则是通过页表转换器技术,将实际的物理存储空间映射为虚拟存储器,虚存是独立于物理存储空间的存储空间,允许不同的程序使用相同的虚拟地址(MMU 映射它们到不同的物理地址上),使得各个程序在各自独立的存储空间中运行而互不影响。

cache 即高速缓存,位于内核与存储器之间,对于冯·诺依曼体系结构来说,指令和数据 cache 共用一个;对于哈佛体系结构来说,指令 cache 和数据 cache 是分开的。由于内核的处理速率一般远高于总线访问存储器的速率,为了保证内核全速运行,参与处理的数据或指令集先由存储器读到 cache 备用;另一方面,需要写到存储器的运算结果数据集可由高速 cache 暂存,因此,cache 提高了内核的处理速率(高档的处理器又分出一级 cache、二级 cache 等)。

cache 的确提高了内核的性能,但是,程序代码执行的时间却变得不可预测,因为,cache 装载、存储指令和数据的时间不可预测。而 TCM(紧耦合存储器)是紧贴内核的高速 SRAM,用于保证取指令或数据操作的准确时钟数,对于要求确定行为的实时算法研究很有帮助。

(4) ARM10E 微处理器系列。

ARM10E 微处理器系列中主推 ARM1026EJ-S 核,该高性能微处理器核是完全可综合的软核,执行 ARMv5TEJ 指令集,6 级指令流水(速度可达 1.35MIPS/MHz,经 Dhrystone v2.1 测试),支持 ARM、Thumb、DSP 和 Java 指令,支持高性能硬件 Java 字节代码执行,同时具有 MPU 和 MMU,支持实时操作系统和 Windows CE、Linux、Java OS 等嵌入式操作系统。(Dhrystone 是 1984 年 Reinhold P. Weicker 开发的用于测量微处理器运算能力的基准程序,常用于处理器整型运算性能的测量,用 C、Pascal 或 Java 编写,其计量单位为多少次 Dhrystone,后来把在 VAX-11/780 机器上的测试结果 1757Dhrystones/s 定义为 1Dhrystone MIPS,即 1DMIPS)

ARM1026EJ-S 具有独立的指令高速缓存和数据高速缓存,缓存为 4～128KB 可配置;具有独立的数据 TCM 和指令 TCM,TCM 支持插入等待状态,并且大小为 0～1MB 可配置;具有双 64 位/32 位 AMBA AHB 总线接口。ARM1026EJ-S 主要应用于高级手持通信终端、数字消费电子、汽车自动驾驶和复杂工业控制系统等。

ARM1026EJ-S 的内部结构如图 1-5 所示,图中的 VIC(Vectored Interrupt Controller)为向量中断控制器。

(5) ARM11 微处理器系列。

ARM11 执行 ARMv6 指令集,指令 8 级流水执行,于 2003 年发布,包括 ARM1136J(F)-S、ARM1156T2(F)-S、ARM1176JZ(F)-S 单核微处理器和 ARM11 MPCore 多核微处理器(最多 4 核)共 4 个系列。ARM11 系列微处理器具有低功耗(0.6mW/MHz@0.13μm,1.2V)、处理高性能(例如具有独立的装入/存储和算术运算流水线)、存储高效能(例如具有优化的 TCM 等)等特点,主要应用于数字 TV、机顶盒、游戏终端、汽车娱乐电子、网络设备等。

ARM1136JF-S 内核结构如图 1-6 所示。

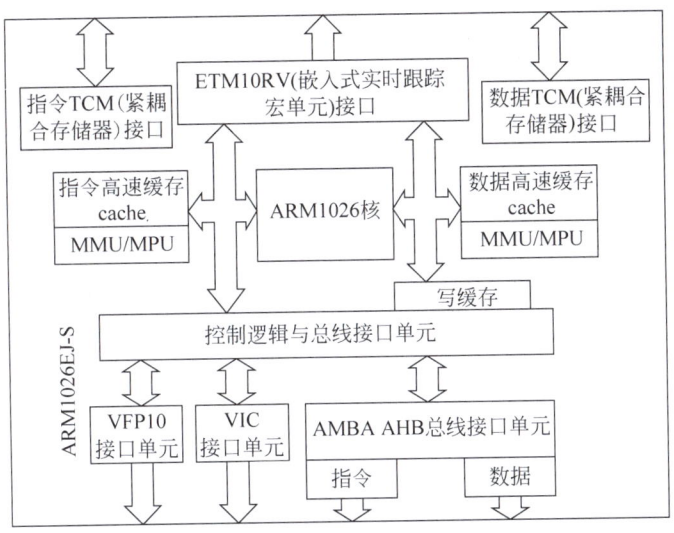

图 1-5　ARM1026EJ-S 内核结构

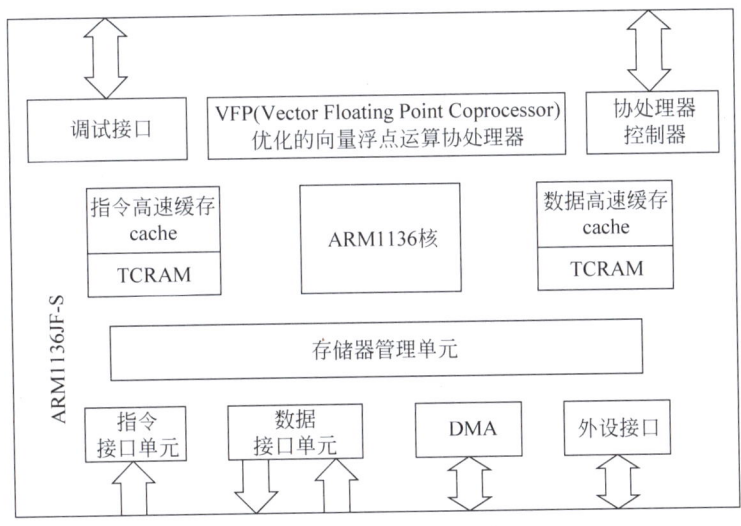

图 1-6　ARM1136JF-S 内核结构

(6) Cortex 微处理器系列。

Cortex 微处理器系列包括 3 个系列，即 Cortex-A、Cortex-R 和 Cortex-M，均支持 Thumb-2 指令集，其中，Cortex-A 支持复杂操作系统和用户应用，有 Cortex-A8 和 Cortex-A9(单核/多核)等；Cortex-R 面向实时应用，有 Cortex-R4(F)和 Cortex-R4X 等；Cortex-M 进行了内存和功耗优化，仅支持 Thumb-2 指令集，包括 Cortex-M7、Cortex-M4、Cortex-M3、Cortex-M1 和 Cortex-M0 等。本书介绍的 STM32F103 微控制器基于 Cortex-M3 内核，Cortex 系列是 ARM 公司主推的微内核，其产品数量超过 ARM 其他系列全部用量的总和。

(7) SecureCore 微处理器系列。

SecureCore 系列微处理器面向智能卡、电子商务、银行、身份识别、电子购物等信息安全设备应用，包括 SC100、SC200 和 SC300 微处理器，具有高性能和极低功耗等特点。其中，SC100 是基于 ARM7TDMI 内核带有 MPU 的安全内核，而 SC200 还支持 Java Card 2.x 加速和其他增强性能。

(8) XScale 微处理器系列。

XScale 微处理器是 StrongARM 的优化改良,独家许可给 Intel 公司(现在 XScale 代工完全转让给 Marvell 公司),基于哈佛结构,具有独立的 32KB 数据 cache 和 32KB 指令 cache,5 级流水,执行 ARMv5TE 架构指令,包括 MMU,具有动态电源管理特性,工作频率可达 1GHz,0.18μm 生产工艺,多媒体处理能力得到增强。XScale 微处理器代表芯片为 PXA270 和 PXA320 等,主要应用于平板电脑、GPS 定位系统、无线网络设备、娱乐和消费电子等。

1.3.3 ARM 微处理器应用领域

ARM 微处理器在数据密集型应用(例如视频、图像和数字信号处理等)以及控制密集型应用(例如流程控制、工业控制等)中均得到了广泛的应用,且具有加载嵌入式操作系统和实时操作系统的能力,因此,ARM 系统在完成特定功能的同时,往往具有优美的人机交互界面,有取代传统单片机和 DSP 的趋势。

ARM 在以下几方面具有优势。

(1) ARM 芯片的生产与设计是分离的。ARM 公司仅设计 ARM 核,通过出售 ARM 核知识产权给 OEM 公司而与 OEM 公司建立合作关系,OEM 公司可以在 ARM 核的基础上(不能改变 ARM 核)添加特定的外设,生产出具有各自特色的芯片,再将芯片出售给第三方用户。这种经营运作方式带有全球性、共享性和非垄断性,在 ARM 生产与销售上达到了共享和私有的统一。

(2) ARM 公司推广软核设计。这是一种可定制内核的构架内核技术,面向特定的应用,使得构架后的 ARM 核更具有专用性,而 ARM 内核的构架设计具有通用性,在 ARM 内核设计上达到了专用性与通用性的统一。

(3) ARM 公司推广定制设计。ARM 公司根据第三方用户的需要进行内核定制,要求第二方 OEM 公司进行代工,这种针对第三方用户的定制设计使得 ARM 芯片的应用不但具有专一性,而且能高效地节省成本,即直接针对应用对内核进行优化和裁剪,同时片上外设进行了相应的去冗留精。在这方面,ARM 芯片达到了应用与设计的统一。

(4) ARM 公司推广 SoC 芯片,即集成了一片或多片 ARM、DSP、FPGA 等数字化芯片的统一内核,用以弥补单核应用的不足,多核处理器主要面向高端应用。这样,ARM 公司形成了自低端至高端的完整研发策略,且低端至高端的应用具有共同性,每个设计人员第一次接触 ARM 芯片后,都能在较短的时间内借助"惯性"充分地掌握如何利用 ARM 系列芯片进行特定项目的设计开发。

ARM 的这些特点,使得数字化电子设计的硬件设计和软件开发逐渐走向规范化、标准化和系列化,这对于时间有限的研发人员来说,是期待已久的。研发人员只需要一套仿真设备、一套 EDA 软件、一系列 ARM 平台,就可以应对整个数字化领域的研发设计。高等院校是推广 ARM 应用的主要场所,目前几乎所有高校的电子、通信、计算机、软件、应用数学等相关专业都开设了 ARM 类课程。而 ARM 在数字图像处理、数字信号处理、人工智能、机器人、生物医学、特征识别、网络通信、视频处理与压缩、语音处理、雷达技术、编码技术等技术领域都深入涉足。

1.4 嵌入式操作系统

微软的 Windows 视窗多任务操作系统在桌面计算机领域取得了巨大的成功,实际上,微软针对智能设备和 PDA(Personal Digital Assistant)应用,也推出了 Windows CE 操作系统。相对于 Windows 视窗系统而言,Windows CE 称为嵌入式操作系统,Windows Mobile 智能手机就是基于 Windows CE 嵌入式操作系统的。

嵌入式操作系统是嵌入式系统的操作系统,通常被设计得非常紧凑有效,抛弃了运行在它们之上的特定应用程序所不需要的各种功能。互动百科全书指出,嵌入式操作系统负责嵌入式系统的全部软、硬件资源的分配和调度工作,控制协调并发活动,且能通过装卸某些软件模块来达到系统所要求的功能。

嵌入式操作系统往往也是实时操作系统,常见的嵌入式操作系统有 Windows CE、嵌入式 Linux、VxWorks、μC/OS-Ⅱ、eCos、QNX、Android 和 Symbian 等。

μC/OS 之父 Labrosse 指出,实时系统是对逻辑和时序要求非常严格的系统,如果逻辑和时序出现偏差,将会引起严重后果。即实时系统是必须能在确定的时间内执行特定功能,并能对外部的异步事件做出响应的计算机系统,实时系统对响应时间有严格要求。实时多任务操作系统是指具有多任务调度和资源管理功能的实时系统,即所谓的嵌入式操作系统,它往往具有以下特点。

(1) 实时性,即在确定的时间内执行特定功能和对中断做出响应。
(2) 体积小,一般为几 KB 到几百 KB。
(3) 可裁剪,即嵌入式操作系统采用模块化设计,可根据需要选择特定的功能模块。
(4) 健壮性,即具有极好的运行稳定性。
(5) 可移植性,即可以运行于多种嵌入式系统平台上。
(6) 可固化性,即嵌入式操作系统可固化在嵌入式统的 Flash 芯片内。
(7) 提供设备驱动和应用程序接口,即用户可以借助嵌入式操作系统使用和管理系统资源。
(8) 提供图形用户界面和网络功能。有些嵌入式操作系统提供了友好的图形用户界面(GUI)和网络支持。

下面介绍一些在嵌入式应用领域占有绝对优势的嵌入式操作系统,而把嵌入式操作系统 μC/OS 放在 1.5 节介绍。

1.4.1 Windows CE

Windows CE 中的 C 代表袖珍(compact)、消费(consumer)、互连(connectivity)和伴侣(companion),而 E 代表电子产品(electronics)。Windows CE 是一个可抢先式、多任务、多线程并具有强大通信能力的 32 位嵌入式操作系统,是微软公司为移动应用、信息设备、消费电子和各种嵌入式应用而设计的实时系统,目标是实现移动办公、便携娱乐和智能通信。

Windows CE 是模块化的操作系统,主要包括 4 个模块,即内核(kernel)、文件子系统、图形窗口事件子系统(GWES)和通信模块。其中,内核负责进程与线程调度、中断处理、虚拟内存管理等;文件子系统管理文件操作、注册表和数据库等;图形窗口事件子系统包括图形界面、图形设备驱动和图形显示 API 函数等；通信模块负责设备与 PC 间的互连和网络通信等。Windows CE 的最高版本为 7.0，后更名为 Windows Embedded Compact，作为 Windows 10/11 操作系统的移动版。

Windows CE 支持 4 种处理器架构，即 x86、MIPS、ARM 和 SH4，同时支持多媒体设备、图形设备、存储设备、打印设备和网络设备等多种外设。除了在智能手机方面得到广泛应用，Windows CE 也被应用于机器人、工业控制、导航仪、PDA 和示波器等设备上。

相对于其他嵌入式实时操作系统而言，Windows CE 具有以下优点。

（1）具有美观的图形用户界面，而且该界面与桌面 Windows 系统一脉相承，使得操作直观简单。

（2）开发基于 Windows CE 的应用程序相对简单，因为 Windows CE 的 API 函数集是桌面 Windows 系统 API 函数的子集，熟悉桌面 Windows 程序设计的程序员可以很快地掌握 Windows CE 应用程序的设计方法，所以，Windows CE 应用程序的开发成本较低。

（3）Windows CE 的文件管理功能非常强大，支持桌面 Windows 系统下的 FAT、FAT32 等文件系统。

（4）Windows CE 的可移植性较好。

（5）Windows CE 下的设备驱动程序开发相对容易。

（6）Windows CE 的电源管理功能较好，主要体现在 Windows Phone 上。

（7）Windows CE 的进程管理和中断处理机制较好。

（8）Windows CE 支持桌面 Windows 系统的众多文档格式，例如 Word 和 Excel 等，这种兼容性方便桌面 Windows 用户在 Windows CE 设备上处理文档和数据。

Windows CE 凭借上述的突出优点，在便携设备、信息家电和工业监控等领域得到了广泛的应用。

1.4.2　VxWorks

VxWorks 是一款真正意义上的嵌入式实时操作系统（RTOS），是由专注于嵌入式和移动软件技术的美国风河（WindRiver）公司设计的，该公司在嵌入式 Linux 方面的研究成果也很丰富。VxWorks 系统可以用于多核处理器系统，具有极高的可靠性和安全性，风河多媒体库支持图形用户界面（GUI）开发。此外，VxWorks 在设备互连和网络通信方面也具有一定的优势。

VxWorks 具有以下特点。

（1）可靠性极高。VxWorks 通过了 Do-178B、ARINC 653 和 IEC 61508 等平台严格的安全性验证，因而它主要应用于军事、航空、航天等对安全性和实时性要求极高的场合。稳定性和可靠性高是 VxWorks 最受欢迎的特点。

（2）实时性好。实时性是指能够在限定时间内执行完规定功能并对外部异步事件做出响应的能力。VxWorks 系统实时性极好，系统本身开销很少，进程调度、进程间通信、中断处理等系统程序精炼有效，造成的任务切换延时很短，提供了优先级抢先式和时间片轮换方式多任务调度，硬件系统可以发挥最好的实时性。例如，美国的 F-16 战斗机、B-2 隐身轰炸机和爱国者导弹，甚至 1997 年的火星探测器上也使用了 VxWorks 系统。

（3）可裁剪性好。VxWorks 内核只有 8KB，其他系统模块可根据需要定制，这使得

VxWorks 系统具有灵活的可裁剪性能,既可用于极小型单片系统,也可用于大规模网络系统。VxWorks 的存储脚本(memory footprint)可以指定系统运行内存空间大小(这里的存储脚本可理解为基于 VxWorks 的应用程序可执行代码)。

(4) 开发环境友好。基于图形化的集成开发环境 WindRiver Workbench,可开展基于 VxWorks 和 WindRiver Linux 系统应用的工程开发。WindRiver Workbench 是一个完备的设计、调试、仿真和工程集成解决方案。

1.4.3 嵌入式 Linux

嵌入式 Linux 是嵌入式系统领域最重要的实时操作系统,是几乎所有涉足嵌入式操作系统内核领域的人士必须了解的嵌入式操作系统。

嵌入式 Linux 是对流行的 Linux 操作系统进行裁剪和修改,使之能应用于嵌入式计算机系统的一种操作系统,其实时性、稳定性和安全性均较好,在通信电子、工业控制、信息家电、仪器仪表方面应用广泛。

嵌入式 Linux 具有以下特点。

(1) 嵌入式 Linux 是完全开源的,因此它广泛应用于高校教学。研究嵌入式 Linux 代码的专家、学者远比其他操作系统都多,而且 Internet 上的资源丰富,也有大量的图书、资料,使得学习 Linux 系统的代价最小。

(2) 嵌入式 Linux 是免费的,不涉及任何版权和专利,这一点被商界所看重,因此大部分嵌入式产品在初期都使用过嵌入式 Linux 版本。由于嵌入式 Linux 被很多团体和组织二次开发后形成了具有独立知识产权的嵌入式操作系统,所以嵌入式 Linux 变种系统非常多,如 WindRiver Linux 和 μCLinux 等。

(3) 嵌入式 Linux 与 QT 相结合,使嵌入式 Linux 具有良好的图形人机界面,甚至可以和 Windows CE 相媲美,而且 QT 目前也是开源的。

(4) 嵌入式 Linux 的移植能力强,其变种形式几乎可应用于所有主流嵌入式系统中。嵌入式 Linux 对外设的驱动能力很强,驱动接口程序设计相对容易,网络上有大量常用设备的驱动代码可供参考借鉴。

(5) 嵌入式 Linux 在内核、文件系统、网络支持等方面均有突出的特点。最新的 Linux 内核,具有 200 多万行源代码,可支持 32 个 CPU,实时性显著提高(但严格意义上不是实时操作系统),它采用了更有效的任务调度器,增加了对多种嵌入式处理器的支持,在多媒体和网络通信方面也有很大提高。

1.4.4 Android 系统

目前,Google 的 Android 系统已经是家喻户晓的嵌入式操作系统,也是苹果(Apple)公司的操作系统 iOS 的主要竞争对手。有趣的是,正是依靠与 iOS 的商业竞争,Android 系统才得以诞生和发展。

Android 系统基于 Linux 系统,是 Google 在 2005 年并购 Danger 公司后发展他们的 Android 计划的成果(当时由于 iPhone 取得了巨大成功,该计划实质上制订了与 iOS 竞争的策略)。Andy Rubin 是这个计划的负责人,主要针对智能手持设备。Android 的运行库文件只有 250KB,最基本内存配置为 32MB 内存、32MB 闪存和 200MHz 处理器。

作为嵌入式操作系统，比较 Android 系统、Windows CE 和 iOS 的意义不大，因为它们都实现了对硬件资源的抽象和美观的图形用户界面，并且 Android 系统是开源的。但是，Android 系统还可被视为一个应用系统，其集成的一些软件的附加值相当高。例如，Google 地图以及与 Google 地图相关的生活关爱软件能从根本上为人们节省时间并改善人们的生活。此外，多媒体娱乐软件和基于云计算与网络服务的软件也相当出色，这些是 Android 系统的独特优势。

开发 Android 系统应用程序与开发 Windows CE 应用程序类似，可基于 SDK 包和 Eclipse 集成开发环境，或基于 Android Studio 集成开发环境实现，就目前来说，相对于 Windows CE 和 iOS，Android 系统还没有明显的劣势。

1.5　μC/OS-Ⅱ 与 μC/OS-Ⅲ

1.5.1　μC/OS 发展历程

自 1992 年 μC/OS 衍生至 2016 年 μC/OS-Ⅲ 开放源码，20 多年来，这款嵌入式实时操作系统在嵌入式系统应用领域得到了全球范围内的认可和喜爱，特别是在教学领域，由于其开放全部源代码，且对教学用户免费，因此受到了广大嵌入式相关专业师生的欢迎。

μC/OS 内核的雏形最早见于 J. J. Labrosse 于 1992 年 5—6 月发表在 *Embedded System Programming* 杂志上长达 30 页的实时操作系统（RTOS）。Labrosse 可称为"μC/OS 之父"。1992 年 12 月，Labrosse 将该内核扩充为 266 页的 *μC/OS the Real-Time Kernel*，在这本书中，μC/OS 内核的版本号为 V1.08，与发表在 *Embedded System Programming* 杂志上的 RTOS 不同的是，书中对 μC/OS 内核的代码做了详细的注解，针对半年来用户的一些反馈进行了内核改进，解释了 μC/OS 内核的设计与实现方法，指出该内核是用 C 语言和最小限度的汇编代码编写的，这些汇编代码主要涉及与目标处理器相关的操作部分。μC/OS V1.08 最多支持 63 个任务，凡是具有堆栈指针寄存器和 CPU 堆栈操作的微处理器均可以移植该 μC/OS 内核。事实上，当时该内核已经可以和美国流行的一些商业 RTOS 相媲美了。

μC/OS 内核发展到 V1.11 后，1999 年，Labrosse 出版了 *MicroC/OS-Ⅱ The Real Time Kernel*，正式推出了 μC/OS-Ⅱ，此时的版本号为 V2.00 或 V2.04（V2.04 与 V2.00 本质上相同，只是 V2.04 在 V2.00 的基础上对一小部分函数作了调整）。同年，Labrosse 成立了 Micrium 公司，研发和销售 μC/OS-Ⅱ 软件；这年年初，Labrosse 还出版了 *Embedded Systems Building Blocks, Second Edition: Complete and Ready-to-use Modules in C*，这本书当时已经是第 2 版，针对 μC/OS-Ⅱ 详细阐述用 C 语言实现嵌入式实时操作系统各个模块的技术，并介绍了微处理器外设的访问技术。2002 年出版了 *MicroC/OS-Ⅱ The Real Time Kernel, Second Edition*，在该书中，介绍了 μC/OS-Ⅱ V2.52 内核。μC/OS V2.52 内核具有任务管理、时间管理、信号量、互斥信号量、事件标志组、消息邮箱、消息队列和内存管理等功能，相比于 μC/OS V1.11，μC/OS-Ⅱ 增加了互斥信号量和事件标志组的功能。早在 2000 年 7 月时，μC/OS-Ⅱ 就通过了美国联邦航空管理局（FAA）关于商用飞机的、符合 RTCA DO-178B 标准的认证，说明 μC/OS-Ⅱ 具有足够的安全性和稳定性，可以用于与人生命攸关、安全性要求苛刻的系统中。

张勇在 2010 年 2 月和 12 月出版了两本关于 μC/OS-Ⅱ V2.86 的书：《μC/OS-Ⅱ原理与 ARM 应用程序设计》和《嵌入式操作系统原理与面向任务程序设计》。当时 μC/OS-Ⅱ 的最高版本就是 V2.86，相比于 V2.52 而言，重大改进在于，自 V2.80 后由原来只能支持 64 个任务扩展到支持 255 个任务，自 V2.81 后支持系统软定时器，到 V2.86 支持多事件请求操作。Labrosse 的书是采用"搭积木"的方法编写的，读起来更像是技术手册，这对于初学者或入门学生而言，需要较长的学习时间才能充分掌握 μC/OS-Ⅱ；而张勇的书则从实例和应用的角度编写，特别适合于入门学生。后来，Labrosse 对 μC/OS-Ⅱ 进行了微小的改良，形成了现在的 μC/OS-Ⅱ 的最高版本 V2.91。

现在，μC/OS-Ⅱ 仍然在全球范围内被广泛使用，但是早在 2009 年，Labrosse 就推出了第三代 μC/OS-Ⅲ，最初的 μC/OS-Ⅲ 仅向授权用户开放源代码，这在一定程度上限制了它的推广应用。直到 2012 年，新的 μC/OS-Ⅲ 才面向教学用户开放源代码，此时的版本号已经是 V3.03。伴随 μC/OS-Ⅲ 的诞生，Labrosse 针对不同的微处理器系列编写了大量相关的应用手册，目前面世的就有 μC/OS-Ⅲ：The Real-Time Kernel for the Freescale Kinetis、μC/OS-Ⅲ：The Real-Time Kernel for the NXP LPC1700、μC/OS-Ⅲ：The Real-Time Kernel for the Renesas RX62N、μC/OS-Ⅲ：The Real-Time Kernel for the Renesas SH7216、μC/OS-Ⅲ：The Real-Time Kernel for the STMicroelectronics STM32F107、μC/OS-Ⅲ：The Real-Time Kernel for the Texas Instruments Stellaris MCUs。实际上，这 6 本书的每一本书都包含两部分内容，即均分为上下两篇，每本书上篇都是以 μC/OS-Ⅲ 为例介绍嵌入式实时操作系统工作原理，下篇则是针对特定的芯片或架构介绍 μC/OS-Ⅲ 的典型应用实例，因此，所有这 6 本书的上篇内容基本上相同；而下篇内容则具有很强的针对性，不同的手册采用了不同的硬件平台，而且编译环境也不尽相同，有采用 Keil MDK 或 RVDS 的，也有采用 IAR EWARM 的。

尽管 μC/OS-Ⅲ 的工作原理与 μC/OS-Ⅱ 有相同之处，但是，专家普遍认为 μC/OS-Ⅲ 相对于 μC/OS-Ⅱ，是一个近似全新的嵌入式实时操作系统。显然，μC/OS 是一个不断发展和进化的嵌入式实时操作系统。需要强调指出的是，尽管 μC/OS 是开放源代码的，但是 μC/OS 不是自由软件，那些用于非教学和和平事业的商业场合下的用户必须购买用户使用许可证。

1.5.2 μC/OS-Ⅱ 特点

μC/OS-Ⅱ 是一个完整、可移植、固化、裁剪的抢先式实时多任务操作系统。μC/OS-Ⅱ 公开全部源代码，大约有 1.1 万行代码，这些源代码是由 Labrosse 一个人编写的，逻辑性很强，他为全部代码添加了详细的注释，并且这些代码的结构合理，格式清晰，很方便阅读和学习。Labrosse 先后出版了 3 本书介绍 μC/OS-Ⅱ，使得 μC/OS-Ⅱ 在全球范围内迅速流行起来。在 ARM 嵌入式系统应用领域，μC/OS-Ⅱ 的地位几乎超越了其他所有的嵌入式操作系统，成为家喻户晓的首选系统。

μC/OS-Ⅱ 具有以下特点。

(1) μC/OS-Ⅱ 具有优秀的可移植性。μC/OS-Ⅱ 的绝大部分源代码由 C 语言写成，只有一小部分与处理器相关的移植代码使用汇编语言编写，汇编语言代码量压缩到最低限度。一般可认为支持 CPU 堆栈操作指令的所有微控制器均可以移植 μC/OS-Ⅱ，因此，现在流行的单片机、DSP、ARM 和 FPGA 等芯片均可移植 μC/OS-Ⅱ，这使得 μC/OS-Ⅱ 系统的应用领域十分广阔。Micrium 公司网站上有大量可供参考的移植范例,移植工作可以在几小时至一周时间内完成。

(2) μC/OS-Ⅱ系统可固化在嵌入式系统的 Flash 中。由于 μC/OS-Ⅱ是公开源代码的,因此,往往被添加到用户应用程序工程文件中,被统一编译和链接为可执行目标文件,该目标文件可被固化到 ROM 存储器或 Flash 芯片中。

(3) μC/OS-Ⅱ系统可裁剪。通过 μC/OS-Ⅱ系统的 OS_CFG.H 配置文件可以有选择地使用 μC/OS-Ⅱ系统功能组件,μC/OS-Ⅱ的可裁剪性是靠条件编译实现的。应根据实际嵌入式系统的存储空间和实现的功能选择 μC/OS-Ⅱ系统的裁剪情况。

(4) μC/OS-Ⅱ系统是可抢先型的实时内核,即 μC/OS-Ⅱ总是执行所有处于就绪状态下优先级最高的任务。μC/OS-Ⅱ V2.91 最多支持 255 个任务,并且各个任务的优先级号不能相同,即 μC/OS-Ⅱ不支持同优先级任务间的调度。基于 μC/OS-Ⅱ系统的应用程序由多个任务组成,每个任务具有独立的堆栈空间,并且允许其堆栈空间大小不同。μC/OS-Ⅱ系统可对堆栈大小和使用情况进行动态检测。

(5) μC/OS-Ⅱ系统提供了信号量、互斥信号量、事件标志组、消息邮箱、消息队列等多种服务组件,提供了用于时间管理和内存管理的函数,使用这些组件可方便地在任务间进行通信和同步。μC/OS-Ⅱ系统服务的执行时间是确定的,即调用和执行 μC/OS-Ⅱ系统函数的时间是确定的,对于中断延时的时间也几乎是确定的。

(6) μC/OS-Ⅱ系统具有很高的安全性和可靠性。2000 年 7 月,μC/OS-Ⅱ取得了美国联邦航空管理局(FAA)关于 RTCA DO-178B 标准的质量认证,表明 μC/OS-Ⅱ系统可用于与人生命攸关的、安全性要求苛刻的嵌入式系统中,从而大大提升了 μC/OS-Ⅱ系统的知名度。事实上,美国 NASA 于 2011 年发射的"好奇号"(Curiosity)火星机器人就搭载了 μC/OS-Ⅱ系统。在我国,有大量商业应用是基于 μC/OS-Ⅱ系统的。

1.5.3 μC/OS-Ⅲ特点

μC/OS-Ⅲ是 Micrium 公司最新的嵌入式实时操作系统(RTOS),基于 μC/OS-Ⅱ添加了很多新的特性(需要特别说明的是,Micrium 公司将长期支持 μC/OS-Ⅱ和 μC/OS-Ⅲ并存的状态),主要特点如下。

(1) μC/OS-Ⅲ支持 ARM7、ARM9、Cortex-M、Nios-Ⅱ、PowerPC、Coldfire、Microblaze、SHx、M16C、M32C 和 Blackfin 等微处理器。μC/OS-Ⅲ支持无限多个任务,支持时间片轮换调度,不同任务的优先级可以相同,优先级号取值不受限制。一般地,嵌入式系统应用程序只需配置 32~256 个任务即可满足要求。

(2) 由于 μC/OS-Ⅲ的任务个数不受限制,与任务相关的信号量、互斥信号量、事件标志组、消息队列、定时器、内存分区等的个数也不受限制,并且 μC/OS-Ⅲ允许受监视的任务堆栈的空间可扩展,在使用时需要指定堆栈的安全空间大小,当堆栈使用的空间超过安全空间大小时向系统报警,这样可有效地保护应用程序,不至于因堆栈访问越界而使系统瘫痪。

(3) μC/OS-Ⅲ支持多个任务具有相同的优先级,当相同优先级的几个任务同时就绪时,μC/OS-Ⅲ为每个任务分配用户指定的 CPU 时间片,每个任务可定义它自己的时间片。这种时间片轮换调度方式可以有效地解决多任务同一个优先级的问题。

(4) μC/OS-Ⅲ对中断响应时间是确定的,进入临界区的转换时间(关中断时间)几乎为

0个时钟周期。通过 μC/OS-Ⅲ 配置文件可对 μC/OS-Ⅲ 系统进行裁剪,对特定的应用而言,只保留那些需要的特性和服务。绝大多数 μC/OS-Ⅲ 系统服务的时间是确定的常量,这些系统服务(或称系统函数)运行的时间与应用程序中的任务数量无关。

(5) 没有裁剪的 μC/OS-Ⅲ 系统约为 24KB,最小配置的 μC/OS-Ⅲ 系统只有 6KB,内核服务组件有 10 类,相关的应用程序接口(API)函数有 80 个。

综上所述,可见相对于 μC/OS-Ⅱ 而言,μC/OS-Ⅲ 明显的改进在于采用时间片轮换调度方法(round-robin scheduling),允许相同优先级的多个任务并存,任务数量可为无限个。μC/OS-Ⅲ 系统可应用于通信设备、数码家电、智能电话、PDA、工业控制、消费娱乐电子、汽车电子以及大多数嵌入式系统中。表 1-2 为 μC/OS-Ⅰ、μC/OS-Ⅱ 和 μC/OS-Ⅲ 的特性对比,参考自 Labrosse 的 μC/OS-Ⅲ *The Real-Time Kernel*。

表 1-2 μC/OS-Ⅰ、μC/OS-Ⅱ 和 μC/OS-Ⅲ 特性对比表

序号	特性	μC/OS-Ⅰ	μC/OS-Ⅱ	μC/OS-Ⅲ
1	诞生时间	1992 年	1998 年	2009 年
2	配套手册	有	有	有
3	是否开放源代码	是	是	是
4	抢先式多任务	是	是	是
5	最大任务数	64	255	无限
6	每个任务优先级号个数	1	1	无限
7	时间片调度法	不支持	不支持	支持
8	信号量	支持	支持	支持
9	互斥信号量	不支持	支持	支持(可嵌套)
10	事件标志组	不支持	支持	支持
11	**消息邮箱**	**支持**	**支持**	**不支持**
12	消息队列	支持	支持	支持
13	内存分区	不支持	支持	支持
14	任务信号量	不支持	不支持	支持
15	任务消息队列	不支持	不支持	支持
16	系统软定时器	不支持	支持	支持
17	任务挂起和恢复	不支持	支持	支持(可嵌套)
18	死锁保护	有	有	有
19	可裁剪	可以	可以	可以
20	系统代码大小	3~8KB	6~26KB	6~20KB
21	系统数据大小	至少 1KB	至少 1KB	至少 1KB
22	可否固化在 ROM 中	可以	可以	可以
23	运行时可配置	不支持	不支持	支持
24	编译时可配置	支持	支持	支持
25	组件或事件命名	不支持	支持	支持
26	多事件请求	不支持	支持	支持
27	任务寄存器	不支持	不支持	支持
28	内置性能测试	不支持	有限功能	扩展
29	用户定义钩子函数	不支持	支持	支持
30	时间邮票(释放)	不支持	不支持	支持

续表

序号	特　性	μC/OS-Ⅰ	μC/OS-Ⅱ	μC/OS-Ⅲ
31	内置内核感知调试器	无	有	有
32	可否用汇编语言优化	不可以	可以	可以
33	任务级系统时钟节拍	不是	不是	是
34	服务函数个数	约20	约90	约70
35	MISRA-C 标准	无	1998(有 10 个例外)	2004(有 7 个例外)

特别需要注意的是,表 1-2 序号 11 处关于消息邮箱的支持,在 μC/OS-Ⅰ 和 μC/OS-Ⅱ 中均支持消息邮箱,而 μC/OS-Ⅲ 内核中没有消息邮箱这个组件,即不再支持消息邮箱。之所以如此,是因为 Labrosse 认为消息队列本身涵盖了消息邮箱的功能,即认为消息邮箱是多余的组件,因此,在 μC/OS-Ⅲ 中故意将其去掉了。

1.5.4 μC/OS 应用领域

μC/OS-Ⅱ 已经成功地应用在许多领域,同样地,μC/OS-Ⅲ 也可以应用在这些领域。在医疗电子方面,μC/OS-Ⅱ 支持医疗 FDA 510(k)、DO-178B Level A 和 SIL3/SIL4 IEC 等标准,因此,μC/OS-Ⅱ 在医疗设备方面具有良好的应用前景。目前 μC/OS-Ⅲ 正处于这些标准的测试阶段。

μC/OS-Ⅱ 在军事和航空方面应用广泛,是由于其支持军用飞机 RTCA DO-178B 和 EUROCAE ED-12B 以及 IEC61508 等标准,从而使得 μC/OS-Ⅱ 可用于与人生命攸关的场合下。

与 μC/OS-Ⅱ 相似,μC/OS-Ⅲ 可以移植到绝大多数微处理器上,使其在嵌入式系统中具有广泛的应用背景和应用前景。例如,当 μC/OS-Ⅲ 移植到单片机上时,可用于工业控制系统;当移植到 ARM 上时,除了可以作为工业控制系统,还可以用于通信系统、消费电子和汽车电子等领域;当移植到 DSP 上时,可以用于语音甚至图像系统的处理方面。

为了配合 μC/OS-Ⅱ 和 μC/OS-Ⅲ 的推广应用,Micrium 公司还推出了 μC/USB、μC/TCP-IP、μC/GUI、μC/File System 和 μC/CAN 等软件包,使得 μC/OS-Ⅱ 和 μC/OS-Ⅲ 的应用领域向 USB 设计、网络应用、用户界面、文件系统和 CAN 总线方面拓展,使其成为嵌入式系统领域具有强大生命力的嵌入式实时操作系统。

需要指出的是,μC/OS-Ⅱ 和 μC/OS-Ⅲ 是开放源代码的嵌入式实时操作系统,其良好的源代码规范和丰富详细的技术手册,使得 μC/OS-Ⅱ 和 μC/OS-Ⅲ 在全球范围内被众多高等院校用作教科书,在国内,除了 Labrosse 的译著,还有很多专家学者编写了 μC/OS-Ⅱ 和 μC/OS-Ⅲ 相关的教材,进一步促使 μC/OS-Ⅱ 和 μC/OS-Ⅲ 在全国乃至全球范围内迅速普及,从而其应用领域也在迅速扩大。

一些典型的应用领域如下。

(1) 汽车电子:发动机控制、防抱死系统(ABS)、全球定位系统(GPS)等。

(2) 办公用品:传真机、打印机、复印机、扫描仪等。

(3) 通信电子:交换机、路由器、调制解调器、智能手机等。

(4) 过程控制:食品加工、机械制造等。

(5) 航空航天:飞机控制系统、喷气式发动机控制等。

（6）消费电子：MP3/MP4/MP5 播放器、机顶盒、洗衣机、电冰箱、电视机等。

（7）机器人和武器制导系统等。

1.6 本章小结

本章首先介绍了嵌入式系统的概念，然后介绍了 ARM 微控制器发展历程及其应用领域，接着介绍了嵌入式操作系统概念和常用的嵌入式操作系统，最后重点分析了嵌入式实时操作系统 μC/OS-Ⅱ 和 μC/OS-Ⅲ 的特点。随着嵌入式系统涉及的范畴越来越广，嵌入式操作系统的概念也在不断升华。一些高性能的嵌入式系统，已经远超越以前的个人计算机的性能，不仅能加载嵌入式操作系统，而且可以加载桌面 Windows 系统，除了其专用功能特别显著外，其附加的多种通用功能也十分强大，以至于与通用计算机系统的界线越来越模糊。而本书后续内容基于 Cortex-M3 内核的 STM32F103 微控制器和 μC/OS-Ⅱ 系统，是公认典型的嵌入式应用系统和嵌入式实时操作系统。

习题

1. 列举一个典型的嵌入式系统，并画出其结构框图。
2. 分析嵌入式实时操作系统 μC/OS-Ⅱ 和 μC/OS-Ⅲ 的异同点。
3. 叙述 ARM 公司主推的 ARM 微控制器内核及其特点。
4. 叙述意法半导体公司推出的 ARM 微控制器类型及其特点。

第 2 章 STM32F103微控制器

ARM(Advanced RISC Machine,高级精简指令集机器)也是 ARM 公司的注册商标。目前,ARM 公司主推的具有知识产权的内核为 Cortex-M 系列,意法半导体获得了 Cortex-M 系列内核的授权,推出了 32 位 STM32 微控制器。其中,STM32F0 系列集成了 Cortex-M0 内核,STM32L0 系列集成了极低功耗 Cortex-M0+内核,STM32F1 系列、STM32F2 系列、STM32L1 系列和 STM32W1 系列集成了 Cortex-M3 内核,STM32F3 系列、STM32F4 系列和 STM32L4 系列集成了 Cortex-M4 内核,而 STM32F7 系列则集成了高性能 Cortex-M7 内核。

STM32F1 系列均集成了 Cortex-M3 内核(所谓的内核就是指传统意义上的中央处理单元(CPU),包含运算器、控制器和总线阵列)。根据芯片存储器和片上外设的不同,STM32F1 系列又分为 STM32F100、STM32F101、STM32F103、STM32F105、STM32F107 5 个子系列。其中,根据片内存储器的大小和片上外设的数量,STM32F103 子系列细分为 29 类芯片,不失一般性,本书以具体的 STM32F103ZET6 型号芯片为例展开论述。本章内容参考了 STM32F103 数据手册和用户参考手册。

本章的学习目标:
- 了解 STM32F103 微控制器引脚结构;
- 熟悉 STM32F103 微控制器存储器和片内外设;
- 掌握 STM32F103 异常与中断向量表。

2.1 STM32F103 概述

STM32F103ZET6 芯片的主要特性如下。

(1) 集成了 32 位的 ARM Cortex-M3 内核,最高工作频率可达 72MHz,计算能力为 1.25DMIPS/MHz(Dhrystone 2.1),具有单周期乘法指令和硬件除法器。

(2) 具有 512KB 片内 Flash 存储器和 64KB 片内 SRAM 存储器。

(3) 内部集成了 8MHz 晶体振荡器,可外接 4~16MHz 时钟源。

(4) 2.0~3.6V 单一供电电源,具有上电复位功能(POR)。

(5) 具有睡眠、停止、待机 3 种低功耗工作模式。

(6) 144 引脚 LQFP 封装(薄型四边引线扁平封装)。

(7) 内部集成了 11 个定时器: 4 个 16 位的通用定时器,2 个 16 位的可产生 PWM 波控制电机的定时器,2 个 16 位的可驱动 DAC 的定时器,2 个加窗的看门狗定时器和 1 个 24 位的系统节拍定时器(24位减计数)。

(8) 2个12位的DAC和3个12位的ADC(21通道)。

(9) 集成了内部温度传感器和实时时钟RTC。

(10) 具有112根高速通用输入/输出口(GPIO),可从其中任选16根作为外部中断输入口,几乎全部GPIO可承受5V输入(PA0～PA7、PB0～PB1、PC0～PC5、PC13～PC15和PF6～PF10除外)。

(11) 集成了13个外部通信接口:2个I^2C、3个SPI(18Mb/s,其中复用2个I^2S)、1个CAN(2.0B)、5个UART、1个USB 2.0设备和1个并行SDIO。

(12) 具有12通道的DMA控制器,支持定时器、ADC、DAC、SDIO、I^2S、SPI、I^2C和UART外设。

(13) 具有96位的全球唯一编号。

(14) 工作温度为-40～$105℃$。

STM32F103家族中的其他型号芯片与STM32F103ZET6芯片相比,内核相同,工作频率相同,但片内Flash存储器和SRAM存储器的容量以及片内外设数量有所不同,对外部的通信接口数量和芯片封装也各不相同,因此性价比也各不相同。值得一提的是,STM32F103xC、STM32F103xD和STM32F103xE(x=R,V或Z)这3个系列相同封装的芯片是引脚兼容的,这种芯片兼容方式是芯片升级换代的最高兼容标准。

STM32F103系列微控制器主要用于电机控制、工业智能控制、医疗设备、计算机外围终端和全球定位系统(GPS)等。

2.2 STM32F103ZET6引脚定义

芯片STM32F103ZET6为144引脚LQFP144封装,其外形如图2-1所示。

由图2-1可知,芯片STM32F103ZET6包括7个16位的通用目的输入/输出口(GPIO),依次称为PA、PB、PC、PD、PE、PF和PG口,几乎每个GPIO口都复用了其他的功能(PG8和PG15例外)。芯片STM32F103ZET6各个引脚的定义如表2-1所示,大部分引脚名称的具体含义和用法在后面章节中介绍,其余的部分请参考STM32F103数据手册和参考手册。

表2-1中V_{SS_x}(x=1,2,…,11)接地,V_{DD_x}(x=1,2,…,11)接2.0～3.6V电源,为芯片中数字电路部分提供能源;V_{BAT}接1.8～3.6V电池电源,为RTC时钟提供能源;V_{DDA}接模拟电源,V_{SSA}接模拟地,为芯片中模拟电路部分提供能源;V_{REF+}和V_{REF-}为ADC模拟参考电压正负输入端。BOOT0和BOOT1(表2-1中序号19)用于选择STM32F103ZET6上电启动方式,如果BOOT0=0(BOOT1无效),则从Flash存储器启动,此时Flash存储器可从0x0地址访问或从其物理地址0x800 0000访问。如果BOOT0=1,则由BOOT1引脚的输入电平决定启动方式,如果BOOT1=0,则由系统存储器(system memory)启动,此时系统存储器映射到0x0地址处,可以从0x0地址或从系统存储器的物理地址0x1FFF F000处访问该存储器;如果BOOT1=1,则由片上SRAM存储器启动,访问地址为0x2000 0000。一般地,配置BOOT0=0,即从片上Flash启动。OSC_IN和OSC_OUT用于连接外部高精度晶体振荡器。NRST为芯片复位输入信号,低有效。

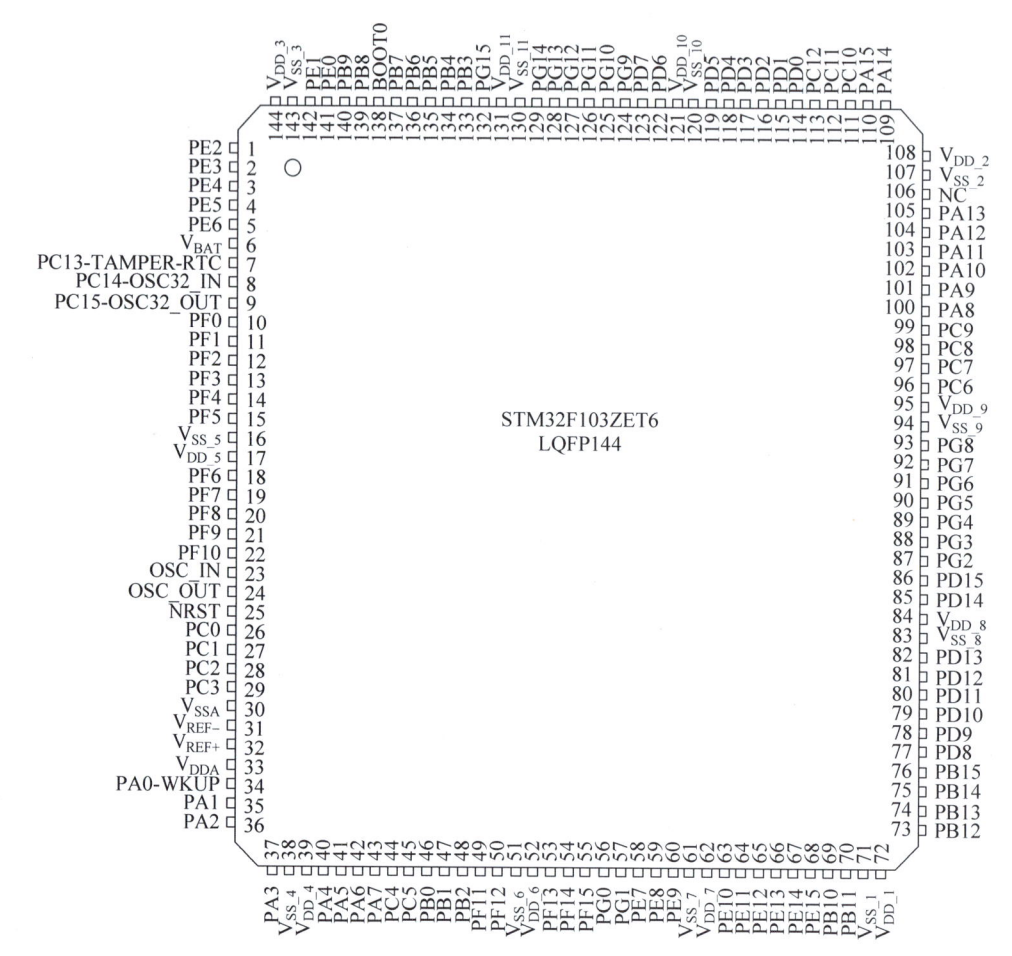

图 2-1　STM32F103ZET6 外形

表 2-1　芯片 STM32F103ZET6 的引脚定义

序号	引脚编号	引脚名称	主要功能	复用功能	重映射功能
\multicolumn{6}{c}{PA 口}
1	34	PA0-WKUP	PA0	WKUP/USART2_CTS/ADC123_IN0/TIM2_CH1_ETR/TIM5_CH1/TIM8_ETR	
2	35	PA1	PA1	USART2_RTS/ADC123_IN1/TIM5_CH2/TIM2_CH2	
3	36	PA2	PA2	USART2_TX/TIM5_CH3/ADC123_IN2/TIM2_CH3	
4	37	PA3	PA3	USART2_RX/TIM5_CH4/ADC123_IN3/TIM2_CH4	
5	40	PA4	PA4	SPI1_NSS/USART2_CK/DAC_OUT1/ADC12_IN4	
6	41	PA5	PA5	SPI1_SCK/DAC_OUT2/ADC12_IN5	
7	42	PA6	PA6	SPI1_MISO/TIM8_BKIN/ADC12_IN6/TIM3_CH1	TIM1_BKIN

续表

序号	引脚编号	引脚名称	主要功能	复用功能	重映射功能
8	43	PA7	PA7	SPI1_MOSI/TIM8_CH1N/ADC12_IN7/TIM3_CH2	TIM1_CH1N
9	100	PA8	PA8	USART1_CK/TIM1_CH1/MCO	
10	101	PA9	PA9	USART1_TX/TIM1_CH2	
11	102	PA10	PA10	USART1_RX/TIM1_CH3	
12	103	PA11	PA11	USART1_CTS/USBDM/CAN_RX/TIM1_CH4	
13	104	PA12	PA12	USART1_RTS/USBDP/CAN_TX/TIM1_ETR	
14	105	PA13	JTMS-SWDIO		PA13
15	109	PA14	JTCK-SWCLK		PA14
16	110	PA15	JTDI	SPI3_NSS/I2S3_WS	TIM2_CH1_ETR/PA15/SPI1_NSS
PB口					
17	46	PB0	PB0	ADC12_IN8/TIM3_CH3/TIM8_CH2N	TIM1_CH2N
18	47	PB1	PB1	ADC12_IN9/TIM3_CH4/TIM8_CH3N	TIM1_CH3N
19	48	PB2	PB2/BOOT1		
20	133	PB3	JTDO	SPI3_SCK/I2S3_CK	PB3/TRACESWO/TIM2_CH2/SPI1_SCK
21	134	PB4	NJTRST	SPI3_MISO	PB4/TIM3_CH1/SPI1_MISO
22	135	PB5	PB5	I2C1_SMBA/SPI3_MOSI/I2S3_SD	TIM3_CH2/SPI1_MOSI
23	136	PB6	PB6	I2C1_SCL/TIM4_CH1	USART1_TX
24	137	PB7	PB7	I2C1_SDA/FSMC_NADV/TIM4_CH2	USART1_RX
25	139	PB8	PB8	TIM4_CH3/SDIO_D4	I2C1_SCL/CAN_RX
26	140	PB9	PB9	TIM4_CH4/SDIO_D5	I2C1_SDA/CAN_TX
27	69	PB10	PB10	I2C2_SCL/USART3_TX	TIM2_CH3
28	70	PB11	PB11	I2C2_SDA/USART3_RX	TIM2_CH4
29	73	PB12	PB12	SPI2_NSS/I2S2_WS/I2C2_SMBA/USART3_CK/TIM1_BKIN	
30	74	PB13	PB13	SPI2_SCK/I2S2_CK/USART3_CTS/TIM1_CH1N	
31	75	PB14	PB14	SPI2_MISO/TIM1_CH2N/USART3_RTS	
32	76	PB15	PB15	SPI2_MOSI/I2S2_SD/TIM1_CH3N	
PC口					
33	26	PC0	PC0	ADC123_IN10	

续表

序号	引脚编号	引脚名称	主要功能	复用功能	重映射功能
34	27	PC1	PC1	ADC123_IN11	
35	28	PC2	PC2	ADC123_IN12	
36	29	PC3	PC3	ADC123_IN13	
37	44	PC4	PC4	ADC12_IN14	
38	45	PC5	PC5	ADC12_IN15	
39	96	PC6	PC6	I2S2_MCK/TIM8_CH1/SDIO_D6	TIM3_CH1
40	97	PC7	PC7	I2S3_MCK/TIM8_CH2/SDIO_D7	TIM3_CH2
41	98	PC8	PC8	TIM8_CH3/SDIO_D0	TIM3_CH3
42	99	PC9	PC9	TIM8_CH4/SDIO_D1	TIM3_CH4
43	111	PC10	PC10	UART4_TX/SDIO_D2	USART3_TX
44	112	PC11	PC11	UART4_RX/SDIO_D3	USART3_RX
45	113	PC12	PC12	UART5_TX/SDIO_CK	USART3_CK
46	7	PC13-TAMPER-RTC	PC13	TAMPER-RTC	
47	8	PC14-OSC32_IN	PC14	OSC32_IN	
48	9	PC15-OSC32_OUT	PC15	OSC32_OUT	
PD 口					
49	114	PD0	OSC_IN	FSMC_D2	CAN_RX
50	115	PD1	OSC_OUT	FSMC_D3	CAN_TX
51	116	PD2	PD2	TIM3_ETR/UART5_RX/SDIO_CMD	
52	117	PD3	PD3	FSMC_CLK	USART2_CTS
53	118	PD4	PD4	FSMC_NOE	USART2_RTS
54	119	PD5	PD5	FSMC_NWE	USART2_TX
55	122	PD6	PD6	FSMC_NWAIT	USART2_RX
56	123	PD7	PD7	FSMC_NE1/FSMC_NCE2	USART2_CK
57	77	PD8	PD8	FSMC_D13	USART3_TX
58	78	PD9	PD9	FSMC_D14	USART3_RX
59	79	PD10	PD10	FSMC_D15	USART3_CK
60	80	PD11	PD11	FSMC_A16	USART3_CTS
61	81	PD12	PD12	FSMC_A17	TIM4_CH1/USART3_RTS
62	82	PD13	PD13	FSMC_A18	TIM4_CH2
63	85	PD14	PD14	FSMC_D0	TIM4_CH3
64	86	PD15	PD15	FSMC_D1	TIM4_CH4
PE 口					
65	141	PE0	PE0	TIM4_ETR/FSMC_NBL0	
66	142	PE1	PE1	FSMC_NBL1	
67	1	PE2	PE2	TRACECK/FSMC_A23	

续表

序号	引脚编号	引脚名称	主要功能	复用功能	重映射功能
68	2	PE3	PE3	TRACED0/FSMC_A19	
69	3	PE4	PE4	TRACED1/FSMC_A20	
70	4	PE5	PE5	TRACED2/FSMC_A21	
71	5	PE6	PE6	TRACED3/FSMC_A22	
72	58	PE7	PE7	FSMC_D4	TIM1_ETR
	59	PE8	PE8	FSMC_D5	TIM1_CH1N
74	60	PE9	PE9	FSMC_D6	TIM1_CH1
75	63	PE10	PE10	FSMC_D7	TIM1_CH2N
76	64	PE11	PE11	FSMC_D8	TIM1_CH2
77	65	PE12	PE12	FSMC_D9	TIM1_CH3N
78	66	PE13	PE13	FSMC_D10	TIM1_CH3
79	67	PE14	PE14	FSMC_D11	TIM1_CH4
80	68	PE15	PE15	FSMC_D12	TIM1_BKIN
PF 口					
81	10	PF0	PF0	FSMC_A0	
82	11	PF1	PF1	FSMC_A1	
83	12	PF2	PF2	FSMC_A2	
84	13	PF3	PF3	FSMC_A3	
85	14	PF4	PF4	FSMC_A4	
86	15	PF5	PF5	FSMC_A5	
87	18	PF6	PF6	ADC3_IN4/FSMC_NIORD	
88	19	PF7	PF7	ADC3_IN5/FSMC_NREG	
89	20	PF8	PF8	ADC3_IN6/FSMC_NIOWR	
90	21	PF9	PF9	ADC3_IN7/FSMC_CD	
91	22	PF10	PF10	ADC3_IN8/FSMC_INTR	
92	49	PF11	PF11	FSMC_NIOS16	
93	50	PF12	PF12	FSMC_A6	
94	53	PF13	PF13	FSMC_A7	
95	54	PF14	PF14	FSMC_A8	
96	55	PF15	PF15	FSMC_A9	
PG 口					
97	56	PG0	PG0	FSMC_A10	
98	57	PG1	PG1	FSMC_A11	
99	87	PG2	PG2	FSMC_A12	
100	88	PG3	PG3	FSMC_A13	
101	89	PG4	PG4	FSMC_A14	
102	90	PG5	PG5	FSMC_A15	
103	91	PG6	PG6	FSMC_INT2	
104	92	PG7	PG7	FSMC_INT3	
105	93	PG8	PG8		
106	124	PG9	PG9	FSMC_NE2/FSMC_NCE3	
107	125	PG10	PG10	FSMC_NCE4_1/FSMC_NE3	

续表

序号	引脚编号	引脚名称	主要功能	复用功能	重映射功能
108	126	PG11	PG11	FSMC_NCE4_2	
109	127	PG12	PG12	FSMC_NE4	
110	128	PG13	PG13	FSMC_A24	
111	129	PG14	PG14	FSMC_A25	
112	132	PG15	PG15		
电源、复位与时钟相关引脚					
113	71	V_{SS_1}	VSS_1		
114	72	V_{DD_1}	VDD_1		
115	107	V_{SS_2}	VSS_2		
116	108	V_{DD_2}	VDD_2		
117	143	V_{SS_3}	VSS_3		
118	144	V_{DD_3}	VDD_3		
119	38	V_{SS_4}	VSS_4		
120	39	V_{DD_4}	VDD_4		
121	16	V_{SS_5}	VSS_5		
122	17	V_{DD_5}	VDD_5		
123	51	V_{SS_6}	VSS_6		
124	52	V_{DD_6}	VDD_6		
125	61	V_{SS_7}	VSS_7		
126	62	V_{DD_7}	VDD_7		
127	83	V_{SS_8}	VSS_8		
128	84	V_{DD_8}	VDD_8		
129	94	V_{SS_9}	VSS_9		
130	95	V_{DD_9}	VDD_9		
131	120	V_{SS_10}	VSS_10		
132	121	V_{DD_10}	VDD_10		
133	130	V_{SS_11}	VSS_11		
134	131	V_{DD_11}	VDD_11		
135	6	V_{BAT}	VBAT		
136	30	V_{SSA}	VSSA		
137	33	V_{DDA}	VDDA		
138	31	V_{REF-}	VREF−		
139	32	V_{REF+}	VREF+		
140	25	NRST	NRST		
141	138	BOOT0	BOOT0		
142	23	OSC_IN	OSC_IN		
143	24	OSC_OUT	OSC_OUT		
144	106	NC(空引脚)				

2.3　STM32F103 架构

STM32F103ZET6 内部结构如图 2-2 所示。

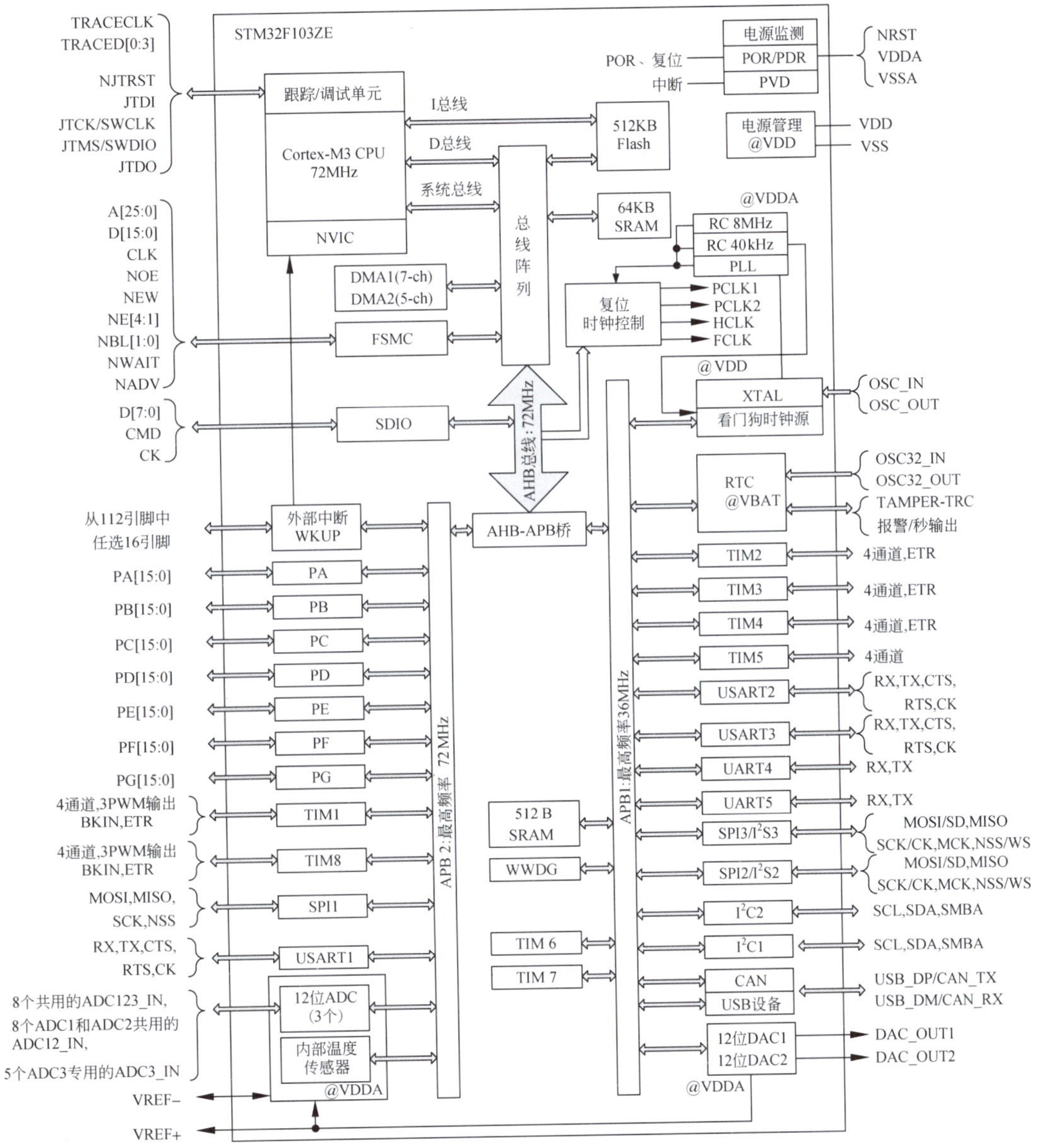

图 2-2　STM32F103ZET6 内部结构

STM32F103ZET6 集成了 Cortex-M3 内核 CPU,工作频率为 72MHz,与 CPU 紧耦合的为嵌套向量中断控制器 NVIC 和跟踪调试单元。其中,调试单元支持标准 JTAG 和串行 SW 两种调试方式;16 个外部中断源作为 NVIC 中断控制器的一部分。CPU 通过指令总线直接到 Flash 取指令,通过数据总线和总线阵列与 Flash 和 SRAM 交换数据,DMA 可以直接通过总线阵列控制定时器、ADC、DAC、SDIO、I^2S、SPI、I^2C 和 UART。

Cortex-M3 内核 CPU 通过总线阵列和高性能总线(AHB)以及 AHB-APB(高级外设总

线)桥与两类 APB 总线相连接,即 APB1 总线和 APB2 总线。其中,APB2 总线工作在 72MHz 下,与它相连的外设有外部中断与唤醒控制器、7 个通用目的输入/输出口(PA、PB、PC、PD、PE、PF 和 PG)、定时器 1、定时器 8、SPI1、USART1、3 个 ADC 和内部温度传感器。其中,3 个 ADC 和内部温度传感器使用 VDDA 电源。

APB1 总线最高可工作在 36MHz 频率下,与 APB1 总线相连的外设有看门狗定时器、定时器 6、定时器 7、RTC 时钟、定时器 2、定时器 3、定时器 4、定时器 5、USART2、USART3、UART4、UART5、SPI2(I^2S2)与 SPI3(I^2S3)、I^2C1 与 I^2C2、CAN、USB 设备和 2 个 DAC。其中,512B 的 SRAM 属于 CAN 模块,看门狗时钟源使用 VDD 电源,RTC 时钟源使用 VBAT 电源。

STM32F103ZET6 芯片内部具有 8MHz 和 40kHz 的 RC 振荡器,时钟与复位控制器和 SDIO 模块直接与 AHB 总线相连接。而静态存储器控制器(FSMC)直接与总线阵列相连接。

在图 2-2 中,各个功能模块都有专用的工作时钟源,通过管理这些时钟源使得这些模块处于工作状态或低功耗状态。STM32F103ZET6 芯片的时钟管理如图 2-3 所示。

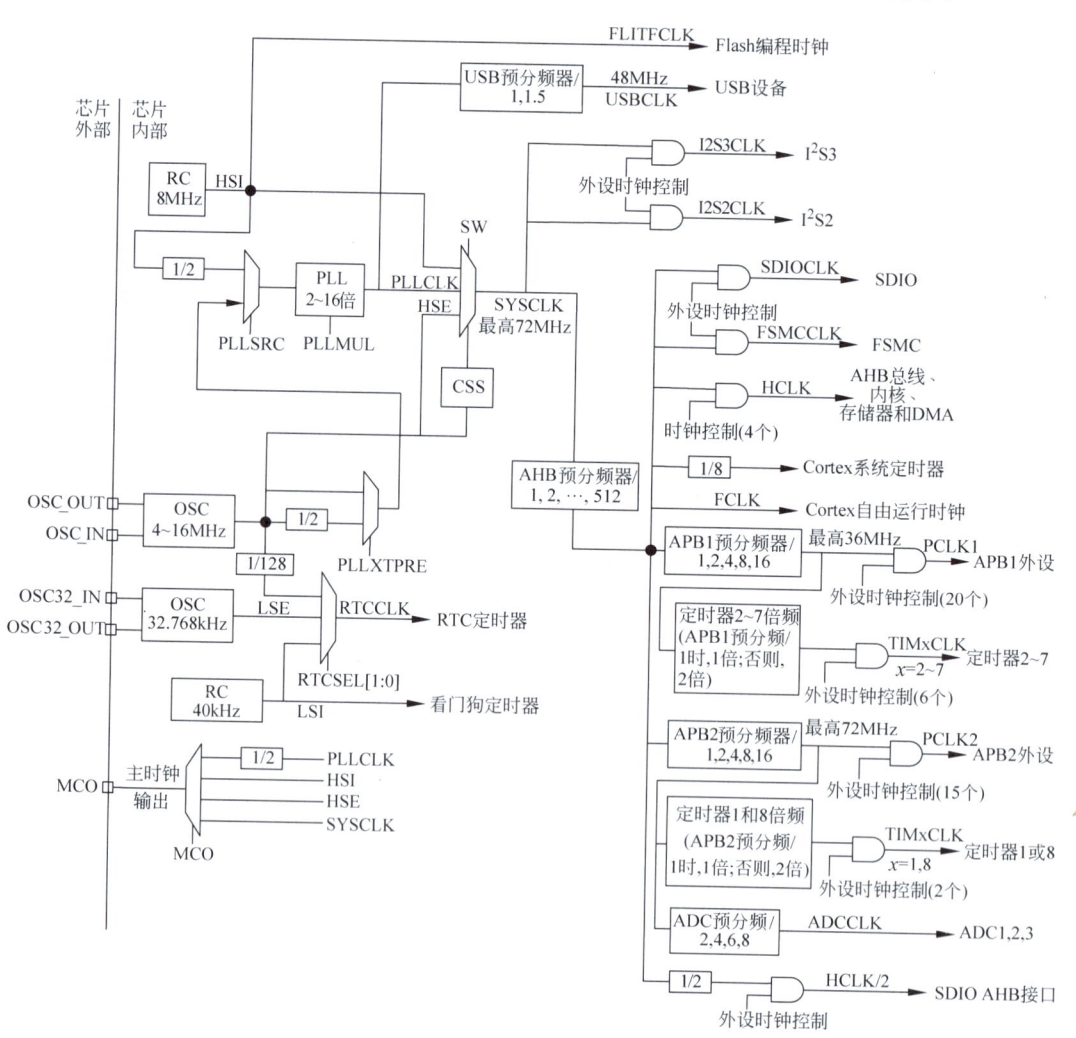

图 2-3　STM32F103ZET6 时钟管理

在图 2-3 中,内部 8MHz 的时钟记为 HSI,外部输入的 4～16MHz(一般是 8MHz)时钟记为 HSE,内部的 40kHz 时钟记为 LSI,外部输入的 32.768kHz 时钟称为 LSE。STM32F103ZET6 的时钟管理非常灵活。在图 2-3 的左下角,STM32F103ZET6 芯片可向外部输出 PLLCLK/2、HSE、HSI 和 SYSCLK 四个时钟信号之一。从图 2-3 的左边向右边看过去,外部可接 8MHz 时钟(由 OSC_IN 和 OSC_OUT 引脚接入)和 32.768kHz 时钟(由 OSC32_IN 和 OSC32_OUT 引脚接入)。系统时钟 SYSCLK 来自 HSI、PLLCLK(PLL 倍频器输入时钟)和 HSE 三个时钟源中的一个,其中,PLL 倍频器的输入为 HSI/2 或 PLLXTPRE 选通的时钟信号(即 OSC 输出时钟或其二分频值)。SYSCLK 直接送给 I^2S2、I^2S3 和 AHB 预分频器(分频值为 1、1/2、1/3、…、1/512)。

AHB 预分频器的输出时钟供给 SDIO、FSMC、APB1 外设、APB2 外设和 ADC 等,同时,AHB 预分频器的输出时钟还直接作为 AHB 总线、Cortex 内核、存储器和 DMA 的 HCLK 时钟,并作为 Cortex 内核自由运行时钟 FCLK,1/8 分频后作为 Cortex 系统定时器时钟源。APB1 预分频器的输出时钟作为 APB1 外设的时钟源,并且经"定时器 2～7 倍频器"倍频后作为定时器 2～7 的时钟源。APB2 预分频器的输出时钟作为 APB2 外设的时钟源,经"定时器 1 和 8 倍频器"倍频后作为定时器 1 和 8 的时钟源,经 ADC 预分频器后作为 ADC1、ADC2 和 ADC3 的时钟源。AHB 预分频器的输出时钟二分频后,用作 SDIO 与 AHB 总线的接口时钟。

此外,RTC 定时器的时钟源为 HSE/128、LSE 或 LSI 之一,看门狗定时器由 LSI 提供时钟。

需要指出的是,每个外设的时钟源受"外设时钟控制"寄存器管理,可以单独打开或关闭时钟源。例如,由图 2-2 可知,APB1 外设有 20 个,APB2 外设有 15 个,均可以单独打开或关闭时钟源。当对晶体振荡器的精确度要求不苛刻时,由图 2-3 可知,与引脚 OSC_IN 和 OSC_OUT 相连接的外部高精度 8MHz 晶体振荡器可以省掉,而使用片内 8MHz 的 RC 振荡器;与引脚 OSC32_IN 和 OSC32_OUT 相连接的外部高精度 32.768kHz 晶体振荡器可以省掉,而使用片内 40kHz 的 RC 振荡器(内部独立的看门狗始终使用 LSI);MCO 端口输出的时钟信号可作为其他数字芯片的时钟输入源。

2.4　STM32F103 存储器

STM32F103ZET6 芯片的存储器配置如图 2-4 所示。

由图 2-4 可知,STM32F103ZET6 芯片是 32 位的微控制器,可寻址存储空间大小为 2^{32} = 4GB,分为 8 个 512MB 的存储块,存储块 0 的地址范围为 0x0～0x1FFF FFFF,存储块 1 的地址范围为 0x2000 0000～0x3FFF FFFF,以此类推,存储块 7 的地址范围为 0xE000 0000～0xFFFF FFFF。

STM32F103ZET6 芯片的可寻址空间大小为 4GB,但是并不意味着 0x0～0xFFFF FFFF 地址空间均可以有效地访问,只有映射了真实物理存储器的存储空间才能被有效地访问。对于存储块 0,如图 2-4 所示,片内 Flash 映射到地址空间 0x0800 0000～0x0807 FFFF(512KB),系统存储器(system memory)映射到地址空间 0x1FFF F000～0x1FFF F7FF(2KB),用户选项字节(option byte)映射到地址空间 0x1FFF F800～0x1FFF F80F(16B)。

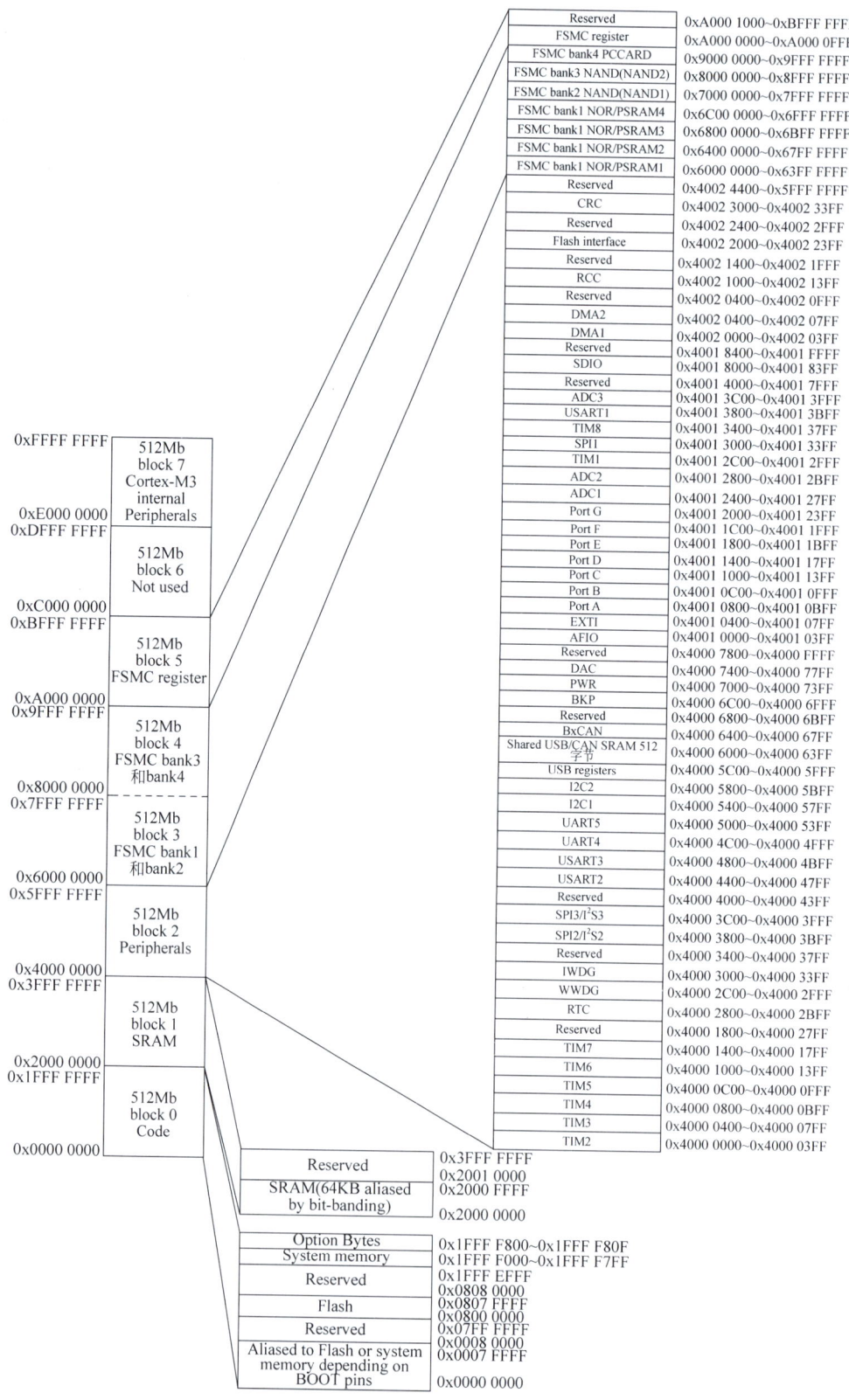

图 2-4　STM32F103ZET6 存储器配置（注：摘自 STM32F103 数据手册）

同时,地址范围 0x0～0x7 FFFF,根据启动模式要求,可以作为 Flash 或系统存储器的别名访问空间,例如,BOOT0＝0 时,片内 Flash 同时映射到地址空间 0x0～0x7 FFFF 和地址空间 0x0800 0000～0x0807 FFFF,即地址空间 0x0～0x7 FFFF 是 Flash 存储器。除这些之外,其他的空间是保留的。

512MB 的存储块 1 中只有地址空间 0x2000 0000～0x2000 FFFF 映射了 64KB 的 SRAM 存储器,其余空间是保留的。

尽管 STM32F103ZET6 微控制器具有两个 APB 总线,且这两个总线上的外设访问速度不同,但是,芯片存储空间中并没有区别这两个外设的访问空间,而是把全部 APB 外设映射到存储块 2 中,每个外设的寄存器占据 1KB 大小的空间,如表 2-2 所示。除了表 2-2 中的地址空间外,存储块 2 中其他空间是保留的。

表 2-2　APB 外设映射的存储空间(基地址 0x4000 0000,大小均为 1KB,即 0x400)

序号	APB 外设	起始偏移地址	序号	APB 外设	起始偏移地址
1	TIM2	0x0 0000	24	AFIO	0x1 0000
2	TIM3	0x0 0400	25	EXTI	0x1 0400
3	TIM4	0x0 0800	26	Port A	0x1 0800
4	TIM5	0x0 0C00	27	Port B	0x1 0C00
5	TIM6	0x0 1000	28	Port C	0x1 1000
6	TIM7	0x0 1400	29	Port D	0x1 1400
7	RTC	0x0 2800	30	Port E	0x1 1800
8	WWDG	0x0 2C00	31	Port F	0x1 1C00
9	IWDG	0x0 3000	32	Port G	0x1 2000
10	SPI2/I^2S2	0x0 3800	33	ADC1	0x1 2400
11	SPI3/I^2S3	0x0 3C00	34	ADC2	0x1 2800
12	USART2	0x0 4400	35	TIM1	0x1 2C00
13	USART3	0x0 4800	36	SPI1	0x1 3000
14	UART4	0x0 4C00	37	TIM8	0x1 3400
15	UART5	0x0 5000	38	USART1	0x1 3800
16	I^2C1	0x0 5400	39	ADC3	0x1 3C00
17	I^2C2	0x05800	40	SDIO	0x1 8000
18	USB	0x0 5C00	41	DMA1	0x2 0000
19	USB/CAN 共享	0x0 6000	42	DMA2	0x2 0400
20	BxCAN	0x0 6400	43	RCC	0x2 1000
21	BKP	0x0 6C00	44	Flash 接口	0x2 2000
22	PWR	0x0 7000	45	CRC	0x2 3000
23	DAC	0x0 7400			

表 2-2 中的"USB/CAN 共享"对应的 1KB 存储空间,对于 CAN 而言,实际上只有 512B 的 SRAM 空间。

STM32F103ZET6 芯片的一个特色在于其对外部静态存储器的支持,存储块 3～5 都是为访问外部灵活的静态存储器(FSMC)服务的,其中,存储块 3 包含了 FSMC 块 1 和块 2,存储块 4 包括了 FSMC 块 3 和块 4,这四个 FSMC 块直接对应外部映射的静态存储器,如表 2-3 所示。

表 2-3　FSMC 块与映射的静态存储器

序　号	FSMC 类型	地　址　范　围	大小/MB
1	NOR/PSRAM1(FSMC 块 1)	0x6000 0000～0x63FF FFFF	64
2	NOR/PSRAM2(FSMC 块 1)	0x6400 0000～0x67FF FFFF	64
3	NOR/PSRAM3(FSMC 块 1)	0x6800 0000～0x6BFF FFFF	64
4	NOR/PSRAM4(FSMC 块 1)	0x6C00 0000～0x6FFF FFFF	64
5	NAND1(FSMC 块 2)	0x7000 0000～0x7FFF FFFF	256
6	NAND2(FSMC 块 3)	0x8000 0000～0x8FFF FFFF	256
7	PCCARD(FSMC 块 4)	0x9000 0000～0x9FFF FFFF	256

需要注意的是,如果某个 FSMC 块中映射了真实的物理静态存储器,但是映射的物理存储器的大小比 FSMC 块的空间小得多,则实际上能访问的空间取决于物理静态存储器的空间。例如,FSMC 块 1 中映射了物理的 NOR 型存储器,但是 NOR 型存储器没有 64MB,假设只有 8MB 大,那么该 FSMC 块 1 中只能有效地访问这 8MB 的空间。

存储块 5 中只有地址范围 0xA000 0000～0xA000 0FFF 映射了 FSMC 寄存器区,其余空间保留。

存储块 6 保留。

存储块 7 被 Cortex-M3 内核的内部外设占用。

存储区使用小端(little-endian)模式存储,对于一个 32 位的字存储区,可存入字、半字(16 位)或字节数据,存入字数据时,字数据的低字节存入字存储区的低地址,字数据的高字节存入字存储区的高地址。

对于 Cortex-M3 而言,存储区中地址范围 0x2000 0000～0x200F FFFF(1MB)的存储空间被映到地址范围 0x2200 0000～0x23FF FFFF(32MB)的位带区存储空间,其对应关系为 A＝0x2200 0000＋(W－0x2000 0000)×32＋k×4,即存储区中地址范围 0x2000 0000～0x200F FFFF 中的地址 W 的第 k 位(记为 W.k)对应位带区中的地址 A,对该地址(32 位)的访问相当于访问 W.k,即向 A 写入 1,则 W.k 置 1;向 A 写入 0,则 W.k 清零。读出 A 相当于读出 W.k。对于 STM32F103ZET6 而言,存储区为 0x2000 0000～0x2000 FFFF。

同理,存储区中地址范围 0x4000 0000～0x400F FFFF(1MB)的存储空间被映射到地址范围 0x4200 0000～0x43FF FFFF,对应关系为 A＝0x4200 0000＋(W－0x4000 0000)×32＋k×4,将存储区 0x4000 0000～0x400F FFFF 中的 W 地址的第 k 位(W.k)映射到位带区字地址 A。位带区的每个字地址的内容只有第 0 位有效,其余的第[31:1]位保留。

2.5　STM32F103 片内外设

本节介绍 STM32F103ZET6 微控制器的片内外设。由于该微控制器外设繁多,所以这里均只作简要介绍,而本书用到的外设的详细讲述放在相应的章节中。对其他外设内容感兴趣的读者,请参考 STM32F103 用户参考手册,在浏览 STM32F103 参考手册时需要牢记:使用外设就是配置外设的寄存器,而配置外设的寄存器是通过访问它们的地址实现的。

STM32F103ZET6 微控制器片内具有多种高速总线,其中,指令总线(ICode Bus、I-Bus),连接 Flash 存储器指令接口和 Cortex-M3 内核;数据总线(DCode Bus,D-Bus),连接 Flash 存储器数据接口和 Cortex-M3 内核；系统总线（System Bus，S-Bus），通过总线阵列（Bus Matrix）与 DMA、AHB 和 APB 总线相连接；DMA 总线（DMA-Bus）连接 DMA 控制器和总线阵列；高性能总线（AHB）通过 AHB-APB 桥与高级外设总线（APB）相连接，AHB 总线与总线阵列相连接。复杂而高效的总线系统是 STM32F103ZET6 高性能的基本保障。

STM32F103ZET6 微控制器的片内外设有 CRC（循环冗余校验）计算单元、复位与时钟管理单元、通用目的和替换功能输入/输出口（GPIO 和 AFIO）单元、ADC、DAC、DMA 控制器、高级控制定时器 TIM1 和 TIM8、通用目的定时器 TIM2～TIM5、基本定时器 TIM6 和 TIM7、实时时钟（RTC）、独立看门狗（IWDG）、窗口看门狗（WWDG）、静态存储控制器（FSMC）、SDIO、USB 设备、bxCAN、串行外设接口 SPI、I^2C 接口、通用同步异步串行口 USART、芯片唯一身份号寄存器（96 位长）等。

CRC 计算单元用于计算给定的 32 位长的字数据的 CRC 校验码，生成多项式为 $x^{32}+x^{26}+x^{23}+x^{22}+x^{16}+x^{12}+x^{11}+x^{10}+x^8+x^7+x^5+x^4+x^2+x+1$，即 0x04C1 1DB7，CRC 计算单元共有 3 个寄存器：数据寄存器 CRC_DR（偏移地址：0x0，复位值：0xFFFF FFFF，基地址：0x40023000），用于保存需要校验的 32 位长的数据，读该寄存器可读出前一个数据的 CRC32 校验码；独立的数据寄存器 CRC_IDR（偏移地址：0x04，复位值：0x0000 0000），只有低 8 位有效，用作通用数据寄存器；控制寄存器 CRC_CR（偏移地址：0x08，复位值：0x0000 0000），只有第 0 位有效，写入 1 时复位 CRC 计算单元，使 CRC_DR 的值为 0xFFFF FFFF。

复位与时钟管理单元（RCC）是使用 STM32F103ZET6 芯片必须首先学习的模块，因为芯片上电复位后，需要做的第一步工作是把工作时钟调整到 72MHz（事实上，在 Keil MDK 工程中，这一步由 Keil MDK 软件提供的函数 SystemInit 自动实现），这是通过配置 RCC 单元的寄存器实现的。RCC 单元的寄存器包括时钟控制寄存器（RCC_CR）、时钟配置寄存器（RCC_CFGR）、时钟中断寄存器（RCC_CIR）、APB2 外设复位寄存器（RCC_APB2RSTR）、APB1 外设复位寄存器（RCC_APB1RSTR）、AHB 外设时钟有效寄存器（RCC_AHBENR）、APB2 外设时钟有效寄存器（RCC_APB2ENR）、APB1 外设时钟有效寄存器（RCC_APB1ENR）、备份区控制寄存器（RCC_BDCR）和控制与状态寄存器（RCC_CSR）。在后续章节中会用到其中的某些寄存器，到时再详细阐述。

通用目的输入/输出（GPIO）单元是 STM32F103ZET6 芯片与外部进行通信的主要通道，可以读入或输出数字信号，作为输入端口时，有上拉有效、下拉有效或无上拉无下拉的悬空工作三种模式；作为输出端口时，支持开漏和推挽工作模式。GPIO 单元的寄存器包括 2 个 32 位的配置寄存器（GPIOx_CRL 和 GPIOx_CRH）、2 个 32 位的数据寄存器（GPIOx_IDR 和 GPIOx_ODR）、1 个 32 位的置位和清零寄存器（GPIOx_BSRR）、1 个 16 位的清零寄存器（GPIOx_BRR）和 1 个 32 位的锁定寄存器（GPIOx_LCKR）。这里的 x 的取值为 A～G 中的一个字母，表示端口号。

复用 GPIO 口的替换功能输入/输出（AFIO）单元需要借助 GPIO 配置寄存器将端口配置为合适的工作模式，特别是作为输出端口时，有相应的替换功能下的开漏和推挽工作模式。AFIO 单元相关的寄存器有事件控制寄存器（AFIO_EVCR）、替换功能重映射和调试 I/O 口配置寄存器（AFIO_MAPR）、外部中断配置寄存器 1（AFIO_EXTICR1）、外部中断配置寄存器2(AFIO_EXTICR2)、外部中断配置寄存器3(AFIO_EXTICR3)、外部中断配置寄存器4(AFIO_EXTICR4)、替换功能重映射和调试I/O口配置寄存器2(AFIO_MAPR2)。在图1-2中曾提到,从112个GPIO口中可任选16个作为外部中断输入端,选取工作由配置AFIO_EXTICR1~4寄存器实现,这4个寄存器的结构类似,均只有低16位有效,分成4个四位组,即4个寄存器共有16个四位组,依次记为EXTI15[3:0]、EXTI14[3:0]、EXTI13[3:0]、……、EXTI2[3:0]、EXTI1[3:0]、EXTI0[3:0],分别对应GPIO口的第15、14、13、……、2、1、0引脚,每个四位组中的值(只能设为0000b~0110b)对应端口号A~G。例如,设定PE4为外部中断输入口,则AFIO_EXTICR2的EXTI4[3:0]设为0100b。

STM32F103ZET6有3个ADC单元和2个DAC单元,对于ADC单元而言,外部有8个ADC1、ADC2和ADC3共用的输入端口(以ADC123_INx表示,x=0,1,2,3,10,11,12,13),8个ADC1和ADC2共用的输入端口(以ADC12_INx表示,x=4,5,6,7,8,9,14,15),以及5个ADC3专用的输入端口(以ADC3_INx表示,x=4,5,6,7,8)。此外,内部温度传感器的模拟输出电压值送到ADC1_IN16内部端口。对于DAC单元而言,两个DAC各有一个模拟输出口,分别为DAC_OUT1和DAC_OUT2。

STM32F103ZET6芯片共有8个定时器,其中,TIM1和TIM8称为高级控制定时器,TIM2~TIM5称为通用定时器,TIM6和TIM7称为基本定时器,如表2-4所示。

表2-4 STM32F103ZET6定时器

定时器	分辨率	计数方式	分频值	DMA控制	捕获/比较通道	互补输出
TIM1 TIM8	16位	加计数 减计数 加/减计数	1~65536	有	4	有
TIM2 TIM3 TIM4 TIM5	16位	加计数 减计数 加/减计数	1~65536	有	4	无
TIM6 TIM7	16位	加计数	1~65536	有	无	无

除了定时器外,STM32F103ZET6芯片还集成了RTC时钟,主要用于产生日期和时间;集成了2个看门狗定时器,用于监测软件运行错误,其中独立看门狗定时器(IWDG)具有独立的片内40kHz时钟源,带窗口喂狗的看门狗定时器(WWDG)可以避免喂狗程序工作正常而其他程序模块错误的情况发生。

除了上述的片内功能模块外,STM32F103ZET6还具有与外部进行数据通信的外设模块,这些模块需要专用的通信时序和协议,包括3个通用同步异步串行口(USART1、USART2和USART3)、2个通用异步串行口(UART4和UART5)、2个I^2C总线接口、3个串行外设接口(SPI1、SPI2和SPI3,其中SPI2和SPI3可作为I^2S接口)、1个SDIO接口、1个CAN接口、1个USB设备接口和外部静态存储器接口模块。

在STM32F103ZET6芯片的地址0x1FFF F7E0处的半字存储空间中,保存了芯片Flash空间的大小,可以使用语句"v= *((unsigned short *)0x1FFFF7E0);"读出,这里

v为无符号16位整型变量,对于STM32F103ZET6,v的值为0x0200(表示512KB)。在地址0x1FFF F7E8开始的12字节里保存了芯片的身份号,该编号是全球唯一的,可使用语句"v1=*((unsigned int *)(0x1FFFF7E8+0x00)); v2=*((unsigned int *)(0x1FFFF7E8+0x04)); v3=*((unsigned int *)(0x1FFFF7E8+0x08));"读出,此处,v1、v2和v3为无符号32位整型变量,这里读出的值为v1=0x05D7FF38,v2=0x39354E4B,v3=0x51236736,即所使用的芯片的96位长唯一身份号为"5123673639354E4B05D7FF38H"。

2.6 STM32F103 异常与中断

STM32F103ZET6微控制器具有10个异常和60个中断,中断优先级为16级。异常与中断的地址范围为0x0~0x012C,如表2-5所示。

表 2-5 STM32F103ZET6 异常与中断向量表

中断号	优先级	地 址	异常/中断名	描 述
		0x000		保留
	−3	0x004	Reset	复位异常
	−2	0x008	NMI	不可屏蔽异常
	−1	0x00C	HardFault	系统硬件访问异常
	0	0x010	MemManage	存储管理异常
	1	0x014	BusFault	总线访问异常
	2	0x018	UsageFault	未定义指令异常
		0x01C~0x02B		保留
	3	0x02C	SVC	系统服务调用异常
	4	0x030	DebugMon	调试器异常
		0x034		保留
	5	0x038	PendSV	请求系统服务异常
	6	0x03C	SysTick	系统节拍定时器异常
0	7	0x040	WWDG	加窗看门狗中断
1	8	0x044	PVD	可编程电压检测中断
2	9	0x048	TAMPER	备份寄存器篡改中断
3	10	0x04C	RTC	实时时钟中断
4	11	0x050	Flash	Flash 中断
5	12	0x054	RCC	RCC 中断
6	13	0x058	EXTI0	外部中断 0
7	14	0x05C	EXTI1	外部中断 1
8	15	0x060	EXTI2	外部中断 2
9	16	0x064	EXTI3	外部中断 3
10	17	0x068	EXTI4	外部中断 4
11	18	0x06C	DMA1_Channel1	DMA1 通道 1 中断
12	19	0x070	DMA1_Channel2	DMA1 通道 2 中断
13	20	0x074	DMA1_Channel3	DMA1 通道 3 中断
14	21	0x078	DMA1_Channel4	DMA1 通道 4 中断

续表

中断号	优先级	地址	异常/中断名	描述
15	22	0x07C	DMA1_Channel5	DMA1 通道 5 中断
16	23	0x080	DMA1_Channel6	DMA1 通道 6 中断
17	24	0x084	DMA1_Channel7	DMA1 通道 7 中断
18	25	0x088	ADC1_2	ADC1 和 ADC2 中断
19	26	0x08C	USB_HP_CAN_TX	USB 高优先或 CAN 发送中断
20	27	0x090	USB_LP_CAN_RX0	USB 低优先或 CAN 接收 0 中断
21	28	0x094	CAN_RX1	CAN 接收 1 中断
22	29	0x098	CAN_SCE	CAN SCE 中断
23	30	0x09C	EXTI9_5	外部中断 5~9
24	31	0x0A0	TIM1_BRK	定时器 1 中止中断
25	32	0x0A4	TIM1_UP	定时器 1 更新中断
26	33	0x0A8	TIM1_TRG_COM	定时器 1 跳变中断
27	34	0x0AC	TIM1_CC	定时器 1 捕获比较中断
28	35	0x0B0	TIM2	定时器 2 中断
29	36	0x0B4	TIM3	定时器 3 中断
30	37	0x0B8	TIM4	定时器 4 中断
31	38	0x0BC	I2C1_EV	I^2C1 事件中断
32	39	0x0C0	I2C1_ER	I^2C1 错误中断
33	40	0x0C4	I2C2_EV	I^2C2 事件中断
34	41	0x0C8	I2C2_ER	I^2C2 错误中断
35	42	0x0CC	SPI1	SPI1 中断
36	43	0x0D0	SPI2	SPI2 中断
37	44	0x0D4	USART1	USART1 中断
38	45	0x0D8	USART2	USART2 中断
39	46	0x0DC	USART3	USART3 中断
40	47	0x0E0	EXTI15_10	外部中断 10~15
41	48	0x0E4	RTCAlarm	实时时钟报警中断
42	49	0x0E8	USBWakeUp	USB 通过 EXTI 输入唤醒中断
43	50	0x0EC	TIM8_BRK	定时器 8 中止中断
44	51	0x0F0	TIM8_UP	定时器 8 更新中断
45	52	0x0F4	TIM8_TRG_COM	定时器 8 跳变中断
46	53	0x0F8	TIM8_CC	定时器 8 捕获比较中断
47	54	0x0FC	ADC3	ADC3 中断
48	55	0x100	FSMC	FSMC 中断
49	56	0x104	SDIO	SDIO 中断
50	57	0x108	TIM5	定时器 5 中断
51	58	0x10C	SPI3	SPI3 中断
52	59	0x110	UART4	UART4 中断
53	60	0x114	UART5	UART5 中断
54	61	0x118	TIM6	定时器 6 中断

续表

中断号	优先级	地　　址	异常/中断名	描　　述
55	62	0x11C	TIM7	定时器 7 中断
56	63	0x120	DMA2_Channel1	DMA2 通道 1 中断
57	64	0x124	DMA2_Channel2	DMA2 通道 2 中断
58	65	0x128	DMA2_Channel3	DMA2 通道 3 中断
59	66	0x12C	DMA2_Channel4_5	DMA2 通道 4 和通道 5 中断

表 2-5 中,优先级号越小,优先级就越高,因此,复位异常的优先级最高(优先级号为 −3),并且,Reset、NMI、HardFault 三个异常的优先级是固定的,其余的优先级可以配置。STM32F103ZET6 只有 16 个中断优先级,但是有 60 个中断,如果两个中断的优先级号相同,则按表 2-5 中的自然"优先级"排序,自然优先级号小的优先级高。关于中断的处理方法与优先级配置等内容将在第 5 章阐述。

当表 2-5 中的某个异常或中断被触发后,程序计数器指针(PC)将跳转到表 2-5 中该异常或中断的地址处执行,该地址处存放着一条跳转指令,跳转到该异常或中断的服务函数中去执行相应的功能。因此,异常和中断向量表只能用汇编语言编写,在 Keil MDK 中,有标准的异常和中断向量表文件可以使用,例如,对于 STM32F103ZET6 而言,异常和中断向量表文件为 startup_stm32f10x_hd.s。在文件 startup_stm32f10x_hd.s 中,异常服务函数的函数名为表 2-5 中的异常名后添加"_Handler",例如,系统节拍定时器异常的服务函数为"SysTick_Handler";中断服务函数的函数名为表 2-5 中的中断名后添加"_IRQHandler",例如,外部中断 3 的中断服务函数为"EXTI3_IRQHandler"。

2.7　本章小结

本章详细介绍了 STM32F103ZET6 微控制器的特点、引脚定义、内部架构、时钟系统、存储器配置等,简要介绍了 STM32F103ZET6 微控制器的片内外设以及异常与中断管理等。本章内容是全书的硬件基础,芯片的存储器、片内外设和中断系统合称为芯片的三要素,需要认真学习和掌握。在后面章节中将对相应外设的工作原理和寄存器情况等展开全面、翔实的论述。建议在本章学习的基础上,深入阅读 STM32F103 芯片用户手册和参考手册,达到全面掌握 STM32F103ZET6 微控制器硬件知识的目的,这需要 1 个月甚至更久的时间。在充分学习了 STM32F103 微控制器硬件知识之后,才能进一步学习第 3 章基于STM32F103ZET6 芯片的硬件学习平台。

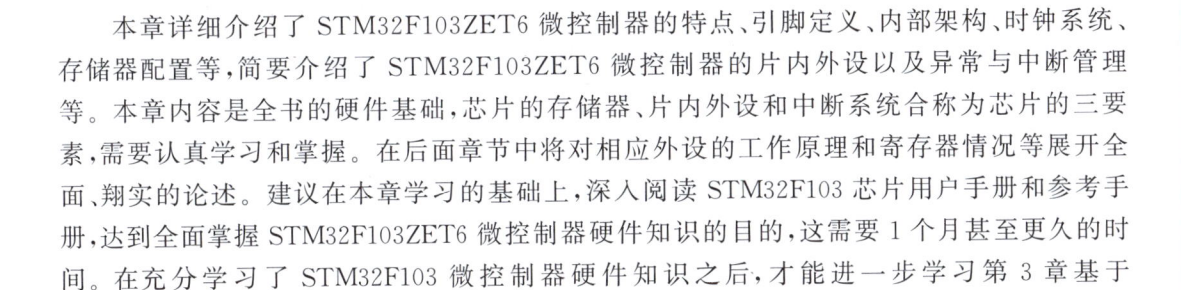

习题

1. STM32F103ZET6 微控制器的主要特点有哪些？就这些特点与 8051 单片机 AT 89S52 进行对比分析。

2. 简要说明 STM32F103ZET6 微控制器的存储器配置。

3. 简要阐述 STM32F103ZET6 微控制器各个片内外设的含义。

4. 结合教材,阐述 STM32F103ZET6 微控制器的中断向量表的结构。

第 3 章　STM32F103学习平台

CHAPTER 3

本书使用的 STM32F103 学习平台如图 3-1 所示,包括 1 台 ULINK2 仿真器、1 根 USB 转串口线和 1 台正电原子 STM32F1 战舰 V3 开发板,板载 1 片 STM32F103ZET6 微控制器、1MB 大小的 SRAM 存储器 IS62WV51216 和 1 块 800×480 点阵 TFT LCD 屏等资源。在图 3-1 的基础上,将+5V 电源适配器连接到 STM32F1 战舰 V3 开发板上,将 ULINK2 仿真器的另一端连接到计算机的一个 USB 口,同时,将 USB 转串口线的另一端连接到计算机的另一个 USB 口上。本书使用的笔记本电脑配置为 Intel Core i7 9750H 处理器、24GB 内存、1TB 硬盘、15.6 寸液晶显示屏和 Windows 10 操作系统,现有流行的计算机配置均可实现本书的学习与实验工作。在计算机上,需要安装 Keil MDK v5.37(截至本书收稿时的最新

图 3-1　STM32F103 学习平台

版本,由于软件系统具有向下兼容性,建议使用 Keil 公司最新发布的版本)集成开发环境和串口调试助手等软件。这样,STM32F103ZET6 微控制器的学习实验环境就建立起来了。

为了教学方便,本章将展示后续章节中用到的 STM32F1 战舰 V3 开发板的各个硬件模块的原理图,包括 STM32F103 核心电路模块、电源电路与按键电路模块、LED 灯模块与蜂鸣器驱动电路模块、串口通信电路模块、Flash 与 EEPROM 电路模块、温/湿度传感器电路模块、LCD 屏接口电路模块、JTAG 仿真接口与复位电路模块以及扩展 SRAM 电路模块等。需要说明的是,本章给出的这些电路原理图也是完整的,可组合成一个简易的 STM32F103ZET6 教学实验平台,考虑到与 STM32F1 战舰 V3 开发板完全兼容,使用了与其完全相同的器件名称和网络标号。

本章的学习目标:

➢ 了解嵌入式系统通用硬件电路的结构;

➢ 熟悉 STM32F103 核心电路与常用外设电路;

➢ 掌握 STM32F103 最小系统。

3.1 STM32F103 核心电路

STM32F103ZET6 有 144 个引脚,其中,通用目的输入/输出口有 7 组,记为 GPIOA~GPIOG,或记为 PA~PG,有时也被称为 PIOA~PIOG,每组有 16 位,即占用 16 个引脚,因此,全部 GPIOA~GPIOG 占用了 112 个引脚,绝大部分 GPIO 口都复用了多个功能。其余的 32 个引脚为电源管理和时钟管理等相关的引脚。

STM32F103 核心电路如图 3-2~图 3-9 所示。

图 3-2 为 PA 口的连接电路,其中,第 36 脚和第 37 脚借助于网络标号 U2_TX 和 U2_RX 分别与 3.4 节图 3-14 的 SP3232 芯片相连接,用作标准异步串行口的发送与接收数据线,实现与上位机的串口通信功能。图 3-2 中的第 105、109 和 110 脚与图 3-3 中的第 133、134 脚,通过网络标号 JTMS、JTCK、JTDI、JTDO、JTRST 与 3.8 节的图 3-19 相连接,实现在线仿真功能。

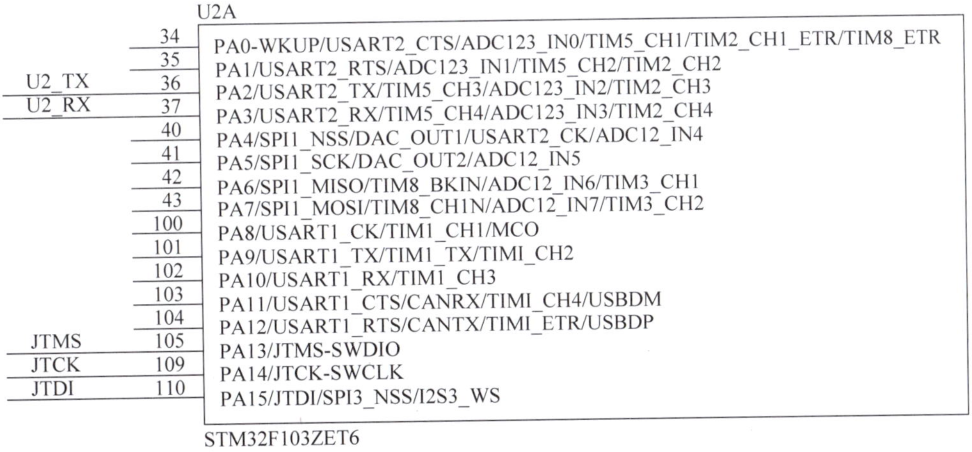

```
U2A
                   34  PA0-WKUP/USART2_CTS/ADC123_IN0/TIM5_CH1/TIM2_CH1_ETR/TIM8_ETR
                   35  PA1/USART2_RTS/ADC123_IN1/TIM5_CH2/TIM2_CH2
          U2_TX    36  PA2/USART2_TX/TIM5_CH3/ADC123_IN2/TIM2_CH3
          U2_RX    37  PA3/USART2_RX/TIM5_CH4/ADC123_IN3/TIM2_CH4
                   40  PA4/SPI1_NSS/DAC_OUT1/USART2_CK/ADC12_IN4
                   41  PA5/SPI1_SCK/DAC_OUT2/ADC12_IN5
                   42  PA6/SPI1_MISO/TIM8_BKIN/ADC12_IN6/TIM3_CH1
                   43  PA7/SPI1_MOSI/TIM8_CH1N/ADC12_IN7/TIM3_CH2
                  100  PA8/USART1_CK/TIM1_CH1/MCO
                  101  PA9/USART1_TX/TIM1_TX/TIM1_CH2
                  102  PA10/USART1_RX/TIM1_CH3
                  103  PA11/USART1_CTS/CANRX/TIM1_CH4/USBDM
                  104  PA12/USART1_RTS/CANTX/TIM1_ETR/USBDP
          JTMS    105  PA13/JTMS-SWDIO
          JTCK    109  PA14/JTCK-SWCLK
          JTDI    110  PA15/JTDI/SPI3_NSS/I2S3_WS
          STM32F103ZET6
```

图 3-2 STM32F103ZET6 芯片 PA 口

图 3-3 为 PB 口的连接电路，其中，第 46 脚通过网络标号 LCD_BL 与 3.7 节的图 3-18 的 LCD4.3 模块的第 23 脚相连，实现 LCD 屏背光亮度的控制；第 47、48 脚和图 3-7 的第 21、22、49 脚通过网络标号 T_SCK、T_MISO、T_MOSI、T_PEN 和 T_CS 与图 3-18 的 LCD4.3 模块第 34、29、30、31 和 33 脚相连，通过串行数据接口控制触摸屏；第 135 脚通过网络标号 LED0 与 3.3 节图 3-12 的电路相连接，用于控制 LED0 灯的闪烁；第 136、137 脚通过网格标号 IIC_SCL 和 IIC_SDA 与 3.5 节的图 3-16 中的 AT24C02 芯片相连接，作为 I^2C 总线通信的时钟与数据线路；第 139 脚的网络标号 BEEP 与图 3-13 相连接，用于控制蜂鸣器；第 73、74、75 和 76 脚的网格标号 F_CS、SPI2_SCK、SPI2_MISO 和 SPI2_MOSI 与图 3-15 中的 Flash 芯片 W25Q128 的第 1、6、2 和 5 脚相连，借助 SPI 通信总线实现对 Flash 存储器的数据读/写操作。

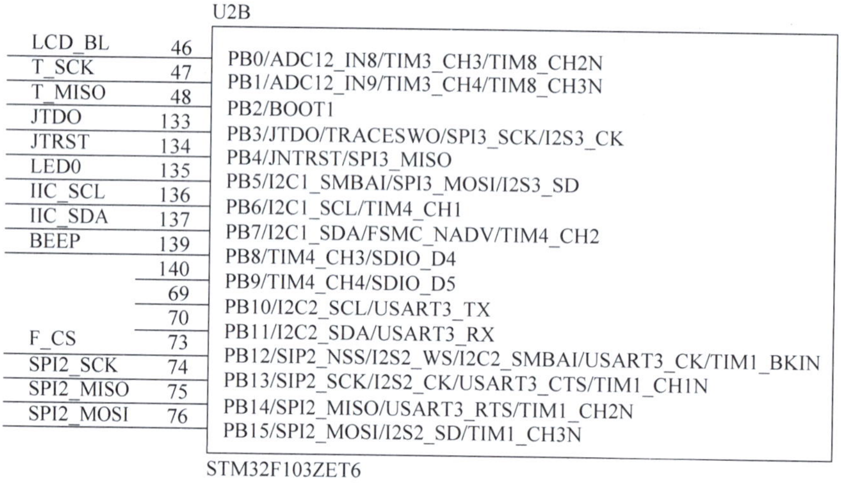

图 3-3　STM32F103ZET6 芯片 PB 口

图 3-4 为 PC 口的连接电路。在图 3-4 中，第 8 和 9 脚外接 32.768kHz 晶体振荡器，用于为片内实时时钟 RTC 模块提供高精度的时钟信号。

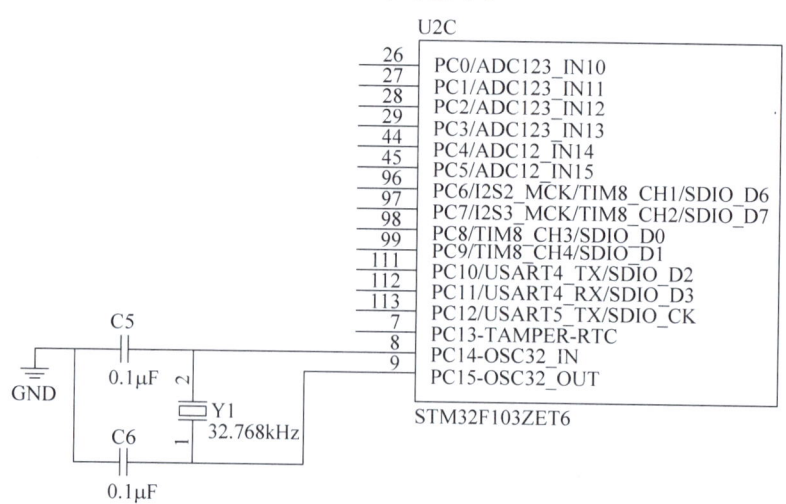

图 3-4　STM32F103ZET6 芯片 PC 口

图 3-5 为 PD 口的连接电路,其中,第 85、86、114、115 脚和图 3-6 中的第 58～67 脚以及图 3-5 中的第 77～79 脚的网络标号为 FSMC_D0～FSMC_D15,它们与图 3-18 中的 LCD4.3 模块的 DB0～DB15 相连接,用于访问 LCD 屏的显存数据,同时,也与图 3-21 的 SRAM 芯片的数据总线 I/O0～I/O15 相连,用于读/写 SRAM 数据;图 3-7 中的第 10～15 脚与第 50、53、54、55 脚和图 3-8 中的第 56、57、87、88、89、90 脚以及图 3-5 中的第 80～82 脚的网络标号依次为 FSMC_A0～FSMC_A18,共 19 根线,连接到图 3-21 的 SRAM 芯片的地址总线 A0～A18 处,其中,FSMC_A10 也连接到图 3-18 的 LCD4.3 模块的 RS 脚,用于 LCD 显示控制;图 3-5 中的第 118、119 脚的网络标号 FSMC_NOE 和 FSMC_NWE 以及图 3-8 中的第 127 脚的网络标号 FSMC_NE4 与图 3-18 中 LCD4.3 模块的第 4、3 和 1 脚相连,用于 LCD 屏显示控制,其中 FSMC_NOE 和 FSMC_NWE 还与图 3-8 中第 125 脚的网络标号 FSMC_NE3、图 3-6 中第 141、142 脚的网络标号 FSMC_NBL0、FSMC_NBL1 连接到图 3-21 的 SRAM 芯片的第 41、17、6、39、40 脚,用于 SRAM 芯片的数据读/写控制。

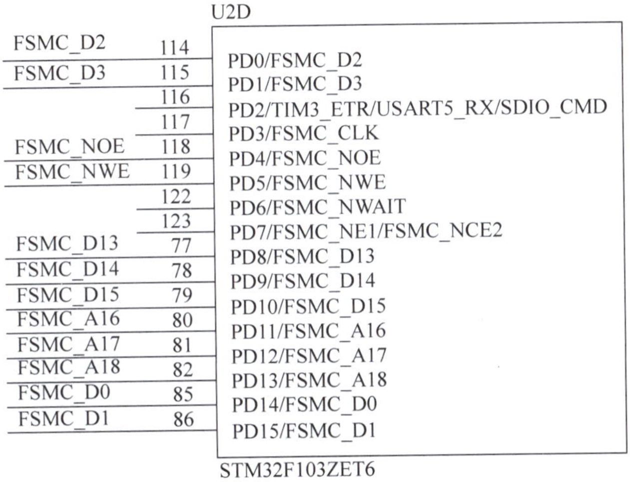

图 3-5 STM32F103ZET6 芯片 PD 口

图 3-6 为 PE 口的连接电路,其中,第 4 脚通过网络标号 LED1 与图 3-12 中的 LED1 相连接,用于控制 LED1 灯;第 3、2 和 1 脚通过网络标号 KEY0、KEY1 和 KEY2 与图 3-11 中的 3 个用户按键相连接。

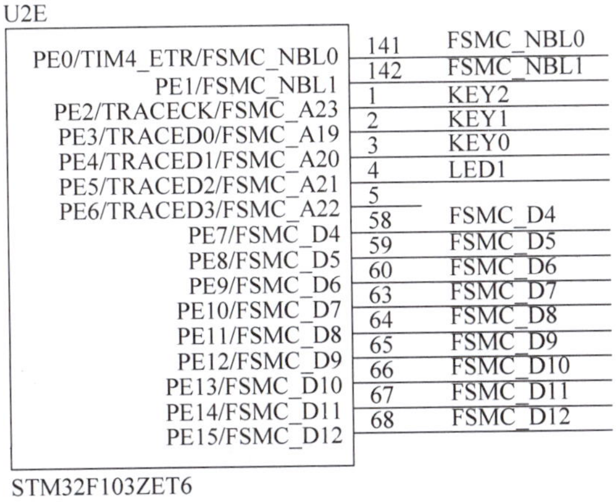

图 3-6 STM32F103ZET6 芯片 PE 口

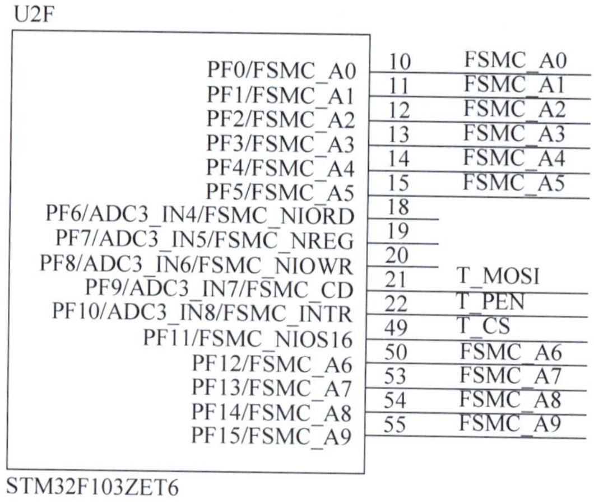

```
U2F
┌─────────────────────────┐
│         PF0/FSMC_A0     │ 10    FSMC_A0
│         PF1/FSMC_A1     │ 11    FSMC_A1
│         PF2/FSMC_A2     │ 12    FSMC_A2
│         PF3/FSMC_A3     │ 13    FSMC_A3
│         PF4/FSMC_A4     │ 14    FSMC_A4
│         PF5/FSMC_A5     │ 15    FSMC_A5
│   PF6/ADC3_IN4/FSMC_NIORD│ 18
│   PF7/ADC3_IN5/FSMC_NREG │ 19
│   PF8/ADC3_IN6/FSMC_NIOWR│ 20
│   PF9/ADC3_IN7/FSMC_CD  │ 21    T_MOSI
│  PF10/ADC3_IN8/FSMC_INTR│ 22    T_PEN
│       PF11/FSMC_NIOS16  │ 49    T_CS
│        PF12/FSMC_A6     │ 50    FSMC_A6
│        PF13/FSMC_A7     │ 53    FSMC_A7
│        PF14/FSMC_A8     │ 54    FSMC_A8
│        PF15/FSMC_A9     │ 55    FSMC_A9
└─────────────────────────┘
      STM32F103ZET6
```

图 3-7　STM32F103ZET6 芯片 PF 口

图 3-7 为 PF 口的连接电路,图 3-8 为 PG 口的连接电路。在图 3-8 中,第 126 脚通过网络标号 1WIRE_DQ 与 3.6 节图 3-17 的温/湿度传感器相连接,用于读取温度和湿度值。

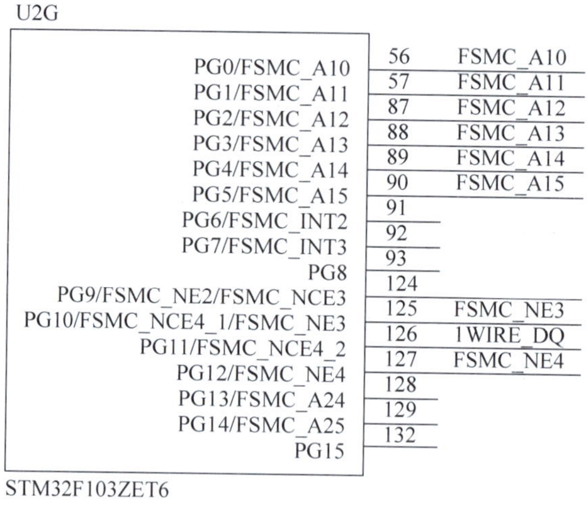

```
U2G
┌─────────────────────────┐
│        PG0/FSMC_A10     │ 56    FSMC_A10
│        PG1/FSMC_A11     │ 57    FSMC_A11
│        PG2/FSMC_A12     │ 87    FSMC_A12
│        PG3/FSMC_A13     │ 88    FSMC_A13
│        PG4/FSMC_A14     │ 89    FSMC_A14
│        PG5/FSMC_A15     │ 90    FSMC_A15
│        PG6/FSMC_INT2    │ 91
│        PG7/FSMC_INT3    │ 92
│             PG8         │ 93
│    PG9/FSMC_NE2/FSMC_NCE3│ 124
│  PG10/FSMC_NCE4_1/FSMC_NE3│ 125   FSMC_NE3
│     PG11/FSMC_NCE4_2    │ 126   1WIRE_DQ
│       PG12/FSMC_NE4     │ 127   FSMC_NE4
│       PG13/FSMC_A24     │ 128
│       PG14/FSMC_A25     │ 129
│            PG15         │ 132
└─────────────────────────┘
      STM32F103ZET6
```

图 3-8　STM32F103ZET6 芯片 PG 口

图 3-9 为 STM32F103ZET6 电源与时钟管理相关的电路部分,其中,第 17、39、52、62、72、84、95、108、121、131 和 144 脚的 $Vdd\_x(x=1,2,\cdots,11)$ 连接 VCC3.3 网格标号,表示芯片工作在 3.3V 电压下; 第 16、38、51、61、71、83、94、107、120、130 和 143 脚的 $Vss\_x(x=1,2,\cdots,11)$ 与网络标号 GND 相连接,即接地; 第 138 脚的 BOOT0 接地,表示从片内 Flash 启动; 第 6 脚的 VBAT 是内部 RTC 时钟专用电源供给端,同时连接了 VCC3.3 和电池 BAT,用两个二极管 1N4148 隔离它们,当 STM32F103 电路板掉电时,电池 BAT 通过 VBAT 端口给 RTC 时钟模块提供能量,使得电路板的时间和日期正常计时。

在图 3-9 中,第 23 脚和第 24 脚外接了高精度的 8MHz 晶体振荡器,为整个系统提供时钟源。STM32F103ZET6 片内集成了 8MHz 的 RC 振荡器,精度可达到 1‰,当对振荡频率精度要求不高时,可省略外部晶振电路。

在图 3-9 中,第 106 脚为悬空脚。第 25 脚为外部复位输入脚,通过网络标号 RESET 与 3.8 节图 3-20 的复位电路相连接。此外,STM32F103ZET6 芯片带有上电复位电路,外部

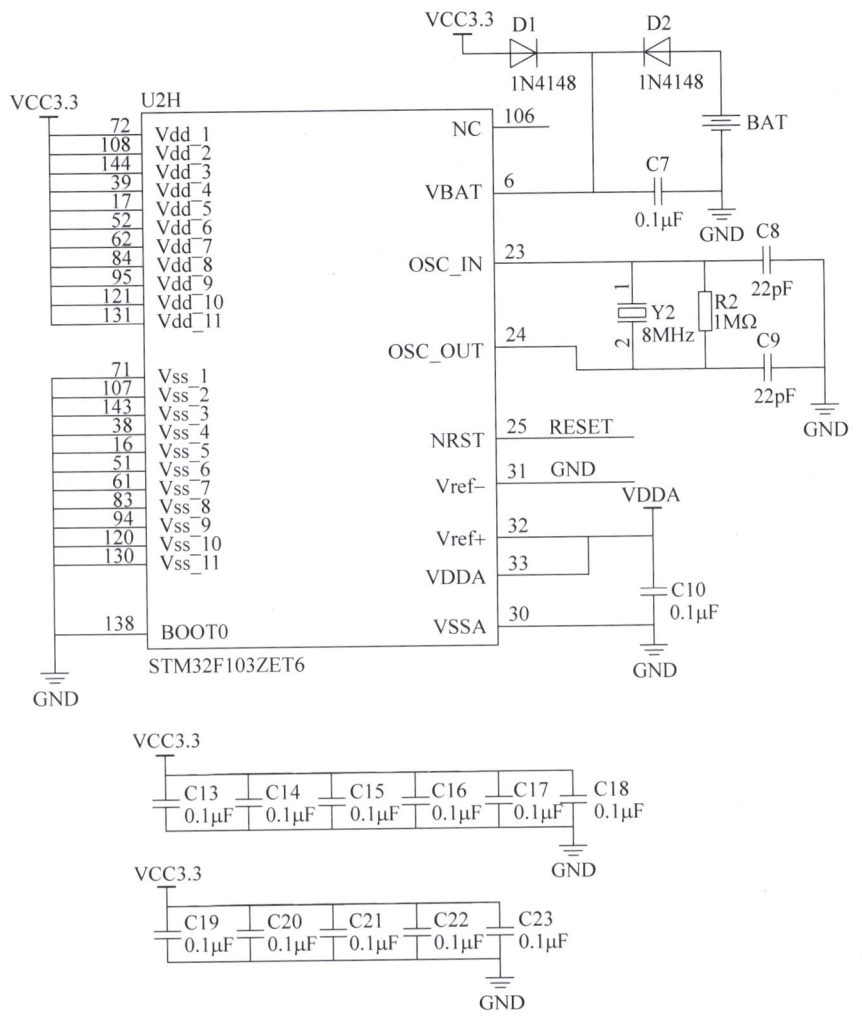

图 3-9　STM32F103ZET6 芯片电源与时钟管理部分

复位电路可以省略。这里的网络标号 RESET 同时与图 3-18 中 LCD4.3 模块的第 5 脚 RST 相连接,用于复位 LCD 屏,同时还与图 3-19 中 JTAG 模块的 RESET 脚相连接,在 JTAG 仿真时,JTAG 模块的 RESET 为输出端。

图 3-9 中的第 32 和 31 脚为片内 ADC 模块的参考电压输入端 Vref+ 和 Vref-,这里 Vref- 接地,而 Vref+ 与模拟电源 VDDA 相连接。VDDA 通过一个 10Ω 的电阻与 VCC3.3(电压为 +3.3V)相连接。第 33 和 30 脚分别为芯片模拟电源(VDDA)和模拟地(VSSA)的输入端,分别与网络标号 VDDA 和 GND 相连。一种推荐的做法是,模拟电源 VDDA 与数字电源 VCC3.3 之间以及模拟地 VSSA 和数字地 GND 之间,分别用滤波电路进行隔离。

图 3-9 中有 11 个 0.1μF 的滤波电容,这些电容被用在第 17、39、52、62、72、84、95、108、121、131 和 144 脚的 Vdd_x(x=1,2,…,11)附近,当制作印制电路板(PCB)时,每个滤波电容应放置在对应的电源引脚附近,从而起到电源滤波的效果。

本节将 STM32F103ZET6 微控制器的核心电路原理图分成了 8 个子图,即 7 个 GPIO 口对应 7 个子图,以及 1 个电源和时钟管理相关的电路子图。在图 3-2～图 3-9 中,使用网络标号与3.2节～3.9节的其他电路模块进行电气连接,从而形成完整的STM32F103学习与实验硬件电路原理图。

3.2 电源电路与按键电路

STM32F103实验电路板的外部输入电源电压为+5V,网络标号为VCC5,由图3-10中的K2接口输入,通过直流电源调压芯片AMS1117后输出+3.3V直流电源,网络标号为VCC3.3,用作整个电路板上的数字电源,经过10Ω的电阻R42后的电源用作电路板上的模拟电源,用网络标号VDDA表示。在STM32F103学习实验电路板上,没有区分数字地和模拟地,均用网络标号GND表示,在做印制电路板时,数字地和模拟地应分开布线和敷铜,最后在一个焊盘处相连接。

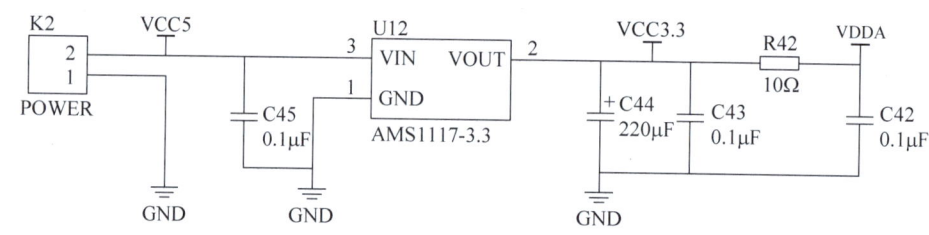

图3-10 电源电路

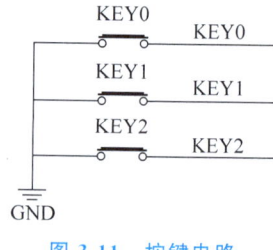

图3-11 按键电路

图3-11为按键电路,按键直接与STM32F103ZET6芯片的引脚相连(参看图3-6),3个按键均为常开按键,当按键被按下时,输入低电平;当按键弹出后,相应的引脚被内部上拉电路拉高,相当于输入高电平。

按键是最重要的外部输入设备之一,可以通过按键阵列支持更多的按键输入,或者通过扩展ZLG7289B芯片,支持高达64个按键输入(和64个LED灯显示)。

3.3 LED与蜂鸣器驱动电路

图3-12为LED灯驱动电路,其中,名称为PWR的LED灯为电源指示灯,当+3.3V电源工作正常时,该LED灯常亮。名称为DS0和DS1的两个LED灯为用户控制LED灯,直接与STM32F103ZET6芯片相连接(参考图3-3和图3-6),当网络标号LED0连接的引脚为低电平时,LED0灯亮;当网络标号LED0连接的引脚为高电平时,LED0熄灭。LED1的工作原理与LED0相同,即网络标号LED1为低电平时,LED1灯点亮;当网络标号LED1为高电平时,LED1灯熄灭。

需要特别指出的是,图3-2～图3-12可视为STM32F103ZET6微控制器的最小系统(这时,图3-2～图3-9中仅包含网络标号KEY0～KEY2和LED0～LED1以及电源和地相关的网络标号),即STM32F103ZET6微控制器的最小系统应包括电源电路、用户按键电路、LED灯指示电路、复位电路(内部复位)、晶体振荡器电路和相应的核心电路。

图3-13为蜂鸣器驱动电路,这里使用了有源蜂鸣器(即内部有振荡器和发声器,只需要

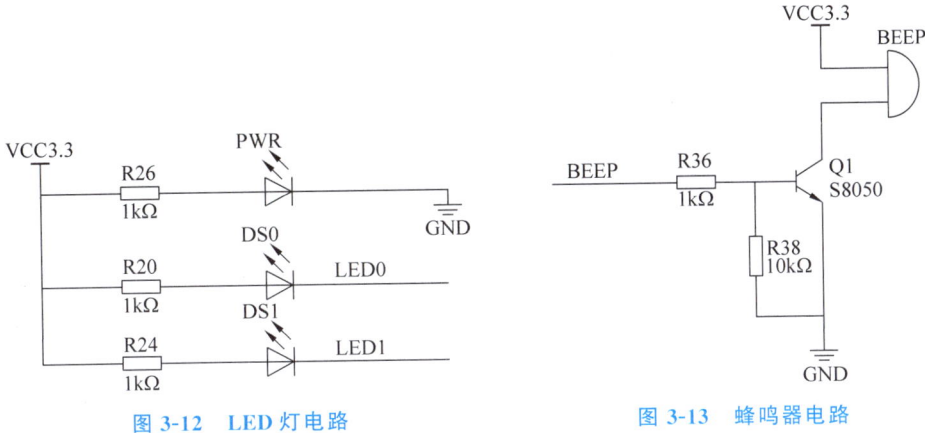

图 3-12　LED 灯电路　　　　　　　图 3-13　蜂鸣器电路

施加电源输入就能以固定频率鸣叫),通过网络标号 BEEP 与 STM32F103ZET6 相连(参考图 3-3),当 BEEP 为高电平时,NPN 型三极管 S8050 导通,蜂鸣器鸣叫;当 BEEP 为低电平时,三极管 S8050 截止,蜂鸣器关闭。

3.4　串口通信电路

图 3-14 为串口通信电路模块。

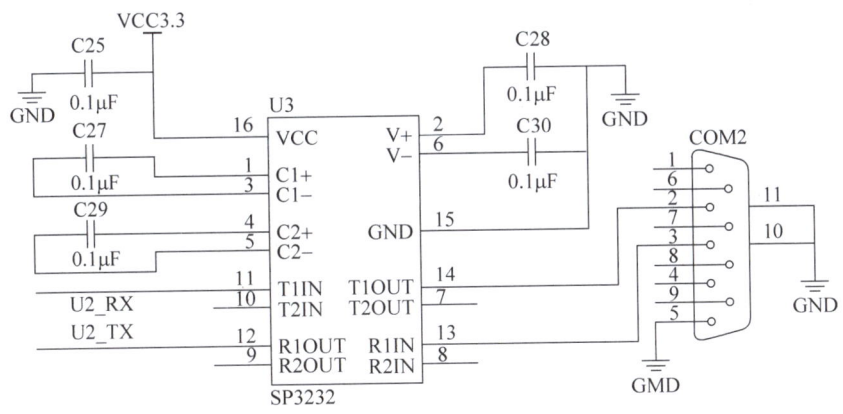

图 3-14　串口通信电路

在图 3-14 中,通过电平转换芯片 SP3232 实现 STM32F103ZET6 与上位机的串行通信,SP3232 具有两个通道,这里仅使用了通道 1。STM32F103ZET6 微控制器的串口外设(参考图 3-2)通过网络标号 U2_RX 和 U2_TX 按 RS-232 标准与上位机进行异步串行通信。

3.5　Flash 与 EEPROM 电路

图 3-15 为 STM32F103ZET6 微控制器外接的 128Mb(16MB)大小的 Flash 存储器 W25Q128 电路,通过 SPI 方式与芯片 STM32F103ZET6 相连接(参考图 3-3)。图 3-16 为 2Kb (256 字节)大小的 EEPROM 存储器 AT24C02 电路,通过 I^{2}C 方式与芯片 STM32F103ZET6 相连接(参考图 3-3)。

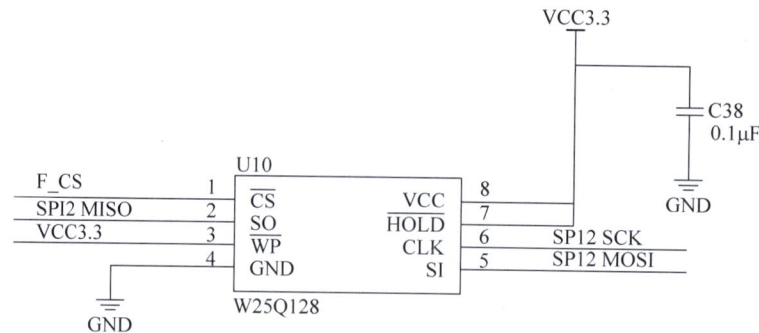

图 3-15　Flash 芯片 W25Q128 电路

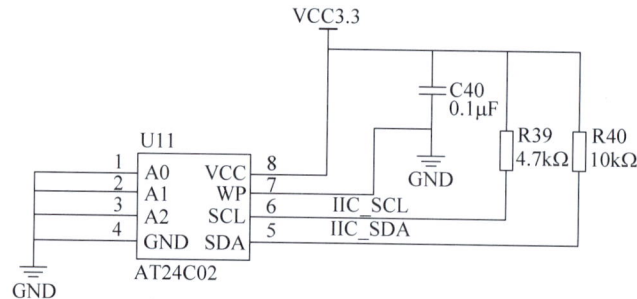

图 3-16　EEPROM 芯片 AT24C02 电路

3.6　温/湿度传感器电路

常用的单线读/写式温/湿度传感器 DHT11 如图 3-7 所示,其通过一根总线 1WIRE_DQ 与 STM32F103ZET6 微控制器相连接(参考图 3-8)。

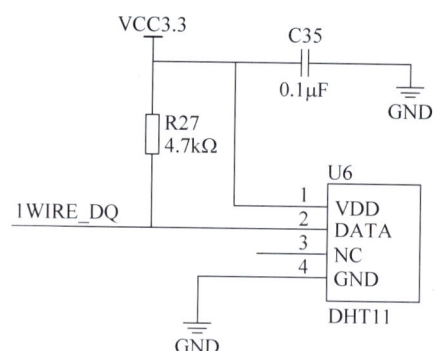

图 3-17　温/湿度传感器 DHT11 接口电路

3.7　LCD 屏接口电路

图 3-18 为 LCD 屏的接口电路,其端口包括 3 部分,即数据读/写端口、控制端口以及触摸屏数据与控制端口。这里的 LCD 屏是指 LCD 显示模块,LCD 显示模块包括 4 部分,即 LCD 屏显示部分、LCD 屏驱动部分、LCD 屏控制部分和 LCD 屏显示存储器(简称显存)。对于一些高级微控制器,例如基于 Cortex-M3 内核的 LPC1788 芯片,片内集成了 LCD 控制

器,它可以直接与LCD屏相连接,此时的LCD屏只含有LCD显示面板和LCD驱动器。由于STM32F103ZET6中没有集成LCD显示控制器,所以它只能连接LCD显示模块(简称LCM模块)。而图3-18的接口是专门针对星翼电子设计的4.3英寸(1英寸≈3.33厘米)TFT LCD显示模块的接口,其中LCD_CS为选通信号输入端,RS为命令或数据选择输入端,WR和RD为读、写信号输入端,DB15~DB0为数据输入/输出端。

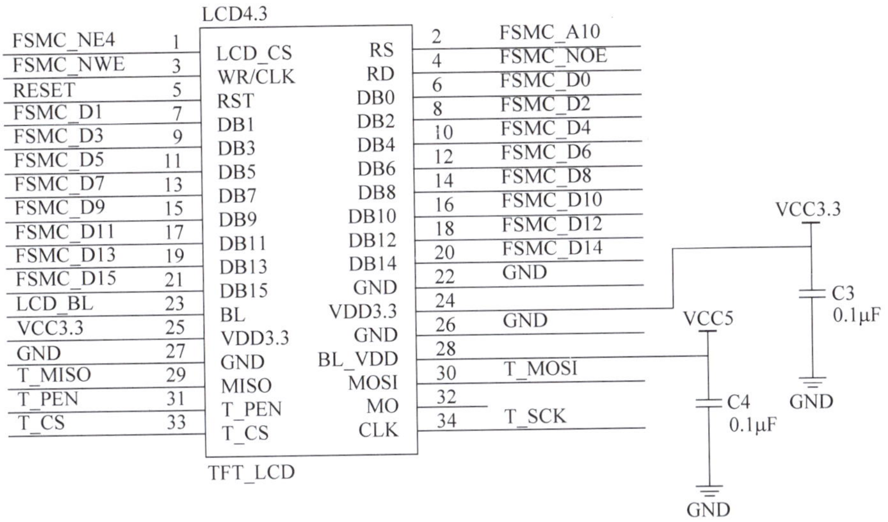

图 3-18　TFT LCD 屏接口电路

在图3-18中,MISO、MOSI、T_CS和CLK为触摸屏的数据读入、数据输出、片选和时钟端,T_PEN是触摸屏的中断输出端。

3.8　JTAG 与复位电路

ARM Cortex-M3 内核的全部微控制器芯片,甚至几乎 ARM 系列的全部芯片,都支持 JTAG(或 SW)在线仿真调试,这使得学习 ARM Cortex-M3 微控制器只需要一套仿真器(与单片机多种多样的编程与仿真环境不同)。常用的仿真器有 ULINK2 和 J-LINK V8 等,本书使用了 ULINK2 仿真器。图 3-19 为标准的 20 脚 JTAG 接口电路,可直接与 ULINK2 仿真器相连接。

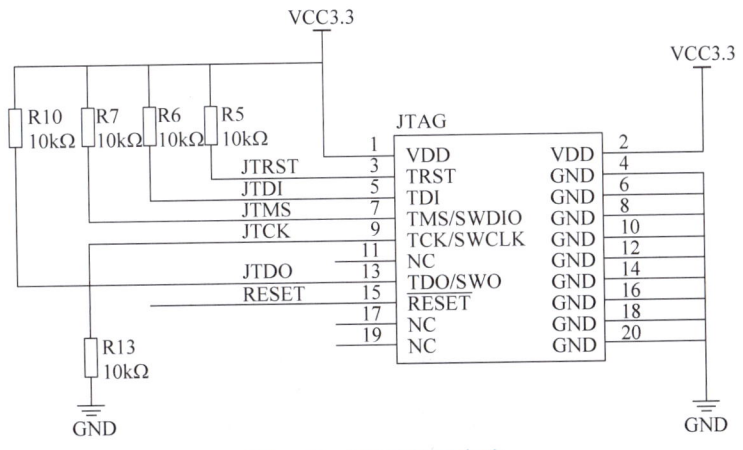

图 3-19　JTAG 接口电路

图 3-20 为复位电路。STM32F103ZET6 微控制器为低电平复位芯片,在图 3-20 所示的 RC 电路中,上电以后,网络标号 RESET 将由 0V 逐渐抬升到 3.3V,实现 STM32F103ZET6 微控制器复位。实际上,在 STM32F103ZET6 微控制器内部的 NRST 引脚(参考图 3-9 第 25 脚)接有约 40kΩ 的上拉电阻,因此,图 3-20 中的 R3 可以省略。在图 3-20 中,由于添加了一个按键 RESET,因此支持手动复位操作。

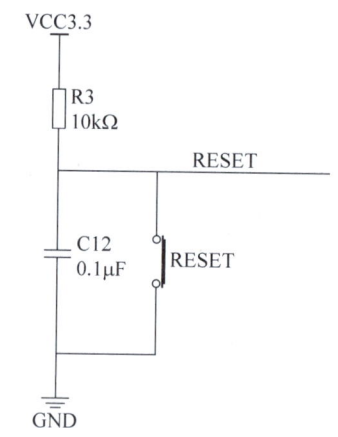

图 3-20 带按键功能的上电复位电路

3.9 SRAM 电路

STM32F103ZET6 学习实验板上还扩展了一个 1MB 大小的 SRAM 存储器 IS62WV51216,该高速静态 SRAM 的访问速度可达 55ns,其电路连接如图 3-21 所示。

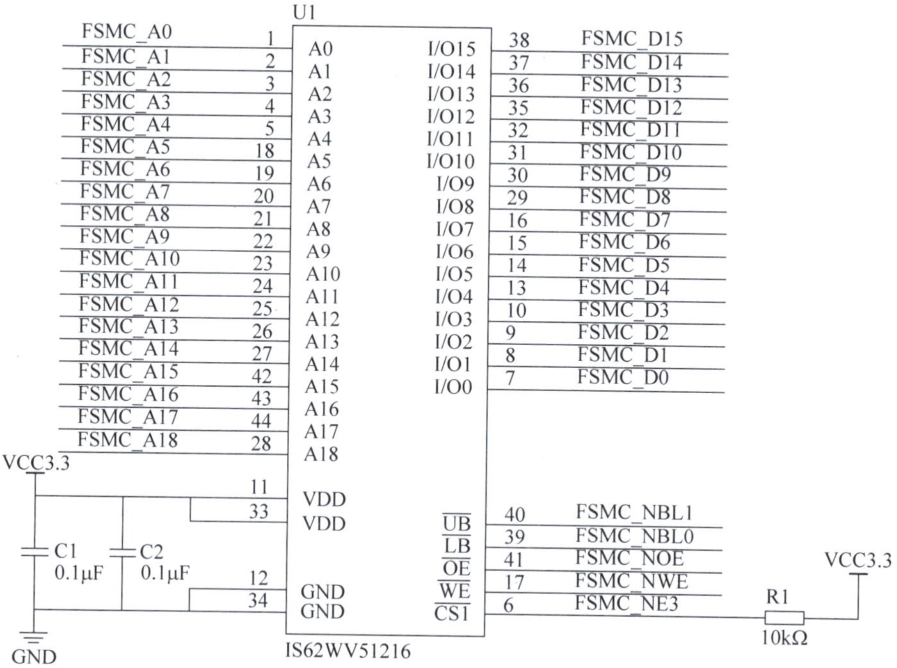

图 3-21 SRAM 存储器 IS62WV51216 电路

如图 3-21 所示，IS62WV51216 芯片的 I/O15～I/O0 为 16 位数据输入/输出总线，A18～A0 为 19 根地址输入总线，选址能力为 $2^{19}=524288=512K(1K=1024)$ 的地址空间，每个地址空间的大小为半字（16 位）。IS62WV51216 芯片支持半字读/写和字节读/写方式，读/写指令的要求如表 3-1 所示。CS1、OE、WE、UB 和 LB 引脚分别表示片选、输出有效、写入有效、高字节有效和低字节有效输入控制端。

表 3-1 IS62WV51216 芯片读/写指令要求

序号	方式	CS1	WE	OE	UB	LB	I/O[7:0]	I/O[15:8]
1	无效	H	X	X	X	X	高阻态	高阻态
2	无效	L	H	H	X	X	高阻态	高阻态
3	读低字节	L	H	L	L	H	低字节数据	高阻态
4	读高字节	L	H	L	H	L	高阻态	高字节数据
5	读半字	L	H	L	L	L	低字节数据	高字节数据
6	写低字节	L	L	X	L	H	低字节数据	高阻态
7	写高字节	L	L	X	H	L	高阻态	高字节数据
8	写半字	L	L	X	L	L	低字节数据	高字节数据

注：H、L 分别表示高电平、低电平，X 表示任意电平。

3.10 本章小结

本章详细介绍了以 STM32F103ZET6 微控制器为核心电路的学习实验板电路原理图，这些原理图是完整的，可以做成一块简易的 STM32F103 学习实验板，并且保持了与正电原子 STM32F103 战舰 V3 电路板的完美兼容。这些电路原理图使用 Altium Designer 15 制作，共分为 STM32F103 核心电路、电源电路与按键电路、LED 灯与蜂鸣器驱动电路、串口通信电路、Flash 与 EEPROM 存储器电路、温/湿度传感器电路、LCD 屏接口电路、JTAG 与复位电路以及 SRAM 电路等 13 个电路模块，要求读者结合各个硬件模块的芯片资料进一步加强对电路原理的认识，这需要一定的学习时间，这些电路是后续章节程序设计内容的硬件基础。第 4 章将介绍 LED 灯闪烁控制的工程程序设计方法。

习题

1. 设计一个 STM32F103ZET6 最小电路系统。
2. 简要阐述本章给出的学习平台实现的功能。
3. 简要阐述 SRAM 存储器 IS62WV51216 的访问方法。
4. 说明 LED 驱动电路的工作原理。
5. 借助 Altium Designer 软件设计本章给出的学习平台，并制作 PCB 板进行焊装、调试。

第4章 LED灯控制与Keil MDK工程框架

本章将介绍 STM32F103ZET6 微控制器的通用目的输入/输出口(GPIO)及其相关的寄存器,阐述 STM32F103 库函数访问 GPIO 口的方法,讲述 Keil MDK 集成开发环境的应用技巧和工程框架设计,最后借助 LED 灯的闪烁实例详细说明 GPIO 口的具体操作方法。

本章的学习目标:
➢ 了解 STM32F103 通用目的输入/输出口寄存器;
➢ 熟悉 STM32F103 库函数用法;
➢ 掌握 Keil MDK 工程框架;
➢ 熟练应用寄存器和库函数进行工程设计。

4.1 STM32F103 通用目的输入/输出口

STM32F103ZET6 微控制器具有 7 个 16 位的 GPIO,记为 GPIOx(x=A,B,…,G),共占用了 112 个引脚,每根 GPIO 口引脚的内部结构如图 4-1 所示。

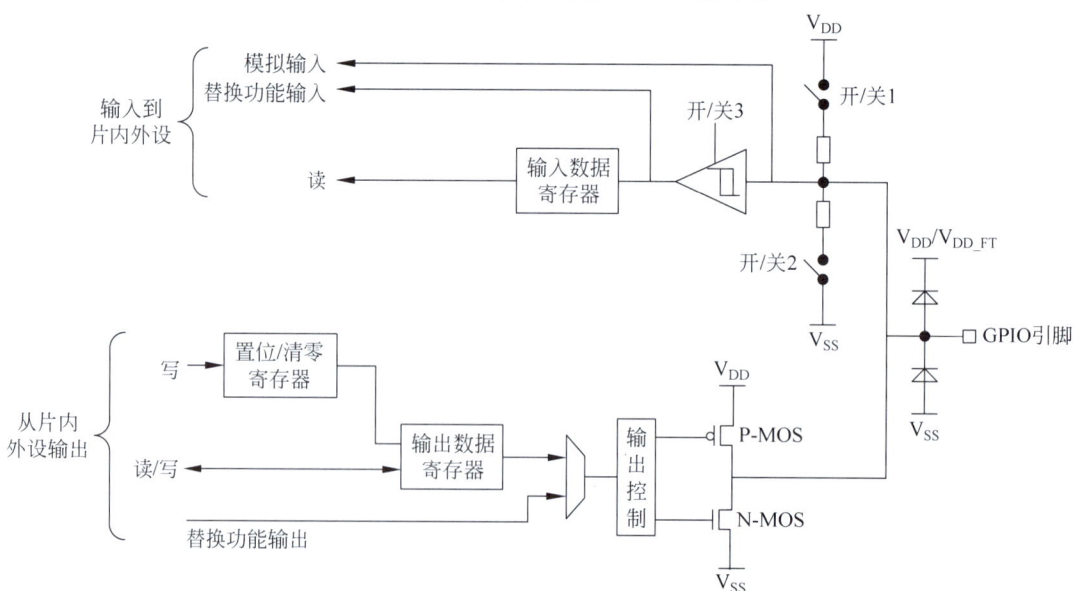

图 4-1 GPIO 口引脚的内部结构

如图4-1所示,GPIO口具有输入和输出两个通道,对于输入通道而言,还具有模拟输入和替换功能输入(alternate function)通道;对于输出通道而言,还具有替换功能输出通道。图4-1中的V_{DD}/V_{DD_FT}表示对于兼容5V电平输入的端口使用VDD_FT,对于3.3V电平输入的端口使用VDD。

图4-1表明,GPIO口作为数字输入/输出口,通过读"输入数据寄存器"读入外部端口的输入数字电平信号,通过写"置位/清零寄存器"和"输出数据寄存器"向端口输出数字电平信号,并且可读出"输出数据寄存器"中的数字信号。

由图4-1中的3个"开关"和"输出控制"可知,GPIO口具有以下工作模式。

(1) 输入悬空(开关1和开关2均打开)。

(2) 输入上拉有效(开关1闭合、开关2打开)。

(3) 输入上拉和下拉均有效模式(开关1和开关2均闭合)。

(4) 模拟输入(开关1和开关2均打开、开关3关闭)。

(5) 输出开漏方式(当输出高电平时,"输出控制"关闭P-MOS管和N-MOS管;当输出低电平时,"输出控制"关闭P-MOS管并打开N-MOS管)。

(6) 输出推挽方式(当输出高电平时,"输出控制"打开P-MOS管并关闭N-MOS管;当输出低电平时,"输出控制"关闭P-MOS管并打开N-MOS管)。

(7) 替换功能输入(开关1、开关2和开关3均关闭)。

(8) 替换功能推挽输出(当输出高电平时,"输出控制"打开P-MOS管并关闭N-MOS管;当输出低电平时,"输出控制"关闭P-MOS管并打开N-MOS管)。

(9) 替换功能开漏输出(当输出高电平时,"输出控制"关闭P-MOS管和N-MOS管;当输出低电平时,"输出控制"关闭P-MOS管并打开N-MOS管)。

当GPIO用作替换功能时,记为AFIO。GPIO和AFIO具有各自独立的寄存器,下面依次介绍GPIO和AFIO相关的寄存器。

4.1.1 GPIO 寄存器

每个GPIO具有7个寄存器,即2个32位的配置寄存器(GPIOx_CRL和GPIOx_CRH)、2个32位的数据寄存器(GPIOx_IDR和GPIOx_ODR)、1个32位的置位/清零寄存器(GPIOx_BSRR)、1个16位的清零寄存器(GPIOx_BRR)和1个32位的配置锁定寄存器(GPIOx_LCKR)。这里x=A,B,…,G,各个GPIO口寄存器的基地址可查图2-4,每个寄存器的读/写操作必须按整个字(32位)进行,各个寄存器的详细情况如下所述。

端口配置寄存器GPIOx_CRL和GPIOx_CRH如图4-2和图4-3所示(摘自STM32F103参考手册)。

31	30	29	28	27	26	25	24	23	22	21	20	19	18	17	16
CNF7[1:0]		MODE7[1:0]		CNF6[1:0]		MODE6[1:0]		CNF5[1:0]		MODE5[1:0]		CNF4[1:0]		MODE4[1:0]	
rw	rw	rw	rw	rw	rw	rw	rw	rw	rw	rw	rw	rw	rw	rw	rw
15	14	13	12	11	10	9	8	7	6	5	4	3	2	1	0
CNF3[1:0]		MODE3[1:0]		CNF2[1:0]		MODE2[1:0]		CNF1[1:0]		MODE1[1:0]		CNF0[1:0]		MODE0[1:0]	
rw	rw	rw	rw	rw	rw	rw	rw	rw	rw	rw	rw	rw	rw	rw	rw

图 4-2 端口配置寄存器 GPIOx_CRL(偏移地址 0x0,复位值 0x4444 4444)

图4-2和图4-3中的"rw"表示可读/可写,下文出现的"r"表示只读,"w"表示只写。每

31	30	29	28	27	26	25	24	23	22	21	20	19	18	17	16
CNF15[1:0]		MODE15[1:0]		CNF14[1:0]		MODE14[1:0]		CNF13[1:0]		MODE13[1:0]		CNF12[1:0]		MODE12[1:0]	
rw	rw	rw	rw	rw	rw	rw	rw	rw	rw	rw	rw	rw	rw	rw	rw
15	14	13	12	11	10	9	8	7	6	5	4	3	2	1	0
CNF11[1:0]		MODE11[1:0]		CNF10[1:0]		MODE10[1:0]		CNF9[1:0]		MODE9[1:0]		CNF8[1:0]		MODE8[1:0]	
rw	rw	rw	rw	rw	rw	rw	rw	rw	rw	rw	rw	rw	rw	rw	rw

图 4-3　端口配置寄存器 GPIOx_CRH（偏移地址 0x4，复位值 0x4444 4444）

一个 GPIO 口有 16 个引脚，每个引脚的配置需要一个 2 位的 MODE 位域和一个 2 位的 CNF 位域，在图 4-2 和图 4-3 中，GPIOx_CRL 或 GPIOx_CRH 中的 MODEy[1:0] 和 CNFy[1:0]（y=0,1,…,7，或 y=8,9,…,15）用于配置 GPIOx 的第 y 个引脚。例如，配置 GPIOE 的第 6 脚，则需要配置 GPIOE_CRL 的 CNF6[1:0] 和 MODE6[1:0]，配置 GPIOE 的第 11 脚，则需要配置 GPIOE_CRH 的 CNF11[1:0] 和 MODE11[1:0]。各个 MODE[1:0] 的含义为：00b 表示输入模式；01b 表示输出模式，最大 10MHz；10b 表示输出模式，最大 2MHz；11b 表示输出模式，最大 50MHz。各个 CNF[1:0] 的含义为：

（1）如果 MODE[1:0]=0，CNF[1:0] 为 00b 表示模拟输入；01b 表示悬空输入；10b 表示带上拉和下拉的输入；11b 保留。

（2）如果 MODE[1:0]>00b，即为输出模式时，CNF[1:0] 为 00b 表示带推挽数字输出；01b 表示开漏数字输出；10b 表示替换功能推挽输出；11b 表示替换功能开漏输出。

32 位的端口输入数据寄存器 GPIOx_IDR（偏移地址 0x08）只有低 16 位有效，每位记为 IDRy（y=0,1,…,15），包含了相应端口的输入数字信号。

32 位的端口输出数据寄存器 GPIOx_ODR（偏移地址 0x0C，复位值 0x0）只有低 16 位有效，各位记为 ODRy，写入 GPIOx_ODR 中的数据将被输出到端口上。同时，该寄存器的值可以被读出。

32 位的端口置位/清零寄存器 GPIOx_RSRR（偏移地址 0x10，复位值 0x0），可以单独置位或清零某个 GPIO 引脚。GPIOx_RSRR 高 16 位的每位记为 BRy（y=0,1,…,15），低 16 位的每位记为 BSz（z=0,1,…,15），如图 4-4 所示（摘自 STM32F103 参考手册）。

31	30	29	28	27	26	25	24	23	22	21	20	19	18	17	16
BR15	BR14	BR13	BR12	BR11	BR10	BR9	BR8	BR7	BR6	BR5	BR4	BR3	BR2	BR1	BR0
w	w	w	w	w	w	w	w	w	w	w	w	w	w	w	w
15	14	13	12	11	10	9	8	7	6	5	4	3	2	1	0
BS15	BS14	BS13	BS12	BS11	BS10	BS9	BS8	BS7	BS6	BS5	BS4	BS3	BS2	BS1	BS0
w	w	w	w	w	w	w	w	w	w	w	w	w	w	w	w

图 4-4　端口置位/清零寄存器 GPIOx_RSRR

图 4-4 中的 BRy 和 BSz 写入 0 无效；BRy 写入 1，则清零相应的端口引脚；BSz 写入 1，则置位相应的端口引脚。例如，使 GPIOE 的第 5 引脚输出高电平，则使用语句"GPIOE_RSRR=(1uL<<5);"；使 GPIOE 端口的第 11 引脚输出低电平，则使用语句"GPIOE_RSRR=(1uL<<11)<<16;"。如果使用端口输出数据寄存器 GPIOE_ODR，则上述两个操作作为"读出—修改—写回"处理，其语句为"GPIOE_ODR &=~(1uL<<5);"和"GPIOE_ODR |=(1uL<<11);"，显然，直接写寄存器 GPIOE_RSRR 速度更快。

上述使用 GPIOx_RSRR 清零某个 GPIO 口的特定引脚时，有一个左移 16 位（"<<16"）的操作，因为清零寄存器位于 GPIOx_RSRR 的高 16 位，为了省掉这个操作，GPIO 模块还具

有一个 16 位的端口清零寄存器 GPIOx_BRR(偏移地址 0x14,复位值 0x0),每位记为 BRy(y=0,1,…,15),各位写入 0 无效,写入 1 清零相应的端口引脚。例如,使 GPIOE 端口的第 11 引脚输出低电平,则可使用语句"GPIOE_BRR =(1uL << 11);"。

配置锁定寄存器 GPIOx_LCKR(偏移地址 0x18,复位值 0x0),用于锁定配置寄存器 GPIOx_CRL 和 GPIOx_CRH 的值,如图 4-5 所示。

31	30	29	28	27	26	25	24	23	22	21	20	19	18	17	16
\multicolumn{16}{	c	}{Reserved}															LCKK
															rw
15	14	13	12	11	10	9	8	7	6	5	4	3	2	1	0
LCK15	LCK14	LCK13	LCK12	LCK11	LCK10	LCK9	LCK8	LCK7	LCK6	LCK5	LCK4	LCK3	LCK2	LCK1	LCK0
rw	rw	rw	rw	rw	rw	rw	rw	rw	rw	rw	rw	rw	rw	rw	rw

图 4-5 配置锁定寄存器 GPIOx_LCKR

在图 4-5 中,LCK[15:0] 对应 GPIO 口的 16 个引脚,例如,LCKy=1,则 GPIO 口的第 y 脚的配置被锁定,如果 LCKy=0,则其配置是可以更新的。一旦某个 GPIO 引脚的配置被锁定,只有再次"复位 GPIO 口",才能解锁。锁定某个引脚的配置的方法为,使该引脚对应的 LCKy 为 1,然后,向 LCKK 顺序执行:写入 1,写入 0,写入 1,读出 0,读出 1(其间 LCK[15:0] 的值不能改变)。例如,要锁定 GPIOE 端口的第 5 脚和第 11 脚的配置,则使用以下语句:"GPIOE_LCKR =(1uL << 11)|(1uL << 5); GPIOE_LCKR =(1uL << 16)|(1uL << 11)|(1uL << 5); GPIOE_LCKR=(1uL << 11)|(1uL << 5); GPIOE_LCKR=(1uL << 16)|(1uL << 11)|(1uL << 5); v1=GPIOE_LCKR; v2=GPIOE_LCKR;"(这里 v1 和 v2 为无符号 32 位整型)。

上面提到的"复位 GPIO 口"是由复位与时钟控制模块(RCC)管理的,此外,GPIO 模块(或其他外设模块)在使用前,必须通过 RCC 给相应的模块提供时钟源,相关的寄存器有 APB2 外设复位寄存器(RCC_APB2RSTR,偏移地址 0x0C)和 APB2 外设时钟有效寄存器(RCC_APB2ENR,偏移地址 0x18),由图 2-4 可知,RCC 模块的基地址为 0x4002 1000。

APB2 外设复位寄存器 RCC_APB2RSTR(复位值 0x0)和 APB2 外设时钟有效寄存器 RCC_APB2ENR(复位值 0x0)如图 4-6 和图 4-7 所示。

31	30	29	28	27	26	25	24	23	22	21	20	19	18	17	16
\multicolumn{16}{	c	}{Reserved}																
15	14	13	12	11	10	9	8	7	6	5	4	3	2	1	0
ADC3 RST	USART1 RST	TIM8 RST	SPI1 RST	TIM1 RST	ADC2 RST	ADC1 RST	IOPG RST	IOPF RST	IOPE RST	IOPD RST	IOPC RST	IOPB RST	IOPA RST	Res.	AFIO RST
rw	rw	rw	rw	rw	rw	rw	rw	rw	rw	rw	rw	rw	rw	Res.	rw

图 4-6 APB2 外设复位寄存器 RCC_APB2RSTR

31	30	29	28	27	26	25	24	23	22	21	20	19	18	17	16
\multicolumn{16}{	c	}{Reserved}																
15	14	13	12	11	10	9	8	7	6	5	4	3	2	1	0
ADC3 EN	USART1 EN	TIM8 EN	SPI1 EN	TIM1 EN	ADC2 EN	ADC1 EN	IOPG EN	IOPF EN	IOPE EN	IOPD EN	IOPC EN	IOPB EN	IOPA EN	Res.	AFIO EN
rw	rw	rw	rw	rw	rw	rw	rw	rw	rw	rw	rw	rw	rw	Res.	rw

图 4-7 APB2 外设时钟有效寄存器 RCC_APB2ENR

由图 4-6 和图 4-7 可知,这两个寄存器只有低 16 位有效(Reserved 和 Res. 表示保留),从第 15 位至第 0 位依次表示 ADC3、USART1、TIM8、SPI1、TIM1、ADC2、ADC1、GPIOG、GPIOF、GPIOE、GPIOD、GPIOC、GPIOB、GPIOA、保留、AFIO 的复位控制和时钟启动控制。对于图 4-6 中的 RCC_APB2RSTR 寄存器,各位写入 0 无效,写入 1 则复位相应的片上外设;对于图 4-7 的 RCC_APB2ENR 寄存器,各位写入 0 关闭相应外设的时钟,写入 1 开放相应外设的时钟。例如,要使用 GPIOE 口,则需要执行语句"RCC_APB2ENR |= RCC_APB2ENR |(1uL << 6);"启动 GPIOE 口的时钟源。

4.1.2 AFIO 寄存器

AFIO 寄存器的基地址为 0x4001 0000,STM32F103ZET6 共包括 7 个 AFIO 寄存器(复位值均为 0x0),即事件控制寄存器 AFIO_EVCR(偏移地址 0x0)、替换功能重映射寄存器 AFIO_MAPR(偏移地址 0x04)、外部中断配置寄存器 AFIO_EXTICR1(偏移地址 0x08)、外部中断配置寄存器 AFIO_EXTICR2(偏移地址 0x0C)、外部中断配置寄存器 AFIO_EXTICR3(偏移地址 0x10)、外部中断配置寄存器 AFIO_EXTICR4(偏移地址 0x14)和替换功能重映射寄存器 AFIO_MAPR2(偏移地址 0x1C)。下面依次详细介绍这些寄存器各位的含义。

事件控制寄存器 AFIO_EVCR 如表 4-1 所示。

表 4-1 事件控制寄存器 AFIO_EVCR

位号	名称	属性	含义
31:8			保留
7	EVOE	可读/可写	设为 1,Cortex 内核的 EVENTOUT 事件输出端配置到 PORT[2:0]和 PIN[3:0]指定的引脚
6:4	PORT[2:0]	可读/可写	可设为 000b、001b、…、100b 依次对应 PA、PB、…、PE 口
3:0	PIN[3:0]	可读/可写	可设为 0000b、0001b、…、1111b 依次对应选定 GPIO 口的第 0 位、第 1 位、…、第 15 位对应的引脚

替换功能重映射寄存器 AFIO_MAPR 如表 4-2 所示。

表 4-2 替换功能重映射寄存器 AFIO_MAPR

位号	名称	属性	含义
31:27			保留
26:24	SWJ_CFG[2:0]	只写	可设为 000b~100b,依次表示 JTAG 和 SW 功能可用、JTAG 和 SW 功能可用(无 NJTRST)、只有 SW 可用、JTAG 和 SW 不可用
23:21			保留
20	ADC2_ETRG_REMAP	可读/可写	清零表示 ADC2 外部常规触发端为 EXTI11,置 1 表示 ADC2 外部常规触发端为 TIM8_TRGO
19	ADC2_ETRGINJ_REMAP	可读/可写	清零表示 ADC2 外部注入触发端为 EXTI15,置 1 表示 ADC2 外部注入触发端为 TIM8_Channel4
18	ADC1_ETRG_REMAP	可读/可写	清零表示 ADC1 外部常规触发端为 EXTI11,置 1 表示 ADC1 外部常规触发端为 TIM8_TRGO

续表

位号	名称	属性	含义
17	ADC1_ETRGINJ_REMAP	可读/可写	清零表示 ADC1 外部注入触发端为 EXTI15，置 1 表示 ADC1 外部注入触发端为 TIM8_Channel4
16	TIM5CH4_IREMAP	可读/可写	清零表示定时器 5 通道 4 与 PA3 连接，置 1 表示定时器 5 通道 4 与 LSI 时钟连接
15			保留
14:13	CAN_REMAP[1:0]	可读/可写	为 00b，关闭 CAN 通道；为 01b 表示 CAN_RX 与 PB8 连接、CAN_TX 与 PB9 连接；为 10b 表示 CAN_RX 与 PD0 连接、CAN_TX 与 PD1 连接
12	TIM4_REMAP	可读/可写	清零表示 TIM4 无重映射；置 1 表示 TIM4_CH1、TIM4_CH2、TIM4_CH3 和 TIM4_CH4 依次映射到 PD12~PD15
11:10	TIM3_REMAP[1:0]	可读/可写	为 00b 表示 TIM3 无重映射；为 01b 保留；为 10b 表示部分映射（CH1/PB4、CH2/PB5）；为 11b 表示全映射（CH1/PC6、CH4/PC7、CH3/PC8、CH4/PC9）
9:8	TIM2_REMAP[1:0]	可读/可写	为 00b 表示 TIM2 无重映射；为 01b 表示部分映射（CH1/ETR/PA15、CH2/PB3）；为 10b 表示部分映射（CH3/PB10、CH4/PB11）；为 11b 表示全映射（CH1/ETR/PA15、CH2/PB3、CH3/PB10、CH4/PB11）
7:6	TIM1_REMAP[1:0]	可读/可写	为 00b 表示 TIM1 无重映射；为 01b 表示部分映射（BKIN/PA6、CH1N/PA7、CH2N/PB0、CH3N/PB1）；为 10b 保留；为 11b 表示全映射（ETR/PE7、CH1/PE9、CH2/PE11、CH3/PE13、CH4/PE14、BKIN/PE15、CH1N/PE8、CH2N/PE10、CH3N/PE12）
5:4	USART3_REMAP[1:0]	可读/可写	为 00b 表示 USART3 无重映射；为 01b 表示部分映射（TX/PC10、RX/PC11、CK/PC12）；为 10b 保留；为 11b 表示全映射（TX/PD8、RX/PD9、CK/PD10、CTS/PD11、RTS/PD12）
3	USART2_REMAP	可读/可写	清零表示 USART2 无重映射；置 1 表示映射关系（CTS/PD3、RTS/PD4、TX/PD5、RX/PD6、CK/PD7）
2	USART1_REMAP	可读/可写	清零表示 USART1 无重映射；置 1 表示映射关系（TX/PB6、RX/PB7）
1	I2C1_REMAP	可读/可写	清零表示 I^{2}C1 无重映射；置 1 表示映射关系（SCL/PB8、SDA/PB9）
0	SP11_REMAP	可读/可写	清零表示 SPI 无重映射；置 1 表示映射关系（NSS/PA15、SCK/PB3、MISO/PB4、MOSI/PB5）

外部中断配置寄存器 AFIO_EXTICR1、AFIO_EXTICR2、AFIO_EXTICR3 和 AFIO_EXTICR4 的含义如表 4-3 所示。

表 4-3 外部中断配置寄存器 AFIO_EXTICR1～AFIO_EXTICR4

寄存器	位号	名称	含义
AFIO_EXTICR4	31:16	保留	EXTIm[3:0]，m＝0,1,…,15 表示外部中断 m，可取值为 000b,001b,…,0110b，依次表示 PA 口、PB 口、…、PG 口。例如，设置 PE 口的第 3 引脚为外部中断 3 的输入端，则配置 EXTI3[3:0]为 4(即 0100b)
AFIO_EXTICR4	15:12	EXTI15[3:0]	
AFIO_EXTICR4	11:8	EXTI14[3:0]	
AFIO_EXTICR4	7:4	EXTI13[3:0]	
AFIO_EXTICR4	3:0	EXTI12[3:0]	
AFIO_EXTICR3	31:16	保留	
AFIO_EXTICR3	15:12	EXTI11[3:0]	
AFIO_EXTICR3	11:8	EXTI10[3:0]	
AFIO_EXTICR3	7:4	EXTI9[3:0]	
AFIO_EXTICR3	3:0	EXTI8[3:0]	
AFIO_EXTICR2	31:16	保留	
AFIO_EXTICR2	15:12	EXTI7[3:0]	
AFIO_EXTICR2	11:8	EXTI6[3:0]	
AFIO_EXTICR2	7:4	EXTI5[3:0]	
AFIO_EXTICR2	3:0	EXTI4[3:0]	
AFIO_EXTICR1	31:16	保留	
AFIO_EXTICR1	15:12	EXTI3[3:0]	
AFIO_EXTICR1	11:8	EXTI2[3:0]	
AFIO_EXTICR1	7:4	EXTI1[3:0]	
AFIO_EXTICR1	3:0	EXTI0[3:0]	

替换功能重映射寄存器 AFIO_MAPR2 只有第 10 位有效，其余位保留。第 10 位符号为 FSMC_NADV，可读/可写属性，为 0 表示 FSMC_NADV 与外部端口 PB7 相连接；为 1 表示 FSMC_NADV 无连接。

4.2　STM32F103 库函数用法

了解了 STM32F103ZET6 的 GPIO 寄存器(参考 4.1.1 节)，就可以操作 GPIO 口了。例如，令 PB5(即 GPIOB 的第 5 脚)输出高电平，可以使用语句"GPIOB-> ODR ｜＝(1uL << 5);"或"GPIOB-> BSRR ＝(1uL << 5);"实现。这里的 GPIOB 是定义在文件 stm32f10x.h 中的结构体指针，如程序段 4-1 所示。

程序段 4-1　GPIOB 的定义

```
1    typedef struct
2    {
3        __IO uint32_t CRL;
4        __IO uint32_t CRH;
5        __IO uint32_t IDR;
6        __IO uint32_t ODR;
7        __IO uint32_t BSRR;
8        __IO uint32_t BRR;
9        __IO uint32_t LCKR;
10   } GPIO_TypeDef;
11   #define PERIPH_BASE            ((uint32_t)0x40000000)
```

```
12    #define APB2PERIPH_BASE        (PERIPH_BASE + 0x10000)
13    #define GPIOB_BASE             (APB2PERIPH_BASE + 0x0C00)
14    #define GPIOB                  ((GPIO_TypeDef *) GPIOB_BASE)
15
16    GPIOB->ODR &= ~(1uL<<5);
17    GPIOB->ODR |= (1uL<<5);
```

程序段 4-1 中,"__IO"是宏定义量 volatile,uint32_t 是自定义的 32 位无符号整型类型。第 1～10 行在结构体类型 GPIO_TypeDef 中按 GPIO 口寄存器的地址先后顺序排列它们,第 11～13 行宏定义了 GPIOB_BASE 为 0x4001 0C00,即 GPIOB 口的基地址(见图 2-4),第 14 行宏定义 GPIOB 为指向 GPIOB 基地址的结构体指针变量,上文出现的"GPIOB->ODR"即为 GPIOB 口的输出数据寄存器 GPIOB_ODR(见 4.1.1 节)。第 16 行表示 PB5 输出低电平,第 17 行表示 PB5 输出高电平。

事实上,文件 stm32f10x.h 中宏定义了 STM32F103ZET6 微控制器的各种片内外设的寄存器结构体指针,可以直接使用。文件 stm32f10x.h 是由 Keil MDK 自动产生的。如果不使用 stm32f10x.h 文件中的寄存器结构体指针,则需要自行定义各个寄存器,例如,对于地址为 0x4001 0C0C 的寄存器 GPIOB_ODR,可以如程序段 4-2 那样定义和使用。

程序段 4-2   自定义 GPIOB_ODR 寄存器

```
1     #define  GPIOB_ODR   *(unsigned int *)0x40010C0C
2
3     GPIOB_ODR &= ~(1uL<<5);
4     GPIOB_ODR |= (1uL<<5);
```

程序段 4-2 中,第 1 行定义寄存器 GPIOB_ODR,第 3 行 PB5 输出低电平,第 4 行 PB5 输出高电平。

上述的程序段 4-1 和程序段 4-2 中都直接使用了寄存器进行程序设计,这类程序称为基于寄存器的程序,简称寄存器类型程序。如果进行寄存器类型程序设计,需要对 stm32f10x.h 文件的内容进行全面的学习(该文件在 Keil MDK 创建新工程时自动产生)。

除了寄存器类型程序外,STM32F103 还支持一种抽象的程序类型,称为借助库函数的工程程序,简称库函数类型程序。

意法半导体公司针对 STM32F10x 微控制器的全部外设提供了可以抽象访问的库函数,所谓的"抽象访问"是指当访问片内外设时,不需要关心片内外设寄存器的地址和各位的含义,而是通过库函数定义的见名知意的常量和函数调用直接访问。例如,访问 PB5,用寄存器方式时,需要了解 PB 口的各个寄存器及其地址,还要了解 PB5 在各个寄存器中的位置;而用库函数方式时,根据库函数文件中定义的端口常量如 GPIO_PIN_5、GPIO_Mode_Out_PP、GPIO_Speed_50MHz 等和函数如 GPIO_Init 和 GPIO_SetBits 等进行访问,这些常量和函数大都见名知意,并且意法半导体制作了 STM32 库函数手册,方便查询和使用。

库函数相关的文件如表 4-4 所示。

表 4-4   库函数相关的文件

序号	库函数文件	库函数头文件	描　　述
1	stm32f10x_adc.c	stm32f10x_adc.h	ADC 模块库函数(36 个)
2	stm32f10x_bkp.c	stm32f10x_bkp.h	备份寄存器 BKP 模块库函数(12 个)

续表

序号	库函数文件	库函数头文件	描述
3	stm32f10x_can.c	stm32f10x_can.h	CAN模块库函数(24个)
4	stm32f10x_crc.c	stm32f10x_crc.h	CRC模块库函数(6个)
5	stm32f10x_dac.c	stm32f10x_dac.h	DAC模块库函数(12个)
6	stm32f10x_dma.c	stm32f10x_dma.h	DMA模块库函数(11个)
7	stm32f10x_exti.c	stm32f10x_exti.h	外部中断模块库函数(8个)
8	stm32f10x_flash.c	stm32f10x_flash.h	Flash模块库函数(28个)
9	stm32f10x_fsmc.c	stm32f10x_fsmc.h	FSMC模块库函数(19个)
10	stm32f10x_gpio.c	stm32f10x_gpio.h	GPIO模块库函数(18个)
11	stm32f10x_i2c.c	stm32f10x_i2c.h	I^2C模块库函数(33个)
12	stm32f10x_iwdg.c	stm32f10x_iwdg.h	内部独立看门狗模块库函数(6个)
13	stm32f10x_pwr.c	stm32f10x_pwr.h	功耗控制PWR模块库函数(9个)
14	stm32f10x_rcc.c	stm32f10x_rcc.h	RCC模块库函数(32个)
15	stm32f10x_rtc.c	stm32f10x_rtc.h	RTC模块库函数(14个)
16	stm32f10x_sdio.c	stm32f10x_sdio.h	SDIO模块库函数(30个)
17	stm32f10x_spi.c	stm32f10x_spi.h	SPI模块库函数(23个)
18	stm32f10x_tim.c	stm32f10x_tim.h	TIM模块库函数(87个)
19	stm32f10x_usart.c	stm32f10x_usart.h	USART模块库函数(29个)
20	stm32f10x_wwdg.c	stm32f10x_wwdg.h	WWDG模块库函数(8个)
21	misc.c	misc.h	NVIC和SysTick库函数(4个+1个)
22		stm32f10x_conf.h	包括了序号1~21的全部库函数头文件

由表4-4可知，库函数全部的文件都是开源的C语言代码，常量定义和函数声明位于.h文件中，函数体位于.c文件中。例如，在stm32f10x_gpio.h中有以下宏定义语句和函数声明：

程序段4-3　stm32f10x_gpio.h中的一个宏定义语句和一个函数声明

```
1    #define  GPIO_Pin_5                ((uint16_t)0x0020)
2    void GPIO_SetBits(GPIO_TypeDef * GPIOx, uint16_t GPIO_Pin);
```

而在相应的stm32f10x_gpio.c文件中有以下函数：

程序段4-4　stm32f10x_gpio.c文件中的GPIO_SetBits函数

```
1    void GPIO_SetBits(GPIO_TypeDef * GPIOx, uint16_t GPIO_Pin)
2    {
3      /* 形参检查 */
4      assert_param(IS_GPIO_ALL_PERIPH(GPIOx));
5      assert_param(IS_GPIO_PIN(GPIO_Pin));
6
7      GPIOx -> BSRR = GPIO_Pin;
8    }
```

程序段4-3中，GPIO_Pin_5为常数(1uL<<5)。程序段4-4中，第4~5行为调用宏函数assert_param检查函数GPIO_SetBits的两个参数的合法性，第7行为写寄存器GPIOx_BSRR。

现在结合程序段4-1中的第14行和程序段4-3、程序段4-4，可知语句"GPIO_SetBits(GPIOB, GPIO_Pin_5);"表示将PB5口设为1。

因此,将 PB5 口设为 1,用寄存器方式为"GPIOB->BSRR =(1uL<<5);",用库函数方式为"GPIO_SetBits(GPIOB, GPIO_Pin_5);",显然后者封装了寄存器的各种信息,可读性更好,更接近自然语言。如果使用库函数进行工程设计,需要对表 4-4 中的文件,特别是.h 文件中的每个常量和函数的含义进行细致的研究和了解。

4.3 Keil MDK 工程框架

视频讲解

本书使用了 Keil MDK v5.37 集成开发环境,书中的全部工程都可以使用于 Keil MDK v5.37 及其后续版本。

在 D 盘下新建文件夹,命名为"STM32F103ZET6 工程"(本书使用了中文文件夹名),本书所有工程均保存在该文件夹内。然后,在文件夹"STM32F103ZET6 工程"内创建一个子文件夹"工程 01",用于保存本节创建的工程。接着,在该子文件夹下新建三个子文件夹 PRJ、USER 和 BSP,其中,USER 文件夹用于保存应用程序文件及其头文件;BSP 文件夹用于保存板级支持包文件,即 STM32F103 芯片外设驱动文件及其头文件;PRJ 文件夹用于保存工程文件,如图 4-8 所示。

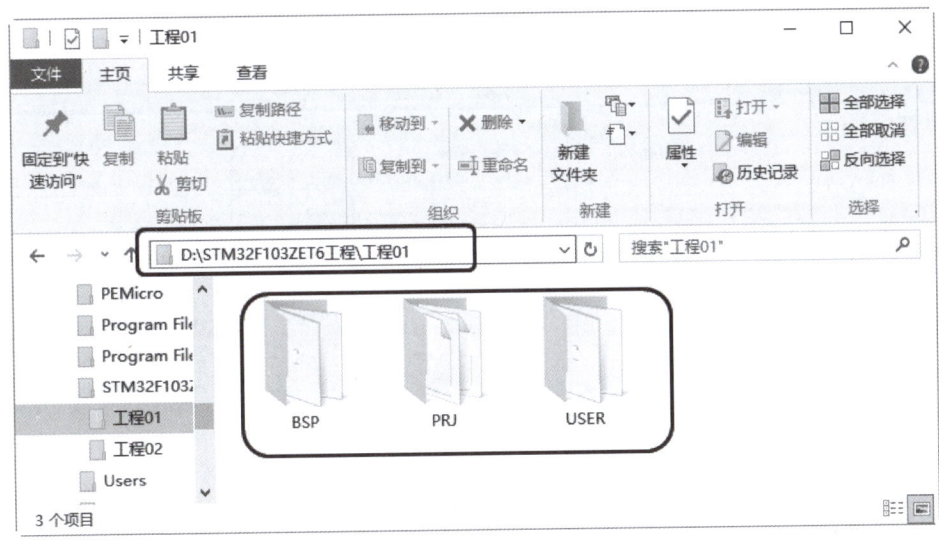

图 4-8 工程 01 文件夹结构

安装好 Keil MDK 后,会在桌面上显示快捷图标 Keil MDK μVision5,双击该图标进入图 4-9 所示窗口。

在图 4-9 中,单击"芯片支持包安装"快捷按钮进入图 4-10 所示界面。

图 4-10 中的 Device 一栏中显示了 Keil MDK 开发环境所支持的芯片系列。在图 4-10 中,至少要安装图中所示的 STM32F103 系列的芯片支持包,前文提到的 stm32f10x.h 文件就位于该支持包内。

回到图 4-9,在其中选择菜单 Project | New μVision Project("|"后的部分表示子菜单项),弹出图 4-11 所示窗口。

在图 4-11 中,选择目录"D:\STM32F103ZET6 工程\工程 01\PRJ",然后,在"文件名"输入框中输入工程文件名为 MyPrj,单击"保存"按钮进入图 4-12 所示对话框。

图 4-9 Keil MDK 工作主界面

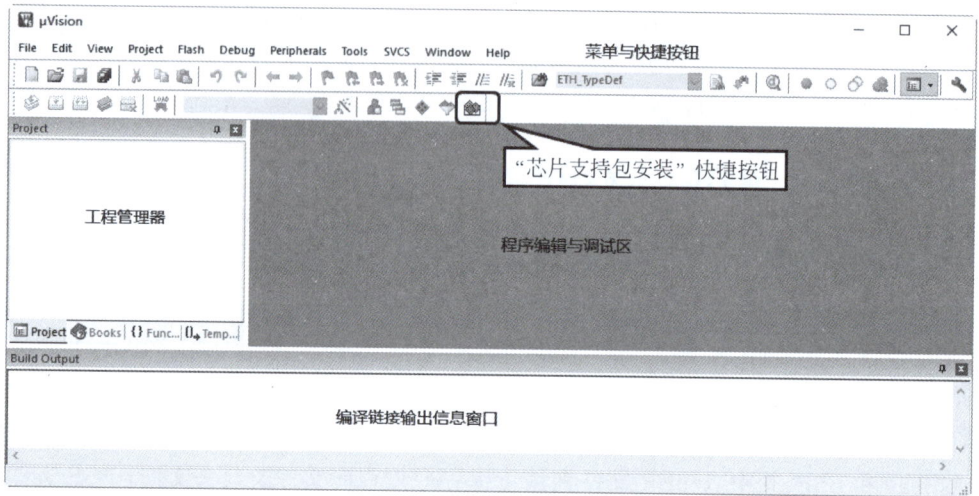

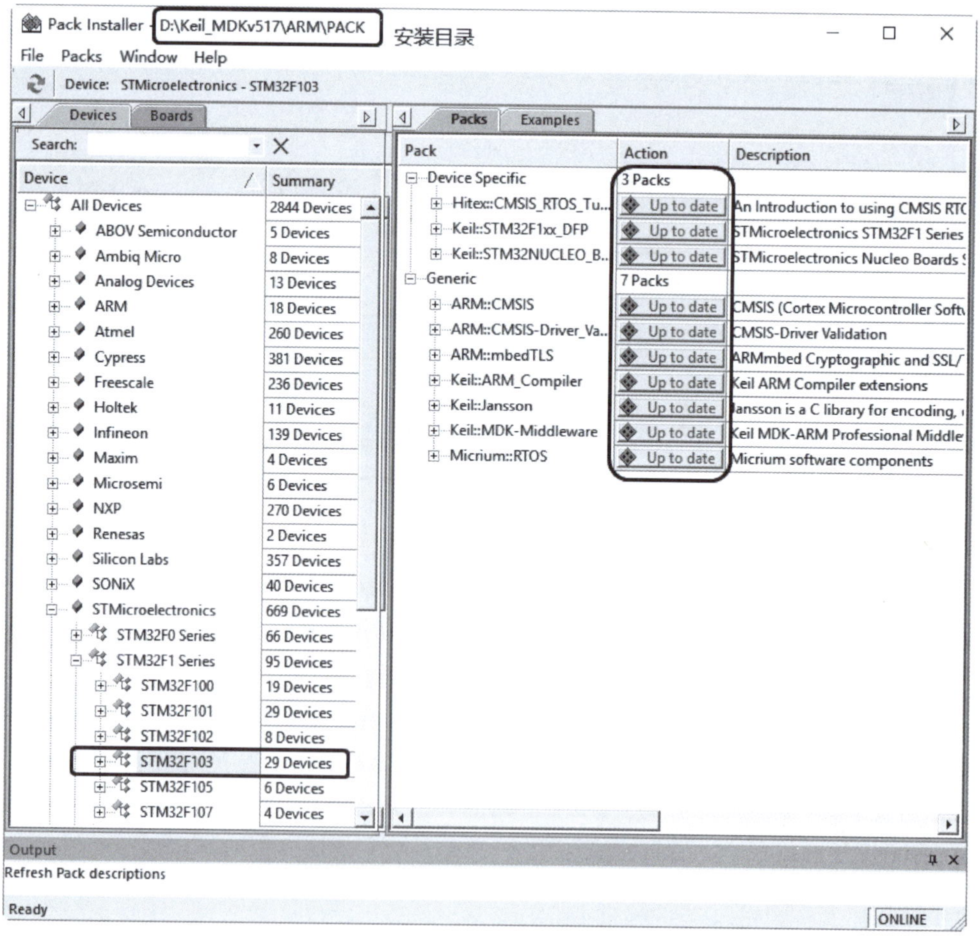

图 4-10 芯片支持包在线安装窗口

第4章 LED灯控制与Keil MDK工程框架　63

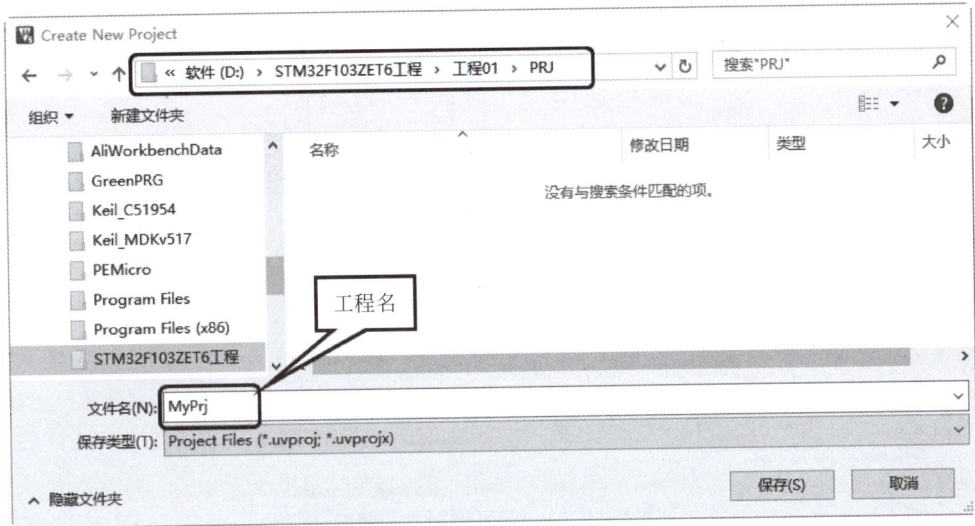

图 4-11　创建新工程对话框

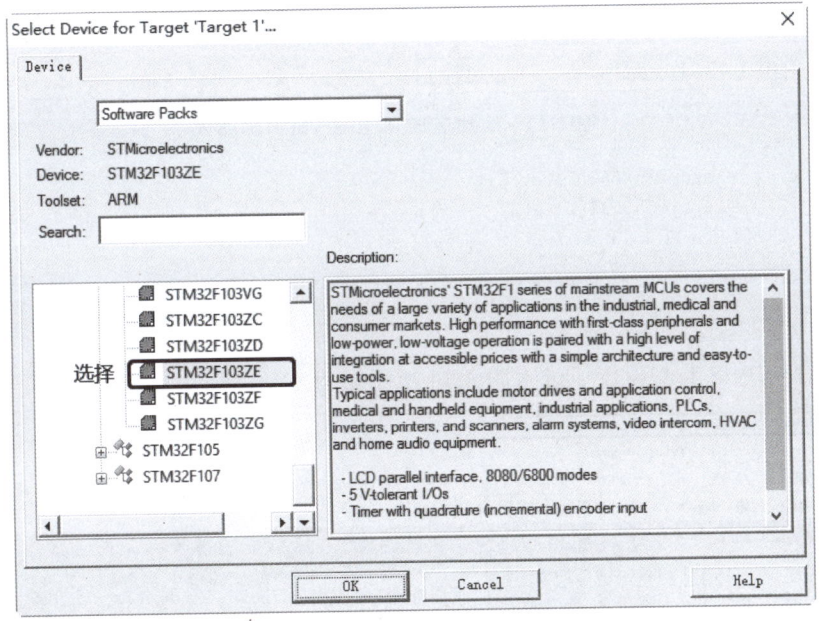

图 4-12　选择目标芯片型号对话框

在图 4-12 中，选择芯片 STM32F103ZE，在 Description 中将显示该芯片的资源情况。在图 4-12 中单击 OK 按钮进入图 4-13 所示对话框。

在图 4-13 中，勾选 Core、DSP、GPIO 和 Startup，依次表示向工程中添加 Cortex-M3 内核支持库、数字信号处理算法库、通用目的输入/输出口驱动库和芯片启动代码文件。当使用数字信号处理算法库中的函数时，需要在用户程序文件中包括头文件 arm_math.h，数字信号处理（DSP）算法库中包含了大量经过优化的数学函数，可实现代数运算、复数运算、矩阵运算、数字滤波器和统计处理等，例如，浮点数的正弦、余弦和开方运算分别对应以下 3 个函数：

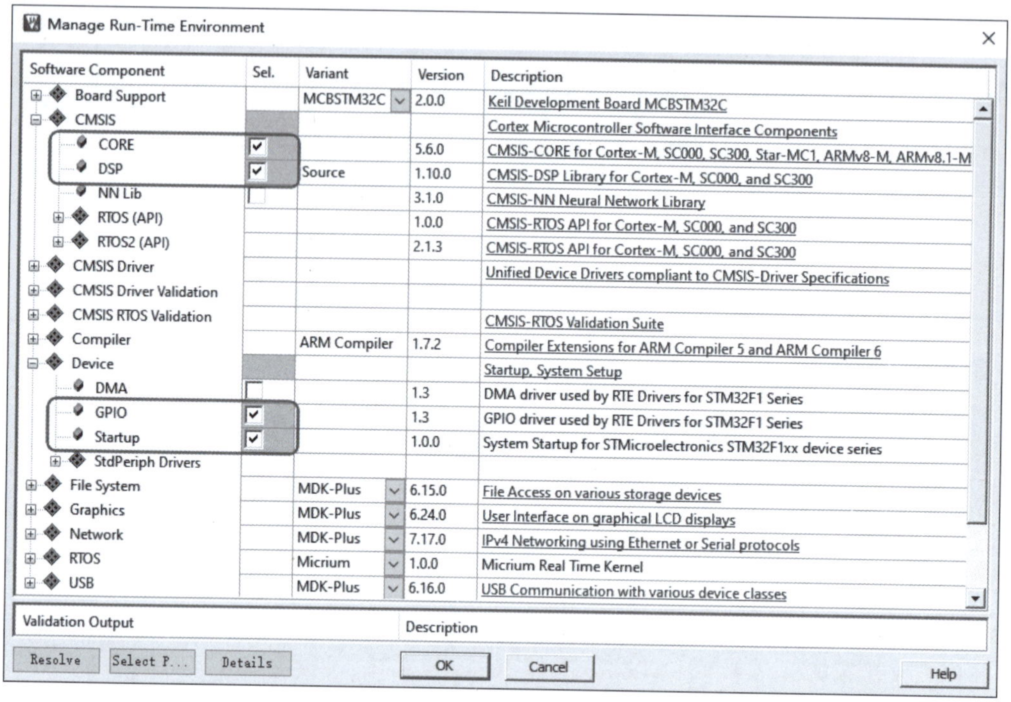

图 4-13 添加运行时（Run-Time）环境

```
float32_t  y = arm_sin_f32(float32_t  x);
float32_t  y = arm_cos_f32(float32_t  x);
arm_sqrt_f32(float32_t  x,float32_t  * y);
```

这里，float32_t 表示 32 位的浮点数据类型，上述 3 个函数对应的数学函数式依次为 $y=\sin(x)$、$y=\cos(x)$ 和 $*y=\sqrt{x}$。

在图 4-13 中，单击 OK 按钮进入图 4-14 所示窗口。

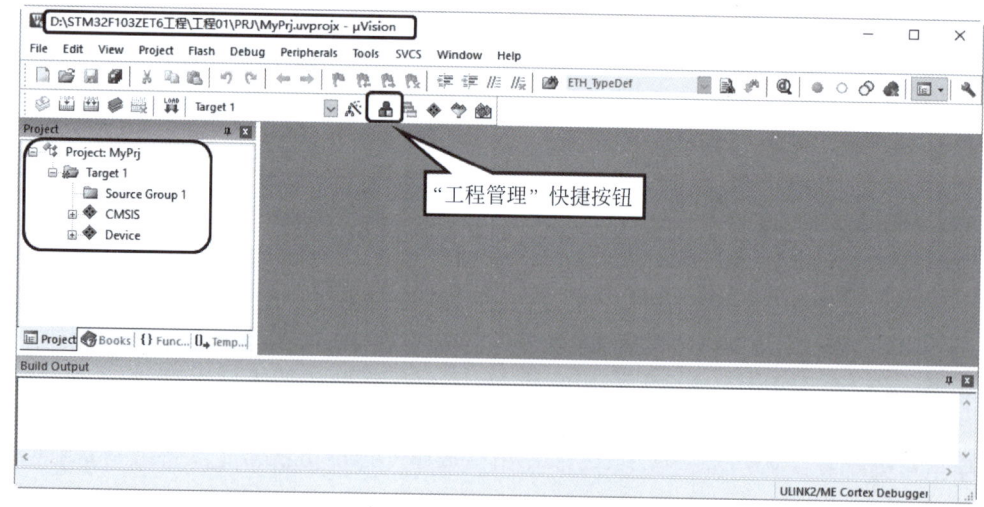

图 4-14 工程 01 工作界面-Ⅰ

在图 4-14 中，工程管理器显示新建的工程为 MyPrj，保存为"D:\STM32F103ZET6 工程\工程 01\PRJ\MyPrj.uvprojx"。可修改工程管理器中的目标 Target 1 和分组 Source

Group 1 的名称,单击"工程管理"快捷按钮进入图 4-15 所示对话框。

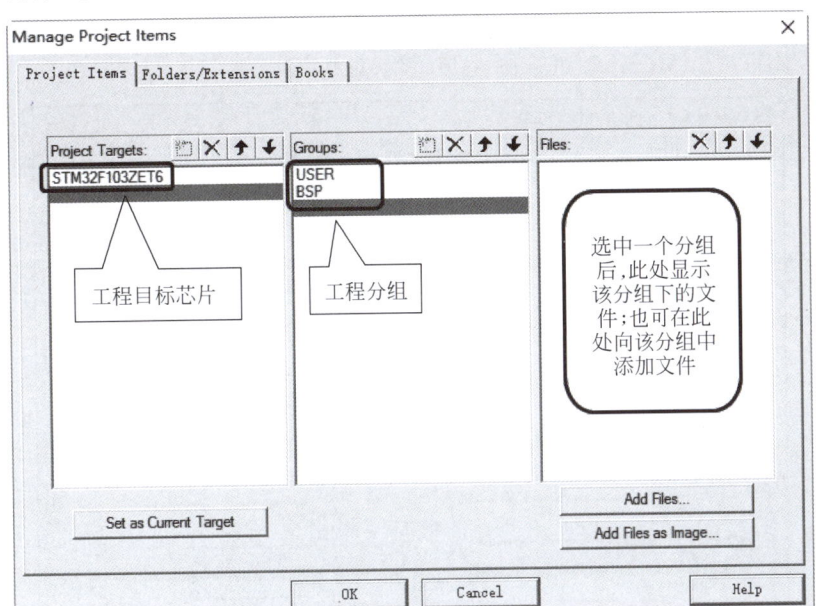

图 4-15 编辑工程管理器中的各项

在图 4-15 中,将原来的目标 Target 1 修改为 STM32F103ZET6,即所使用的芯片型号;将原来的分组 Source Group 1 删除,新建两个分组 USER 和 BSP(注意,这里的分组名与工程在硬件中的保存目录名没有直接的关系)。单击 OK 按钮进入图 4-16 所示窗口。

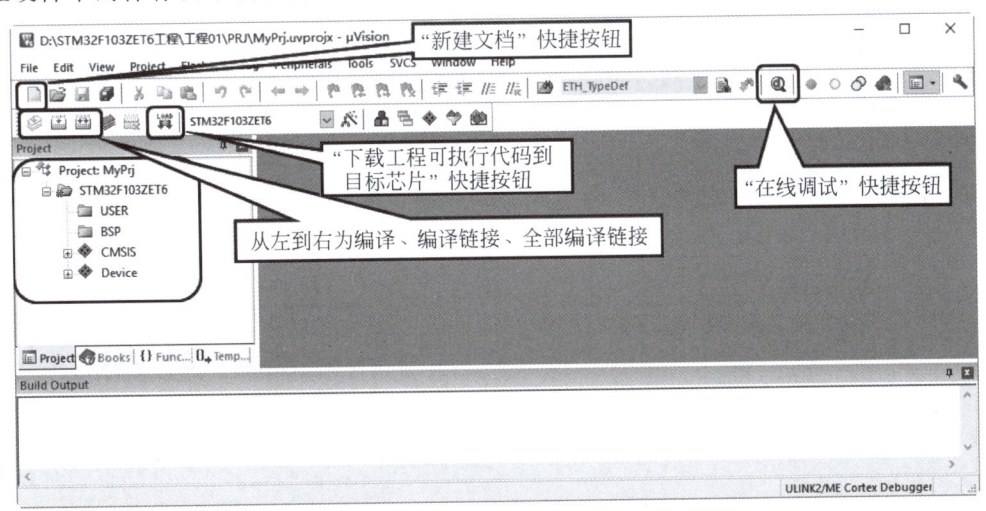

图 4-16 工程 01 工作界面-Ⅱ

在图 4-16 中,工程管理器中有两个分组,即 USER 和 BSP,这两个分组分别用于管理用户程序文件和板级支持包文件。图 4-16 中显示了常用的快捷按钮,如"新建文档"快捷按钮用于打开一个文档输入窗口进行程序编辑;"在线调试"快捷按钮用于在线仿真调试;"编译""编译链接""全部编译链接"三个快捷按钮分别用于编译当前活跃文件、编译链接修改过的源文件和全部编译链接整个工程文件;"下载工程可执行代码到目标芯片"快捷按钮用于将编译链接成功后的.hex 目标代码写入 STM32F103ZET6 芯片的 Flash 存储器中。在图 4-16 中，右击 STM32F103ZET6，在其弹出的快捷菜单中选择 Options for Target 'STM32F103ZET6'…Alt＋F7，进入图 4-17 所示对话框。

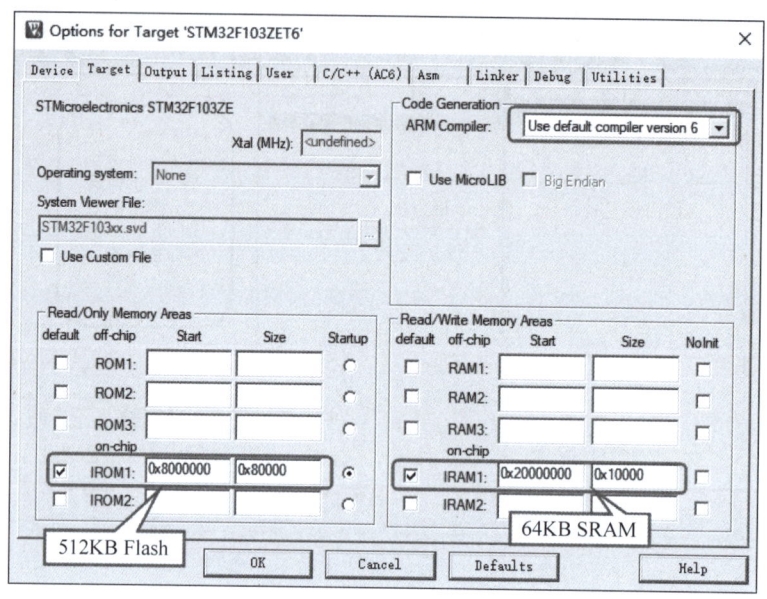

图 4-17　目标选项卡

在图 4-17 中，勾选 IROM1，长度为 0x80000（512KB Flash）；选中 IRAM1，长度为 0x10000（64KB SRAM）。在图 4-17 中，选择 Output 选项卡，进入图 4-18 所示对话框。

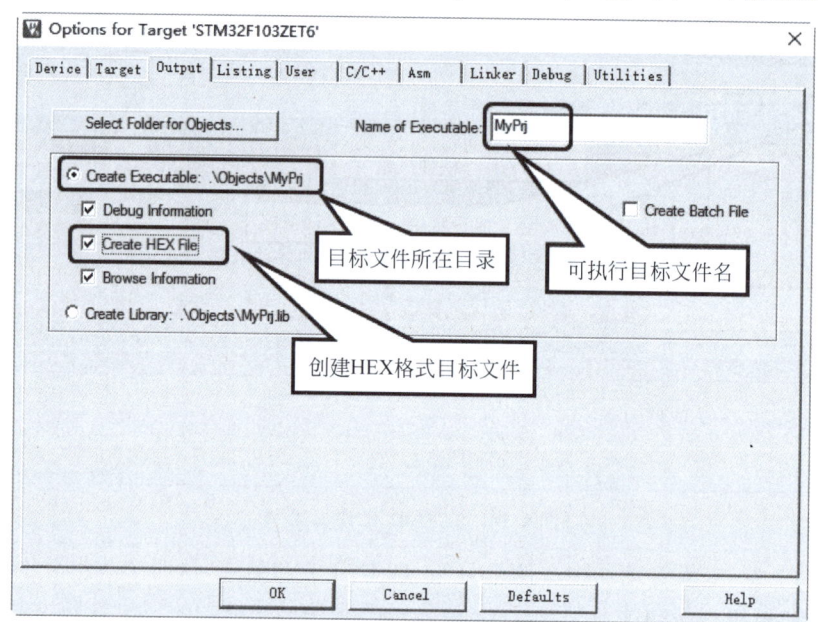

图 4-18　输出目标文件路径和格式选项卡

在图 4-18 中，设定工程生成的目标文件名为 MyPrj，所在的路径为".\Objects\MyPrj"，即工程所在路径下的"D:\STM32F103ZET6 工程\工程 01\PRJ\Objects\MyPrj"，

然后勾选 Create HEX File 复选框,表示编译链接后产生 HEX 格式的目标文件。在图 4-18 中选择 C/C++选项卡,进入图 4-19 所示对话框。

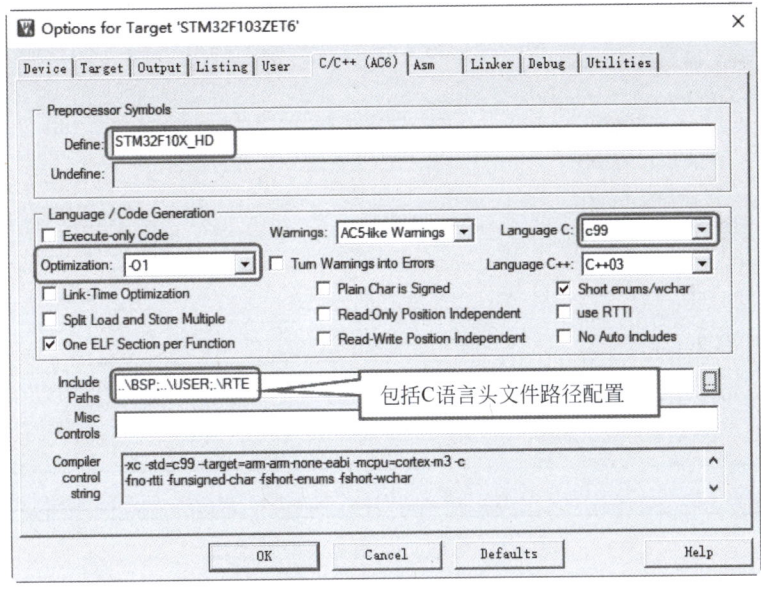

图 4-19 C/C++选项卡

在图 4-19 的 Include Paths 框中指定工程编译时搜索文件的路径,这里的"."表示工程所在的路径,即"D:\STM32F103ZET6 工程\工程 01\PRJ\",".."表示工程所在路径的上一层路径,即"D:\STM32F103ZET6 工程\工程 01\"。然后,在图 4-19 中选择 Debug 选项卡,进入图 4-20 所示对话框。

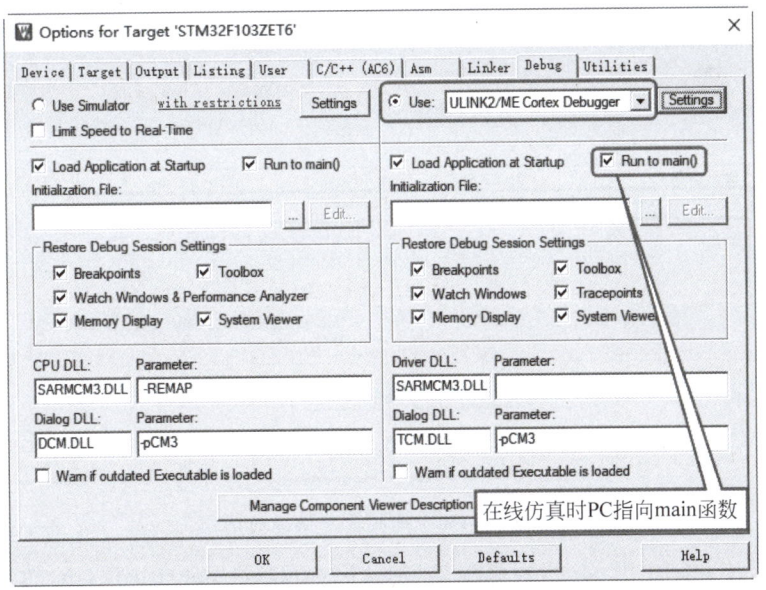

图 4-20 Debug 选项卡

在图 4-20 中,由于这里使用了 ULINK2 仿真器,所以选择了 ULINK2/ME Cortex Debugger,勾选 Run to main()复选框表示在线仿真调试时,程序计数器指针 PC 自动跳转到 main 函数执行，否则 PC 将跳转到汇编语言编写的启动文件 startup_stm32f10x_hd.s 中的 Reset_Handler 标号去执行。在图 4-20 中单击 Settings 按钮进入图 4-21 所示对话框。

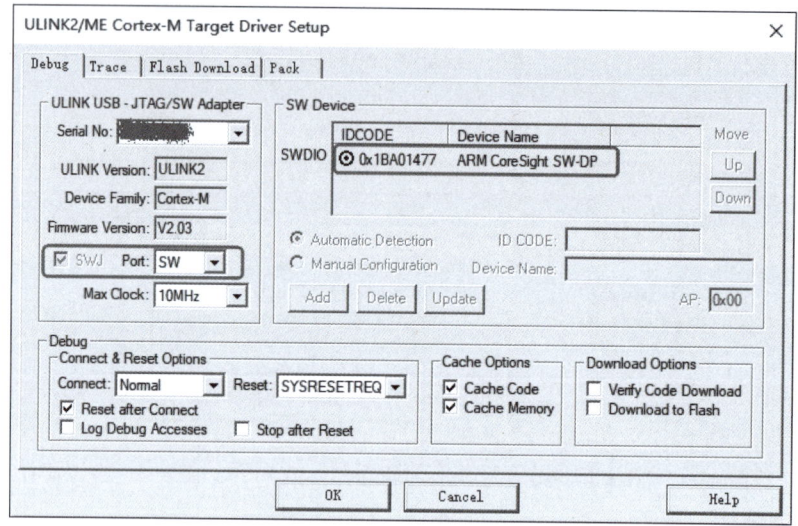

图 4-21　ULINK2 仿真连接对话框

如果 STM32F103 战舰 V3 开发板已上电，且 ULINK2 连接正常，则图 4-21 中将显示 Cortex-M3 的 IDCODE 为 0x1BA01477，表示连接正常。STM32F103ZET6 支持 JTAG 和 SW 两种调试方式，图 4-21 中的 Port 下拉列表框可选 SW 或 JTAG。在图 4-21 中选择 Flash Download 选项卡，进入图 4-22 所示对话框。

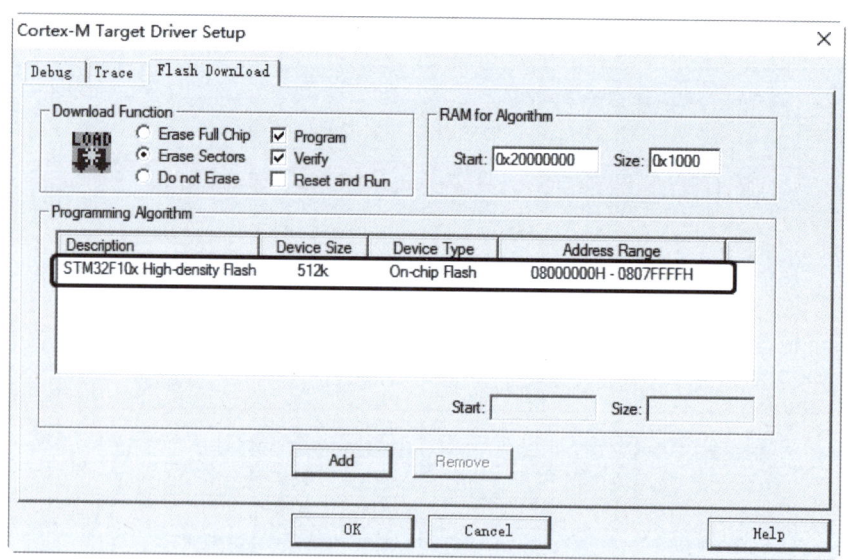

图 4-22　Flash 编程算法选择对话框

在图 4-22 中，添加 Flash 编程算法 STM32F10x High-density Flash，然后单击 OK 按钮回到图 4-20，在图 4-20 中单击 OK 按钮回到图 4-16，这样基于 Keil MDK 软件开发环境的工程框架就配置好了。

4.4 LED 灯闪烁实例

在 STM32F103 战舰 V3 开发板上集成了 2 个 LED 灯,如图 3-12 所示。由图 3-12、图 3-3 和图 3-6 可知,LED0 灯由 PB5 控制,LED1 灯由 PE5 控制。下面介绍 LED 灯闪烁控制的工程设计实例。

4.4.1 寄存器类型工程实例

在图 4-16 基础上,新建文件 led.c 和 led.h,保存在子文件夹 BSP 下。然后新建文件 main.c、includes.h 和 vartypes.h,保存在子文件夹 USER 下。接着,将 led.c 文件添加到工程管理器的 BSP 分组下,将 main.c 文件添加到工程管理器的 USER 分组下,如图 4-23 所示。注意,图 4-23 中"工程管理器"中的分组名与子文件夹的名称是相同的,但是二者没有联系,分组名可以使用各种符号和汉字。

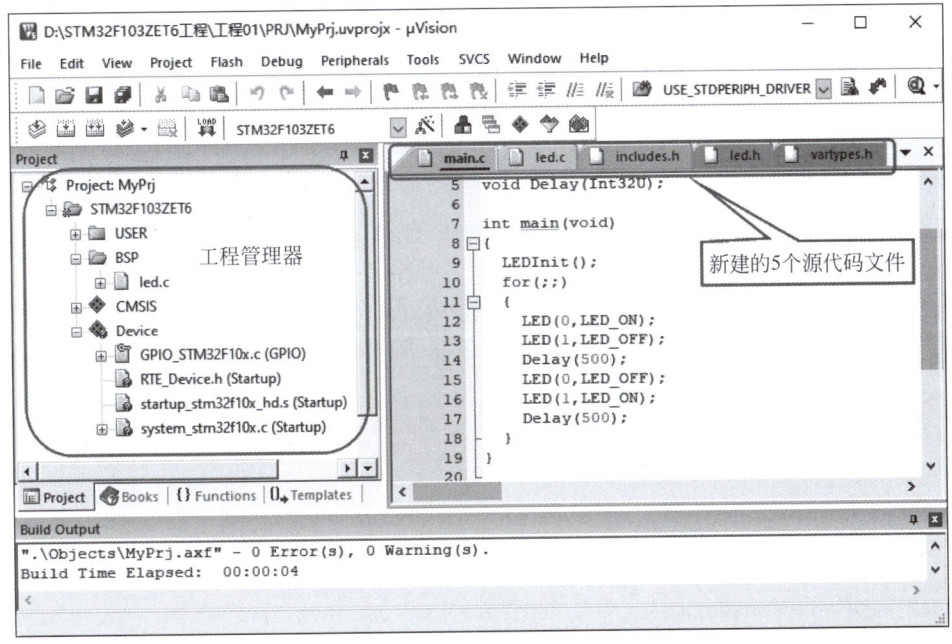

图 4-23 工程 01 工作界面-Ⅲ

下面依次介绍工程 01 中的各个文件,如程序段 4-5～程序段 4-9 所示。

程序段 4-5 文件 vartypes.h

```
1   //Filename: vartypes.h
2
3   #ifndef _VARTYPES_H
4   #define _VARTYPES_H
5
6   typedef unsigned char    Int08U;
7   typedef signed   char    Int08S;
8   typedef unsigned short   Int16U;
9   typedef signed   short   Int16S;
```

```
10      typedef unsigned int    Int32U;
11      typedef signed int      Int32S;
12
13      typedef float           Float32;
14
15      typedef enum {LED_ON,LED_OFF} LEDState;
16
17      #endif
```

头文件 vartypes.h 是用户自定义的变量类型文件。在程序段 4-5 中,第 3、4 行和第 17 行构成预编译处理,由于头文件 vartypes.h 被工程中的多个源文件包括,使用预编译处理指令可保证该头文件仅被包括一次。第 6~11 行依次定义了自定义变量类型:无符号 8 位整型、有符号 8 位整型、无符号 16 位整型、有符号 16 位整型、无符号 32 位整型和有符号 32 位整型。第 13 行定义了 32 位浮点型自定义变量类型。第 15 行定义了枚举型自定义类型,用于定义 LED 灯的状态,LED_ON 和 LED_OFF 分别用于表示 LED 灯的开和关的状态。

程序段 4-6   文件 includes.h

```
1   //Filename: includes.h
2
3   #include "stm32f10x.h"
4
5   #include "vartypes.h"
6   #include "led.h"
```

头文件 includes.h 是工程中总的包括头文件,包括了工程中用到的其余全部头文件,该 includes.h 头文件被全部用户源文件所包括。程序段 4-6 中第 3 行包括了系统头文件 stm32f10x.h,该头文件中宏定义了 STM32F103ZET6 芯片的全部片内外设的寄存器。第 5 行包括了头文件 vartypes.h,该头文件为用户自定义的变量类型头文件。第 6 行包括了头文件 led.h,该头文件声明了源文件 led.c 中定义的函数的原型。

程序段 4-7   文件 main.c

```
1   //Filename: main.c
2
3   #include "includes.h"
4
5   void Delay(Int32U);
6
7   int main(void)
8   {
9     LEDInit();
10    for(;;)
11    {
12      LED(0,LED_ON);
13      LED(1,LED_OFF);
14      Delay(500);
15      LED(0,LED_OFF);
16      LED(1,LED_ON);
17      Delay(500);
18    }
19  }
20
```

```
21    void Delay(Int32U u)
22    {
23       volatile Int32U i,j;
24       for(i = 0;i < u;i++)
25           for(j = 0;j < 12000;j++);
26    }
```

文件 main.c 是工程的主程序文件，即包含了程序入口 main 函数的文件。程序段 4-7 中，第 3 行包括了头文件 includes.h；第 5 行声明了延时函数 Delay；第 7～19 行为 main 函数。在 main 函数中，第 9 行调用 LEDInit 初始化 LED 灯控制，该函数位于 led.c 中；第 10～18 行为无限循环体，依次执行 LED0 亮（第 12 行）、LED1 灭（第 13 行）、延时约 1s（第 14 行）、LED0 灭（第 15 行）、LED1 亮（第 16 行）和延时约 1s（第 17 行）。第 21～26 行为延时函数 Delay 的函数体，通过 for 循环实现延时。

注意，第 23 行"volatile Int32U i,j;"使用 volatile 修饰定义的变量，表示该变量不能被编译器优化掉。

程序段 4-8　文件 led.h

```
1     //Filename: led.h
2
3     #include "vartypes.h"
4
5     #ifndef  _LED_H
6     #define  _LED_H
7
8     void LEDInit(void);
9     void LED(Int08U,LEDState);
10
11    #endif
```

文件 led.h 是程序段 4-9 中文件 led.c 的头文件，本书工程中，每个源文件都有一个对应的头文件，用于声明源文件中定义的函数。程序段 4-8 中，第 3 行包括了头文件 vartypes.h，因为第 9 行的函数声明用到了自定义变量类型 Int08U 和 LEDState；第 8 行声明了 LEDInit 函数；第 9 行声明了 LED 函数。

程序段 4-9　文件 led.c

```
1     //Filename: led.c
2
3     #include "includes.h"
4
5     void LEDInit(void)
6     {
7        RCC -> APB2ENR | = (1uL << 3) | (1uL << 6);
8        GPIOB -> CRL | = (1uL << 20);
9        GPIOB -> CRL & = ~((1uL << 21) | (1uL << 22) | (1uL << 23));
10
11       GPIOE -> CRL | = (1uL << 20);
12       GPIOE -> CRL & = ~((1uL << 21) | (1uL << 22) | (1uL << 23));
13    }
14
15    void LED(Int08U w, LEDState s)
16    {
```

```
17      switch(w)
18      {
19          case 0:
20              if(s == LED_ON)
21                  GPIOB->BRR  =  (1uL << 5);
22              else
23                  GPIOB->BSRR  =  (1uL << 5);
24              break;
25          case 1:
26              if(s == LED_ON)
27                  GPIOE->BRR  =  (1uL << 5);
28              else
29                  GPIOE->BSRR  =  (1uL << 5);
30              break;
31          default:
32              break;
33      }
34  }
```

文件 led.c 是 LED 灯的驱动文件,包括两个函数,即 LEDInit 和 LED。程序段 4-9 中,第 3 行包括了头文件 includes.h。第 5～13 行为 LEDInit 函数,第 7 行打开 PB 口和 PE 口的时钟源(参考图 4-7);第 8～9 行配置 PB5 为推挽输出,最大速率为 10MHz(参见图 4-2);第 11～12 行配置 PE5 为推挽输出,最大速率为 10MHz(参见图 4-2)。第 15～34 行为 LED 函数,该函数有两个参数 w 和 s,w 取 0 表示 LED0,w 取 1 表示 LED1;s 取值 LED_ON,表示相应的 LED 灯点亮,s 取值 LED_OFF,表示相应的 LED 灯熄灭。在 LED 函数中,第 17 行判断 w 的值,如果为 0,则第 20～24 行被执行,如果第 20 行为真,则第 21 行点亮 LED0,否则熄灭 LED0(第 23 行);如果 w 的值为 1,则第 26～30 行被执行,如果第 26 行为真,则点亮 LED1(第 27 行),否则熄灭 LED1(第 29 行)。

工程 01 的执行流程如图 4-24 所示。

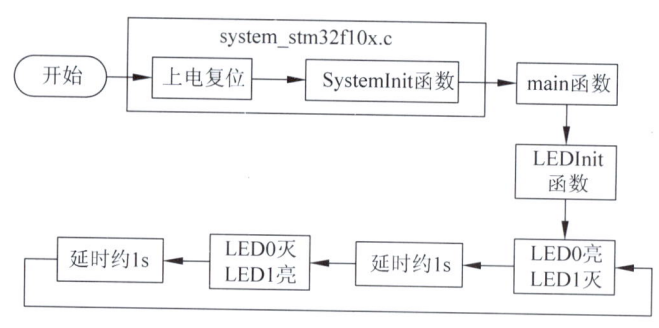

图 4-24 工程 01 的执行流程

由图 4-24 可知,工程 01 上电复位后,首先执行位于文件 system_stm32f10x.c 中的 SystemInit 函数,用于将 STM32F103ZET6 的时钟由 8MHz 调整到 72MHz(除此之外,在启动文件 startup_stm32f10x_hd.s 中还为 C 语言函数分配了堆栈空间);然后转到 main 函数执行;进入 main 函数后,首先调用 LEDInit 函数初始化 LED 灯的控制,接着进入无限循环体,依次循环执行"LED0 亮、LED1 灭—延时约 1s—LED0 灭、LED1 亮—延时约 1s"。其中,LED0 亮和 LED1 灭是 main 函数调用 led.c 文件中的 LED 函数实现的,延时函数 Delay 位于主文件 main.c 中,由 for 循环实现。

4.4.2 库函数类型工程实例

本节借助调用库函数的方式实现工程01的功能。

在"工程01"基础上新建"工程02",保存在目录"D:\STM32F103ZET6 工程"下,此时的"工程02"与"工程01"完全相同。将STM32F10x的库函数文件复制到目录"D:\STM32F103ZET6 工程\工程02"下,此时,"工程02"的目录结构如图4-25所示,这里STM32F103的库函数可从意法半导体官网下载。然后,复制文件stm32f10x_conf.h到目录"D:\STM32F103ZET6 工程\工程02\ STM32F10x_FWLib"下,该文件包括了目录"D:\STM32F103ZET6 工程\工程02\ STM32F10x_FWLib\inc"中的全部头文件。

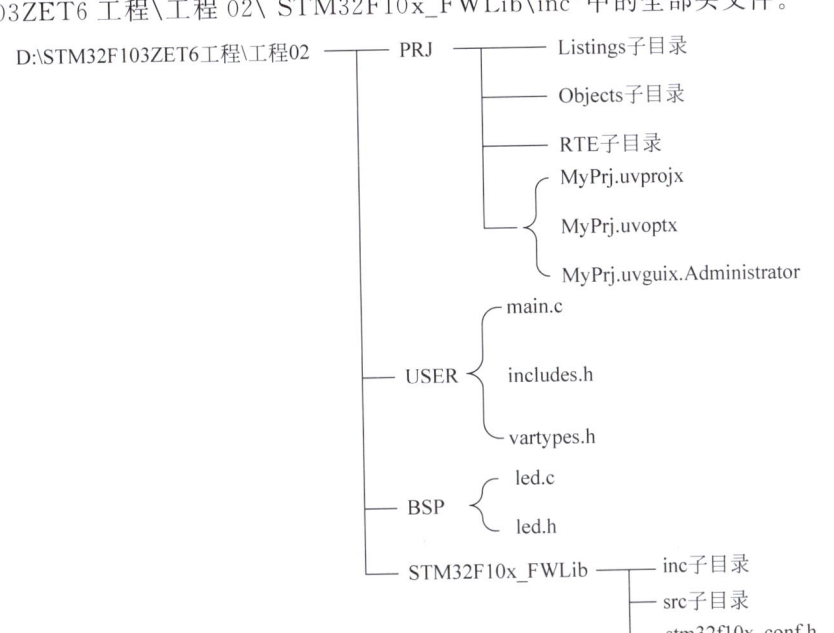

图 4-25 工程 02 目录和文件结构

图 4-25 中的 src 子目录包括了 4.2 节表 4-4 中"库函数文件"一栏中的全部文件,inc 子目录包括了表 4-4 中"库函数头文件"一栏中的全部文件。

在工程 02 中,修改图 4-19 所示的"C/C++"选项卡,如图 4-26 所示,即添加两个全局的宏定义常量 STM32F10X_HD 和 USE_STDPERIPH_DRIVER,并且编译的搜索路径改为"..\BSP;..\USER;.\RTE;..\STM32F10x_FWLib;..\STM32F10x_FWLib\inc"。

这里添加宏定义常量 USE_STDPERIPH_DRIVER 是因为在文件 stm32f10x.h 中有以下语句:

程序段 4-10 文件 stm32f10x.h 中的语句

```
1    #ifdef   USE_STDPERIPH_DRIVER
2        #include "stm32f10x_conf.h"
3    #endif
```

程序段 4-10 中,如果定义了常量 USE_STDPERIPH_DRIVER(第 1 行为真),则包括头文件 stm32f10x_conf.h(第 2 行),该头文件中包含了全部库函数的头文件。

由于库函数文件是针对 STM32F10x 全系列的微控制器,所以宏定义常量 STM32F10X_

HD 表示仅使得那些 STM32F103ZET6 相关的常量和函数有效（尽管在图 4-19 中也宏定义了该常量，但是在基于寄存器的工程 01 中无实质意义）。

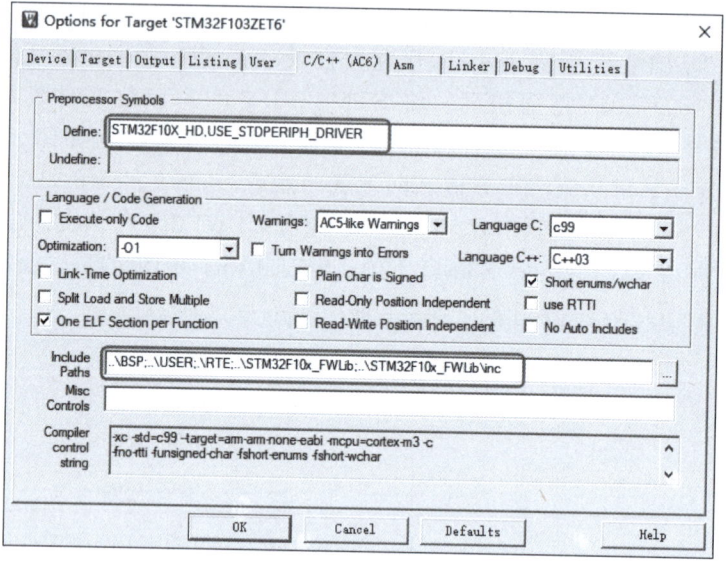

图 4-26　C/C++选项卡

在工程管理器中，新建分组 LIB，将目录"D：\STM32F103ZET6 工程\工程 02\STM32F10x_FWLib\src"下的文件 stm32f10x_gpio.c 和 stm32f10x_rcc.c 添加到分组 LIB 下（当然，也可以将 src 子目录下的全部文件都添加到分组 LIB 下，这里仅添加了本工程中用到的源文件），如图 4-27 所示。

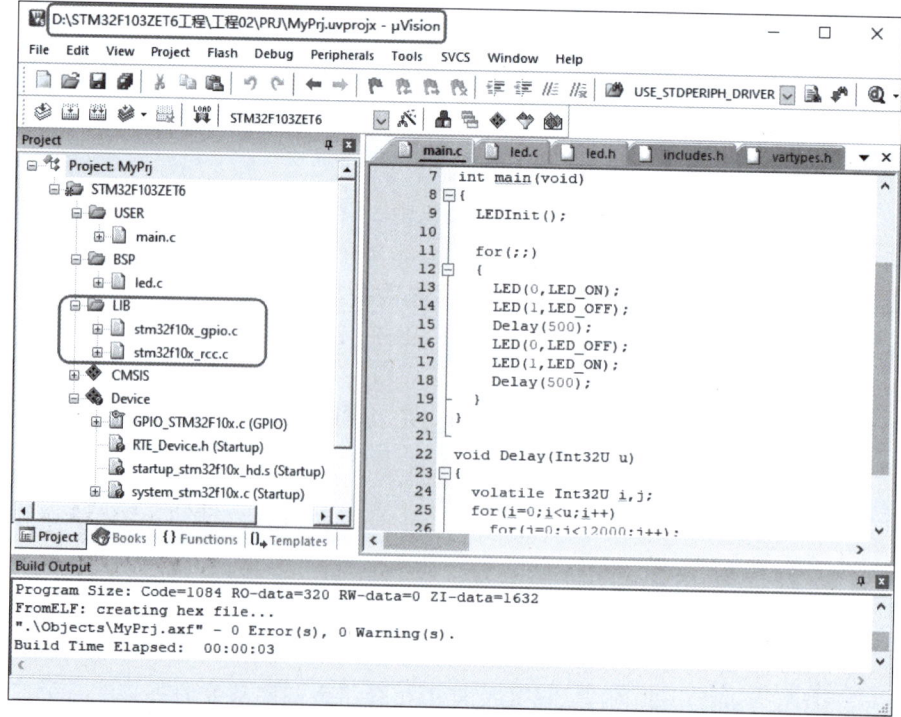

图 4-27　工程 02 工作窗口

相对于工程 01 的文件,工程 02 只需要修改 led.c 文件,如程序段 4-11 所示。

程序段 4-11　文件 led.c

```
1    //Filename: led.c
2
3    #include "includes.h"
4
5    void LEDInit(void)
6    {
7      GPIO_InitTypeDef  g;
8      RCC_APB2PeriphClockCmd(RCC_APB2Periph_GPIOB | RCC_APB2Periph_GPIOE, ENABLE);
9
10     g.GPIO_Pin = GPIO_Pin_5;
11     g.GPIO_Mode = GPIO_Mode_Out_PP;
12     g.GPIO_Speed = GPIO_Speed_50MHz;
13     GPIO_Init(GPIOB, &g);
14
15     g.GPIO_Pin = GPIO_Pin_5;
16     g.GPIO_Mode = GPIO_Mode_Out_PP;
17     g.GPIO_Speed = GPIO_Speed_50MHz;
18     GPIO_Init(GPIOE, &g);
19    }
20
21    void LED(Int08U w, LEDState s) //w - which(1or2), s - state(LED_ONorLED_OFF)
22    {
23      switch(w)
24      {
25         case 0:
26             if(s == LED_ON)
27                 GPIO_ResetBits(GPIOB,GPIO_Pin_5);
28             else
29                 GPIO_SetBits(GPIOB, GPIO_Pin_5);
30             break;
31         case 1:
32             if(s == LED_ON)
33                 GPIO_ResetBits(GPIOE,GPIO_Pin_5);
34             else
35                 GPIO_SetBits(GPIOE, GPIO_Pin_5);
36             break;
37         default:
38             break;
39      }
40    }
```

对比程序段 4-9 可知,程序段 4-11 中第 8 行调用 RCC_APB2PeriphClockCmd 库函数打开 PB 口和 PE 口的时钟源。第 7 行定义变量 g,第 10～12 行为结构体变量 g 赋值,这里的类型 GPIO_InitTypeDef 定义在库函数头文件 stm32f10x_gpio.h 中,如下所示。

程序段 4-12　头文件 stm32f10x_gpio.h 中的类型 GPIO_InitTypeDef 定义

```
1    typedef enum
2    {
3      GPIO_Speed_10MHz = 1,
4      GPIO_Speed_2MHz,
5      GPIO_Speed_50MHz
6    }GPIOSpeed_TypeDef;
```

```
 7
 8   typedef enum
 9   { GPIO_Mode_AIN = 0x0,
10     GPIO_Mode_IN_FLOATING = 0x04,
11     GPIO_Mode_IPD = 0x28,
12     GPIO_Mode_IPU = 0x48,
13     GPIO_Mode_Out_OD = 0x14,
14     GPIO_Mode_Out_PP = 0x10,
15     GPIO_Mode_AF_OD = 0x1C,
16     GPIO_Mode_AF_PP = 0x18
17   }GPIOMode_TypeDef;
18
19   typedef struct
20   {
21     uint16_t  GPIO_Pin;
22     GPIOSpeed_TypeDef  GPIO_Speed;
23     GPIOMode_TypeDef   GPIO_Mode;
24   }GPIO_InitTypeDef;
25
26   #define  GPIO_Pin_5       ((uint16_t)0x0020)
```

结合程序段 4-12 可知，程序段 4-11 中第 10～12 行为配置 GPIO 口的属性，第 13 行调用 GPIO_Init 库函数将 GPIOB 口按设定的属性初始化；同理，第 15～18 行初始化 GPIOE 口。GPIO_Init 函数的定义位于库函数文件 stm32f10x_gpio.c 中。

对比程序段 4-9 的函数 LED，程序段 4-11 的 LED 函数中调用库函数 GPIO_ResetBits 清零端口，调用库函数 GPIO_SetBits 置位端口，这两个库函数的定义位于库函数文件 stm32f10x_gpio.c 中。

当习惯使用库函数方法设计工程时，会发现库函数方式更加直观易用。

4.5 本章小结

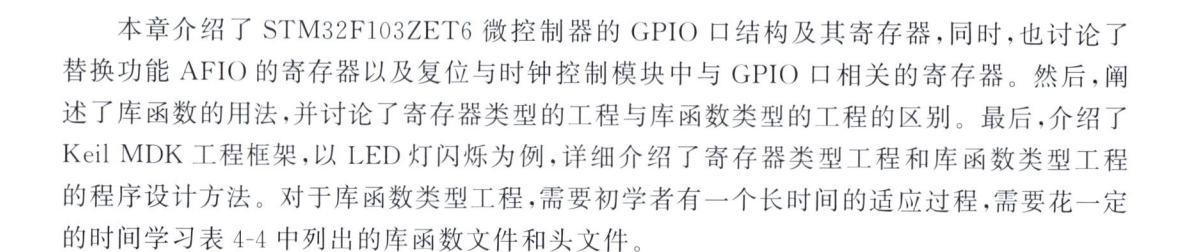

本章介绍了 STM32F103ZET6 微控制器的 GPIO 口结构及其寄存器，同时，也讨论了替换功能 AFIO 的寄存器以及复位与时钟控制模块中与 GPIO 口相关的寄存器。然后，阐述了库函数的用法，并讨论了寄存器类型的工程与库函数类型的工程的区别。最后，介绍了 Keil MDK 工程框架，以 LED 灯闪烁为例，详细介绍了寄存器类型工程和库函数类型工程的程序设计方法。对于库函数类型工程，需要初学者有一个长时间的适应过程，需要花一定的时间学习表 4-4 中列出的库函数文件和头文件。

习题

1. 详细说明 GPIO 各个寄存器的含义和作用。
2. 结合本章内容，说明 AFIO 各个寄存器的含义和作用。
3. 使用 Keil MDK 软件创建一个工程框架，并实现 LED 灯的闪烁功能。
4. 对比分析库函数类型工程与寄存器类型工程的特点。
5. 编写工程实现两个 LED 灯的周期闪烁，闪烁规律为"３ ７ ２ ２ ５"，其中，数字表示 LED 灯点亮的时间，熄灭时间固定为 1s。

第 5 章　按键与中断处理

CHAPTER 5

本章将介绍嵌套向量中断控制器 NVIC 的工作原理,阐述 STM32F103ZET6 微控制器外部输入中断的工作原理,然后,以用户按键为例,详细解释 NVIC 中断的寄存器类型和库函数类型的程序设计方法。

本章的学习目标:
- 了解 NVIC 中断响应方法;
- 熟悉 GPIO 中断响应方法;
- 熟练应用寄存器或库函数进行 GPIO 中断程序设计。

5.1　NVIC 中断工作原理

嵌套向量中断控制器 NVIC 相关的中断管理工作主要有开放中断、关闭中断、设置中断请求标志、读中断请求标志、清除中断请求标志和配置中断优先级等。嵌套向量中断控制器 NVIC 的寄存器有 ISER0、ISER1、ICER0、ICER1、ISPR0、ISPR1、ICPR0、ICPR1、IABR0、IABR1、IPR0~IPR14 和 STIR,如表 5-1 所示。

表 5-1　NVIC 寄存器

序号	地址	寄存器	名称	描述
1	0xE000E100	ISER0	中断开放寄存器	ISER0[0]~ISER0[31]、ISER1[0]~ISER1[27]依次对应中断号为 0~59 的中断,各位写 0 无效,写 1 开放中断
	0xE000E104	ISER1		
2	0xE000E180	ICER0	中断关闭寄存器	ICER0[0]~ICER0[31]、ICER1[0]~ICER1[27]依次对应中断号为 0~59 的中断,各位写 0 无效,写 1 关闭中断
	0xE000E184	ICER1		
3	0xE000E200	ISPR0	中断设置请求状态寄存器	ISPR0[0]~ISPR0[31]、ISPR1[0]~ISPR1[27]依次对应中断号为 0~59 的中断,各位写 0 无效,写 1 请求中断
	0xE000E204	ISPR1		
4	0xE000E280	ICPR0	中断清除请求状态寄存器	ICPR0[0]~ICPR0[31]、ICPR1[0]~ICPR1[27]依次对应中断号为 0~59 的中断,各位写 0 无效,写 1 清除中断标志
	0xE000E284	ICPR1		

续表

序号	地址	寄存器	名称	描述
5	0xE000E300	IABR0	中断活跃位寄存器（只读）	IABR0[0]~IABR0[31]、IABR1[0]~IABR1[27]依次对应中断号为0~59的中断，各位读出1,表示相应中断活跃
	0xE000E304	IABR1		
6	0xE000E400~0xE000E438	IPR0~IPR14	中断优先级寄存器	共有16个优先级,优先级号从0~15,优先级号0表示的优先级最高,优先级号15表示的优先级最低
7	0xE000EF00	STIR	软件触发中断寄存器	第[8:0]位域有效,写入0~59中的某一中断号,则触发相应的中断

下面以 ISER0 和 ISER1 为例,介绍开放中断的方法。

根据表 5-1,ISER0[0]~ISER0[31]对应中断号为 0~31 的 NVIC 中断,而 ISER1[0]~ISER1[27]对应中断号为 32~59 的 NVIC 中断。由表 2-5 可知,外部中断 2 的中断号为 8,而 USART2 中断的中断号为 38,开放这两个中断的语句依次为:

```
ISER0 = (1uL << 8);
ISER1 = (1uL << 6);
```

设中断号为 IRQn,则这两个语句也可以写为如下统一的语句形式:

```
ISER0 = 1uL << (IRQn & 0x1F);
ISER1 = 1uL << (IRQn & 0x1F);
```

上述开放中断的方法被用在 CMSIS 库文件中。

在 CMSIS 库头文件 core_cm3.h 中定义了 NVIC 中断的相关操作,这里重点介绍开放中断、关闭中断、设置中断请求标志、读中断请求标志、清除中断请求标志、设置中断优先级和获取中断优先级的函数,如程序段 5-1 所示。

程序段 5-1　NVIC 中断相关的 CMSIS 库函数（摘自 core_cm3.h 文件）

```
1   typedef struct
2   {
3     __IO uint32_t ISER[8U];        //偏移地址:0x000(可读/可写) 中断设置使能寄存器
4          uint32_t RESERVED0[24U];
5     __IO uint32_t ICER[8U];        //偏移地址:0x080(可读/可写) 中断清除使能寄存器
6          uint32_t RSERVED1[24U];
7     __IO uint32_t ISPR[8U];        //偏移地址:0x100(可读/可写) 中断设置请求寄存器
8          uint32_t RESERVED2[24U];
9     __IO uint32_t ICPR[8U];        //偏移地址:0x180(可读/可写) 中断清除请求寄存器
10         uint32_t RESERVED3[24U];
11    __IO uint32_t IABR[8U];        //偏移地址:0x200(可读/可写) 中断活跃标志位寄存器
12         uint32_t RESERVED4[56U];
13    __IO uint8_t  IP[240U];        //偏移地址:0x300(可读/可写) 中断优先级寄存器(8位)
14         uint32_t RESERVED5[644U];
15    __O  uint32_t STIR;            //偏移地址:0xE00(只写) 软件触发中断寄存器
16  } NVIC_Type;
17
18  #define SCS_BASE          (0xE000E000UL)
19  #define NVIC_BASE         (SCS_BASE + 0x0100UL)
20  #define NVIC              ((NVIC_Type  *)NVIC_BASE)
21
```

第 1~16 行自定义结构体类型 NVIC_Type，各成员的位置与表 5-1 中各个寄存器的位置对应，再结合第 18~20 行可知，NVIC 为指向首地址 0xE000E100 的结构体指针，这样（结合表 5-1），NVIC->ISER[0]指向的地址即为 ISER0 寄存器的地址，NVIC->ISER[1]指向的地址即为 ISER1 寄存器的地址，以此类推，NVIC->STIR 指向的地址即为 STIR 寄存器的地址。

```
22      __STATIC_INLINE void NVIC_EnableIRQ(IRQn_Type IRQn)    // 开中断
23      {
24          NVIC->ISER[((uint32_t)(IRQn) >> 5)] = (1 << ((uint32_t)(IRQn) & 0x1F));
25      }
26
```

第 22~25 行为开放 NVIC 中断函数 NVIC_EnableIRQ，形参为 IRQn_Type 类型的变量，该自定义类型定义在 stm32f10x.h 文件中，如程序段 5-2 所示。第 24 行根据 IRQn 的值设置 ISER[0]或 ISER[1]相应的位，即开放 IRQn 对应的 NVIC 中断。

```
27      __STATIC_INLINE void NVIC_DisableIRQ(IRQn_Type IRQn)   // 关中断
28      {
29          NVIC->ICER[((uint32_t)(IRQn) >> 5)] = (1 << ((uint32_t)(IRQn) & 0x1F));
30      }
31
```

第 27~30 行为关闭 NVIC 中断函数 NVIC_DisableIRQ，形参为 IRQn_Type 类型的变量。第 29 行根据 IRQn 的值向 ICER[0]或 ICER[1]相应的位写入 1，关闭 IRQn 对应的 NVIC 中断。

```
32      __STATIC_INLINE void NVIC_SetPendingIRQ(IRQn_Type IRQn)// 中断请求
33      {
34          NVIC->ISPR[((uint32_t)(IRQn) >> 5)] = (1 << ((uint32_t)(IRQn) & 0x1F));
35      }
36
```

第 32~35 行为设置中断请求标志的函数 NVIC_SetPendingIRQ，形参为 IRQn_Type 类型的变量。第 34 行根据 IRQn 的值向 ISPR[0]或 ISPR[1]相应的位写入 1，设置 IRQn 对应的 NVIC 中断请求标志，使该 NVIC 中断处于请求态。

```
37      __STATIC_INLINE uint32_t NVIC_GetPendingIRQ(IRQn_Type IRQn)  // 处于请求态时返回 1
38      {                                                            // 否则返回 0
39          return((uint32_t) ((NVIC->ISPR[(uint32_t)(IRQn) >> 5] & (1 << ((uint32_t)(IRQn) & 0x1F)))?1:0));
40      }
41
```

第 37~40 行为获取 NVIC 中断请求状态的函数 NVIC_GetPendingIRQ，形参为 IRQn_Type 类型的变量。第 39 行根据 IRQn 的值读出它对应的 ISPR[0]或 ISPR[1]的位，如果 IRQn 中断处于请求态，则返回 1；否则返回 0。

```
42      __STATIC_INLINE void NVIC_ClearPendingIRQ(IRQn_Type IRQn) // 清除中断请求标志
43      {
44          NVIC->ICPR[((uint32_t)(IRQn) >> 5)] = (1 << ((uint32_t)(IRQn) & 0x1F));
45      }
46
```

第 42~45 行为清除 NVIC 中断请求标志的函数 NVIC_ClearPendingIRQ，形参为 IRQn_Type 类型的变量。第 44 行根据 IRQn 的值向 ICPR[0]或 ICPR[1]相应的位写入 1，清除 IRQn 对应的 NVIC 中断标志。

```
47      __STATIC_INLINE void NVIC_SetPriority(IRQn_Type IRQn, uint32_t priority)
48      {
49        if((int32_t)IRQn < 0)
50        { //为 Cortex-M3 系统异常:MemManage,BusFault,UsageFault,SVC,DebugMon 设定优先级
51          SCB->SHP[((uint32_t)(IRQn) & 0xF)-4] = ((priority << (8 - __NVIC_PRIO_BITS)) & 0xff);
52        }
53        else
54        { // 为中断:IRQn,n = 0~59 设定优先级
55          NVIC->IP[(uint32_t)(IRQn)] = ((priority << (8 - __NVIC_PRIO_BITS)) & 0xff);
56        }
57      }
```

第 47~57 行为设置异常和中断优先级的函数 NVIC_SetPriority，形参有两个：(1)IRQn_Type 类型的变量 IRQn 为中断号；(2)无符号 32 位整型变量 priority 为设置的优先级号数值。第 49~52 行设置中断号为 −12~−1 的异常的优先级号；第 53~56 行设置中断号为 0~59 的中断的优先级号。这里的"__NVIC_PRIO_BITS"为宏定义的常数 4，因此，priority 的取值为 0~15。注意：中断优先级号小的中断具有较高的优先级；如果有多个中断被设置为相同的优先级，则中断号小的中断优先级高。

```
58      __STATIC_INLINE uint32_t NVIC_GetPriority(IRQn_Type IRQn)
59      {
60        if ((int32_t)(IRQn) < 0)
61        {
62          return(((uint32_t)SCB->SHP[(((uint32_t) IRQn) & 0xFuL)-4UL] >> (8U - __NVIC_PRIO_BITS)));
63        }
64        else
65        {
66          return(((uint32_t)NVIC->IP[((uint32_t) IRQn)] >> (8U - __NVIC_PRIO_BITS)));
67        }
68      }
```

第 58~68 行为获取异常和中断优先级的函数 NVIC_GetPriority，形参为 IRQn_Type 类型的变量 IRQn，返回值为中断的优先级号。对于中断号小于 0 的异常，第 60~63 行获取异常的优先级号；否则，第 65~67 行获取中断号为 0~59 的 NVIC 中断的优先级号。

程序段 5-1 中，第 47~68 行的代码需要访问中断优先级寄存器 IPR0~IPR14，这些寄存器的结构如图 5-1 所示。

由图 5-1 可知，每个 IPR 寄存器用于设置 4 个 NVIC 中断的优先级，32 位的 IPR 寄存器的 4 字节的低 4 位均无效，只有高 4 位有效，故可以设置的优先级号为 0~15。根据图 5-1，如果设置 EXTI2 中断的优先级号为 10，则需要将 IPR2 的第[7:4]位域设为 10。当两个中断具有不同的优先级号时，优先级号小的中断优先级高；当两个中断具有相同的优先级号时，中断号小的中断优先级高。

可配置优先级的异常的优先级号由 3 个系统手柄优先级寄存器(SHPR1~SHPR3)设置，其地址依次为 0xE000ED18、0xE000ED1C 和 0xE000ED20，如表 5-2 所示。

位号	31 30 29 28 27 26 25 24	23 22 21 20 19 18 17 16	15 14 13 12 11 10 9 8	7 6 5 4 3 2 1 0
IPR0	RTC |27|26|25|24	TAMPER |19|18|17|16	PVD |11|10|9|8	WWDG |3|2|1|0
IPR1	EXTI1 |27|26|25|24	EXTI0 |19|18|17|16	RCC |11|10|9|8	FLASH |3|2|1|0
IPR2	DMA1_Ch1 |27|26|25|24	EXTI4 |19|18|17|16	EXTI3 |11|10|9|8	EXTI2 |3|2|1|0
IPR3	DMA1_Ch5 |27|26|25|24	DMA1_Ch4 |19|18|17|16	DMA1_Ch3 |11|10|9|8	DMA1_Ch2 |3|2|1|0
IPR4	USB_HP |27|26|25|24	ADC1_2 |19|18|17|16	DMA1_Ch7 |11|10|9|8	DMA1_Ch6 |3|2|1|0
IPR5	EXTI9_5 |27|26|25|24	CAN_SCE |19|18|17|16	CAN_RX1 |11|10|9|8	USB_LP |3|2|1|0
IPR6	TIM1_CC |27|26|25|24	TIM1_TRG |19|18|17|16	TIM1_UP |11|10|9|8	TIM1_BRK |3|2|1|0
IPR7	I2C1_EV |27|26|25|24	TIM4 |19|18|17|16	TIM3 |11|10|9|8	TIM2 |3|2|1|0
IPR8	SPI1 |27|26|25|24	I2C2_ER |19|18|17|16	I2C2_EV |11|10|9|8	I2C1_ER |3|2|1|0
IPR9	USART3 |27|26|25|24	USART2 |19|18|17|16	USART1 |11|10|9|8	SPI2 |3|2|1|0
IPR10	TIM8_BRK |27|26|25|24	USBWakeUp |19|18|17|16	RTCAlarm |11|10|9|8	EXTI15_10 |3|2|1|0
IPR11	ADC3 |27|26|25|24	TIM8_CC |19|18|17|16	TIM8_TRG |11|10|9|8	TIM8_UP |3|2|1|0
IPR12	SPI3 |27|26|25|24	TIM5 |19|18|17|16	SDIO |11|10|9|8	FSMC |3|2|1|0
IPR13	TIM7 |27|26|25|24	TIM6 |19|18|17|16	UART5 |11|10|9|8	UART4 |3|2|1|0
IPR14	DMA2_Ch4_5 |27|26|25|24	DMA2_Ch3 |19|18|17|16	DMA2_Ch2 |11|10|9|8	DMA2_Ch1 |3|2|1|0

图 5-1　中断优先级配置寄存器

表 5-2　异常号 4～15 的优先级配置寄存器

序号	异常号	异常名称	位　　域	配置名称	寄　存　器
1	4	MemManage	[7:0]	PRI_4	SHPR1
2	5	BusFault	[15:8]	PRI_5	SHPR1
3	6	UsageFault	[23:16]	PRI_6	SHPR1
4	7	保留	[31:24]	PRI_7	SHPR1
5	8	保留	[7:0]	PRI_8	SHPR2
6	9	保留	[15:8]	PRI_9	SHPR2
7	10	保留	[23:16]	PRI_10	SHPR2
8	11	SVCall	[31:24]	PRI_11	SHPR2
9	12	Debug Monitor	[7:0]	PRI_12	SHPR3
10	13	保留	[15:8]	PRI_13	SHPR3
11	14	PendSV	[23:16]	PRI_14	SHPR3
12	15	SysTick	[31:24]	PRI_15	SHPR3

程序段 5-2　自定义枚举类型 IRQn_Type（摘自 stm32f10x.h 文件）

```
1    typedef enum IRQn
2    {
3    // Cortex-M3 处理器异常号
4        NonMaskableInt_IRQn      = -14,    // 不可屏蔽中断
5        MemoryManagement_IRQn    = -12,    // 4 Cortex-M3 存储器管理异常
6        BusFault_IRQn            = -11,    // 5 Cortex-M3 总线出错异常
7        UsageFault_IRQn          = -10,    // 6 Cortex-M3 Usage Fault 异常
8        SVCall_IRQn              = -5,     // 11 Cortex-M3 SV 调用异常
9        DebugMonitor_IRQn        = -4,     // 12 Cortex-M3 调试监测器异常
10       PendSV_IRQn              = -2,     // 14 Cortex-M3 请求 SV 中断
11       SysTick_IRQn             = -1,     // 15 Cortex-M3 系统节拍定时中断
12
13   // STM32 中断号
14       WWDG_IRQn                = 0,      // 加窗看门狗中断
15       PVD_IRQn                 = 1,      // PVD 通过 EXTI 侦测中断
16       TAMPER_IRQn              = 2,      // Tamper 中断
17       RTC_IRQn                 = 3,      // RTC 中断
18       FLASH_IRQn               = 4,      // Flash 中断
19       RCC_IRQn                 = 5,      // RCC 中断
20       EXTI0_IRQn               = 6,      //外部中断 0
21       EXTI1_IRQn               = 7,      //外部中断 1
22       EXTI2_IRQn               = 8,      //外部中断 2
23       EXTI3_IRQn               = 9,      //外部中断 3
24       EXTI4_IRQn               = 10,     //外部中断 4
25       DMA1_Channel1_IRQn       = 11,     // DMA1 通道 1 中断
26       DMA1_Channel2_IRQn       = 12,     // DMA1 通道 2 中断
27       DMA1_Channel3_IRQn       = 13,     // DMA1 通道 3 中断
28       DMA1_Channel4_IRQn       = 14,     // DMA1 通道 4 中断
29       DMA1_Channel5_IRQn       = 15,     // DMA1 通道 5 中断
30       DMA1_Channel6_IRQn       = 16,     // DMA1 通道 6 中断
31       DMA1_Channel7_IRQn       = 17,     // DMA1 通道 7 中断
32       ADC1_2_IRQn              = 18,     // ADC1 和 ADC2 中断
33       USB_HP_CAN1_TX_IRQn      = 19,     // USB 设备高优先级中断或 CAN1 发送中断
34       USB_LP_CAN1_RX0_IRQn     = 20,     //USB 设备低优先中断或 CAN1 接收 0 中断
35       CAN1_RX1_IRQn            = 21,     // CAN1 接收 1 中断
36       CAN1_SCE_IRQn            = 22,     // CAN1 SCE 中断
37       EXTI9_5_IRQn             = 23,     //外部中断 5~外部中断 9
38       TIM1_BRK_IRQn            = 24,     // TIM1 终止中断
39       TIM1_UP_IRQn             = 25,     // TIM1 更新中断
40       TIM1_TRG_COM_IRQn        = 26,     // TIM1 触发补偿中断
41       TIM1_CC_IRQn             = 27,     // TIM1 捕获比较中断
42       TIM2_IRQn                = 28,     // TIM2 中断
43       TIM3_IRQn                = 29,     // TIM3 中断
44       TIM4_IRQn                = 30,     // TIM4 中断
45       I2C1_EV_IRQn             = 31,     // I2C1 Event 中断
46       I2C1_ER_IRQn             = 32,     // I2C1 Error 中断
47       I2C2_EV_IRQn             = 33,     // I2C2 Event 中断
48       I2C2_ER_IRQn             = 34,     // I2C2 Error 中断
49       SPI1_IRQn                = 35,     // SPI1 中断
50       SPI2_IRQn                = 36,     // SPI2 中断
51       USART1_IRQn              = 37,     // USART1 中断
52       USART2_IRQn              = 38,     // USART2 中断
```

```
53        USART3_IRQn                = 39,       // USART3 中断
54        EXTI15_10_IRQn             = 40,       //外部中断 10～外部中断 15
55        RTCAlarm_IRQn              = 41,       // RTC 报警中断(借助外部中断)
56        USBWakeUp_IRQn             = 42,       // USB 设备唤醒中断(借助外部中断)
57        TIM8_BRK_IRQn              = 43,       // TIM8 终止中断
58        TIM8_UP_IRQn               = 44,       // TIM8 更新中断
59        TIM8_TRG_COM_IRQn          = 45,       // TIM8 触发补偿中断
60        TIM8_CC_IRQn               = 46,       // TIM8 捕获比较中断
61        ADC3_IRQn                  = 47,       // ADC3 中断
62        FSMC_IRQn                  = 48,       // FSMC 中断
63        SDIO_IRQn                  = 49,       // SDIO 中断
64        TIM5_IRQn                  = 50,       // TIM5 中断
65        SPI3_IRQn                  = 51,       // SPI3 中断
66        UART4_IRQn                 = 52,       // UART4 中断
67        UART5_IRQn                 = 53,       // UART5 中断
68        TIM6_IRQn                  = 54,       // TIM6 中断
69        TIM7_IRQn                  = 55,       // TIM7 中断
70        DMA2_Channel1_IRQn         = 56,       // DMA2 通道 1 中断
71        DMA2_Channel2_IRQn         = 57,       // DMA2 通道 2 中断
72        DMA2_Channel3_IRQn         = 58,       // DMA2 通道 3 中断
73        DMA2_Channel4_5_IRQn       = 59        // DMA2 通道 4 和通道 5 中断
74     } IRQn_Type;
```

上述代码对应表 2-5，由于 IRQn_Type 为指定了成员值的枚举类型，因此，可以用强制类型转换将 IRQn_Type 类型的变量转化为整型。例如，程序段 5-1 第 24 行的(uint32_t)(IRQn)，就是将 IRQn 转化为无符号 32 位整型。如果 IRQn 为 EXTI2，则(uint32_t)(IRQn)为 8。

现在，就可以直接调用 CMSIS 库中关于中断的函数实现对 NVIC 中断的管理了。例如，关闭 EXTI2 中断、开放 EXTI2 中断和清除 EXTI2 中断标志位的语句依次为：

```
NVIC_DisableIRQ(EXTI2_IRQn);
NVIC_EnableIRQ(EXTI2_IRQn);
NVIC_ClearPendingIRQ(EXTI2_IRQn);
```

5.2 GPIO 外部输入中断

根据寄存器 AFIO_EXTICR1～AFIO_EXTICR4（见表 4-3），可从 GPIO 口中选择 16 个引脚配置为 16 个外部中断的输入端，如图 5-2 所示。

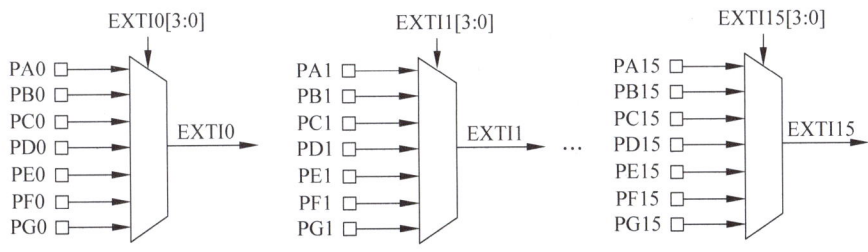

图 5-2 外部中断输入端引脚配置方法

EXTI 模块共有 19 根线路，除了外部中断 EXTI0～EXTI15 外，还有 EXTI16、EXTI17 和 EXTI18，这三根线路分别与 PVD 输出、RTC 报警事件和 USB 唤醒事件相连接。EXTI 模块共有 6 个寄存器，即中断屏蔽寄存器 EXTI_IMR、事件屏蔽寄存器 EXTI_EMR、上升沿

触发选择寄存器 EXTI_RTSR、下降沿触发选择寄存器 EXTI_FTSR、软件触发事件寄存器 EXTI_SWIER 和中断请求寄存器 EXTI_PR。EXTI 模块寄存器的基地址为 0x4001 0400，下面详细介绍各个寄存器的情况。

中断屏蔽寄存器 EXTI_IMR 的偏移地址为 0x0，复位值为 0x0，只有第[18:0]位有效，第 i 位对应 EXTIi，清零表示屏蔽该线路上的中断请求，置 1 表示打开该线路上的中断请求。

事件屏蔽寄存器 EXTI_EMR 的偏移地址为 0x04，复位值为 0x0，只有第[18:0]位有效，第 i 位对应 EXTIi，清零表示屏蔽该线路上的事件请求，置 1 表示打开该线路上的事件请求。

上升沿触发选择寄存器 EXTI_RTSR 的偏移地址为 0x08，复位值为 0x0，只有第[18:0]位有效，第 i 位的名称为 TRi，清零表示关闭上升沿触发中断或事件，置 1 表示打开上升沿触发中断或事件。

下降沿触发选择寄存器 EXTI_FTSR 的偏移地址为 0x0C，复位值为 0x0，只有第[18:0]位有效，第 i 位的名称也记为 TRi，清零表示关闭下降沿触发中断或事件，置 1 表示打开下降沿触发中断或事件。

软件触发事件寄存器 EXTI_SWIER 的偏移地址为 0x10，复位值为 0x0，只有第[18:0]位有效，第 i 位记为 SWIERi，当 EXTIi 中断有效且 SWIERi=0 时，向 SWIERi 中写入 1，将触发中断请求。

中断请求寄存器 EXTI_PR 的偏移地址为 0x14，只有第[18:0]位有效，第 i 位称为 PRi，如果第 i 个中断触发了，则 PRi 自动置 1，向 PRi 写入 1 清零该位，同时清零 SWIERi 位中的 1。

5.3　用户按键中断实例

结合图 3-11 和图 3-6 可知，STM32F103ZET6 微控制器的 PE2、PE3 和 PE4 分别与网络标号 KEY2、KEY1 和 KEY0 相连接；结合图 3-13 和图 3-3 可知，PB8 与网络标号 BEEP 相连接，控制蜂鸣器的开启与关闭。

本节拟设计工程，实现如下功能：

(1) KEY2 按键作为外部中断 EXTI2 输入端，当按下 KEY2 按键时 LED0 灯点亮；

(2) KEY1 按键作为外部中断 EXTI3 输入端，当按下 KEY1 按键时 LED1 灯熄灭；

(3) KEY0 按键作为外部中断 EXTI4 输入端，当按下 KEY0 按键时，如果蜂鸣器原来是开启的，则关闭蜂鸣器；否则，开启蜂鸣器。

5.3.1　寄存器类型工程实例

视频讲解

在工程 01 的基础上，新建"工程 03"，保存在目录"D:\STM32F103ZET6 工程\工程 03"下，此时的工程 03 与工程 01 完全相同。现在，修改 main.c 和 includes.h 文件，并新建 bsp.c、bsp.h、beep.c、beep.h、key.c、key.h、exti.c 和 exti.h 文件（新建的文件均保存在目录"D:\STM32F103ZET6 工程\工程 03\BSP"下），然后，将 bsp.c、beep.c、key.c 和 exti.c 文件添加到"BSP"分组下，建设好的工程如图 5-3 所示。

第5章 按键与中断处理

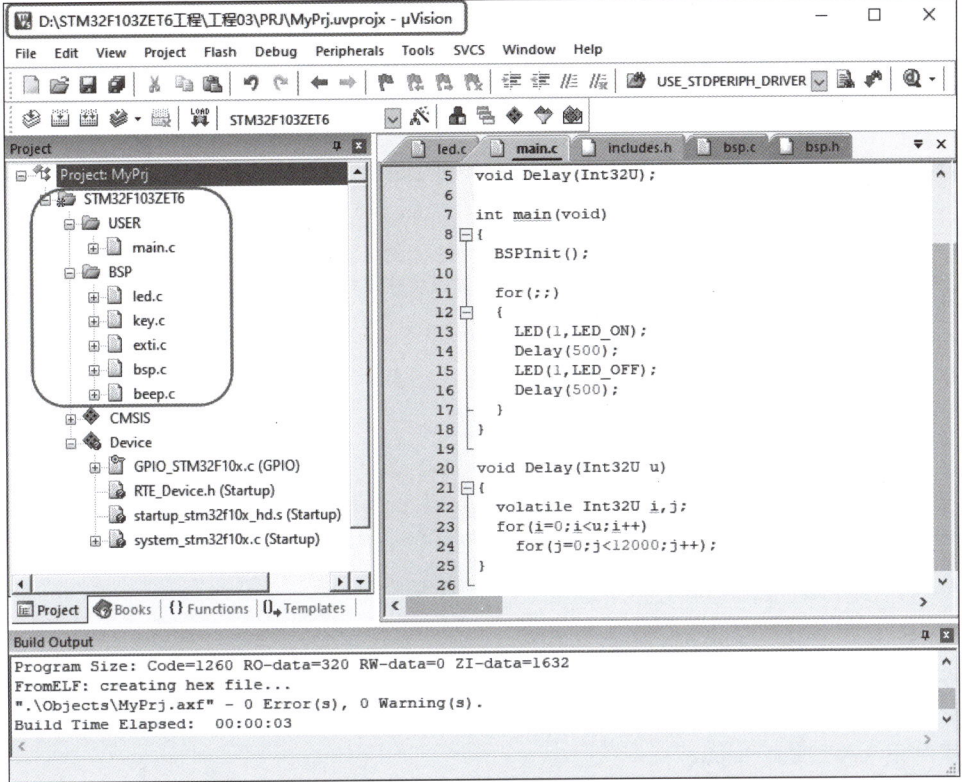

图 5-3　工程 03 工作窗口

修改后的 main.c 和 includes.h 文件如程序段 5-3 和程序段 5-4 所示，新创建的文件 bsp.c、bsp.h、beep.c、beep.h、key.c、key.h、exti.c 和 exti.h 分别如程序段 5-5～程序段 5-12 所示。

程序段 5-3　文件 main.c

```
1    //Filename: main.c
2
3    #include "includes.h"
4
5    void Delay(Int32U);
6
7    int main(void)
8    {
9      BSPInit();
10
11     for(;;)
12     {
13       LED(1,LED_ON);
14       Delay(500);
15       LED(1,LED_OFF);
16       Delay(500);
17     }
18   }
19
20   void Delay(Int32U u)
```

```
21    {
22        volatile Int32U i,j;
23        for(i = 0;i < u;i++)
24            for(j = 0;j < 12000;j++);
25    }
```

对比程序段 4-7,这里的主程序文件 main.c 中,第 9 行调用 BSPInit 函数实现外设的初始化,该函数在程序段 5-5 中介绍;在第 11~17 行的无限循环体中,实现 LED1 灯的循环闪烁功能。

程序段 5-4　文件 includes.h

```
1    //Filename: includes.h
2
3    #include "stm32f10x.h"
4
5    #include "vartypes.h"
6    #include "bsp.h"
7    #include "led.h"
8    #include "key.h"
9    #include "exti.h"
10   #include "beep.h"
```

文件 includes.h 为总的包括头文件,包括了工程 03 中全部的用户程序头文件,如第 5~10 行所示。

程序段 5-5　文件 bsp.c

```
1    //Filename: bsp.c
2
3    #include "includes.h"
4
5    void BSPInit(void)
6    {
7        LEDInit();
8        KEYInit();
9        EXTIKeyInit();
10       BEEPInit();
11   }
```

文件 bsp.c 只有一个函数 BSPInit,在该函数中调用了 LED 初始化函数 LEDInit、按键初始化函数 KEYInit、外部输入中断初始化函数 EXTIKeyInit 和蜂鸣器初始化函数 BEEPInit,如第 7~10 行所示,因此,BSPInit 函数是总的系统初始化函数。

程序段 5-6　文件 bsp.h

```
1    //Filename: bsp.h
2
3    #ifndef  _BSP_H
4    #define  _BSP_H
5
6    void BSPInit(void);
7
8    #endif
```

文件 bsp.h 是文件 bsp.c 对应的头文件,用于声明 bsp.c 中实现的函数。这里第 6 行声明了函数 BSPInit，该函数定义在文件 bsp.c 中。

程序段 5-7　文件 beep.c

```
1    //Filename: beep.c
2
3    #include "includes.h"
4
5    void BEEPInit(void)
6    {
7      RCC->APB2ENR |= (1uL<<3);      //打开 PB 时钟源
8      GPIOB->CRH |= (1uL<<0);
9      GPIOB->CRH &= ~(7uL<<1);       //PB8 口工作在推挽输出模式下(10MHz)
10
11     GPIOB->ODR &= ~(1uL<<8);       //关闭蜂鸣器
12   }
13
14   void BEEP(void)
15   {
16     GPIOB->ODR ^= (1uL<<8);
17   }
```

文件 beep.c 用于驱动蜂鸣器，包括蜂鸣器初始化函数 BEEPInit 和蜂鸣器工作函数 BEEP。由于 PB8 口与蜂鸣器控制端相连接，所以在初始化函数 BEEPInit 中，应首先打开 PB 口的时钟源（第 7 行），接着配置 PB8 口工作在推挽输出模式下（第 8～9 行），然后，使 PB8 输出低电平（第 11 行），即关闭蜂鸣器。第 14～17 行的函数 BEEP 中，只有第 16 行所示的一条语句，即调用 BEEP 函数时，如果 PB8 原来输出低电平，则输出高电平（蜂鸣器鸣叫）；如果 PB8 原来输出高电平，则输出低电平（关闭蜂鸣器）。

程序段 5-8　文件 beep.h

```
1    //Filename: beep.h
2
3    #ifndef  _BEEP_H
4    #define  _BEEP_H
5
6    void BEEPInit(void);
7    void BEEP(void);
8
9    #endif
```

文件 beep.h 中声明了文件 beep.c 中定义的函数 BEEPInit 和 BEEP。

程序段 5-9　文件 key.c

```
1    //Filename: key.c
2
3    #include "includes.h"
4
5    void KEYInit(void)
6    {
7      RCC->APB2ENR |= (1uL<<6);
8      RCC->APB2ENR |= (1uL<<0);
9
10     GPIOE->CRL &= ~((7uL<<8) | (7uL<<12) | (7uL<<16));
11     GPIOE->CRL |= (1uL<<11) | (1uL<<15) | (1uL<<19);
```

```
12
13        GPIOE->ODR |= (7uL<<2);
14    }
```

文件 key.c 包含了 KEYInit 函数，3 个按键 KEY0～KEY2 依次占用了 PE4、PE3 和 PE2 口，所以第 7 行打开 PE 口的时钟源，第 8 行打开 AFIO 口的时钟源(参考图 3-7)。第 10～11 行配置 PE2～PE4 口为带上拉的输入口，第 13 行使 PE2～PE4 口均输出高电平，相当于为 3 个按键 KEY2、KEY1 和 KEY0 提供上拉电平。

程序段 5-10　文件 key.h

```
1    //Filename: key.h
2
3    #ifndef _KEY_H
4    #define _KEY_H
5
6    void KEYInit(void);
7
8    #endif
```

文件 key.h 中声明了 KEYInit 函数，该函数位于 key.c 文件中，用于初始化 3 个按键 KEY0～KEY2。

程序段 5-11　文件 exti.c

```
1    //Filename: exti.c
2
3    #include "includes.h"
4
5    void EXTIKeyInit(void)
6    {
7        AFIO->EXTICR[0] |= (1uL<<2)<<8;
8        AFIO->EXTICR[0] &= ~(((3uL<<0) | (1uL<<3))<<8);
9        AFIO->EXTICR[0] |= (1uL<<2)<<12;
10       AFIO->EXTICR[0] &= ~(((3uL<<0) | (1uL<<3))<<12);
11       AFIO->EXTICR[1] |= (1uL<<2)<<0;
12       AFIO->EXTICR[1] &= ~(((3uL<<0) | (1uL<<3))<<0);
13
```

这里，第 7～8 行将 PE2 口(KEY2)用作外部中断 EXTI2 输入，第 9～10 行将 PE3 口(KEY1)作为外部中断 EXTI3 输入，第 11～12 行将 PE4 口(KEY0)作为外部中断 EXTI4 输入。参考表 4-3 可知，将 PE2 口用作外部中断 EXTI2 输入，即将 EXTI2[3:0]设置为 4；同理，将 PE3 口用作外部中断 EXTI3 输入，即将 EXTI3[3:0]设置为 4，将 PE4 口用作外部中断 EXTI4 输入，即将 EXTI4[3:0]设置为 4。由于 EXTI2[3:0]位于寄存器 AFIO_EXTICR1(即第 7 行的 AFIO->EXTICR[0])的第[11:8]位，所以第 7～8 行中的配置字中出现了"<<8"；同理，可理解第 9～12 行的配置字的含义。

```
14       EXTI->IMR |= (7uL<<2);
15       EXTI->FTSR |= (7uL<<2);
16
```

第 14 行打开外部中断 EXTI2、EXTI3 和 EXTI4，第 15 行配置这 3 个外部中断为下降沿触发。

```
17      NVIC_EnableIRQ(EXTI2_IRQn);
18      NVIC_EnableIRQ(EXTI3_IRQn);
19      NVIC_EnableIRQ(EXTI4_IRQn);
20      NVIC_SetPriority(EXTI2_IRQn,5);
21      NVIC_SetPriority(EXTI3_IRQn,6);
22      NVIC_SetPriority(EXTI4_IRQn,7);
23   }
24
```

第 17~19 行调用 CMSIS 库函数 NVIC_EnableIRQ 开放中断 EXTI2、EXTI3 和 EXTI4。结合第 14 行可知,外部中断的开放需要两步,首先要配置 EXTI 模块中的 EXTI_IMR 寄存器使外部中断的线路有效,然后,还要开放外部中断对应的 NVIC 中断。第 20~22 行依次配置 NVIC 中断 EXTI2、EXTI3 和 EXTI4 的优先级号为 5、6 和 7。

因此,第 5~23 行的函数 EXTIKeyInit 实现的作用如下:

(1) 将外部按键对应的引脚配置为中断功能。
(2) 开放 EXTI 模块中的这些外部输入中断。
(3) 配置这些外部输入中断均为下降沿触发类型。
(4) 通过 NVIC 中断控制器开放这些 NVIC 中断。
(5) 配置这些外部输入中断的优先级,共有 16 级,优先级号取值范围为 0~15。

```
25   void EXTI2_IRQHandler()
26   {
27      LED(0,LED_ON);
28      EXTI->PR = (1uL<<2);
29      NVIC_ClearPendingIRQ(EXTI2_IRQn);
30   }
31
```

第 25~31 行为外部中断 EXTI2 的中断服务函数,函数名必须为 EXTI2_IRQHandler(参考 2.6 节),当按键 KEY2 被按下后,将进入该函数执行。第 27 行点亮 LED0 灯,第 28 行清除 EXTI2 中断标志位,第 29 行清除 NVIC 寄存器中 EXTI2 中断对应的标志位。

```
32   void EXTI3_IRQHandler()
33   {
34      LED(0,LED_OFF);
35      EXTI->PR = (1uL<<3);
36      NVIC_ClearPendingIRQ(EXTI3_IRQn);
37   }
38
```

第 32~38 行为外部中断 EXTI3 的中断服务函数,函数名必须为 EXTI3_IRQHandler,当按键 KEY1 被按下后,将进入该函数执行。第 34 行熄灭 LED0 灯,第 35 行清除 EXTI3 中断标志位,第 36 行清除 NVIC 寄存器中 EXTI3 中断对应的标志位。

```
39   void EXTI4_IRQHandler()
40   {
41      BEEP();
42      EXTI->PR = (1uL<<4);
43      NVIC_ClearPendingIRQ(EXTI4_IRQn);
44   }
```

第39～44行为外部中断 EXTI4 的中断服务函数,函数名必须为 EXTI4_IRQHandler,当按键 KEY0 被按下后,将进入该函数执行。第 41 行调用 BEEP 函数,如果蜂鸣器原来是关闭的,则打开蜂鸣器;否则,关闭蜂鸣器。第 42 行清除 EXTI4 中断标志位,第 43 行清除 NVIC 寄存器中 EXTI4 中断对应的标志位。

程序段 5-12　文件 exti.h

```
1    //Filename: exti.h
2
3    #ifndef _EXTI_H
4    #define _EXTI_H
5
6    void EXTIKeyInit(void);
7
8    #endif
```

文件 exti.h 中声明了函数 EXTIKeyInit,该函数定义在 exti.c 中,用于初始化外部输入中断。注意,文件 exti.c 中的 3 个中断服务函数 EXTI2_IRQHandler、EXTI3_IRQHandler 和 EXTI4_IRQHandler 均无须声明,因为这些中断服务函数不是由主函数或其他函数调用执行的,而是由硬件的中断系统被触发相应的中断后自动调用的。

工程 03 的工作流程如图 5-4 所示。

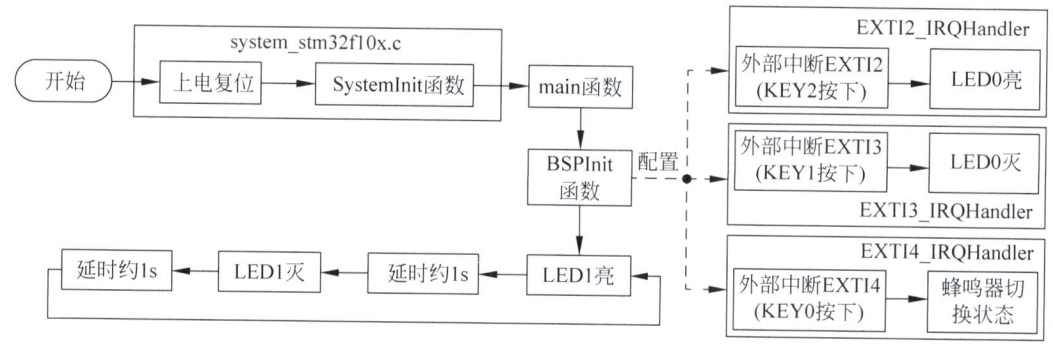

图 5-4　工程 03 的工作流程

由图 5-4 可知,工程 03 运行到主函数 main 后,执行 BSPInit 函数初始化 LED 灯、按键、蜂鸣器和外部中断等外设,然后进行无限循环体,执行 LED1 灯的循环闪烁功能。工程 03 中有 3 个中断服务函数,当按键 KEY02 被按下时,执行 EXTI2_IRQHandler 函数,点亮 LED0 灯;当按键 KEY1 被按下时,执行 EXTI3_IRQHandler 函数,熄灭 LED0 灯;当按键 KEY0 被按下时,执行 EXTI4_IRQHandler 函数,使蜂鸣器切换工作状态。

5.3.2　库函数类型工程实例

本节讨论的工程与 5.3.1 节的工程 03 实现的功能完全相同,这里使用库函数方式进行工程设计。在工程 02 的基础上,新建"工程 04",保存在目录"D:\STM32F103ZET6 工程\工程 04"下,此时的工程 04 与工程 02 完全相同,需要做的修改如下:

(1) 修改文件 main.c 和 includes.h。

(2) 新建文件 bsp.c、bsp.h、key.c、key.h、beep.c、beep.h、exti.c 和 exti.h,新建的文件均保存在目录"D:\STM32F103ZET6 工程\工程 04\BSP"下。

(3) 将 bsp.c、key.c、beep.c 和 exti.c 文件添加到工程管理器的"BSP"分组下。

(4) 将位于目录"D:\STM32F103ZET6 工程\工程 04\STM32F10x_FWLib\src"下的库文件 stm32f10x_exti.c 添加到工程管理器的"LIB"分组下。

建设好的工程 04 如图 5-5 所示。

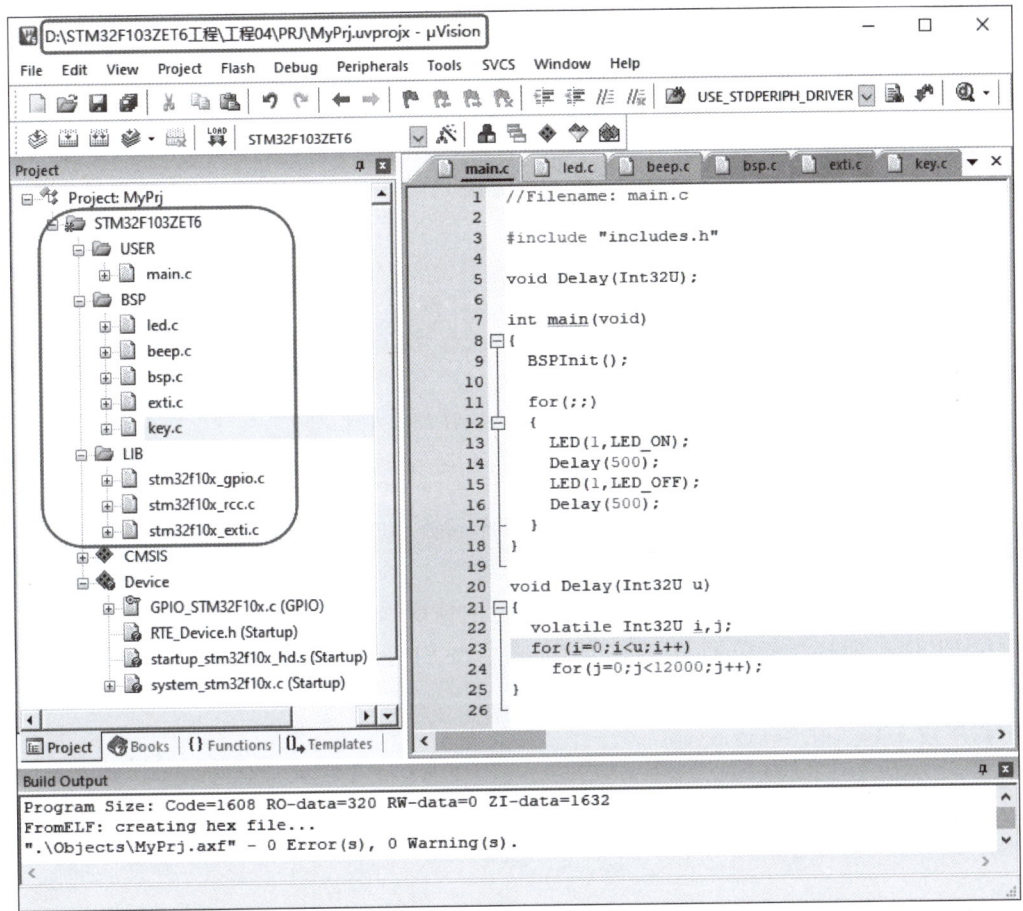

图 5-5 工程 04 工作窗口

工程 04 中的文件 vartypes.h、led.c 和 led.h 与工程 02 中的同名文件源代码相同；工程 04 中的文件 main.c、includes.h、bsp.c、bsp.h、exti.h、key.h、beep.h 与工程 03 中的同名文件的内容相同。下面介绍其余文件的内容，即 beep.c、key.c 和 exti.c 文件的内容，如程序段 5-13～程序段 5-15 所示。

程序段 5-13 文件 beep.c

```
1    //Filename: beep.c
2
3    #include "includes.h"
4
5    void BEEPInit(void)
6    {
7      GPIO_InitTypeDef g;
8      RCC_APB2PeriphClockCmd(RCC_APB2Periph_GPIOB, ENABLE);
9
```

```
10      g.GPIO_Pin = GPIO_Pin_8;
11      g.GPIO_Mode = GPIO_Mode_Out_PP;
12      g.GPIO_Speed = GPIO_Speed_10MHz;
13      GPIO_Init(GPIOB, &g);
14
15      GPIO_ResetBits(GPIOB,GPIO_Pin_8);
16    }
17
```

第 5~16 行为蜂鸣器的初始化函数。蜂鸣器的控制端为 PB8 口,第 8 行调用库函数 RCC_APB2PeriphClockCmd 打开 PB 口的时钟源;第 10~12 行为配置 PB8 口的属性为推挽输出且工作频率为 10MHz,第 13 行调用库函数 GPIO_Init 初始化 PB8 口。

```
18    void BEEP(void)
19    {
20      Int08U v;
21      v = GPIO_ReadOutputDataBit(GPIOB,GPIO_Pin_8);
22      if(v == 1)
23          GPIO_ResetBits(GPIOB,GPIO_Pin_8);
24      else
25          GPIO_SetBits(GPIOB,GPIO_Pin_8);
26    }
```

第 18~26 行为 BEEP 函数。第 21 行调用库函数 GPIO_ReadOutputDataBit 读出 PB8 口的输出状态,如果为高电平(第 22 行为真),则第 23 行调用 GPIO_ResetBits 函数清零 PB8 口,即关闭蜂鸣器;如果为低电平(第 24 行的情况),则第 25 行调用 GPIO_SetBits 函数置位 PB8 口,即打开蜂鸣器。因此,调用一次 BEEP 函数,就使得蜂鸣器切换一次工作状态。

程序段 5-14　文件 key.c

```
1     //Filename: key.c
2
3     # include "includes.h"
4
5     void KEYInit(void)
6     {
7       GPIO_InitTypeDef g;
8       RCC_APB2PeriphClockCmd(RCC_APB2Periph_GPIOE | RCC_APB2Periph_AFIO, ENABLE);
9
10      g.GPIO_Pin = GPIO_Pin_2 | GPIO_Pin_3 | GPIO_Pin_4;
11      g.GPIO_Mode = GPIO_Mode_IPU;
12      g.GPIO_Speed = GPIO_Speed_10MHz;
13      GPIO_Init(GPIOE, &g);
14
15      GPIO_SetBits(GPIOE,GPIO_Pin_2 | GPIO_Pin_3 | GPIO_Pin_4);
16    }
```

第 5~16 行为 KEYInit 函数。按键 KEY0~KEY2 占用 PE4、PE3 和 PE2 口,同时需要开启 AFIO 功能,所以,第 8 行调用库函数 RCC_APB2PeriphClockCmd 开启 PE 口和 AFIO 口的时钟源。第 10~13 行初始化 PE2~PE4 为上拉有效的输入口,且工作频率为 10MHz。第 15 行使 PE2~PE4 口输出高电平,相当于为 PE2~PE4 提供强上拉功能。

程序段 5-15　文件 exti.c

```
1     //Filename: exti.c
2
3     #include "includes.h"
4
5     void EXTIKeyInit(void)
6     {
7       EXTI_InitTypeDef  e;
8
9       GPIO_EXTILineConfig(GPIO_PortSourceGPIOE,GPIO_PinSource2); //PE2 为 EXTI2
10      GPIO_EXTILineConfig(GPIO_PortSourceGPIOE,GPIO_PinSource3); //PE3 为 EXTI3
11      GPIO_EXTILineConfig(GPIO_PortSourceGPIOE,GPIO_PinSource4); //PE4 为 EXTI4
12
13      e.EXTI_Line = EXTI_Line2 | EXTI_Line3 | EXTI_Line4;
14      e.EXTI_Mode = EXTI_Mode_Interrupt;
15      e.EXTI_Trigger = EXTI_Trigger_Falling;
16      e.EXTI_LineCmd = ENABLE;
17      EXTI_Init(&e);
18
19      NVIC_EnableIRQ(EXTI2_IRQn);     //开放外部中断 EXTI2,EXTI3,EXTI4
20      NVIC_EnableIRQ(EXTI3_IRQn);
21      NVIC_EnableIRQ(EXTI4_IRQn);
22      NVIC_SetPriority(EXTI2_IRQn,5);
23      NVIC_SetPriority(EXTI3_IRQn,6);
24      NVIC_SetPriority(EXTI4_IRQn,7);
25    }
26
```

第 5～25 行为外部输入中断的初始化函数 EXTIKeyInit。第 9～11 行调用库函数 GPIO_EXTILineConfig 依次将 PE2、PE3 和 PE4 配置为外部中断 EXTI2、EXTI3 和 EXTI4。第 13～17 行配置外部输入中断 EXTI2、EXTI3 和 EXTI4 工作在中断模式，且为下降沿触发方式。第 19～21 行为调用 CMSIS 库函数 NVIC_EnableIRQ 开放外部中断 EXTI2、EXTI3 和 EXTI4，第 22～24 行调用 CMSIS 库函数 NVIC_SetPriority 配置外部中断 EXTI2、EXTI3 和 EXTI4 的优先级号依次为 5、6 和 7。

```
27    void EXTI2_IRQHandler()
28    {
29      LED(0,LED_ON);
30      EXTI_ClearFlag(EXTI_Line2);
31      NVIC_ClearPendingIRQ(EXTI2_IRQn);
32    }
33
34    void EXTI3_IRQHandler()
35    {
36      LED(0,LED_OFF);
37      EXTI_ClearFlag(EXTI_Line3);
38      NVIC_ClearPendingIRQ(EXTI3_IRQn);
39    }
40
41    void EXTI4_IRQHandler()
42    {
43      BEEP();
```

```
44        EXTI_ClearFlag(EXTI_Line4);
45        NVIC_ClearPendingIRQ(EXTI4_IRQn);
46    }
```

对比程序段 5-11,这里的 3 个中断服务函数中,清除中断标志使用了库函数 EXTI_ClearFlag,如第 30、37 和 44 行所示,依次清零 EXTI2、EXTI3 和 EXTI4 的中断请求标志。

在上述库函数方式的工程程序中,新出现了结构体类型 EXIT_InitTypeDef 和新的库函数 GPIO_EXTILineConfig、EXTI_Init 和 EXTI_ClearFlag,它们均被定义在 stm32f10x_exti.c 或 stm32f10x_exti.h 中,因此需要将 stm32f10x_exti.c 添加到工程管理器的"LIB"分组中。关于这些新结构体类型和新库函数的具体描述请参考 STM32F10x 库函数手册,或直接从头文件 stm32f10x_exti.h 中查看。

5.4 本章小结

本章介绍了嵌套向量中断控制器 NVIC 的工作原理和 GPIO 口作为外部中断的程序设计方法,然后以按键控制为例,讨论了下降沿触发中断的方法,并给出了寄存器类型和库函数类型的工程程序。外部中断是 STM32F103ZET6 微控制器响应外部异步事件的唯一方式,中断的处理能力也是反映 STM32F103ZET6 的性能和灵活性的重要指标。建议读者在学习本章内容后,仔细阅读库函数手册和文件 stm32f10x_exti.c 与 stm32f10x_exti.h,充分掌握新出现的库函数的用法,并设计下降沿触发中断的工程程序。第 6 章介绍定时器时还将继续使用 NVIC 中断。

习题

1. 阐述与中断控制相关的操作及其 CMSIS 库函数。
2. 结合本章内容,说明 GPIO 外部输入中断的响应处理方法。
3. 编写寄存器类型工程,实现对按键的中断输入响应,用 LED 灯状态反映按键的按下或弹开。
4. 编写库函数类型工程,实现对按键的中断输入响应,用 LED 灯状态反映按键的按下或弹开。
5. 说明将 PD12 配置为外部中断输入 EXTI12 的方法。
6. 简要描述中断优先级的配置方法。

第6章 定时器

CHAPTER 6

本章将介绍 STM32F103ZET6 片内定时器的结构和用法,按照从简单到复杂的顺序依次介绍系统节拍定时器、看门狗定时器、实时时钟和通用定时器,其中,系统节拍定时器是 Cortex-M3 内核的定时器组件,主要用于为嵌入式实时操作系统提供时钟节拍(一般取为 100Hz)。STM32F103ZET6 有 8 个定时器,其中定时器 1 和定时器 8 为高级定时器、定时器 2~定时器 5 为通用定时器、定时器 6 和定时器 7 为基本定时器,本章主要介绍通用定时器,且以定时器 2 为例。

本章的学习目标:
- 了解看门狗定时器与实时时钟;
- 熟悉系统节拍定时器的工作原理;
- 掌握系统节拍定时器的库函数程序设计方法;
- 熟练应用寄存器或库函数进行通用定时器程序设计的方法。

6.1 系统节拍定时器

系统节拍定时器 SysTick 属于 Cortex-M3 内核的组件,是一个 24 位的减计数器,常用于产生 100Hz 的定时中断(即系统节拍定时器异常,见表 2-5),用作嵌入式实时操作系统 μC/OS-Ⅱ 的时钟节拍。

6.1.1 系统节拍定时器工作原理

系统节拍定时器的结构如图 6-1 所示。

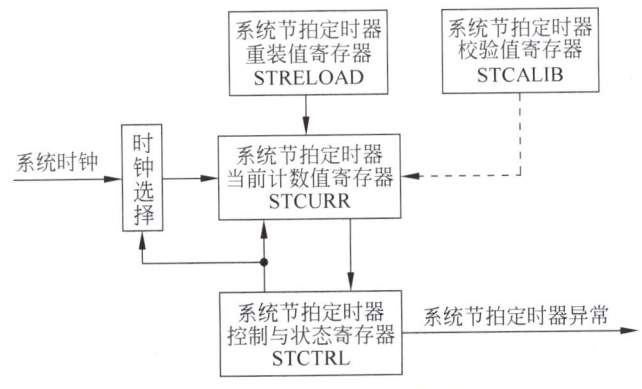

图 6-1 系统节拍定时器结构

图 6-1 表明系统节拍定时器有 4 个相关的寄存器,即 STCTRL、STRELOAD、STCURR 和 STCALIB,了解了这 4 个寄存器的内容,即可掌握系统节拍定时器的工作原理。这 4 个寄存器的内容如表 6-1～表 6-4 所示。

表 6-1 系统节拍定时器控制与状态寄存器 STCTRL

位号	符号	复位值	含义
0	ENABLE	0	写入 1,启动系统节拍定时器;写入 0,关闭系统节拍定时器
1	TICKINT	0	写入 1,开放系统节拍定时器定时中断;写入 0,关闭系统节拍定时器定时中断
2	CLKSOURCE	1	写入 1,选择系统时钟为系统节拍定时器时钟源;写入 0,选择外部时钟作为系统节拍定时器时钟源,对于 STM32F103ZET6 无效
15:3	—	—	保留,仅能写入 0
16	COUNTFLAG	0	当系统节拍定时器减计数到 0 时,该位自动置位,读 STCTRL 寄存器时自动清零
31:17	—	—	保留,仅能写入 0

表 6-2 系统节拍定时器重装值寄存器 STRELOAD

位号	符号	复位值	含义
23:0	RELOAD	0	系统节拍计数器计数到 0 后,下一个时钟节拍后将 RELOAD 的值装入 STCURR 寄存器中
31:24	—	—	保留,仅能写入 0

表 6-3 系统节拍定时器当前计数值寄存器 STCURR

位号	符号	复位值	含义
32:0	CURRENT	0	可读出系统节拍定时器的当前定时值;写入任意值,都将清零 CURRENT 的值,并清零 STCTRL 寄存器的 COUNTFLAG 位
31:24	—	—	保留,仅能写入 0

表 6-4 系统节拍定时器校验值寄存器 STCALIB

位号	符号	复位值	含义
23:0	TENMS	0x2328	当系统时钟为 9MHz 时,1ms 定时间隔的计数值,这里的 0x2328 为十进制数 9000
29:24	—	—	保留,仅能写入 0
30	SKEW	0	为 0 表示 TENMS 的值是准确的;为 1 表示 TENMS 的值不准确
31	NOREF	0	为 0 表示有独立的参考时钟;为 1 表示独立参考时钟不可用

根据上述对系统节拍定时器的分析,可知设计一个定时频率为 100Hz(即定时周期为 10ms)的系统时钟节拍定时器,可采用以下语句(结合上述表 6-1～表 6-4)。

(1) 配置 STCTRL 为(1uL≪1) | (1uL≪2),即关闭系统节拍定时器并开放系统节拍定时器中断,同时设置系统时钟为系统节拍定时器时钟源。此时对于 STM32F103ZET6

微控制器而言,系统时钟为72MHz,芯片手册上明确说明系统时钟的8分频值用作系统节拍定时器的输入时钟信号(见图2-3),但实际测试发现,系统节拍定时器的输入时钟信号仍然是72MHz,即没有所谓的8分频器。

(2) 向STCURR寄存器写入任意值,例如写入0,清除STCURR的值,同时清除STCTRL的COUNTFLAG标志。

(3) 向STRELOAD寄存器写入720000-1,即十六进制数0x1193F。

(4) 配置STCTRL的第0位为1(其余位保持不变),启动系统节拍定时器。

系统节拍定时器相关的寄存器定义在CMSIS库头文件core_cm3.h中,如程序段6-1所示。

程序段6-1 系统节拍定时器相关的寄存器定义(摘自core_cm3.h文件)

```
1    typedef struct
2    {
3        __IO uint32_t CTRL;     // 偏移地址:0x000 (可读/可写) 系统节拍控制和状态寄存器
4        __IO uint32_t LOAD;     //偏移地址:0x004 (可读/可写) 系统节拍重装值寄存器
5        __IO uint32_t VAL;      //偏移地址:0x008 (可读/可写) 系统节拍当前计数值寄存器
6        __I  uint32_t CALIB;    //偏移地址:0x00C (只读) 系统节拍校验值寄存器
7    } SysTick_Type;
8
9    #define SCS_BASE        (0xE000E000UL)
10   #define SysTick_BASE    (SCS_BASE + 0x0010UL)
11
12   #define SysTick         ((SysTick_Type *)SysTick_BASE)
```

系统节拍定时器的4个寄存器STCTRL、STRELOAD、STCURR和STCALIB的地址分别为0xE000 E010、0xE000 E014、0xE000 E018和0xE000 E01C。上述程序第1~7行自定义的结构体类型SysTick_Type的各个成员与系统节拍定时器的4个寄存器按偏移地址一一对应(基地址为0xE000 E010),因此,第12行的SysTick为指向系统节拍定时器的各个寄存器的结构体指针。

在CMSIS库头文件core_cm3.h中还定义了一个初始化系统节拍定时器的函数,如程序段6-2所示。

程序段6-2 系统节拍定时器初始化函数(摘自core_cm3.h文件)

```
1    __STATIC_INLINE uint32_t SysTick_Config(uint32_t ticks)
2    {
3        if ((ticks - 1UL) > SysTick_LOAD_RELOAD_Msk)
4        {
5            return (1UL);
6        }
7        SysTick->LOAD = (uint32_t)(ticks - 1UL);
8        NVIC_SetPriority (SysTick_IRQn, (1UL << __NVIC_PRIO_BITS) - 1UL);
9        SysTick->VAL = 0UL;
10       SysTick->CTRL = SysTick_CTRL_CLKSOURCE_Msk |
11                       SysTick_CTRL_TICKINT_Msk |
12                       SysTick_CTRL_ENABLE_Msk;
13       return (0UL);
14   }
```

函数SysTick_Config用于初始化系统节拍定时器SysTick,参数ticks表示系统节拍定时器的计数初值。第 1 行的 uint32_t 为自定义的无符号 32 位整型类型，__STATIC_INLINE 即 static inline，用于定义静态内敛函数。第 3 行的 SysTick_LOAD_RELOAD_Msk 为宏常量 0x00FF FFFF，这是因为系统节拍定时器是 24 位的减计数器，最大值为 0x00FF FFFF，所以，当第 3 行为真时，说明参数 ticks 的值超过了系统节拍定时器的最大计数值，故第 5 行返回 1，表示出错。第 7 行将 ticks 计数值减去 1 的值作为初值赋给 LOAD 寄存器(即系统节拍定时器重装值寄存器 STRELOAD)，第 8 行调用 CMSIS 库函数 NVIC_SetPriority 设置系统节拍定时器异常的优先级号为 15(参考表 5-2 和程序段 5-2)。第 9 行向 VAL 寄存器(即系统节拍定时器当前计数值寄存器 STCURR)写入 0，使得 LOAD 内的值装入 VAL 寄存器中。第 10 行启动系统节拍定时器，并且打开系统节拍定时器中断，其中，宏常量 SysTick_CTRL_CLKSOURCE_Msk、SysTick_CTRL_TICKINT_Msk 和 SysTick_CTRL_ENABLE_Msk 依次为(1uL << 2)、(1uL << 1)和(1uL << 0)。

根据程序段 6-2 可知，设计一个定时频率为 100Hz(即定时周期为 10ms)的系统时钟节拍定时器，只需要调用语句"SysTick_Config(720000uL)"即可。

6.1.2 系统节拍定时器实例

视频讲解

系统节拍定时器异常一般用作嵌入式实时操作系统的时钟节拍，也可以用作普通的定时中断处理。这里使用系统节拍定时器实现 LED1 灯的闪烁功能，其实现步骤如下。

(1) 在工程 03 的基础上，新建"工程 05"，保存在目录"D:\STM32F103ZET6 工程\工程 05"下，此时的工程 05 与工程 03 完全相同。

(2) 新建文件 systick.c 和 systick.h，这两个文件保存在目录"D:\STM32F103ZET6 工程\工程 05\BSP"下，其代码分别如程序段 6-3 和程序段 6-4 所示。

程序段 6-3　文件 systick.c

```
1    //Filename:systick.c
2
3    # include "includes.h"
4
5    void  SysTickInit(void)
6    {
7      SysTick_Config(720000uL);
8    }
9
10   void  SysTick_Handler(void)
11   {
12     static Int08U i = 0;
13     i++;
14     if(i == 100)
15         LED(1,LED_ON);
16     if(i == 200)
17     {
18         i = 0;
19         LED(1,LED_OFF);
20     }
21   }
```

第 5~8 行的函数 SysTickInit 调用系统函数 SysTick_Config(第 7 行)，配置系统节拍

定时器工作频率为100Hz,这个函数还将用于第2篇的操作系统级别的工程中。

第10～21行为系统节拍定时器异常服务函数,第10行的函数名SysTick_Handler是系统指定的,参考2.6节,该函数名来自于启动文件startup_stm32f10x_hd.s中同名的标号。第12行定义静态变量i,如果i累加到100(表示经过了1s),则点亮LED1灯(第15行);如果i从100累加到200(表示又经过了1s),则熄灭LED1灯(第19行),同时把变量i清零。

程序段 6-4　文件 systick.h

```
1    //Filename:systick.h
2
3    #ifndef _SYSTICK_H
4    #define _SYSTICK_H
5
6    void SysTickInit(void);
7
8    #endif
```

文件 systick.h 中声明了文件 systick.c 中定义的函数 SysTickInit(第6行),该函数用于系统节拍定时器的初始化。

(3) 修改文件 main.c、includes.h 和 bsp.c 文件,分别如程序段6-5～程序段6-7所示。

程序段 6-5　文件 main.c

```
1    //Filename: main.c
2
3    #include "includes.h"
4
5    int main(void)
6    {
7      BSPInit();
8
9      for(;;)
10     {
11     }
12   }
```

在文件 main.c 中,main 函数仅在第7行调用 BSPInit 函数实现外设的初始化,然后,进入一个空的无限循环体(第9～11行),因此,main 函数中不执行具体的处理工作。

程序段 6-6　文件 includes.h

```
1    //Filename: includes.h
2
3    #include "stm32f10x.h"
4
5    #include "vartypes.h"
6    #include "bsp.h"
7    #include "led.h"
8    #include "key.h"
9    #include "exti.h"
10   #include "beep.h"
11   #include "systick.h"
```

相对于程序段5-4而言,这里添加了第11行,即包括了 systick.h 头文件。

程序段 6-7　文件 bsp.c

```
1    //Filename: bsp.c
2
3    #include "includes.h"
4
5    void BSPInit(void)
6    {
7      LEDInit();
8      KEYInit();
9      EXTIKeyInit();
10     BEEPInit();
11     SysTickInit();
12   }
```

相对于程序段 5-5 而言,这里添加了第 11 行,即调用了系统节拍定时器初始化函数。

(4) 将 systick.c 文件添加到工程管理器的 BSP 分组下,建设好的工程 05 如图 6-2 所示。

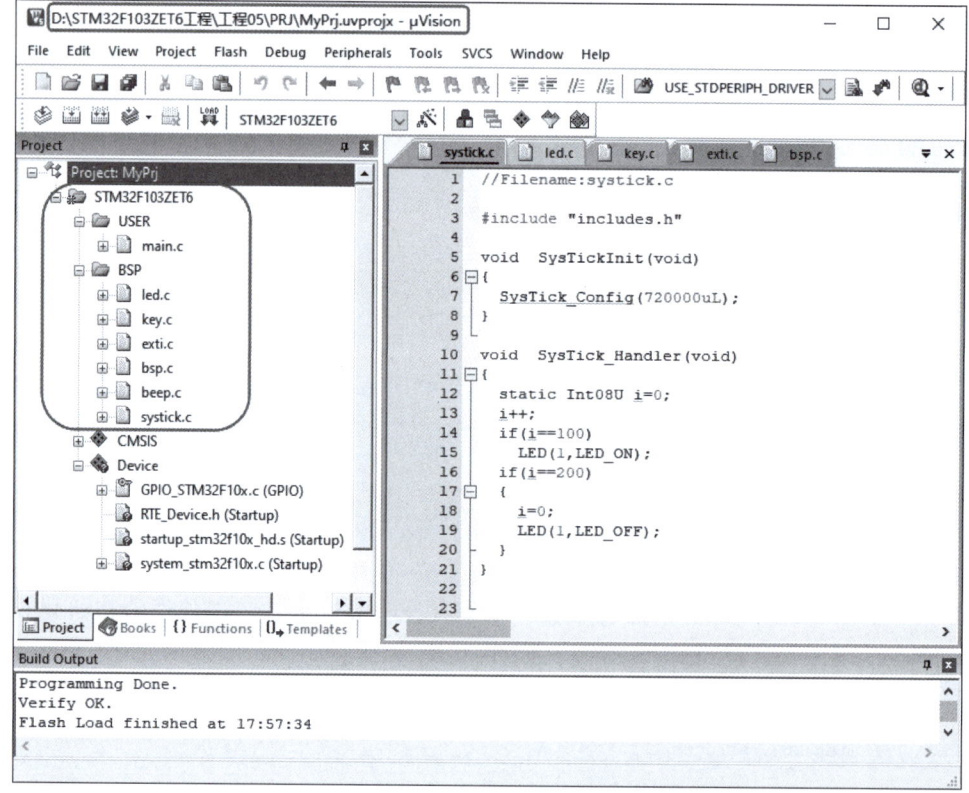

图 6-2　工程 05 工作窗口

工程 05 的工作流程如图 6-3 所示。

由图 6-3 可知,在工程 05 中,主函数 main 主要完成了系统的外设初始化工作,同时,工程 05 保留了工程 03 中的全部功能,并添加了系统节拍定时器功能。由于配置了系统节拍定时器的工作频率为 100Hz,所以,定时异常每触发 100 次相当于延时准确的 1s。通过添加静态计数变量,使得系统节拍定时器异常服务函数实现了每隔 1s 使 LED1 灯状态切换一次的功能。

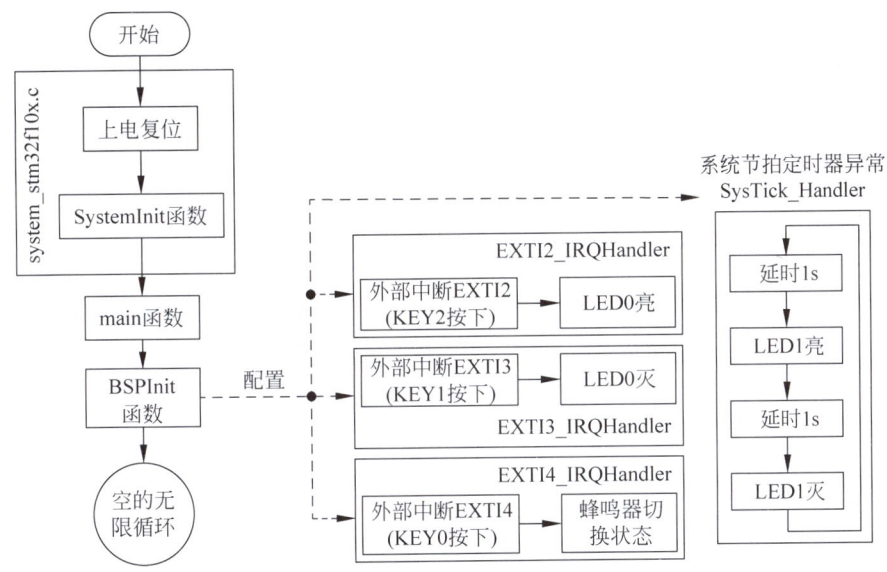

图 6-3　工程 05 的工作流程

6.2　看门狗定时器

STM32F103ZET6 微控制器中有两个看门狗，即独立看门狗和窗口看门狗。本书仅介绍复杂一些的窗口看门狗。

6.2.1　窗口看门狗定时器工作原理

窗口看门狗定时器的结构如图 6-4 所示。

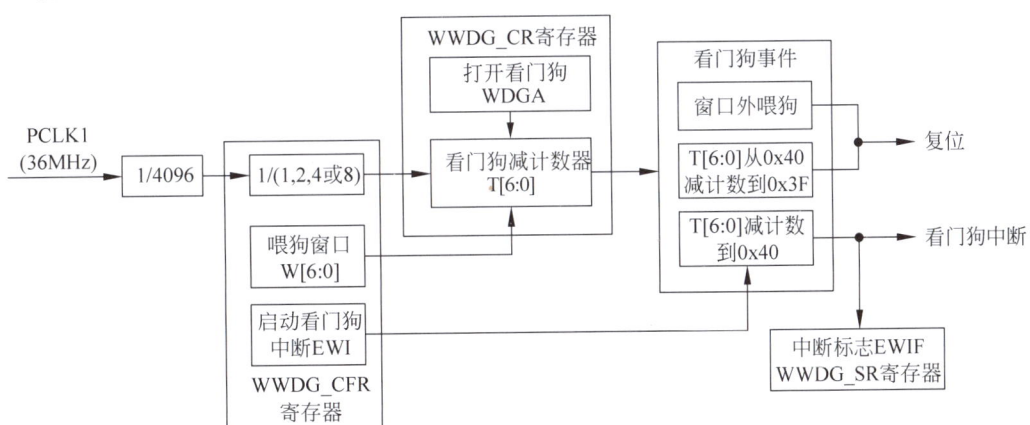

图 6-4　窗口看门狗定时器结构

由图 6-4 可知，窗口看门狗定时器的时钟源为 PCLK1（工作在 36MHz 下），经过 4096 分频后，再经过寄存器 WWDG_CFR 指定的分频后，送给看门狗计数器。这里的寄存器 WWDG_CFR 只有第[9:0]位有效，其中，第[8:7]位记为 WDGTB[1:0]，用于指定分频值为 $1/2^{WDGTB[1:0]}$，例如，WDGTB[1:0]设为 11b，则分频值为 1/8。WWDG_CFR 的第 9 位记为

EWI,该位置1,则看门狗计数器 T[6:0]减计数到0x40时,产生看门狗中断。WWDG_CFR 的第[6:0]位为窗口,最大值为0x7F,最小值可设为0x41,当 T[6:0]的值大于 W[6:0]的值时,向 T[6:0]赋值(即喂狗)将产生复位。

WWDG_CR 寄存器只有第[7:0]位有效,其中,第[6:0]位为看门狗计数器 T[6:0],第 7 位记为 WDGA,设为 1 则启动看门狗,只有复位后才能自动清零。当看门狗计数器减计数到 0x40 时,将产生看门狗中断(若 EWI 位为 1);当看门狗计数器从 0x40 减计数到 0x3F 时(即 T[6]由 1 变为 0),将产生复位。

WWDG_SR 寄存器只有第 0 位有效,记为 EWIF,当产生看门狗中断时,EWIF 位自动置 1,写入 0 可清零该位。

在图 6-4 中,如果配置寄存器 WWDG_CFR 的 WDGTB[1:0]为 11b,则看门狗每隔 910μs 减计数 1,由于看门狗中断和看门狗复位只相差一个计数时间,即相差 910μs,所以,在看门狗中断服务程序中应首先喂狗,然后再执行其余的处理。如果设定看门狗计数器的初始值为 0x6D,则减计数到 0x40 时,减计数值为 0x2D,即十进制数 45,所花费的时间为 40.96ms,即看门狗中断每 40.96ms 触发一次。在 6.2.2 节的工程实例中,使用了该配置方式。

6.2.2 窗口看门狗定时器寄存器类型实例

视频讲解

在本节中,拟把看门狗定时器 WWDG 用作普通的定时器,实现每隔 1s LED1 闪烁的功能。

在工程 03 的基础上,新建工程 06,保存在目录"D:\STM32F103ZET6 工程\工程 06"下,此时的工程 06 与工程 03 完全相同。然后,执行以下的步骤。

(1) 修改 main.c 文件,如程序段 6-5 所示,即在 main 函数的无限循环体中,不执行任何处理。

(2) 新建文件 wwdog.c 和 wwdog.h,如程序段 6-8 和程序段 6-9 所示,保存在目录"D:\STM32F103ZET6 工程\工程 06\BSP"下。

程序段 6-8 文件 wwdog.c

```
1    //Filename: wwdog.c
2
3    # include "includes.h"
4
5    void  WWDOGInit(void)
6    {
7      RCC->APB1ENR |= (1uL<<11);
8
9      WWDG->CR = 0x6D;                          // T[6:0] = 0x6D = 0110 1101b
10     WWDG->CFR = (1uL<<9) | (3uL<<7) | (0x7F<<0);
                                                 //使能 Intr,1/8/4096, Window:45
11     WWDG->SR = 0;
12     WWDG->CR |= (1uL<<7);                     //使能 WWDOG
13     NVIC_EnableIRQ(WWDG_IRQn);
14   }
15
```

第 5~14 行为看门狗定时器初始化函数 WWDOGInit。第 7 行打开看门狗定时器时钟源(RCC_APB1ENR 寄存器含义请参考 STM32F103 参考手册,其中,第 11 位置 1 表示打开看门狗定时器的时钟源);第 9 行向看门狗计数器赋初值 0x6D;第 10 行设置看门狗中断有效、1/8 分频值和窗口大小为 0x7F;第 11 行清零中断标志位;第 12 行启动看门狗定时器。第 13 行调用 CMSIS 库函数打开看门狗 NVIC 中断。这里的第 10 行设置窗口值为 0x7F,使得看门狗计数器的值 T[6:0]始终小于窗口值,即窗口值不起作用。

```
16    void  WWDG_IRQHandler(void)
17    {
18        static Int16U i = 0;
19
20        WWDG -> CR = 0x6D;
21
22        i++;
23        if(i == 25)
24            LED(1,LED_ON);
25        if(i == 50)
26        {
27            i = 0;
28            LED(1,LED_OFF);
29        }
30
31        WWDG -> SR = 0;
32        NVIC_ClearPendingIRQ(WWDG_IRQn);
33    }
```

第 16~33 行为看门狗中断服务函数 WWDG_IRQHandler,该函数名是系统设定的(参考 2.6 节)。第 18 行定义静态变量 i,第 20 行喂狗;第 22~29 行执行 LED1 灯的闪烁操作,由于看门狗中断每 40.96ms 触发一次,触发 25 次约 1s,当 i 累加到 25 时,LED1 灯点亮,当 i 由 25 累加到 50 时,LED1 灯熄灭。第 31 行清零看门狗中断标志;第 32 行清除看门狗中断的 NVIC 中断标志位。

程序段 6-9 文件 wwdog.h

```
1    //Filename: wwdog.h
2
3    #ifndef  _WWDOG_H
4    #define  _WWDOG_H
5
6    void  WWDOGInit(void);
7
8    #endif
```

文件 wwdog.h 是文件 wwdog.c 对应的头文件,用于声明 wwdog.c 中定义的函数,这里第 6 行声明了 WWDOGInit 函数。

(3) 在 includes.h 文件的末尾添加语句"#include "wwdog.h"",即在总的包括头文件中包括文件 wwdog.h。

(4) 在 bsp.c 文件的 BSPInit 函数中,添加对函数 WWDOGInit 的调用,如程序段 6-10 所示。

程序段 6-10 文件 bsp.c

```
1    //Filename: bsp.c
2
```

```
 3    #include "includes.h"
 4
 5    void BSPInit(void)
 6    {
 7       LEDInit();
 8       KEYInit();
 9       EXTIKeyInit();
10       BEEPInit();
11       WWDOGInit();
12    }
```

文件 bsp.c 中的函数 BSPInit(第 5～12 行)用于初始化 STM32F103ZET6 微控制器的片上外设。相对于程序段 5-5 而言,这里添加的第 11 行调用了看门狗初始化函数 WWDOGInit,用于实现对看门狗定时器外设的初始化。

(5) 将 wwdog.c 文件添加到工程管理器的 BSP 分组下。完成后的工程 06 如图 6-5 所示。

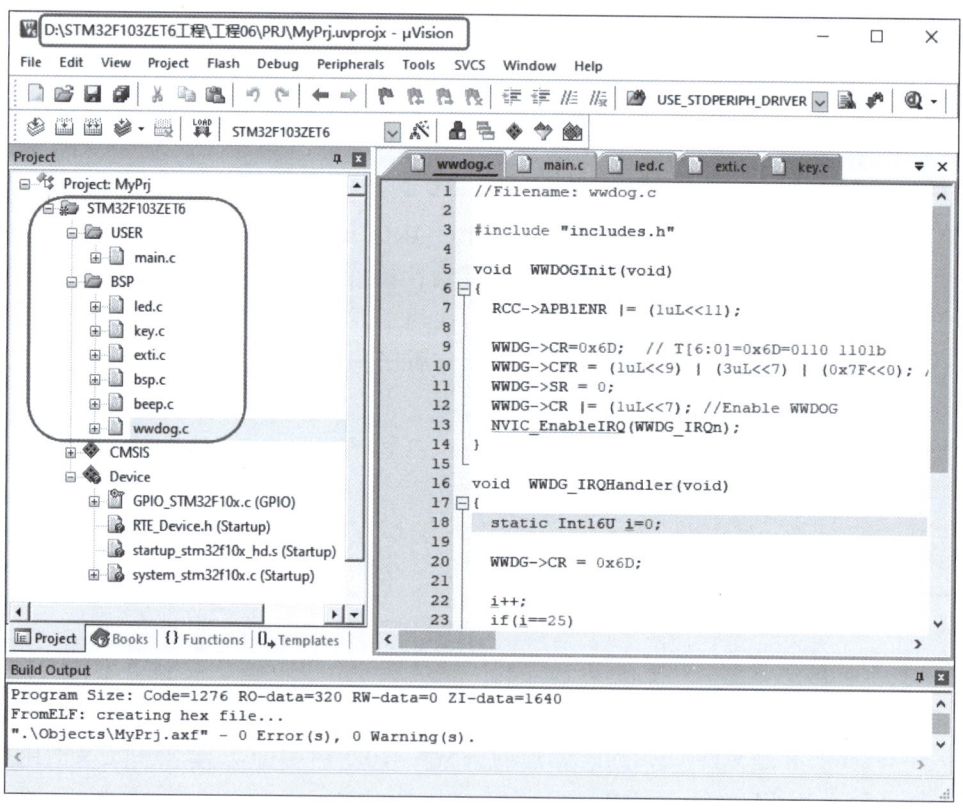

图 6-5 工程 06 工作窗口

在图 6-5 中,编译链接并运行工程 06,可以看到 STM32F103 战舰 V3 开发板上的 LED1 灯每隔约 1s 闪烁一次,从而实现了看门狗定时器的定时中断处理功能。

6.2.3 窗口看门狗定时器库函数类型实例

在工程 04 的基础上,新建"工程 07",保存在目录"D:\STM32F103ZET6 工程\工程 07"下,此时的工程 07 与工程 04 完全相同。然后,进行如下的步骤。

视频讲解

(1) 新建文件 wwdog.c 和 wwdog.h,其中,wwdog.h 文件与程序段 6-9 的同名文件内容相同,wwdog.c 的内容如程序段 6-11 所示。这两个文件保存在目录"D:\STM32F103ZET6 工程\工程 07\BSP"下。

程序段 6-11　文件 wwdog.c

```
1    //Filename: wwdog.c
2
3    #include "includes.h"
4
5    void    WWDOGInit(void)
6    {
7        RCC_APB1PeriphClockCmd(RCC_APB1Periph_WWDG, ENABLE);
8
9        WWDG_SetPrescaler(WWDG_Prescaler_8); //1/8/4098
10       WWDG_SetWindowValue(0x7F);
11       WWDG_ClearFlag();
12       WWDG_Enable(0x6D);                    // T[6:0] = 0x6D = 0110 1101b,使能 WWDOG
13       WWDG_EnableIT();
14
15       NVIC_EnableIRQ(WWDG_IRQn);
16   }
17
```

第 5~16 行为看门狗初始化函数 WWDOGInit。第 7 行调用 RCC_APB1PeriphClockCmd 库函数打开窗口看门狗的时钟源;第 9 行调用 WWDG_SetPrescaler 库函数设置预分频值为 1/8;第 10 行调用 WWDG_SetWindowValue 库函数设置窗口值为 0x7F;第 11 行调用 WWDG_ClearFlag 库函数清零看门狗中断标志;第 12 行启动看门狗,同时设置看门狗计数器的初始值为 0x6D;第 13 行打开看门狗中断;第 15 行打开看门狗定时器的 NVIC 中断。

```
18   void    WWDG_IRQHandler(void)
19   {
20       static Int16U i = 0;
21
22       WWDG_SetCounter(0x6D);
23
24       i++;
25       if(i == 25)
26           LED(1,LED_ON);
27       if(i == 50)
28       {
29           i = 0;
30           LED(1,LED_OFF);
31       }
32
33       WWDG_ClearFlag();
34       NVIC_ClearPendingIRQ(WWDG_IRQn);
35   }
```

对比程序段 6-8 中的看门狗中断服务函数 WWDG_IRQHandler,这里的第 22 行为喂狗,即设置看门狗计数器的值为 0x6D;第 33 行调用 WWDG_ClearFlag 清零看门狗中断标志。

(2) 修改 main.c 文件,如程序段 6-5 所示,即在主函数的无限循环体内,不执行具体的处理任务。

(3) 在 includes.h 文件的末尾,添加语句"♯include "wwdog.h"",即在总的包括头文件中包括头文件 wwdog.h。

(4) 修改 bsp.c 文件,如程序段 6-10 所示,即在 bsp.c 文件中的 BSPInit 函数中,添加语句"WWDOGInit();",用于初始化窗口看门狗定时器。

(5) 添加目录"D:\STM32F103ZET6 工程\工程 07\STM32F10x_FWLib\src"下的文件 stm32f10x_wwdg.c 到工程管理器的 LIB 分组下;添加新创建的文件 wwdog.c(保存在目录"D:\STM32F103ZET6 工程\工程 07\BSP"下)到工程管理器的 BSP 分组下。

工程 07 实现的功能与工程 06 完全相同,也就是将窗口看门狗定时器配置为每 40.96ms 触发一次看门狗中断的普通定时器,在看门狗中断服务函数中,通过静态的计数变量,实现每隔约 1s 使 LED1 灯切换一次状态。

6.3 实时时钟

STM32F103ZET6 微控制器的实时时钟 RTC 模块,严格意义上讲,只是一个低功耗的定时器,如果要实现时间和日历功能,必须借助于软件实现。其优点在于灵活性较强,缺点在于程序员编程时需要考虑日历变化的闰年情况。与之相比,基于 Cortex-M3 内核的 LPC1788 微控制器的 RTC 模块,才是真正意义上具有完整日历功能的实时时钟。估计意法半导体可能会在不久的将来对 RTC 模块进行功能升级。

6.3.1 实时时钟工作原理

STM32F103ZET6 微控制器的实时时钟结构如图 6-6 所示。

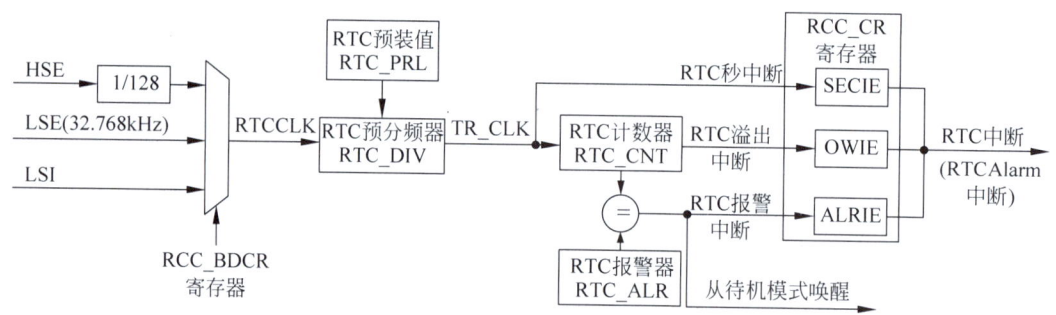

图 6-6 实时时钟结构

由图 6-6 可知,RTC 模块有 3 个时钟源可供选择,一般情况下,希望选择具有较高精度的外部低速时钟 LSE(32.768kHz)。这里的 HSE 是指片外高精度高速时钟(8MHz),LSI 指片内低速时钟(40kHz)。如果选择了 LSE 时钟,则 RTCCLK 时钟信号即为 32.768kHz,如果设定 RTC 预分频器的值为 32767,则 TR_CLK=RTCCLK/(RTC_DIV+1),即 TR_CLK 时钟信号为 1Hz。RTC 模块可触发 3 种类型的中断,即秒中断、溢出中断和报警中断(或闹钟中断),通过配置 RCC_CR 寄存器实现这 3 类中断的开启。当 RTC 计数器的值与 RTC 报警器的值相等时,产生 RTC 报警中断,同时,该中断还可用于从待机模式唤醒微控制器。

图 6-6 中的 RCC_BDCR 寄存器是复位与时钟控制模块(RCC)的寄存器,其第[9:8]位设为 01b 时,RTC 模块使用 LSE 时钟源,该寄存器的详细情况请参考 STM32F103 用户手册。

下面详细介绍 RTC 模块的各个寄存器,RTC 模块的基地址为 0x4000 2800。

(1) RTC 控制寄存器 RTC_CRH。

RTC_CRH(偏移地址 0x0,复位值 0x0)是一个 16 位的寄存器,只有第[2:0]位有效,第 2 位为 OWIE,为 1 表示开启溢出中断;第 1 位为 ALRIE,为 1 表示开启报警中断;第 0 位为 SECIE,为 1 表示开启秒表中断。

(2) RTC 控制寄存器 RTC_CRL。

RTC_CRL(偏移地址 0x04,复位值 0x0020)是一个 16 位的寄存器,只有第[5:0]位有效。第 5 位为只读的 RTOFF 位,读出 0 表示写 RTC 寄存器正处理中,读出 1 表示写 RTC 寄存器操作已完成;第 4 位为 CNF 位,写入 1 表示进入配置模式,写入 0 表示退出配置模式;第 3 位为 RSF 位,当 RTC 各个寄存器同步后硬件置 1,可软件方式写入 0 清零;第 2 位为溢出中断标志位 OWF,为 1 表示溢出中断发生了,写入 0 清零;第 1 位为报警中断标志位 ALRF,为 1 表示报警中断发生了,写入 0 清零;第 0 位为秒中断标志位 SECF,为 1 表示秒中断发生了,写入 0 清零。

RTC 模块的各个寄存器的访问规则为:首先,确认 RTOFF 位为 1;然后,置 CNF 位为 1 进入配置模式;接着,配置各个 RTC 寄存器(包括 RTC_CRH);之后,清零 CNF 位退出配置模式;最后,等待 RTOFF 位为 1。

(3) RTC 预装值寄存器 RTC_PRLH 和 RTC_PRLL。

RTC_PRLH 和 RTC_PRLL(偏移地址 0x08 和 0x0C,复位值 0x0 和 0x8000)是两个 16 位的寄存器,RTC_PRLH 的高 14 位保留,RTC_PRLH 的第[3:0]位(作为 PRL[19:16])与 RTC_PRLL 的第[15:0]位(作为 PRL[15:0])组合成 PRL[19:0],结合图 6-6,TR_CLK=RTCCLK/(PRL[19:0]+1)。

(4) RTC 预分频器寄存器 RTC_DIVH 和 RTC_DIVL。

RTC_DIVH 和 RTC_DIVL(偏移地址 0x10 和 0x14,复位值 0x0 和 0x8000)是两个只读的 16 位的计数器,其减计数到 0 后,RTC_PRLH 和 RTC_PRLL 中的预装值将自动装入 RTC_DIVH 和 RTC_DIVL 中。

(5) RTC 计数器寄存器 RTC_CNTH 和 RTC_CNTL。

RTC_CNTH 和 RTC_CNTL(偏移地址 0x18 和 0x1C,复位值均为 0x0)是两个可读/可写的 16 位寄存器,用于保存 RTC 模块的时间和日历值。

(6) RTC 报警器寄存器 RTC_ALRH 和 RTC_ALRL。

RTC_ALRH 和 RTC_ALRL(偏移地址 0x20 和 0x24,复位值均为 0xFFFF)是两个只写的 16 位寄存器,用于保存 RTC 模块报警时的时间和日历值。当 RTC 计数器寄存器 RTC_CNTH 和 RTC_CNTL 的值分别与 RTC_ALRH 和 RTC_ALRL 的值相等时,产生 RTC 报警中断。

下面 6.3.2 节和 6.3.3 节通过 RTC 模块实现 LED1 每隔 1s 闪烁一次的功能,以说明 RTC 模块的配置方法和秒中断程序设计方法。

6.3.2 实时时钟寄存器类型实例

在工程 03 的基础上,新建"工程 08",保存在目录"D:\STM32F103ZET6 工程\工程 08"下,此时的工程 08 与工程 03 完全相同。然后,进行如下的步骤。

(1) 修改文件 main.c,如程序段 6-5 所示,即在主函数的无限循环体中不做具体的处理工作。

(2) 新建文件 rtc.c 和 rtc.h,保存在目录"D:\STM32F103ZET6 工程\工程 08\BSP"下,这两个文件的内容如程序段 6-12 和程序段 6-13 所示。

程序段 6-12　文件 rtc.c

```
1    //Filename: rtc.c
2
3    #include "includes.h"
4
5    void RTCInit(void)
6    {
7      Int32U i;
8
9      RCC->APB1ENR |= (1uL<<27) | (1uL<<28);   //BKP 和 PWR 使能
10     PWR->CR |= (1uL<<8);                      //使 RTC 和 BKP 可访问
11
```

第 9 行使复位与时钟控制模块的寄存器 RCC_APB1ENR 的第 27 位和第 28 位置 1,表示打开备份接口模块(BKP)和功耗管理模块(PWR)的时钟源。这两个模块与 RTC 有关。第 10 行设置 PWR_CR 寄存器的第 8 位为 1,表示可访问 RTC 和 BKP 模块的寄存器。

```
12     RCC->BDCR |= (1uL<<16);
13     RCC->BDCR &= ~(1uL<<16);                  //BKP 退出复位
14     RCC->BDCR |= (1uL<<0);                    //使用 LSE 32.768kHz 时钟
15
```

第 12 行向 RCC_BDCR 寄存器的第 16 位写入 1 复位 BKP 模块;第 13 行向其写入 0,退出复位状态,进入工作状态;第 14 行向 RCC_BDCR 寄存器的第 0 位写入 1,表示开启外部的 32.768kHz 时钟源 LSE。

```
16     for(i=0;i<20000;i++);                     //等待 6 个 LSI 时钟周期
17     while((RCC->BDCR & (1uL<<1))!=(1uL<<1));  //等待 LSE 稳定
18
```

第 16 行是 RCC 模块的特殊要求,即执行了第 14 行开启 LSE 时钟源后,必须至少等待 6 个 LSE 时钟节拍,使得 RCC_BDCR 寄存器的第 1 位硬件清零。如果 RCC_BDCR 寄存器的第 1 位硬件自动置 1,说明 LSE 时钟源已稳定,所以第 17 行等待 RCC_BDCR 寄存器的第 1 位置 1。

```
19     RCC->BDCR |= (1uL<<8);
20     RCC->BDCR &= ~(1uL<<9);                   //使用 LSE 时钟
21     RCC->BDCR |= (1uL<<15);
22
```

RCC_BDCR 寄存器的第[9:8]位为 01b,表示使用 LSE 时钟,第 19、20 行为配置其为 01b。第 21 行设置 RCC_BDCR 寄存器的第 15 位为 1,表示启用 RTC 时钟。

这里第9～21行使用了BKP和RCC模块的一些寄存器,书中没有详细介绍,可参考STM32F103参考手册的第6章和第7章。

```
23        while((RTC->CRL & (1uL<<5))!=(1uL<<5));   //RTOFF=1
24        while((RTC->CRL & (1uL<<3))!=(1uL<<3));   //RSF=1
25        RTC->CRL |= (1uL<<4);                     //CNF=1 进入配置模式
26        RTC->CRH |= (1uL<<0);                     //打开秒中断
27        RTC->PRLH = 0;
28        RTC->PRLL = 32767;
29        RTC->CRL &= ~(1uL<<4);                    //CNF=0 退出配置模式
30        while((RTC->CRL & (1uL<<5))!=(1uL<<5));   //RTOFF=1
31
32        NVIC_EnableIRQ(RTC_IRQn);
33    }
34
```

第5～33行为RTC时钟模块的初始化函数RTCInit。第23～30行为配置RTC模块的寄存器,按照其访问规则:第23行等待RTOFF位为1;第24行等待RSF位为1(表示RTC各个寄存器已同步);第25行置位CNF,进入配置模式;第26行打开秒中断;第27、28行设置分频值为32767;第29行清零CNF,退出配置模式;第30行等待RTOFF位置1。

第32行调用CMSIS库函数打开RTC模块对应的NVIC中断。

```
35    void RTC_IRQHandler(void)
36    {
37        static Int08U state = 0;
38        state = !state;
39        if(state)
40            LED(1,LED_ON);
41        else
42            LED(1,LED_OFF);
43        RTC->CRL &= ~(1uL<<0);
44        NVIC_ClearPendingIRQ(RTC_IRQn);
45    }
```

第35～45行为RTC模块的中断服务函数,函数数名必须为RTC_IRQHandler(参考2.6节),来源于startup_stm32f10x_hd.s文件中的同名标号。第37行定义静态变量state;根据RTCInit函数可知,RTC中断每1s执行一次,每次执行第38行将变量state取非;第39行判断state的值,如果为真,则第40行打开LED1灯;否则(第41行为真),第42行关闭LED1灯。第43行向RTC_CRL寄存器的第0位写入0,清除RTC秒中断标志位;第44行调用CMSIS库的NVIC_ClearPendingIRQ函数清除RTC的NVIC中断标志位。

程序段6-13 文件rtc.h

```
1    //Filename: rtc.h
2
3    #ifndef   _RTC_H
4    #define   _RTC_H
5
6    void RTCInit(void);
7
8    #endif
```

文件 rtc.h 中声明了文件 rtc.c 中定义的函数 RTCInit。
(3) 在 includes.h 文件的末尾添加语句"♯include "rtc.h"",即包括头文件 rtc.h。
(4) 在 bsp.c 文件的 BSPInit 函数中,添加语句"RTCInit();",如程序段 6-14 所示。

程序段 6-14　文件 bsp.c

```
1    //Filename: bsp.c
2
3    #include "includes.h"
4
5    void BSPInit(void)
6    {
7      LEDInit();
8      KEYInit();
9      EXTIKeyInit();
10     BEEPInit();
11     RTCInit();
12   }
```

在文件 bsp.c 中,BSPInit 函数依次实现 LED 灯、按键、外部中断、蜂鸣器和 RTC 时钟的初始化(如第 7~11 行所示)。

(5) 将 rtc.c 文件添加到工程管理器的 BSP 分组下。建设好的工程 08 如图 6-7 所示。

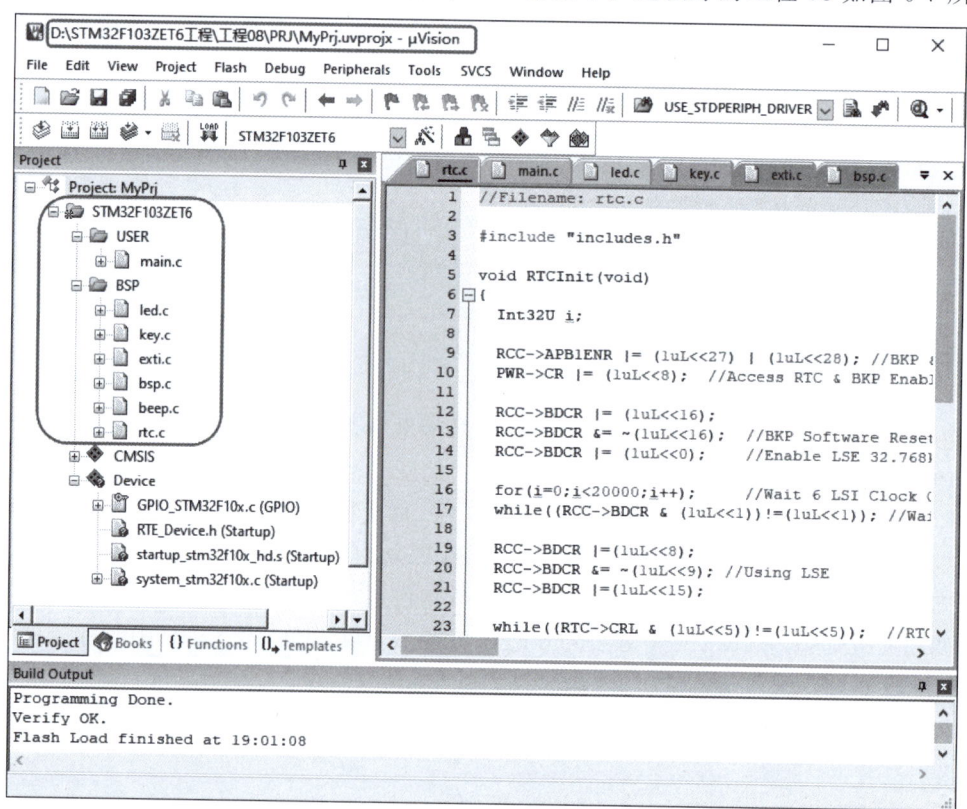

图 6-7　工程 08 工作窗口

在图 6-7 中,编译链接并运行工程 08,可观察到 STM32F103 战舰 V3 开发板上的 LED1 灯每隔 1s 闪烁一次。此外,工程 08 保留了工程 03 的全部功能。

6.3.3 实时时钟库函数类型实例

本节中使用库函数实现 rtc.c 文件中的全部功能,具体步骤如下。

(1) 在工程 04 的基础上,新建"工程 09",保存在目录"D:\STM32F103ZET6 工程\工程 09"下。此时的工程 09 与工程 04 完全相同。

(2) 修改文件 main.c,如程序段 6-5 所示,即主函数的无限循环体为空。

(3) 新建 rtc.c 和 rtc.h 文件,保存在目录"D:\STM32F103ZET6 工程\工程 09\BSP"下,其中,rtc.h 文件如程序段 6-13 所示,rtc.c 文件如程序段 6-15 所示。

程序段 6-15　文件 rtc.c

```
1    //Filename: rtc.c
2
3    #include "includes.h"
4
5    void RTCInit(void)
6    {
7      Int32U i;
8
9      RCC_APB1PeriphClockCmd(RCC_APB1Periph_PWR | RCC_APB1Periph_BKP, ENABLE);
10     PWR_BackupAccessCmd(ENABLE);                          //使 RTC 和 BKP 可访问
11
12     BKP_DeInit();                                         //BKP 模块进入工作状态
13     RCC_LSEConfig(RCC_LSE_ON);                            //使用 LSE 32.768kHz 时钟
14
15     for(i = 0;i < 20000;i++);                             //等待 6 个 LSI 时钟节拍
16     while(RCC_GetFlagStatus(RCC_FLAG_LSERDY) == RESET);   //等待 LSE 稳定
17
18     RCC_RTCCLKConfig(RCC_RTCCLKSource_LSE);               //使用 LSE 时钟
19     RCC_RTCCLKCmd(ENABLE);
20
21     RTC_WaitForLastTask();
22     RTC_WaitForSynchro();
23     RTC_EnterConfigMode();
24
25     RTC_ITConfig(RTC_IT_SEC, ENABLE);
26     RTC_SetPrescaler(32767);
27
28     RTC_ExitConfigMode();
29     RTC_WaitForLastTask();
30
31     NVIC_EnableIRQ(RTC_IRQn);
32   }
33
34   void RTC_IRQHandler(void)
35   {
36     static Int08U state = 0;
37     state = !state;
38     if(state)
39         LED(1,LED_ON);
40     else
41         LED(1,LED_OFF);
```

```
42          RTC_ClearITPendingBit(RTC_IT_SEC);
43          NVIC_ClearPendingIRQ(RTC_IRQn);
44      }
```

对比程序段6-12,在初始化函数RTCInit中,第9行调用RCC_APB1PeriphClockCmd库函数打开BKP和RCC模块的时钟源;第10行调用PWR_BackupAccessCmd库函数,使RTC和BKP模块的寄存器可访问。第12行调用BKP_DeInit库函数使BKP进入工作状态。第13行调用RCC_LSEConfig库函数,使外部的32.768kHz时钟源LSE有效。第16行调用库函数RCC_GetFlagStatus,用于获取LSE时钟源的状态,等待LSE时钟源稳定。第18行配置RTC的时钟源为LSE,同时打开LSE通道,这里使用了RCC_RTCCLKConfig和RCC_RTCCLKCmd库函数。

第21~29行为配置RTC时钟模块的寄存器。第21行调用RTC_WaitForLastTask库函数等待上一个写寄存器操作完成;第22行调用RTC_WaitForSynchro库函数等待RTC模块的寄存器同步完成;第23行调用RTC_EnterConfigMode库函数进入配置模式;第25行调用库函数RTC_ITConfig打开秒中断;第26行调用库函数RTC_SetPrescaler设置预分频值为32767;第28行调用库函数RTC_ExitConfigMode退出配置模式;第29行再次调用库函数RTC_WaitForLastTask等待写寄存器操作完成。

在第34~44行的RTC中断服务函数中,第42行调用库函数RTC_ClearITPendingBit清除秒中断标志位。

(4) 修改bsp.c文件,如程序段6-14所示,即添加对RTC初始化函数的调用语句。

(5) 在includes.h文件的末尾添加"#include "rtc.h"",即包括头文件rtc.h。

(6) 将rtc.c文件添加到工程管理器的BSP分组下,将目录"D:\STM32F103ZET6工程\工程09\STM32F10x_FWLib\src"下的文件stm32f10x_rtc.c、stm32f10x_pwr.c和stm32f10x_bkp.c添加到工程管理器的LIB分组下。

工程09实现的功能与工程08完全相同,所使用的库函数可以在相应的库函数源文件或头文件中查阅。

6.4 通用定时器

STM32F103ZET6具有8个定时器,其中,TIM1和TIM8为高级控制定时器,TIM2~TIM5为通用定时器,TIM6和TIM7为基本定时器。相对于传统的80C51单片机的定时器而言,STM32F103ZET6的定时器功能更加完善和复杂。这里以TIM2为例介绍通用定时器的基本用法。

6.4.1 通用定时器工作原理

STM32F103ZET6微控制器具有4个通用定时器TIM2~TIM5,它们的结构和工作原理相同。这里以通用定时器TIM2为例介绍通用定时器的工作原理,TIM2的结构如图6-8所示。

由图6-8可知,定时器TIM2具有4个通道,可实现对外部输入脉冲信号的捕获(计数)和比较输出,相关的寄存器有TIM2捕获与比较寄存器TIM2_CCR1~TIM2_CCR4、TIM2

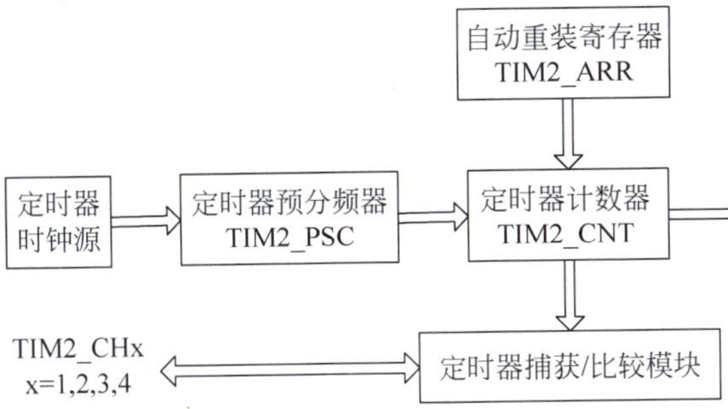

图 6-8 通用定时器 TIM2 结构

捕获与比较模式寄存器 TIM2_CCMR1～2 和 TIM2 捕获与比较有效寄存器 TIM2_CCER 等。本节重点介绍通用定时器的定时计数功能,相关的寄存器如下所示(基地址 0x4000 0000,见图 2-4)。

(1) TIM2 控制寄存器 TIM2_CR1(偏移地址 0x0,复位值 0x0)。

TIM2_CR1 寄存器是一个 16 位的可读/可写寄存器,如表 6-5 所示。

表 6-5 TIM2_CR1 寄存器

位号	名称	属性	含义
15:10			保留
9:8	CKD[1:0]	可读/可写	定时器捕获/比较模块中的采样时钟间的倍数值。为 0 表示相等,为 1 表示 2 分频;为 2 表示 4 分频;为 3 表示保留
7	ARPE	可读/可写	为 0,自动重装无缓存;为 1,自动重装带缓存
6:5	CMS	可读/可写	为 0,表示单边计数;为 1 表示双边计数模式 1,输出比较中断仅当减计数时触发;为 2 表示双边计数模式 2,输出比较中断仅当加计数时触发;为 3,表示双边计数模式 3,输出比较中断在加计数和减计数时均触发
4	DIR	可读/可写	若 CMS=00b,则 DIR 为 0 表示加计数;为 1 表示减计数
3	OPM	可读/可写	为 0 表示单拍计数方式;为 1 表示循环计数
2	URS	可读/可写	为 0 表示计数溢出和 TIM2_EGR 寄存器的第 0 位(UG 位)置位等事件均产生中断;为 1 表示仅有计数溢出时才产生中断
1	UDIS	可读/可写	为 0 表示定时器更新事件(UEV)有效;为 1 表示 UEV 无效
0	CEN	可读/可写	为 0,关闭定时器;为 1,打开定时器

如果定时器 TIM2 采用加计数方式,则可以保持其复位值,只需要配置其第 0 位为 1 打开定时器 TIM2。

(2) TIM2 定时器计数器 TIM2_CNT(偏移地址 0x24,复位值 0x0)。

TIM2_CNT 寄存器是一个 16 位的可读/可写寄存器,保存了定时器的当前计数值。

(3) TIM2 定时器预分频器寄存器 TIM2_PSC(偏移地址 0x28,复位值 0x0)。

TIM2_PSC 寄存器是一个 16 位的可读/可写寄存器,TIM2 计数器的计数频率=定时器时钟源频率/(TIM2_PSC+1)。如果采用 72MHz 系统时钟作为 TIM2 时钟源,设置 TIM2_PSC=7200-1,则 TIM2 计数器计数频率为 10kHz。

(4) TIM2 自动重装寄存器 TIM2_ARR(偏移地址 0x2C,复位值 0x0)。

如果 TIM2 设为加计数方式,则计数值从 0 计数到 TIM2_ARR 的值时,溢出而产生中断。

如果计数频率为 10kHz,设定 TIM2_ARR 为 100-1,则 TIM2 定时中断的频率为 100Hz。

(5) TIM2 定时器状态寄存器 TIM2_SR(偏移地址 0x10,复位值 0x0)。

TIM2_SR 寄存器的第 0 位为 UIF 位,当发生定时中断时,UIF 位自动置 1,向其写入 0 清零该位。

(6) TIM2 定时器有效寄存器 TIM2_DIER(偏移地址 0x0C,复位值 0x0)。

TIM2_DIER 寄存器的第 0 位为 UIE 位,写入 1 开放定时器更新中断,写入 0 关闭定时器更新中断。

关于定时器的捕获/比较功能以及 DMA 控制器相关的内容,请参考 STM32F103 用户手册。

6.4.2 通用定时器寄存器类型实例

视频讲解

本节使用通用定时器 TIM2 实现 LED1 灯每隔 1s 闪烁一次的功能,具体实现步骤如下。

(1) 在工程 03 的基础上,新建"工程 10",保存在目录"D:\STM32F103ZET6 工程\工程 10"下。此时的工程 10 与工程 03 完全相同。

(2) 修改 main.c 文件,如程序段 6-5 所示,即主函数的无限循环体为空。

(3) 新建文件 tim2.c 和 tim2.h,保存在目录"D:\STM32F103ZET6 工程\工程 10\BSP"下,其代码如程序段 6-16 和程序段 6-17 所示。

程序段 6-16 文件 tim2.c

```
1    //Filename: tim2.c
2
3    #include "includes.h"
4
5    void TIM2Init(void)
6    {
7        RCC->APB1ENR |= (1uL<<0);
8        TIM2->ARR = 100-1;
9        TIM2->PSC = 7200-1;
10       TIM2->DIER |= (1uL<<0);
11       TIM2->CR1 |= (1uL<<0);
12
13       NVIC_EnableIRQ(TIM2_IRQn);
14   }
15
```

第 5～14 行为 TIM2 初始化函数。第 7 行打开 TIM2 定时器的时钟源;第 8 行设置 TIM2 重装计数值为 99;第 9 行设置 TIM2 预分频值为 7199;第 10 行打开定时器刷新中断;第 11 行启动定时器 TIM2。

```
16   void TIM2_IRQHandler(void)
17   {
18       static Int08U i = 0;
19       i++;
20       if(i == 100)
21           LED(1,LED_ON);
22       if(i == 200)
23       {
24           i = 0;
```

```
25              LED(1,LED_OFF);
26          }
27          TIM2 -> SR & = ~(1uL << 0);
28          NVIC_ClearPendingIRQ(TIM2_IRQn);
29      }
```

第 16～29 行为定时器 TIM2 中断服务函数。由于定时器中断触发的频率为 100Hz,故 100 次中断的时间间隔为 1s,通过静态计数变量 i,实现 LED1 灯每隔 1s 闪烁一次的处理。

程序段 6-17 文件 tim2.h

```
1   //Filename: tim2.h
2
3   #ifndef  _TIM2_H
4   #define  _TIM2_H
5
6   void TIM2Init(void);
7
8   #endif
```

文件 tim2.h 中声明了文件 tim2.c 中定义的函数 TIM2Init。

(4) 在 includes.h 文件的末尾添加"#include "tim2.h""语句,即包括头文件 tim2.h。

(5) 修改 bsp.c 文件,如程序段 6-18 所示。

程序段 6-18 文件 bsp.c

```
1   //Filename: bsp.c
2
3   #include "includes.h"
4
5   void BSPInit(void)
6   {
7       LEDInit();
8       KEYInit();
9       EXTIKeyInit();
10      BEEPInit();
11      TIM2Init();
12  }
```

对比程序段 5-5 可知,这里添加了第 11 行语句,即调用 TIM2Init 函数对 TIM2 进行初始化。

(6) 将文件 tim2.c 添加到工程管理器的 BSP 分组下。完成后的工程 10 如图 6-9 所示。

在图 6-9 中,编译链接和运行工程 10,可以观察到 STM32F103 战舰 V3 开发板上的 LED1 灯每隔 1s 闪烁一次。此外,工程 10 保留了工程 03 的全部功能。

6.4.3 通用定时器库函数类型实例

本节用库函数方式实现与工程 10 相同的功能,具体设计步骤如下。

(1) 在工程 04 的基础上,新建"工程 11",保存在目录"D:\STM32F103ZET6 工程\工程 11"下,此时的工程 11 与工程 04 完全相同。

(2) 修改 main.c 文件,如程序段 6-5 所示,即主函数的无限循环体为空。

(3) 新建 tim2.c 和 tim2.h 文件,保存在目录"D:\STM32F103ZET6 工程\工程 11\BSP"下,其中,文件 tim2.h 如程序段 6-17 所示,文件 tim2.c 如程序段 6-19 所示。

视频讲解

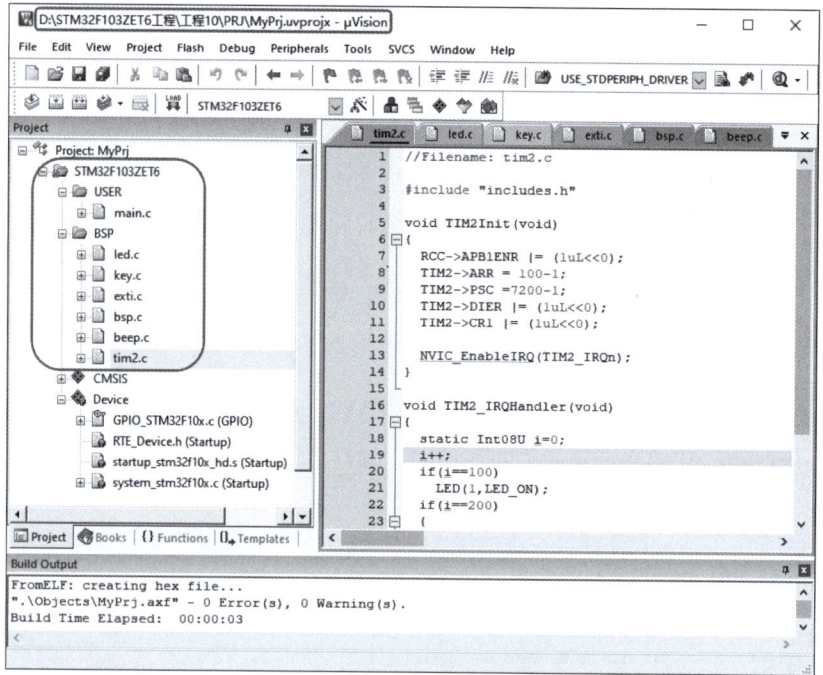

图 6-9 工程 10 工作窗口

程序段 6-19   文件 tim2.c

```
1    //Filename: tim2.c
2
3    #include "includes.h"
4
5    void TIM2Init(void)
6    {
7      TIM_TimeBaseInitTypeDef t;
8
9      RCC_APB1PeriphClockCmd(RCC_APB1Periph_TIM2,ENABLE);
10
11     t.TIM_Period = 100 - 1;
12     t.TIM_Prescaler = 7200 - 1;
13     t.TIM_ClockDivision = TIM_CKD_DIV1;
14     t.TIM_CounterMode = TIM_CounterMode_Up;
15     TIM_TimeBaseInit(TIM2,&t);
16     TIM_ITConfig(TIM2,TIM_IT_Update,ENABLE);
17     TIM_Cmd(TIM2, ENABLE);
18
19     NVIC_EnableIRQ(TIM2_IRQn);
20   }
21
```

第 5~20 行为 TIM2 定时器初始化函数。第 9 行打开 TIM2 的时钟源；第 11~14 行分别配置定时器的重装值为 99、预分频值为 7199、捕获/比较模块的采样频率等于定时频率和加计数工作模式；第 15 行调用库函数 TIM_TimeBaseInit 初始化 TIM2 定时器；第 16 行打开定时器 TIM2 刷新中断；第 17 行启动定时器。

```
22    void TIM2_IRQHandler(void)
23    {
24        static Int08U i = 0;
25        i++;
26        if(i == 100)
27            LED(1,LED_ON);
28        if(i == 200)
29        {
30            i = 0;
31            LED(1,LED_OFF);
32        }
33        TIM_ClearFlag(TIM2,TIM_FLAG_Update);
34        //TIM_ClearITPendingBit(TIM2,TIM_IT_Update);
35        NVIC_ClearPendingIRQ(TIM2_IRQn);
36    }
```

第22~36行为定时器TIM2的中断服务函数。第33行调用TIM_ClearFlag库函数清除TIM2定时中断标志位。注释掉的第34行也可以实现第33行的功能。

（4）在includes.h文件的末尾添加语句"♯include "tim2.h""，即包括头文件tim2.h。

（5）修改bsp.c文件如程序段6-18所示。

（6）将文件tim2.c添加到工程管理器的BSP分组下，将目录"D:\STM32F103ZET6工程\工程11\STM32F10x_FWLib\src"下的文件stm32f10x_tim.c添加到工程管理器的LIB分组下。完成后的工程如图6-10所示。

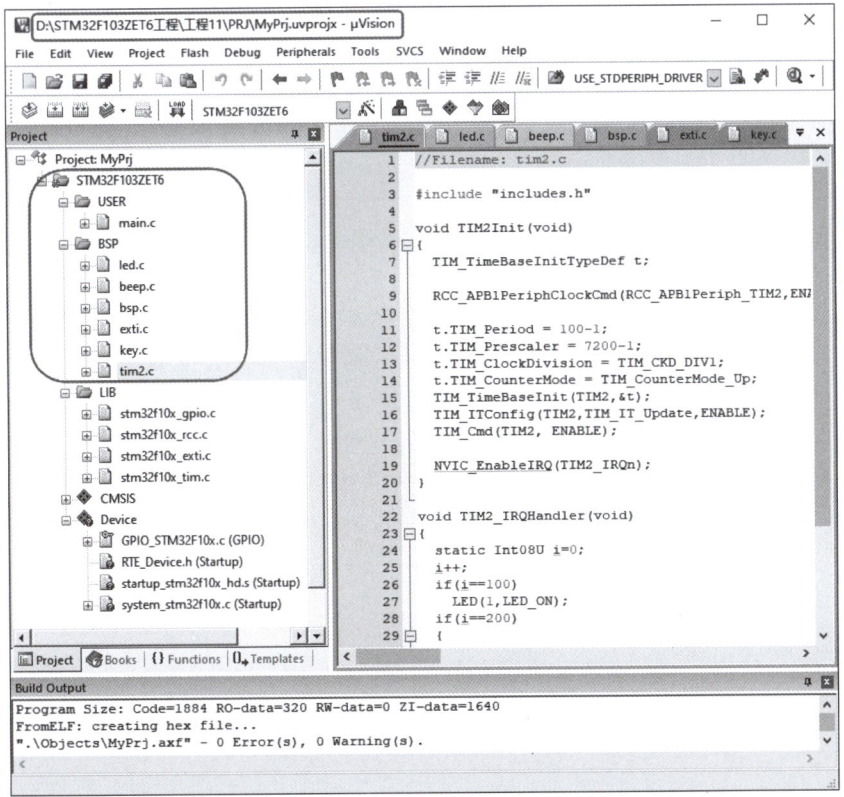

图6-10　工程11工作窗口

6.5 本章小结

本章详细介绍了STM32F103ZET6微控制器片内系统节拍定时器、看门狗定时器、实时时钟和通用定时器的工作原理和工程程序实例。定时器是实际工程中最常用的片内外设之一，需要灵活地掌握它们的用法。建议读者朋友在学完本章后，结合STM32F103参考手册，编写定时器TIM1、TIM3和TIM6的定时中断处理程序，并编写独立看门狗定时器的监控程序，从而加深对本章内容的巩固和理解。

习题

1. 简述系统节拍定时器的初始化方法。
2. 编写寄存器类型工程，借助于系统节拍定时器实现LED灯周期闪烁。
3. 编写库函数类型工程，借助于系统节拍定时器实现LED灯周期闪烁。
4. 简要说明窗口看门狗定时器的特点和初始化方法。
5. 编写工程文件，借助RTC实时时钟实现年、月、日、星期、时、分、秒的计时器，并考虑闰年的处理(提示：使用基姆拉尔森公式由年月日计算星期几)。
6. 简述STM32F103ZET6微控制器通用定时器的工作原理。
7. 编写工程文件，借助通用定时器实现LED灯周期闪烁。

第 7 章　串　口　通　信

CHAPTER 7

STM32F103ZET6 微控制器有 5 个串口,其中 USART1～USART3 是带有同步串行通信能力的同步异步串行口,而 UART4～UART5 是标准的异步串行通信口。本章将以 STM32F103ZET6 微控制器的 USART2 为例,介绍其片内串口外设的工作原理,并借助实例详细介绍串口通信的程序设计方法,包括串口发送数据和基于串口接收中断服务函数接收数据的方法。

本章的学习目标:
- 了解异步串行通信的特点;
- 熟悉 STM32F103 串口结构与寄存器配置;
- 掌握 STM32F103 串口通信寄存器类型或库函数类型程序设计方法。

7.1　串口通信工作原理

串口通信是指数据的各位按串行的方式沿一根总线进行的通信方式,RS-232 标准的 UART 串口通信是典型的异步双工串行通信,通信方式如图 7-1 所示。

UART 串口通信需要两个引脚,即 TXD 和 RXD, TXD 为串口数据发送端,RXD 为串口数据接收端。STM32F103 微控制器的串口与计算机的串口按图 7-1 的方式相连,串行数据传输没有同步时钟,需要双方按相同的位传输速率异步传输,这个速率称为波特率,常用的波特率有 4800bps、9600bps 和 115200bps 等。UART 串口通信的数据包以帧为单位,常用的帧结构为:1 位起始位＋8 位数据位＋1 位奇偶校验位(可选)＋1 位停止位,如图 7-2 所示。

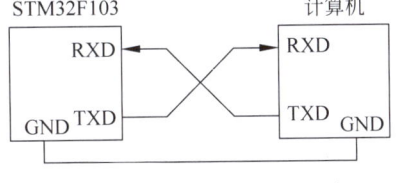

图 7-1　UART 异步串行通信

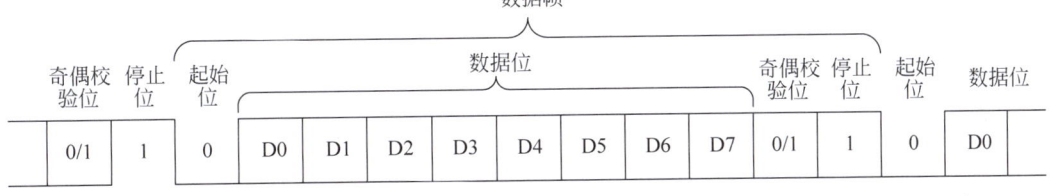

图 7-2　串口通信数据格式

奇偶校验方式分为奇校验和偶校验两种,是一种简单的数据误码检验方法,奇校验是指每帧数据中,包括数据位和奇偶校验位在内的全部9个位中"1"的个数必须为奇数;偶校验是指每帧数据中,包括数据位和奇偶校验位在内的全部9个位中"1"的个数必须为偶数。例如,发送数据"00110101b",采用奇校验时,奇偶校验位必须为1,这样才能满足奇校验条件。如果对方收到数据位和奇偶校验位后,发现"1"的个数为奇数,则认为数据传输正确;否则认为数据传输出现误码。

7.2 STM32F103 串口

STM32F103ZET6 微控制器共有 5 个串口,其中,USART1~USART3 为带同步串行通信功能的通用同步异步串行口,UART4~UART5 为标准的异步串行通信口。这里以 USART2 工作在标准的异步串行通信方式下为例,介绍 STM32F103ZET6 微控制器的串口工作原理。

USART2 串口结构如图 7-3 所示。

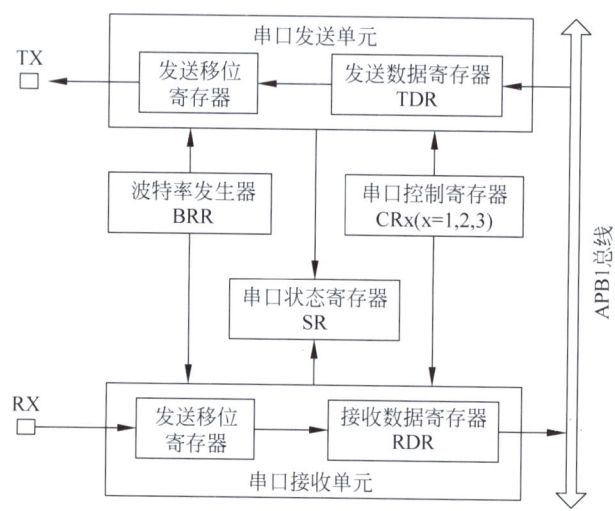

图 7-3 USART2 串口结构框图

由图 7-3 可知,串口 USART2 是 APB1 总线上的外设单元,通过波特率寄存器 USART_BRR 和串口控制寄存器 USART_CRx(x=1,2,3)配置串口的波特率和工作模式,向发送数据寄存器 TDR 写入数据,可按设定的波特率实现数据的发送,串口接收到的数据被保存在接收数据寄存器 RDR 中,APB1 总线读 RDR 寄存器可读到串口接收的数据。串口的数据发送和接收状态保存在串口状态寄存器中,一般地,串口发送数据通过写 TDR 寄存器实现,而串口接收数据通过串口中断实现。

串口 USART2 的基地址为 0x4000 4400,其各个寄存器的情况如下所述。

(1) 串口数据寄存器 USART_DR(偏移地址 0x04)。

32 位的串口数据寄存器 USART_DR 只有第[8:0]位有效,用于发送串口数据时记为 TDR,用于接收串口数据时记为 RDR,TDR 和 RDR 是映射到同一个地址的两个物理寄存器,通过读、写指令来区分使用了哪个寄存器,即读 USART_DR 时自动识别为 RDR,写

USART_DR 时自动识别为 TDR。

(2) 波特率寄存器 USART_BRR(偏移地址 0x08,复位值 0x0)。

32 位的波特率寄存器 USART_BRR 只有第[15:0]位有效,其中,第[15:4]位记为 DIV_Mantissa[11:0],第[3:0]位记为 DIV_Fraction[3:0]。波特率的计算公式为：波特率=fck/(16×USART_DIV),而 USART_DIV=DIV_Mantissa+DIV_Fraction/16,对于 USART2 而言,fck=PCLK1=36MHz。如果波特率设为 9600bps,则可配置 DIV_Mantissa=234,DIV_Fraction=6;如果波特率设为 115200bps,则可配置 DIV_Mantissa=19,DIV_Fraction=8,实际波特率为 115384bps,误差为 0.15%(可接收范围内)。

(3) 串口状态寄存器 USART_SR(偏移地址 0x0,复位值 0xC0)。

32 位的串口状态寄存器 USART_SR 只有第[9:0]位有效,如表 7-1 所示。

表 7-1 串口状态寄存器 USART_SR

位号	名称	属性	含义
31:10			保留
9	CTS	可读/可写	CTS 标志位。当 nCTS 输入跳变时,硬件置位,写入 0 清零
8	LBD	可读/可写	LIN 中止检测标志位。LIN 中止发生后硬件置位,写入 0 清零
7	TXE	只读	发送数据寄存器空标志位。TDR 内容传给移位寄存器时硬件置 1,写 DR 寄存器清零
6	TC	可读/可写	发送完成标志位。发送完成硬件置 1,写入 0 清零(写 DR+读 SR 也可清零)
5	RXNE	可读/可写	接收数据没有就绪标志位。接收数据准备好时硬件置 1,读 DR 或写 0 均可清零
4	IDLE	只读	空闲线路检测标志位。空闲时自动置 1,读 DR+读 SR 可清零
3	ORE	只读	溢出错误标志位。接收溢出时硬件置 1,读 DR+读 SR 清零
2	NE	只读	噪声错误标志位。接收的位在采样时出现噪声则硬件置 1,读 DR+读 SR 可清零
1	FE	只读	帧错误标志位。帧错误发生时硬件置 1,读 DR+读 SR 可清零该位
0	PE	只读	校验位错误标志位。接收的数据校验错误时硬件置 1,读 DR+读 SR 可清零该位

表 7-1 中的"读 DR+读 SR"或"写 DR+读 SR"是指连续性的两个操作,即"读 DR"或"写 DR"后,立即进行读 SR 的操作。

(4) 串口控制寄存器 USART_CR1(偏移地址 0x0C,复位值 0x0)。

32 位的串口控制寄存器 USART_CR1 只有第[13:0]位有效,如表 7-2 所示。

表 7-2 串口控制寄存器 USART_CR1

位号	名称	属性	含义
31:14			保留
13	UE	可读/可写	USART 有效位。写入 1 开启 USART,写入 0 关闭
12	M	可读/可写	字长位。为 0 表示 8 位数据位,为 1 表示 9 位数据位
11	WAKE	可读/可写	USART 唤醒方式位。为 0 表示空闲位唤醒,为 1 表示最后有效数据位唤醒

续表

位号	名称	属性	含义
10	PCE	可读/可写	校验控制位。为0表示无校验，为1表示有校验
9	PS	可读/可写	校验选择位。为0表示偶校验，为1表示奇校验
8	PEIE	可读/可写	PE中断有效位。为1表示校验位出错触发中断，为0表示不触发
7	TXEIE	可读/可写	TXE中断有效位。为1表示发送数据进入移位寄存器后触发中断，为0表示不触发
6	TCIE	可读/可写	发送完成中断有效位。为1表示发送数据完成后触发中断，为0表示不触发
5	RXNEIE	可读/可写	RXNE中断有效位。为1表示接收数据就绪或溢出时触发中断，为0表示不触发
4	IDLEIE	可读/可写	空闲中断有效位。为1表示空闲将触发中断，为0表示不触发
3	TE	可读/可写	发送有效位。为0表示关闭发送单元，为1表示开启发送单元
2	RE	可读/可写	接收有效位。为0表示关闭接收单元，为1表示开启接收单元
1	RWU	可读/可写	接收唤醒位。为0表示接收处于活跃模式下，为1表示处于静默模式下
0	SBK	可读/可写	发送中止符位。为1表示中止符将被发送，为0表示不发送中止符

由表7-2可知，STM32F103ZET6微控制器串口的发送和接收单元是相对独立的，可以单独关闭或启动它们（表7-2中TE和RE位）。此外，串口还有两个控制寄存器USART_CR2和USART_CR3，主要用于同步串行控制和流控制，这里不做详细介绍，可参考STM32F103用户手册第27章。其中，USART_CR2的第[13:12]位称为STOP位，为00b表示1位停止位，为01b表示0.5位停止位，为10b表示2位停止位，为11b表示1.5位停止位。默认值为00b，即1位停止位。

综上所述，可知串口的操作主要有如下3种。

（1）串口初始化。

串口初始化包括3个主要的操作，即配置串口通信的波特率、设置串口数据帧的格式以及开启串口接收中断等。对于STM32F103ZET6，还应通过寄存器USART_CR1打开接收单元和发送单元。

（2）发送数据。

串口发送数据一般通过函数调用实现，发送数据前应先判断前一个发送的数据是否发送完成，即判断USART_SR寄存器的TC位是否为1，如果为1表示前一个数据发送完成，则可以启动本次数据发送。发送数据只需要将待发送的数据写入串口数据寄存器USART_DR中，发送单元会按拟定的波特率将数据串行发送出去。

（3）接收数据。

串口接收数据一般通过串口接收中断实现，需要开启串口接收中断，当接收到新的数据就绪时，在串口中断服务函数中读取串口接收到的数据。

7.3 串口通信寄存器类型实例

视频讲解

本节将讨论寄存器类型的串口 USART2 通信实例,具体实现步骤如下。

(1) 在工程 10 的基础上,新建"工程 12",保存在目录"D:\STM32F103ZET6 工程\工程 12"下。此时的工程 12 与工程 10 完全相同。

(2) 新建文件 uart2.c 和 uart2.h,保存在目录"D:\STM32F103ZET6 工程\工程 12\BSP"下,这两个文件的源代码如程序段 7-1 和程序段 7-2 所示。

程序段 7-1 文件 uart2.c

```
1     //Filename: uart2.c
2
3     # include "includes.h"
4
5     Int08U rev;   //rev 变量用于保存串口接收到的字符
6
7     void UART2Init(void)
8     {           //开启 PA 口时钟,PA2 和 PA3 分别作为 USART2 的 v 发送端和接收端
9         RCC -> APB2ENR |= (1uL << 2);
10        RCC -> APB1ENR |= (1uL << 17);   //开启 USART2 工作时钟
11
```

第 9 行打开 PA 口的时钟源,这是因为 USART2 复用了 PA 口的 PA2(TX)和 PA3(RX);第 10 行打开 USART2 的时钟源。这里使用了 RCC 模块的 RCC_APB2ENR 和 RCC_APB1ENR 寄存器,详细内容参考 STM32F103 用户手册第 7 章。

```
12        GPIOA -> CRL &= ~(((7uL << 4) | (1uL << 2)) << 8);   //PA2 为 U2_TX,PA3 为 U2_RX
13        GPIOA -> CRL |= ((1uL << 7) | (1uL << 3) | (3uL << 0)) << 8;
14
```

第 12 行和第 13 行配置 GPIOA_CRL 寄存器的第[15:8]位为 1000 1011b,参考图 3-2 可知,这里配置 PA2 为推挽模式替换功能输出口,PA3 为带上拉或下拉功能输入口。

```
15        RCC -> APB1RSTR |= (1uL << 17);
16        RCC -> APB1RSTR &= ~(1uL << 17);   //USART2 复位完成
17
```

第 15 行复位 USART2,第 16 行使 USART2 退出复位状态,即进入工作状态。这里的 RCC_APB1RSTR 寄存器为 APB1 外设复位寄存器,第 17 位为 USART2 外设的复位控制位,写入 1 复位 USART2,写入 0 退出复位状态。

```
18        USART2 -> BRR = (234uL << 4) | (6uL << 0);   //波特率 9600bps
19        USART2 -> CR1 &= ~(1uL << 12);               //M=0,帧长为 8 位
20        USART2 -> CR2 &= ~(3uL << 12);               //1 位停止位
21        USART2 -> CR1 = (1uL << 13) | (1uL << 5) | (1uL << 3) | (1uL << 2);
22
23        NVIC_EnableIRQ(USART2_IRQn);
24    }
25
```

第 7~24 行为串口 USART2 的初始化函数 UART2Init。第 18 行设置波特率为

9600bps；第 19 行配置 USART2_CR1 的第 12 位（即 M 位，参考表 6-2）为 0，表示串口数据帧包含 8 位数据位；第 20 行配置 USART2_CR2 的第[13:12]位为 00b，表示具有 1 位停止位；第 21 行配置 USART2_CR1 的第 13、5、3 和 2 位为 1 依次表示开启串口 USART2、开启 USART2 接收中断、开启发送单元和开启接收单元。

第 23 行调用 CMSIS 库函数 NVIC_EnableIRQ 打开 USART2 串口的 NVIC 中断。

```
26    void UART2PutChar(Int08U ch)
27    {
28        while((USART2 -> SR & (1uL << 6)) == 0);
29        USART2 -> DR = ch;
30    }
31
```

第 26~30 行为串口发送字符函数 UART2PutChar。第 28 行判断前一个发送的字符发送完成没有，如果发送完成，则 USART2_SR 寄存器的第 6 位（即 TC 位，见表 6-1）硬件置 1；第 29 行将待发送的字符 ch 赋给串口数据寄存器 USART2_DR。

```
32    void UART2PutString(Int08U * str)
33    {
34        while((* str)!= '\0')
35            UART2PutChar(* str++);
36    }
37
```

第 32~36 行为串口发送字符串的函数 UART2PutString，通过调用串口发送字符函数 UART2PutChar 实现。

```
38    Int08U UART2GetChar(void)
39    {
40        return USART2 -> DR;
41    }
42
```

第 38~41 行为串口接收字符函数 UART2GetChar，通过直接读数据寄存器 USART2_DR 实现。

```
43    void USART2_IRQHandler(void)
44    {
45        rev = UART2GetChar();
46        UART2PutChar(rev);
47        UART2PutChar('\n');
48
49        NVIC_ClearPendingIRQ(USART2_IRQn);
50    }
```

第 43~50 行为串口 USART2 的中断服务函数，函数名必须为 USART2_IRQHandler（参考 2.6 节），来自 startup_stm32f10x_hd.s 文件中的同名标号。第 45 行调用串口接收字符函数 UART2GetChar 将接收到的数据赋给变量 rev；第 46 行将接收到的字符再次通过串口发送出去；第 47 行发送一个换行字符；第 49 行调用 CMSIS 库函数 NVIC_ClearPendingIRQ 清除串口中断的 NVIC 中断标志位。

程序段 7-2　文件 uart2.h

```
1    //Filename:uart2.h
2
3    #include "vartypes.h"
4
5    #ifndef  _UART2_H
6    #define  _UART2_H
7
8    void UART2Init(void);
9    void UART2PutChar(Int08U);
10   void UART2PutString(Int08U * );
11   Int08U UART2GetChar(void);
12
13   #endif
```

文件 uart2.h 中声明了文件 uart2.c 中定义的各个函数，这里第 8～11 行依次声明了串口 USART2 初始化函数 UART2Init、串口 USART2 发送字符函数 UART2PutChar、发送字符串函数 UART2PutString 和接收字符函数 UART2GetChar。

（3）修改 includes.h 文件，如程序段 7-3 所示。

程序段 7-3　文件 includes.h

```
1    //Filename: includes.h
2
3    #include "stm32f10x.h"
4
5    #include "vartypes.h"
6    #include "bsp.h"
7    #include "led.h"
8    #include "key.h"
9    #include "exti.h"
10   #include "beep.h"
11   #include "tim2.h"
12   #include "uart2.h"
```

文件 includes.h 是工程中总的包括头文件。第 2 行包括了 STM32F103 芯片外设头文件 stm32f10x.h（该头文件来自 Keil MDK 提供的 Device 库）；第 5～12 行包括了用户自定义的头文件，依次为自定义变量类型头文件、板级支持包头文件、LED 灯控制头文件、用户按键控制头文件、外部中断头文件、蜂鸣器控制头文件、定时器 2 头文件和串口 USART2 头文件。

（4）修改 bsp.c 文件，如程序段 7-4 所示。

程序段 7-4　文件 bsp.c

```
1    //Filename: bsp.c
2
3    #include "includes.h"
4
5    void BSPInit(void)
6    {
7        LEDInit();
8        KEYInit();
9        EXTIKeyInit();
```

```
10      BEEPInit();
11      TIM2Init();
12      UART2Init();
13    }
```

对比程序段 6-18，这里添加了第 12 行，即调用 UART2Init 函数对串口 USART2 进行初始化。

(5) 修改 tim2.c 文件，如程序段 7-5 所示。

程序段 7-5　文件 tim2.c

```
1     //Filename: tim2.c
2
3     #include "includes.h"
4
5     void TIM2Init(void)
6     {
7       RCC->APB1ENR |= (1uL<<0);
8       TIM2->ARR = 100-1;
9       TIM2->PSC = 7200-1;
10      TIM2->DIER |= (1uL<<0);
11      TIM2->CR1 |= (1uL<<0);
12
13      NVIC_EnableIRQ(TIM2_IRQn);
14    }
15
16    void TIM2_IRQHandler(void)
17    {
18      static Int08U i = 0;
19      i++;
20      if(i==100)
21          LED(1,LED_ON);
22      if(i==200)
23      {
24          i = 0;
25          UART2PutString((Int08U *)"Running...\n");
26          LED(1,LED_OFF);
27      }
28      TIM2->SR &= ~(1uL<<0);
29      NVIC_ClearPendingIRQ(TIM2_IRQn);
30    }
```

对比程序段 6-16，这里添加了第 25 行，表示每隔 2s STM32F103ZET6 微控制器向上位机通过串口发送字符串"Running..."。

(6) 添加文件 uart2.c 到工程管理器的 BSP 分组下。完成后的工程 12 如图 7-4 所示。

在图 7-4 中，编译链接和运行工程 12，同时在计算机端打开串口调试助手，其显示结果如图 7-5 所示。在图 7-5 中，单击"手动发送"按钮，就可以将"ABC"3 个字符由计算机发送给 STM32F103 战舰 V3 开发板，然后，开发板的 STM32F103ZET6 微控制器将这 3 个字符再回传给上位机。

工程 12 的运行流程如图 7-6 所示。

由图 7-6 可知，工程 12 保留了工程 10 的所有功能，并添加了串口 USART2 初始化、串口发送字符串和串口中断服务程序接收字符等功能。定时器 2 中断服务函数表明，每延时

第7章　串口通信

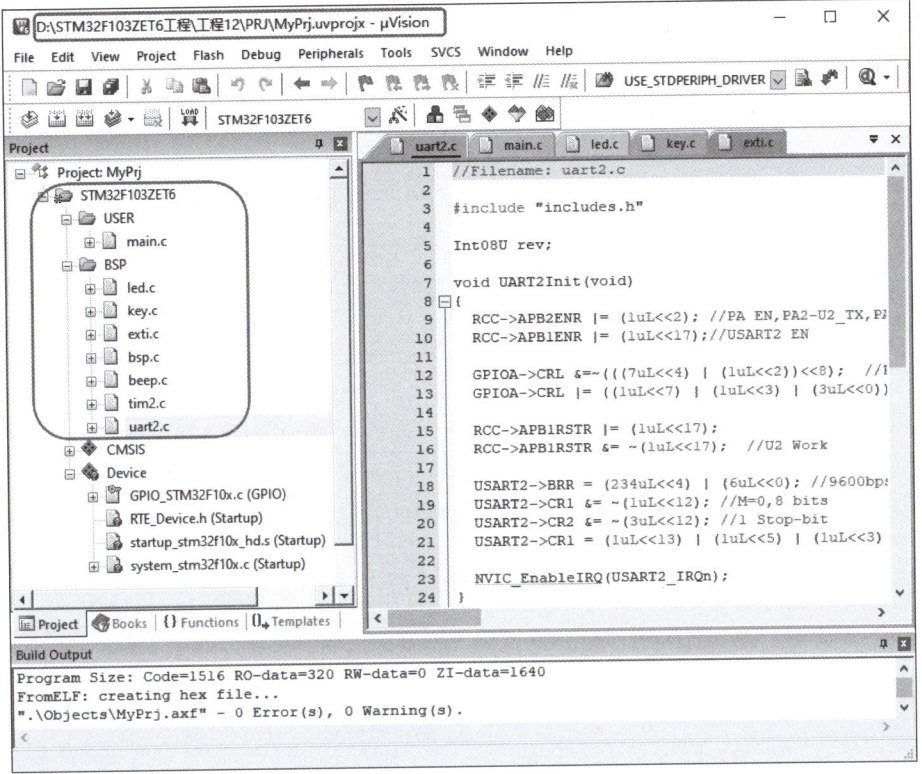

图 7-4　工程 12 工作窗口

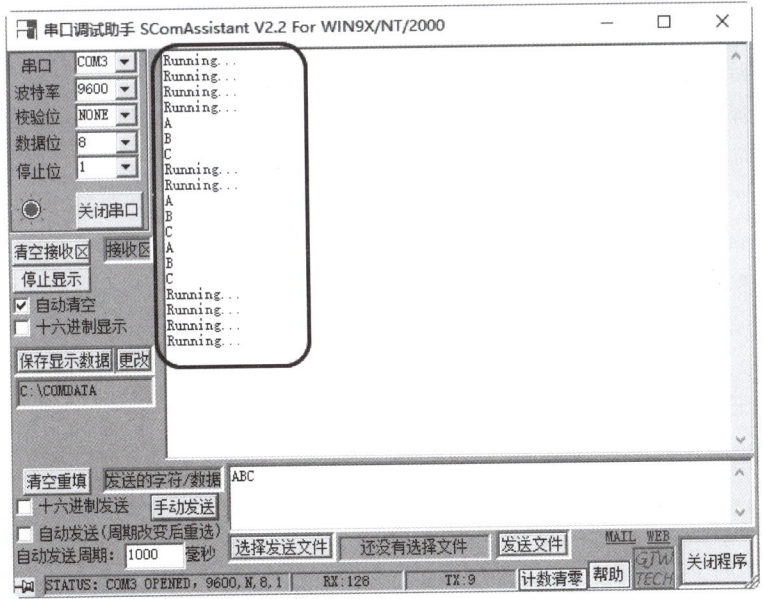

图 7-5　串口调试助手显示结果

2s，将执行一次串口发送字符串"Running…"的操作。BSPInit 函数初始化串口 USART2 后，如果上位机向 STM32F103ZET6 发送字符，则将触发其中断服务函数，在该函数中，将接收上位机发送来的字符，同时将收到的字符回传给上位机。

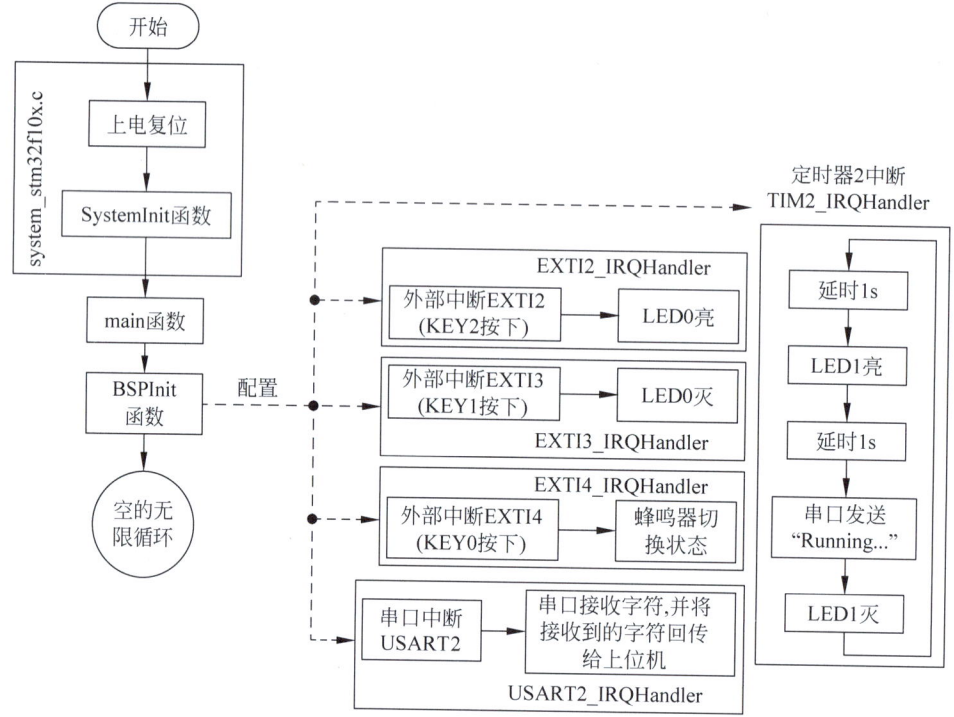

图 7-6 工程 12 的运行流程

7.4 串口通信库函数类型实例

本节介绍库函数类型的串口通信工程实例,具体实现步骤如下。

(1) 在工程 11 的基础上,新建"工程 13",保存在目录"D:\STM32F103ZET6 工程\工程 13"下。此时的工程 13 与工程 11 完全相同。

(2) 新建文件 uart2.c 和 uart2.h,保存在目录"D:\STM32F103ZET6 工程\工程 13\BSP"下,其中,uart2.h 文件如程序段 6-2 所示,文件 uart2.c 如程序段 7-6 所示。

程序段 7-6　文件 uart2.c

```
1    //Filename: uart2.c
2
3    # include "includes.h"
4
5    Int08U rev;
6
7    void UART2Init(void)
8    {
9       GPIO_InitTypeDef  g;
10      USART_InitTypeDef u;
11
12      RCC_APB2PeriphClockCmd(RCC_APB2Periph_GPIOA,ENABLE);    //开启 PA 口时钟
13      RCC_APB1PeriphClockCmd(RCC_APB1Periph_USART2,ENABLE);   //开启 USART2 时钟
14
```

第 12 行打开 PA 口的时钟源;第 13 行打开串口 USART2 的时钟源。

```
15      g.GPIO_Pin = GPIO_Pin_2;
16      g.GPIO_Mode = GPIO_Mode_AF_PP;
17      g.GPIO_Speed = GPIO_Speed_50MHz;
18      GPIO_Init(GPIOA,&g);       //PA2 作为 USART2 的发送端 TX
19      g.GPIO_Pin = GPIO_Pin_3;
20      g.GPIO_Mode = GPIO_Mode_IPU;
21      GPIO_Init(GPIOA,&g);       //PA3 作为 USART2 的接收端 RX
22
```

第 15～18 行初始化 PA2 口；第 19～21 行初始化 PA3 口。

```
23      u.USART_BaudRate = 9600;
24      u.USART_WordLength = USART_WordLength_8b;
25      u.USART_StopBits = USART_StopBits_1;
26      u.USART_Parity = USART_Parity_No;
27      u.USART_HardwareFlowControl = USART_HardwareFlowControl_None;
28      u.USART_Mode = USART_Mode_Rx | USART_Mode_Tx;
29      USART_Init(USART2, &u);
30
```

第 23～29 行初始化串口 USART2。第 23 行设置串口 USART2 的波特率为 9600bps，这里可直接指定波特率的值，比使用寄存器方式进行串口程序设计方便很多；第 24 行设置数据位为 8 位；第 25 行设置 1 位停止位；第 26 行指定无校验位；第 27 行指定无流控制；第 28 行指示开启串口接收和发送功能；第 29 行调用库函数 USART_Init 初始化 USART2 串口。

```
31      USART_ITConfig(USART2,USART_IT_RXNE,ENABLE);
32      USART_Cmd(USART2,ENABLE);
33
34      NVIC_EnableIRQ(USART2_IRQn);
35    }
36
```

第 7～35 行为串口 USART2 初始化函数。第 31 行调用库函数 USART_ITConfig 打开串口 USART2 的接收中断；第 32 行调用库函数 USART_Cmd 开启串口 USART2。

```
37    void UART2PutChar(Int08U ch)
38    {
39      while(!USART_GetFlagStatus(USART2,USART_FLAG_TC));
40      USART_SendData(USART2,ch);
41    }
42
```

第 37～41 行为串口发送字符函数。第 39 行调用库函数 USART_GetFlagStatus 判断串口 USART2 发送字符是否完成，如果完成，则返回 1，然后执行第 40 行；第 40 行调用库函数 USART_SendData 实现串口 USART2 发送字符 ch 的功能。

```
43    void UART2PutString(Int08U * str)
44    {
45      while((*str)!= '\0')
46        UART2PutChar(*str++);
47    }
48
49    Int08U UART2GetChar(void)
```

```
50    {
51        return USART_ReceiveData(USART2);
52    }
53
```

第 49～53 行为串口 USART2 接收字符函数 UART2GetChar,该函数直接调用库函数 USART_ReceiveData 接收串口数据(第 51 行)。

```
54    void USART2_IRQHandler(void)
55    {
56        rev = UART2GetChar();
57        UART2PutChar(rev);
58        UART2PutChar('\n');
59
60        NVIC_ClearPendingIRQ(USART2_IRQn);
61    }
```

(3) 修改 includes.h 文件,如程序段 7-3 所示。

(4) 修改 bsp.c 文件,如程序段 7-4 所示。

(5) 修改 tim2.c 文件,如程序段 7-5 所示。

(6) 将文件 uart2.c 添加到工程管理器的 BSP 分组下,将目录"D:\STM32F103ZET6 工程\工程 13\STM32F10x_FWLib\src"下的文件 stm32f10x_usart.c 添加到工程管理器的 LIB 分组下。完成后的工程 13 如图 7-7 所示。

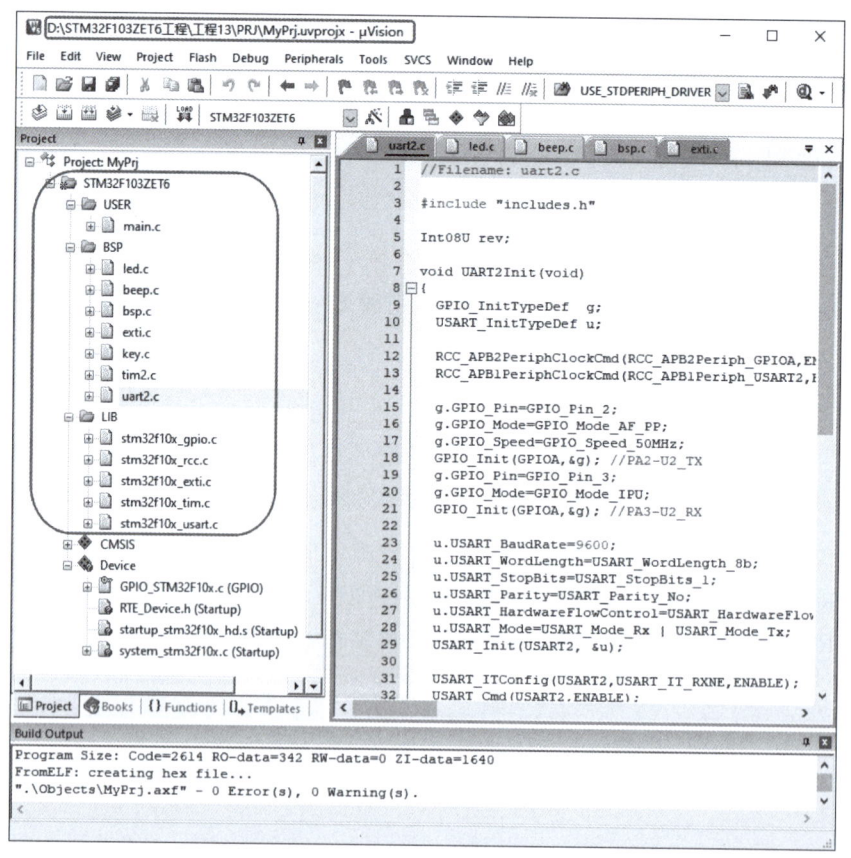

图 7-7　工程 13 工作窗口

在图 7-7 中,编译链接并运行工程 13,其运行结果与工程 12 完全相同,不再赘述。

7.5 本章小结

本章详细介绍了 STM32F103ZET6 串口的工作原理和常用操作方法,并以 USART2 为例阐述了寄存器类型和库函数类型的工程程序设计方法。一般地,串口发送数据到上位机是通过调用发送数据函数实现的,而串口接收上位机传送来的数据则是在其串口中断服务程序中实现的。由于异步串行通信协议简单,且占用端口资源少,因此,异步串行通信是目前应用最广泛的数据通信方式之一,其最关键的两个要素为数据帧的格式和波特率。建议读者在学习 USART2 之后,将按键、LED 灯显示和各类定时器等操作与 USART2 通信结合起来,试着编写复杂一些的工程程序,例如,使用串口调试助手同步显示按键信息、LED 灯状态和定时器的计数值等程序运行结果。

习题

1. 阐述 STM32F103ZET6 微控制器的串口波特率设定方法。
2. 编写寄存器类型工程,实现 STM32F103ZET6 微控制器与上位机间的串口收发功能。
3. 编写库函数类型工程,实现 STM32F103ZET6 将按键信息传送给上位机显示的功能。

第 8 章　存储器管理

CHAPTER 8

本章将介绍 IS62WV51216(SRAM)、AT24C02(EEPROM)和 W25Q128(Flash)这 3 种存储器芯片的访问方法,其中 IS62WV51216 借助 FSMC(静态存储器控制器)与 STM32F103ZET6 之间实现了无缝连接;AT24C02(建议设计者采用与之引脚兼容的 AT24C128 芯片)借助 I^2C 总线与 STM32F103ZET6 进行数据通信;而 W25Q128 工作在 SPI 总线协议下,与 STM32F103ZET6 微控制器片上 SPI 外设进行通信。本章的教学重点在于 FSMC、I^2C 和 SPI 这 3 个外设模块的访问控制方法。

本章的学习目标:
➢ 了解 STM32F103 微控制器 FSMC 模块驱动 SRAM 的工作原理;
➢ 熟悉常用的 SRAM、EEPROM 和 Flash 芯片的访问方法;
➢ 熟练应用库函数或寄存器方法访问外部存储器。

8.1　SRAM 存储器

IS62WV51216 芯片是一款常用的异步 SRAM 存储器,如图 3-21 所示,其访问指令要求如表 3-1 所示,可以与 STM32F103ZET6 实现无缝连接。

IS62WV51216 芯片有两种读数据方式,即地址控制的读数据方式和控制引脚 CS1、OE 控制的读数据方式,由于 STM32F103ZET6 的 FSMC 模块中输出读/写指令主要受片选信号 NE 的控制,所以读 IS62WV51216 可使用地址控制的读数据方式,其时序如图 8-1 所示(摘自 IS62WV51216 数据手册)。

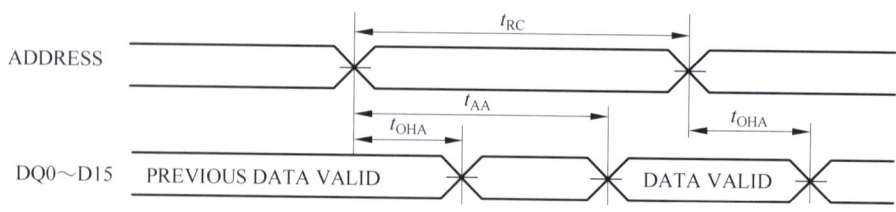

图 8-1　IS62WV51216 读数据时序(地址控制的读数据方式)

图 8-1 中,ADDRESS 表示并行的地址总线,DQ0～DQ15 为并行的数据总线,PREVIOUS DATA VALID 表示前一个有效数据,DATA VALID 表示当前地址对应的有效数据。图 8-1 中标志的时序符号的取值范围如表 8-1 所示。

表 8-1　IS62WV51216 读数据时序要求（IS62WV51216BLL）

符号	最小值	最大值	含　义
t_{RC}	55ns	无限制	读周期长度，或称地址有效时间长度
t_{OHA}	10ns	无限制	数据保持时间长度
t_{AA}	无限制	55ns	地址确认时间长度

结合图 8-1 和表 8-1 可知，只有在 t_{AA} 结束后、t_{RC} 结束前才能读到当前有效的数据。

IS62WV51216 芯片有 4 种写入数据的方式，即 CS1 控制的写入方式、WE 控制的写入方式（按 OE 状态分为 2 种）、UB/LB 控制的写入方式。结合 STM32F103ZET6 的 FSMC 模块的时序要求，这里选择 CS1 控制的写入方式，其时序如图 8-2 所示。

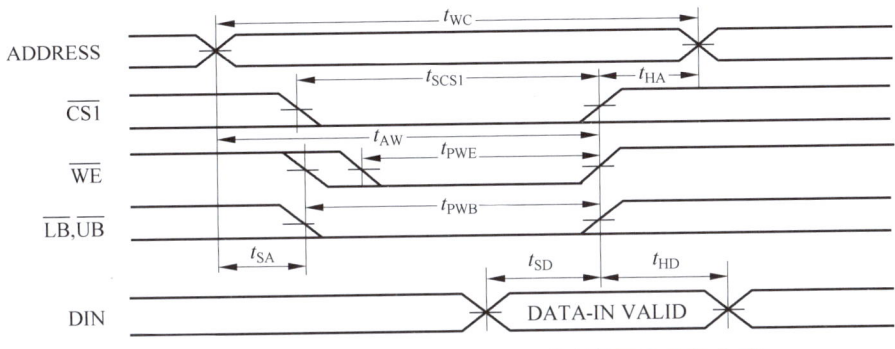

图 8-2　IS62WV51216 写数据时序（CS1 控制的写入数据方式）

图 8-2 中，ADDRESS 表示并行的地址总线，DIN 为并行的数据总线，CS1、WE、LB 和 UB 参考图 3-21。图 8-2 中的各个时序符号的含义如表 8-2 所示。

表 8-2　IS62WV51216 写数据时序要求（IS62WV51216BLL）

符号	最小值/ns	最大值	含　义
t_{WC}	55	无限制	写周期长度，或称地址有效时间长度
t_{SCS1}	45	无限制	片选有效到写数据结束的时间长度
t_{HA}	0	无限制	写数据结束后的地址保持时间长度
t_{AW}	45	无限制	地址建立好到写数据结束时间长度
t_{PWE}	40	无限制	WE 写信号宽度
t_{PWB}	45	无限制	LB 和 UB 有效到写数据结束时间长度
t_{SA}	0	无限制	地址建立时间
t_{SD}	25	无限制	数据准备好到写数据结束时间长度
t_{HD}	0	无限制	写数据结束后数据仍有效(保持)时间长度

结合图 8-2 和表 8-2 可知，IS62WV51216 芯片在 CS1 的上升沿写入数据。

STM32F103ZET6 微控制器的 FSMC 模块分为 4 个 256MB 的区块，记为 Bank1~Bank4。其中，Bank2~Bank3 用于外接 NAND 型 Flash，Bank4 用于接 PC 卡，而 Bank1 又分为 4 个区域，每个区域有专用的片选信号 NEx，x=1，2，3，4，均可以外接 NOR 型 Flash 或 PSRAM。根据图 3-21 和图 3-5~图 3-8 可知，STM32F103 学习板上使用 Bank1 的第三区域（片选信号为 FSMC_NE3）与 IS62WV51216 相连接。由于 IS62WV51216 为异步 SRAM，其占用的 STM32F103ZET6 的引脚情况（结合图 3-5~图 3-8）如表 8-3 所示。

表 8-3　STM32F103ZET6 与 IS62WV51216 连接使用的引脚

序　号	名　称	属　性	含　义
1	A[25:0]	输出	地址总线,这里仅使用了 A[18:0]
2	D[15:0]	输入/输出	双向数据总线
3	NE[x]	输出	片选信号,x=1,2,3,4,这里使用了 NE3
4	NOE	输出	输出有效信号(又称为输出使能信号)
5	NWE	输出	写有效信号(又称为写使能信号)
6	NBL[1]	输出	高端字节有效信号,与存储器端的 UB 连接
7	NBL[0]	输出	低端字节有效信号,与存储器端的 LB 连接

STM32F103ZET6 微控制器的 FSMC 模块外接的存储器映射表如图 8-3 所示。

由图 8-3 可知,如果把 IS62WV51216 芯片映射到 Bank1 的区域 3,则访问 IS62WV51216 的基地址 0x6800 0000。而 IS62WV51216 芯片只有 1MB 字节的大小,所以,64MB 寻址能力的 Bank1 区域 3 只有低 1MB 空间映射了 IS62WV51216 芯片的物理空间。同时,由于 IS62WV51216 是 16 位的 SRAM 芯片,每个地址将读出 16 位(即半字长)的数据,所以在 STM32F103ZET6 微控制器的 FSMC 模块中,使用的内部地址总线为 HADDR[25:1],即用 HADDR[25:1]>>1 产生外部地址 A[24:0]。因此,对于一次 16 位长数据的读或写操作,假设其在 Flash 芯片中的地址为 0x03,则 FSMC 模块内部实际访问地址为 0x03<<1(再加上 Bank1 区域 3 的基地址)。

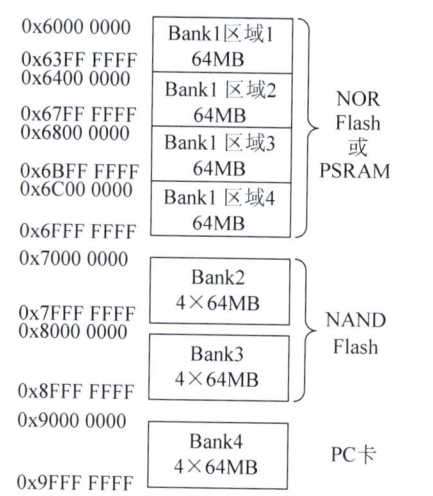

图 8-3　FSMC 模块外接存储器映射表

对于 FSMC 模块的 Bank1 映射异步 SRAM 而言,一般采用工作模式 1(要求寄存器 FSMC_BCRx 的 EXTMOD 位为 0,见表 8-4),工作模式 1 下其读/写访问时序如图 8-4 和图 8-5 所示(摘自 STM32F103 参考手册)。

在图 8-4 和图 8-5 中,各个信号线参考表 8-3,"Memory Transaction"表示存储器寻址有效,"cycles"表示周期,"Data sampled"表示数据采样,"Data strobe"表示数据确立。在图 8-4 中,"data driven by memory"表示数据由 SRAM 驱动,从地址建立到读数据需要时间为"(ADDSET+1)"个 HCLK 时钟周期再加上"(DATAST+1)"个 HCLK 时钟周期,从数据采样至数据确立的时间为 2 个 HCLK 时钟周期。在图 8-5 中,"data driven by FSMC"表示数据由 FSMC 驱动,从地址建立到向 SRAM 输出数据需要"(ADDSET+1)"个 HCLK 时钟周期,再需要约"DATAST"个时钟周期写数据开始,写入数据的时间约 1 个 HCLK 时钟周期。对于 STM32F103ZET6 而言,HCLK 时钟为 72MHz,1 个 HCLK 时钟周期约为 13.89ns。这里的 ADDSET 和 DATAST 位于 FSMC 模块的寄存器 FSMC_BTRx 中(见表 8-5)。对比图 8-1、图 8-2 和图 8-4、图 8-5 以确立 ADDSET 和 DATAST 的值,从而保证读写时序工作正常。

FSMC 模块 Bank1 的每个区域有 3 个寄存器,即 FSMC_BCRx、FSMC_BTRx 和 FSMC_BWTRx,x=1,2,3,4。其中,FSMC_BCRx 和 FSMC_BTRx 寄存器的地址为 0xA000 0000+

第8章 存储器管理

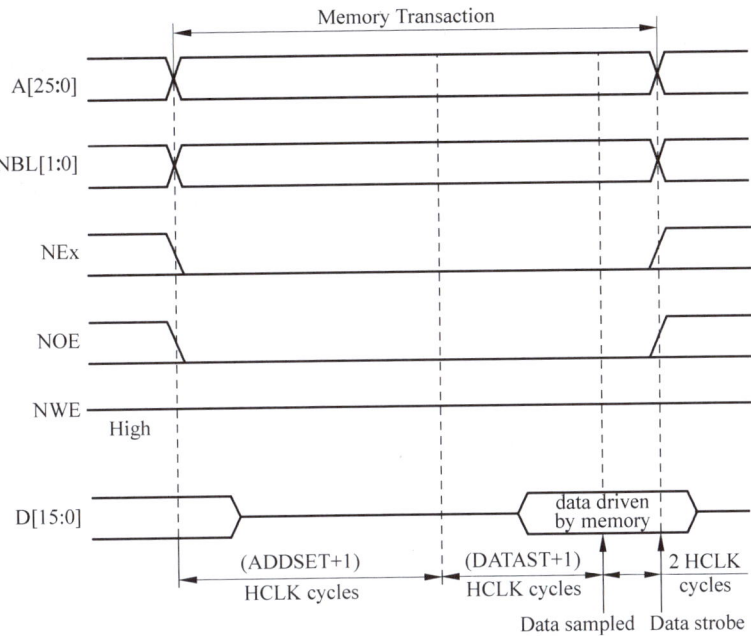

图 8-4 模式 1 读时序

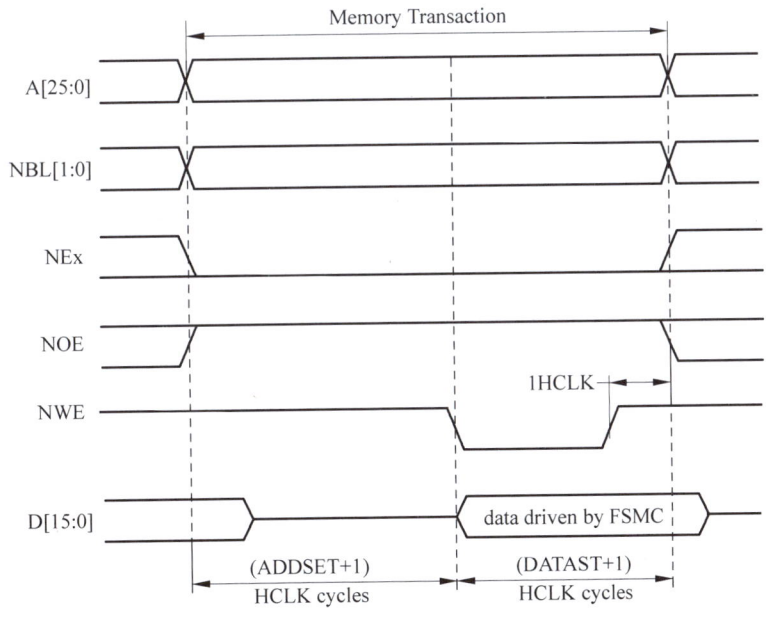

图 8-5 模式 1 写时序

$8\times(x-1)$ 和 0xA000 0000+$8\times(x-1)$+0x04，这样，Bank1 的第 3 个区域对应的寄存器 FSMC_BCR3 和 FSMC_BTR3 的地址依次为 0xA000 0000+0x10 和 0xA000 0000+0x14。在系统头文件 stm32f10x.h 中自定义 FSMC 模块的寄存器结构体，如程序段 8-1 所示。

程序段 8-1　头文件 stm32f10x.h 中的 FSMC 模块寄存器自定义结构体类型

```
1    typedef struct
2    {
```

```
 3        __IO uint32_t BTCR[8];
 4    } FSMC_Bank1_TypeDef;
 5
 6    typedef struct
 7    {
 8        __IO uint32_t BWTR[7];
 9    } FSMC_Bank1E_TypeDef;
10
11    #define FSMC_R_BASE              ((uint32_t)0xA0000000)
12    #define FSMC_Bank1_R_BASE        (FSMC_R_BASE + 0x0000)
13    #define FSMC_Bank1E_R_BASE       (FSMC_R_BASE + 0x0104)
14
15    #define FSMC_Bank1               ((FSMC_Bank1_TypeDef *) FSMC_Bank1_R_BASE)
16    #define FSMC_Bank1E              ((FSMC_Bank1E_TypeDef *) FSMC_Bank1E_R_BASE)
```

由程序段 8-1 可知，FSMC_Bank1 为指向 FSMC 模块 Bank1 的 4 个区域的寄存器 FSMC_BCRx 和 FSMC_BTRx 的结构体指针，按地址对应法则，FSMC_Bank1-> BTCR[0] 应为 FSMC_BCR1，FSMC_Bank1-> BTCR[1] 应为 FSMC_BTR1，这样，FSMC_Bank1-> BTCR[4] 为 FSMC_BCR3，FSMC_Bank1-> BTCR[5] 为 FSMC_BTR3。

程序段 8-1 中的 FSMC_Bank1E 为指向 FSMC 模块 Bank1 的 4 个区域的寄存器 FSMC_BWTRx 的结构体指针，FSMC_BWTRx 寄存器的地址为 0xA000 0000＋0x104＋8×(x－1)，所以，FSMC_Bank1E-> BWTR[0] 应为 FSMC_BWTR1，这样，FSMC_Bank1E-> BWTR[4] 才是 Bank1 第 3 区域的寄存器 FSMC_BWTR3。

下面依次介绍 FSMC_BCRx、FSMC_BTRx 和 FSMC_BWTRx 寄存器各位的含义，如表 8-4～表 8-6 所示。

表 8-4　片选控制寄存器 FSMC_BCRx 各位的含义（x＝1 时复位值 0x0000 30DB）

位号	名　称	设定值	含　　义
31:20		0	保留
19	CBURSTRW	0	为 0 表示工作在异步模式下，为 1 表示同步模式
18:16		000b	保留
15	ASCYCWAIT	0	为 0 表示不考虑 NWAIT 信号，为 1 表示考虑
14	EXTMOD	0	为 0 表示不考虑 BWTR 寄存器，为 1 表示考虑
13	WAITEN	0	为 0 表示关闭 NWAIT 信号，为 1 表示打开
12	WREN	1	为 1 表示写操作有效，为 0 表示无效
11	WAITCFG	0	无意义（无 NWAIT 信号）
10	WRAPMOD	0	无意义（工作在促发模式下才有意义）
9	WAITPOL	0	无意义（指代 NWAIT 信号的极性）
8	BURSTEN	0	无意义（关闭促发模式）
7		0	保留
6	FACCEN	0	无意义（访问 NOR 型 Flash 才有意义）
5:4	MWID	01b	为 01b 表示 16 位地址总线，为 00b 表示 8 位地址总线
3:2	MTYP	0	为 0 表示 SRAM，为 2 表示 NOR Flash
1	MUXEN	0	无意义（用于 PSARM 和 NOR 型 Flash 中）
0	MBKEN	1	为 1 表示 Bank1 有效，为 0 表示关闭 Bank1

表 8-5　片选时序寄存器 FSMC_BTRx 各位的含义（复位值 0x0FFF FFFF）

位号	名　　称	设定值	含　　义
31:30		0	保留
29:28	ACCMOD	0	无意义(当 BCRx 的 EXTMOD 设为 1 时,才有意义)
27:24	DATLAT	0	无意义(用于同步访问)
23:20	CLKDIV	0	无意义(用于同步访问)
19:16	BUSTURN	0	无意义(针对 NOR 型 Flash)
15:8	DATAST	0x02	设定 DATAST=3 个 HCLK 时钟周期
7:4	ADDHLD	0	无意义(用于其他访问模式)
3:0	ADDSET	0	设定 ADDSET=1 个 HCLK 时钟周期

表 8-6　写时序寄存器 FSMC_BWTRx 各位的含义（复位值 0x0FFF FFFF）

位号	名　　称	设定值	含　　义
31:30		0	保留
29:28	ACCMOD	0	无意义(当 BCRx 的 EXTMOD 设为 1 时,才有意义)
27:20		0xFF	保留,各位必须都为 1
19:16	ASCYCWAIT	0xF	总线变化前的持续时间为 16 个 HCLK 时钟周期
15:8	DATAST	0xFF	设定 DATAST=256 个 HCLK 时钟周期,见图 8-4 和图 8-5
7:4	ADDHLD	0xF	设定地址保持时间为 16 个 HCLK 时钟周期
3:0	WREN	0xF	设定 ADDSET=16 个 HCLK 时钟周期,见图 8-4 和图 8-5

通过上述表 8-4 和表 8-5 所示的寄存器配置,可实现图 8-4、图 8-5 与图 8-1、图 8-2 的时序相匹配,从而实现 FSMC 模块对外部 IS62WV51216 存储器的读/写访问。

这里补充一点,表 8-4 和表 8-5 中出现的"同步模式"或"同步访问"是指访问外部同步类型的 SRAM 或 NOR 型 Flash,所谓的"同步"是指有时钟信号驱动数据的输入/输出,对于这里使用的 IS62WV51216 而言,没有数据访问对应的时钟信号,故称为异步 SRAM。另外,特别有趣的是,在系统文件 system_stm32f10x.c 中,定义了一个 SystemInit_ExtMemCtl 函数,该函数实际上就是对 FSMC 模块的 Bank1 第 3 区域外接 SRAM 芯片的初始化函数,可以参考该函数实现对 FSMC 模块 Bank1 寄存器的配置。

8.1.1　访问 SRAM 存储器寄存器类型实例

本节介绍访问 SRAM 存储器 IS62WV51216 的寄存器类型的工程程序设计,其工程实现步骤如下。

(1) 工程 12 的基础上,新建"工程 14",保存在目录"D:\STM32F103ZET6 工程\工程 14"下。此时的工程 14 与工程 12 完全相同。

(2) 新建文件 fsmc.c 和 fsmc.h,保存在目录"D:\STM32F103ZET6 工程\工程 14\BSP"下,其源代码分别如程序段 8-2 和程序段 8-3 所示。

视频讲解

程序段 8-2　文件 fsmc.c

```
1    //Filename: fsmc.c
2
3    # include "includes.h"
4
5    # define  Bank1_SRAM3_BaseAddr  ((Int32U)(0x68000000))
6
```

第 5 行宏定义 Bank1 第 3 区域的基地址为 Bank1_SRAM3_BaseAddr。

```
7    void  FSMCInit(void)
8    {
9        RCC->AHBENR |= (1uL<<8);   //开启 FSMC 时钟源
10       RCC->APB2ENR |= (1uL<<5) | (1uL<<6) | (1uL<<7) | (1uL<<8);
11                                   //开启 PD,PE,PF,PG 时钟源
```

第 9 行打开 FSMC 模块的时钟源；第 10 行开启 PD、PE、PF 和 PG 口的时钟源，由图 3-21 以及图 3-5~图 3-8 可知，FSMC 模块使用了这 4 个 GPIO 口。

```
12       GPIOD->CRH &= 0x00000000; //PD 0,1,4,5,8~15
13       GPIOD->CRH |= 0xBBBBBBBB;
14       GPIOD->CRL &= 0xFF00FF00;
15       GPIOD->CRL |= 0x00BB00BB;
16
```

FSMC 模块使用了 PD 口的第 0、1、4、5 和 8~15 脚，第 12~15 行配置这些引脚为替换功能推挽输出。

```
17       GPIOE->CRH &= 0x00000000; //PE 0,1,7~15
18       GPIOE->CRH |= 0xBBBBBBBB;
19       GPIOE->CRL &= 0x0FFFFF00;
20       GPIOE->CRL |= 0xB00000BB;
21
```

FSMC 模块使用了 PE 口的第 0、1 和 7~15 脚，第 17~20 行配置这些引脚为替换功能推挽输出。

```
22       GPIOF->CRH &= 0x0000FFFF; //PF 0~5,12~15
23       GPIOF->CRH |= 0xBBBB0000;
24       GPIOF->CRL &= 0xFF000000;
25       GPIOF->CRL |= 0x00BBBBBB;
26
```

FSMC 模块使用了 PF 口的第 0~5 和 12~15 脚，第 22~25 行配置这些引脚为替换功能推挽输出。

```
27       GPIOG->CRH &= 0XFFFFF0FF; //PG 0~5,10
28       GPIOG->CRH |= 0X00000B00;
29       GPIOG->CRL &= 0XFF000000;
30       GPIOG->CRL |= 0X00BBBBBB;
31
```

FSMC 模块使用了 PG 口的第 0~5 和 10 脚，第 27~30 行配置这些引脚为替换功能推挽输出。

```
32       FSMC_Bank1->BTCR[4] = 0x00001011;
33       FSMC_Bank1->BTCR[5] = 0x00000200;
34    }
35
```

第 7~35 行为 FSMC 模块 Bank1 初始化函数。第 32 行配置 FSMC_BCR3 寄存器为 0x0000 1011，第 33 行配置 FSMC_BTR3 寄存器为 0x0000 0200，具体含义参考表 8-4 和表 8-5。

```
36    Int08U FSMCReadOneByte(Int32U addr)
37    {
38      return *(volatile Int08U *)(addr + Bank1_SRAM3_BaseAddr);
39    }
40
```

第36～39行为从SRAM中读出1字节数据的函数FSMCReadOneByte,返回值为读到的字节数据,该函数有一个参数addr,表示读字节数据的地址,对于IS62WV51216芯片,其取值范围为0x0～0x0F FFFF,长度为0x10 0000,即1MB的寻址空间。

```
41    void  FSMCWriteOneByte(Int32U addr, Int08U d)
42    {
43      *(volatile Int08U *)(addr + Bank1_SRAM3_BaseAddr) = d;
44    }
45
```

第41～44行为向SRAM中写入1字节数据的函数FSMCWriteOneByte,它有2个参数,依次为要写入字节数据的地址addr和字节型的数据d。对于IS62WV51216芯片,地址取值范围为0x0～0x0F FFFF。

```
46    void  FSMCReadArr(Int32U addr,Int08U * dat,Int32U len)
47    {
48      for(;len!=0;len--)
49      {
50        *dat++ = FSMCReadOneByte(addr++);
51      }
52    }
53
```

第46～52行为从SRAM中addr地址开始处读出长度为len的字节型的数据,保存在指针dat处,或理解为将SRAM起始地址addr处长度为len的字节数据读入数组dat[len]中。该函数调用单字节数据读函数FSMCReadOneByte实现。

```
54    void  FSMCWriteArr(Int32U addr,Int08U * dat,Int32U len)
55    {
56      for(;len!=0;len--)
57      {
58        FSMCWriteOneByte(addr++,*dat++);
59      }
60    }
```

第54～60行为向SRAM中地址addr处写入长度为len的字节型数据,或理解为将数组dat[len]中的数据写入SRAM中起始地址addr处。该函数调用单字节写入函数FSMCWriteOneByte实现。

程序段 8-3 文件 fsmc.h

```
1    //Filename: fsmc.h
2
3    #include "vartypes.h"
4
5    #ifndef  _FSMC_H
6    #define  _FSMC_H
7
```

```
8       void   FSMCInit(void);
9       Int08U FSMCReadOneByte(Int32U);
10      void   FSMCWriteOneByte(Int32U,Int08U);
11      void   FSMCReadArr(Int32U,Int08U * ,Int32U);
12      void   FSMCWriteArr(Int32U,Int08U * ,Int32U);
13
14      #endif
```

文件 fsmc.h 中声明了文件 fsmc.c 中定义的函数,第 8～12 行依次声明了 FSMC 初始化函数 FSMCInit、单字节数据读函数 FSMCReadOneByte、单字节数据写入函数 FSMCWriteOneByte、数组型字节数据读出函数 FSMCReadArr 和数组型字节数据写入函数 FSMCWriteArr。

(3) 修改 includes.h 文件,如程序段 8-4 所示。

程序段 8-4 文件 includes.h

```
1     //Filename: includes.h
2
3     #include "stm32f10x.h"
4
5     #include "vartypes.h"
6     #include "bsp.h"
7     #include "led.h"
8     #include "key.h"
9     #include "exti.h"
10    #include "beep.h"
11    #include "tim2.h"
12    #include "uart2.h"
13    #include "fsmc.h"
```

对比程序段 7-3,这里添加了第 13 行,即包括了头文件 fsmc.h。

(4) 修改文件 bsp.c,如程序段 8-5 所示。

程序段 8-5 文件 bsp.c

```
1     //Filename: bsp.c
2
3     #include "includes.h"
4
5     void BSPInit(void)
6     {
7       LEDInit();
8       KEYInit();
9       EXTIKeyInit();
10      BEEPInit();
11      TIM2Init();
12      UART2Init();
13      FSMCInit();
14    }
```

对比程序段 7-4,这里添加了第 13 行,即调用函数 FSMCInit 对 FSMC 模块 Bank1 进行初始化。

(5) 修改文件 main.c,如程序段 8-6 所示。

程序段 8-6　文件 main.c

```
1     //Filename: main.c
2
3     #include "includes.h"
4
5     Int08U dat1,dat2;
6     Int08U Dat1[100],Dat2[100];
7
```

为了方便测试读写外部 SRAM 的数据是否正确，这里定义了全局变量 dat1、dat2 和数组变量 Dat1、Dat2。

```
8     int main(void)
9     {
10        Int08U i;
11
12        BSPInit();
13
14        for(i = 0;i < 100;i++)
15            Dat1[i] = i;
16
```

第 14～15 行为 Dat1 数组填充了初始值，即 Dat1 数组的第 i 个元素的值为 i。

```
17        dat1 = 56;
18        FSMCWriteOneByte(0x30,dat1);
19        dat2 = FSMCReadOneByte(0x30);
```

第 18 行将 dat1 变量的值（即 56）写入 SRAM 地址 0x30 处；第 19 行读出 SRAM 地址 0x30 处的值，赋给 dat2。

```
20        FSMCWriteOneByte(0x31,dat1 + 1);
21        dat2 = FSMCReadOneByte(0x31);
22
```

第 20 行将 dat1 变量的值加 1（即 57）后写入 SRAM 地址 0x31 处；第 21 读出 SRAM 地址 0x31 处的值，赋给 dat2。

```
23        FSMCWriteArr(0x100,&Dat1[0],100);
24        FSMCReadArr(0x100,&Dat2[0],100);
25
```

第 23 行将数组 Dat1 写入 SRAM 地址 0x100 开始处；第 24 行读出 SRAM 地址 0x100 开始处的 100 个数据，赋给数组 Dat2。

```
26        for(;;)
27        {
28        }
29    }
```

在调试程序时，可以在第 26 行设置断点，在 Watch 窗口（选择菜单 View | Watch Windows | Watch 1）中查看 dat2 和数组 Dat2 的内容。

（6）将文件 fsmc.c 添加到工程管理器的 BSP 分组下。完成后的工程 14 如图 8-6 所示。

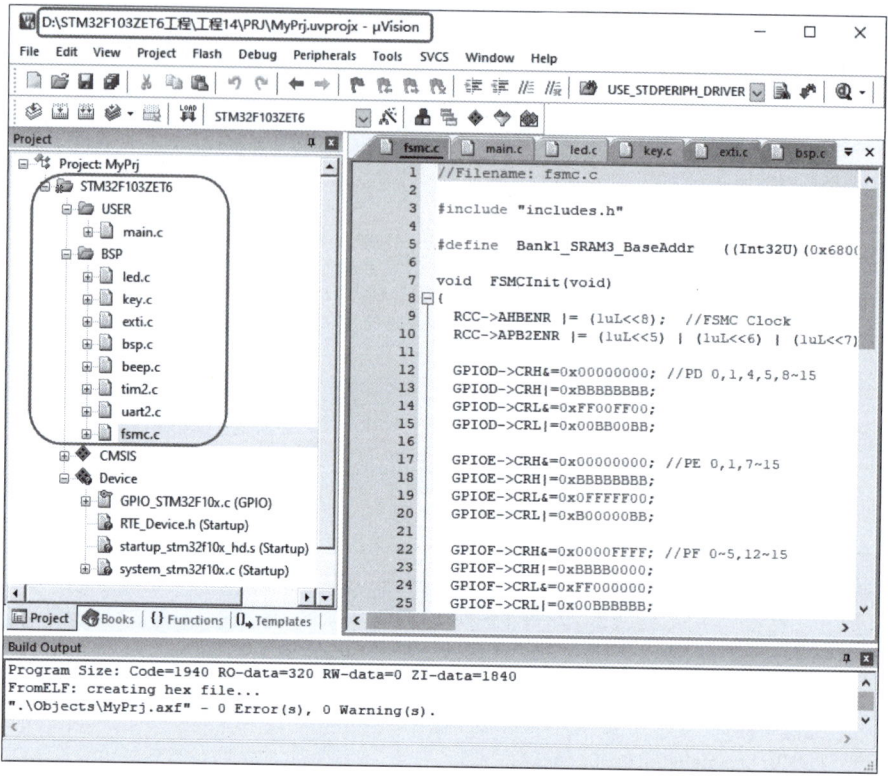

图 8-6 工程 14 工作窗口

在图 8-6 中,编译链接并在线仿真工程 14,可在程序段 8-6 所示的 main.c 文件的第 20、23 和 26 行设立 3 个断点,运行程序到每个断点时,可依次观察 dat2 和数组 Dat2 的内容变化情况。当运行到第 26 行的断点处时,在"Watch 1"窗口中可观察到如图 8-7 所示的结果。

在图 8-7 中,可见 dat2 的值为 57,其中的 57'9'表示 57 是字符'9'的 ASCII 码;数组 Dat2 的前 13 个值依次为 0~12,说明读写 SRAM 数据正确;"uchar"表示"unsigned char",即无符号 8 位整型。

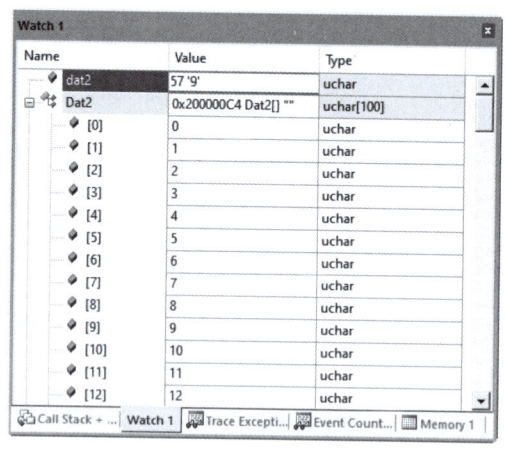

图 8-7 观察窗口"Watch 1"

8.1.2 访问 SRAM 存储器库函数类型实例

本节介绍访问 SRAM 存储器的库函数类型的实例,实现的功能与工程 14 完全相同,具体的实现步骤如下。

(1) 在工程 13 的基础上,新建"工程 15",保存在目录"D:\STM32F103ZET6 工程\工程 15"下,此时的工程 15 与工程 13 完全相同。

(2) 新建文件 fsmc.c 和 fsmc.h,保存在目录"D:\STM32F103ZET6 工程\工程 15\

视频讲解

BSP"下,其中,文件 fsmc.h 如程序段 8-3 所示,文件 fsmc.c 如程序段 8-7 所示。

程序段 8-7　文件 fsmc.c

```
1    //Filename: fsmc.c
2
3    # include "includes.h"
4
5    # define   Bank1_SRAM3_BaseAddr    ((Int32U)(0x68000000))
6
7    void   FSMCInit(void)
8    {
9      FSMC_NORSRAMInitTypeDef    f;
10     FSMC_NORSRAMTimingInitTypeDef    t;
11     GPIO_InitTypeDef  g;
12
13     RCC_AHBPeriphClockCmd(RCC_AHBPeriph_FSMC, ENABLE);   //开启 FSMC 时钟
14     //开启 PD,PE,PF,PG 口的时钟源
15     RCC_APB2PeriphClockCmd(RCC_APB2Periph_GPIOD | RCC_APB2Periph_GPIOE
16            | RCC_APB2Periph_GPIOF | RCC_APB2Periph_GPIOG, ENABLE);
17
```

第 13 行开启 FSMC 模块的时钟源;第 15～16 行开启 PD、PE、PF 和 PG 口的时钟源。

```
18     //PD 0,1,4,5,8～15
19     g.GPIO_Pin = GPIO_Pin_0 | GPIO_Pin_1 | GPIO_Pin_4 | GPIO_Pin_5
20              | GPIO_Pin_8 | GPIO_Pin_9 | GPIO_Pin_10 | GPIO_Pin_11
21              | GPIO_Pin_12 | GPIO_Pin_13 | GPIO_Pin_14 | GPIO_Pin_15;
22     g.GPIO_Mode = GPIO_Mode_AF_PP;
23     g.GPIO_Speed = GPIO_Speed_50MHz;
24     GPIO_Init(GPIOD, &g);
25
```

第 19～24 行将 PD 口的第 0、1、4、5 和 8～15 引脚初始化为替换功能推挽输出。

```
26     //PE 0,1,7～15
27     g.GPIO_Pin = GPIO_Pin_0 | GPIO_Pin_1 | GPIO_Pin_7 | GPIO_Pin_8
28              | GPIO_Pin_9 | GPIO_Pin_10 | GPIO_Pin_11 | GPIO_Pin_12
29              | GPIO_Pin_13 | GPIO_Pin_14 | GPIO_Pin_15;
30     GPIO_Init(GPIOE, &g);
31
```

第 27～30 行将 PE 口的第 0、1 和 7～15 引脚初始化为替换功能推挽输出。

```
32     //PF 0～5,12～15
33     g.GPIO_Pin = GPIO_Pin_0 | GPIO_Pin_1 | GPIO_Pin_2 | GPIO_Pin_3
34              | GPIO_Pin_4 | GPIO_Pin_5 | GPIO_Pin_12
35              | GPIO_Pin_13 | GPIO_Pin_14 | GPIO_Pin_15;
36     GPIO_Init(GPIOF, &g);
37
```

第 33～36 行将 PF 口的第 0～5 和 12～15 引脚初始化为替换功能推挽输出。

```
38     //PG 0～5,10
39     g.GPIO_Pin = GPIO_Pin_0 | GPIO_Pin_1 | GPIO_Pin_2 | GPIO_Pin_3
40              | GPIO_Pin_4 | GPIO_Pin_5 | GPIO_Pin_10;
41     GPIO_Init(GPIOG, &g);
42
```

第 39～41 行将 PG 口的第 0～5 和 10 引脚初始化为替换功能推挽输出。

```
43       t.FSMC_AddressSetupTime = 0;
44       t.FSMC_AddressHoldTime = 0;
45       t.FSMC_DataSetupTime = 2;
46       t.FSMC_BusTurnAroundDuration = 0;
47       t.FSMC_CLKDivision = 0;
48       t.FSMC_DataLatency = 0;
49       t.FSMC_AccessMode = 0;
50
```

第 43～49 行配置 SRAM 的读写时序，实际上是配置 FSMC_BRT 寄存器的各位。

```
51       f.FSMC_Bank = FSMC_Bank1_NORSRAM3;
52       f.FSMC_DataAddressMux = FSMC_DataAddressMux_Disable;
53       f.FSMC_MemoryType = FSMC_MemoryType_SRAM;
54       f.FSMC_MemoryDataWidth = FSMC_MemoryDataWidth_16b;
55       f.FSMC_BurstAccessMode = FSMC_BurstAccessMode_Disable;
56       f.FSMC_AsynchronousWait = FSMC_AsynchronousWait_Disable;
57       f.FSMC_WaitSignalPolarity = FSMC_WaitSignalPolarity_Low;
58       f.FSMC_WrapMode =    FSMC_WrapMode_Disable;
59       f.FSMC_WaitSignalActive = FSMC_WaitSignalActive_BeforeWaitState;
60       f.FSMC_WriteOperation = FSMC_WriteOperation_Enable;
61       f.FSMC_WaitSignal = FSMC_WaitSignal_Disable;
62       f.FSMC_ExtendedMode = FSMC_ExtendedMode_Disable;
63       f.FSMC_WriteBurst = FSMC_WriteBurst_Disable;
64       f.FSMC_ReadWriteTimingStruct = &t;
65
```

第 51～64 行配置 FSMC_BCR 寄存器。

第 43～64 行在配置结构体变量 t 和 f 时，需要参考库函数文件 stm32f10x_fsmc.c 中的函数 FSMC_NORSRAMInit 的源代码，才能明白哪些成员需要赋值，哪些成员无须赋值。还需要参考库函数头文件 stm32f10x_fsmc.h，了解其中宏定义的常量。这里的第 43～64 行为最少限度的成员赋值情况。

```
66       FSMC_NORSRAMInit(&f);
67       FSMC_NORSRAMCmd(FSMC_Bank1_NORSRAM3,ENABLE);
68     }
69
```

第 7～68 行为 FSMC 模块初始化函数 FSMCInit。第 66 行调用 FSMC_NORSRAMInit 库函数实现 Bank1 第 3 区域的初始化，第 67 行调用 FSMC_NORSRAMCmd 开启 Bank 1 第 3 区域的访问控制。

```
70     Int08U FSMCReadOneByte(Int32U addr)
71     {
72       return *(volatile Int08U *)(addr + Bank1_SRAM3_BaseAddr);
73     }
74
75     void  FSMCWriteOneByte(Int32U addr, Int08U d)
76     {
77       *(volatile Int08U *)(addr + Bank1_SRAM3_BaseAddr) = d;
78     }
79
80     void  FSMCReadArr(Int32U addr,Int08U * dat,Int32U len)
```

```
81      {
82          for(;len!=0;len--)
83          {
84              *dat++ = FSMCReadOneByte(addr++);
85          }
86      }
87
88      void  FSMCWriteArr(Int32U addr,Int08U *dat,Int32U len)
89      {
90          for(;len!=0;len--)
91          {
92              FSMCWriteOneByte(addr++,*dat++);
93          }
94      }
```

第70~94行与程序段8-2的第36~60行的代码含义相同,不再赘述。

(3) 修改文件includes.h,如程序段8-4所示。

(4) 修改文件bsp.c,如程序段8-5所示。

(5) 修改文件main.c,如程序段8-6所示。

(6) 将文件fsmc.c添加到工程管理器的BSP分组下,将目录"D:\STM32F103ZET6工程\工程15\STM32F10x_FWLib\src"下的文件stm32f10x_fsmc.c添加到工程管理器的LIB分组下。完成后的工程15如图8-8所示。

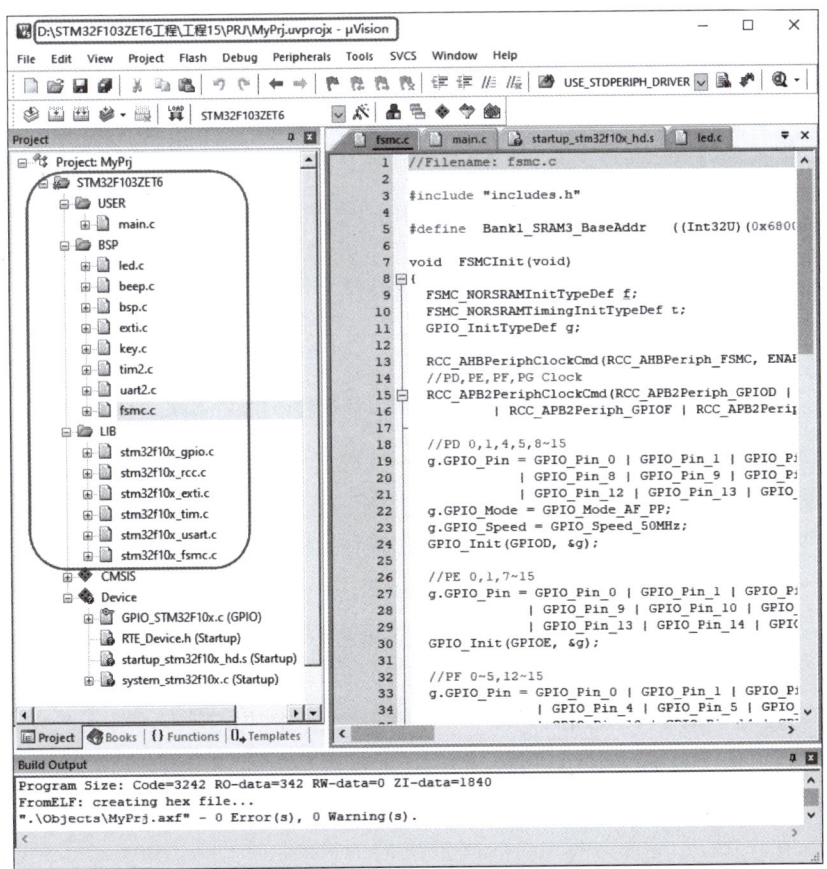

图8-8　工程15工作窗口

在图 8-8 中,编译链接并在线仿真工程 15,其测试结果与工程 14 完全相同。

8.2 EEPROM 存储器

STM32F103 学习板上集成了一片 EEPROM 芯片 AT24C02(工作在 3.3V 下),其电路连接如图 3-16 和图 3-3 所示,通过 I^2C1 接口模块的 IIC_SCL(复用 PB6)和 IIC_SDA(复用 PB7)与 STM32F103ZET6 通信。AT24C02 除了 SCL 和 SDA 引脚外,还有 WP 引脚,当 WP 接高电平时,写保护;还有 A2、A1 和 A0 三个地址输入引脚,允许最多 8 片 AT24C02 串联使用,在图 3-16 中,A2、A1 和 A0 均接地,因此,图中 AT24C02 的地址为 000b。

AT24C02 内部 ROM 容量为 2048b,即 256B,被分成 32 页,每页 8B。因此,AT24C02 的地址长度为 8 位(被称为字地址),其中,5 位用于页寻址,3 位用于页内寻址。AT24C02 写入数据方式有两种,即整页写入数据和单字节写入数据;其读出数据方式有三种:当前地址读出数据、随机地址读出数据和顺序地址读出数据。为了节省篇幅,这里仅介绍常用的单字节写入数据和随机地址读出数据的编程方法,这两种方法可以实现对 AT24C02 整个 ROM 空间任一地址的读/写操作。单字节写入数据和随机地址读出数据的时序如图 8-9 所示。

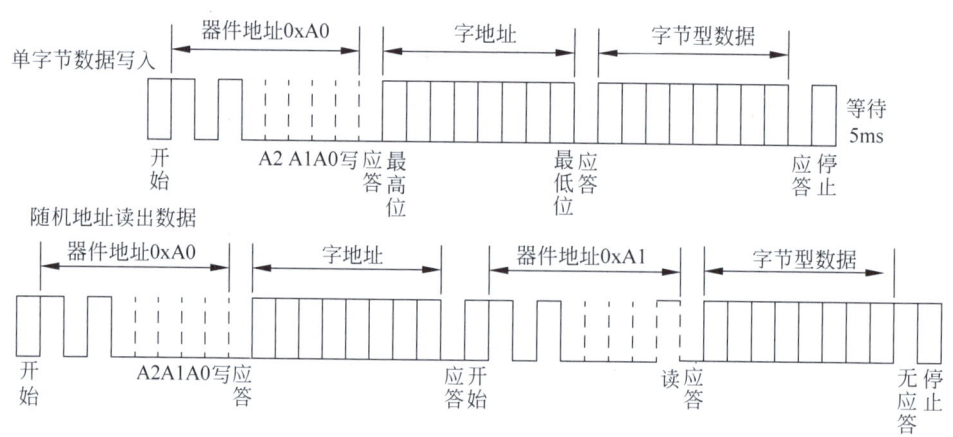

图 8-9 单字节写入数据和随机地址读出数据的时序(针对图 3-16 电路)

由图 8-9 可知,当向 AT24C02 写入单字节数据时,需要首先写入器件地址,由于 A2、A1 和 A0 引脚接地,故器件地址为 $0xA0+[A2:A0]<<1+R/W=0xA0$(写时 R/W=0b)。然后写入字地址,该字地址在 AT24C02 内部自动分解为 5 位+3 位的形式作为 EEPROM 内部阵列地址。接着写入字节型数据,最后延时 5ms 后才能进行下一次写入字节操作,延时的时间内 AT24C02 进行内部的编程操作,无须用户程序干预。从 AT24C02 任一地址读出数据,需要先写入器件地址 0xA0 和字地址,然后,再写入一次器件地址 0xA1(读时 R/W=1),才能读出该字地址处的字节型数据。图 8-9 中包括了开始、写、应答、读、无应答和停止等控制位,这些控制位由 I^2C 总线发出,可以采用中断方式或轮询方式响应这些控制位,本节程序采用轮询方式。

例如,向地址 0x5A 写入数据 0x16,则依次向 AT24C02 写入 0xA0、0x5A 和 0x16。从地址 0x5A 读出数据,则应先向 AT24C02 写入 0xA0、0x5A 和 0xA1,然后读出数据。

STM32F103ZET6 微控制器的 I²C1 接口模块支持通过 I²C 通信协议（见图 8-9）访问 AT24C02 芯片，此时，I²C1 接口模块工作在主模式下，如图 8-10 所示。

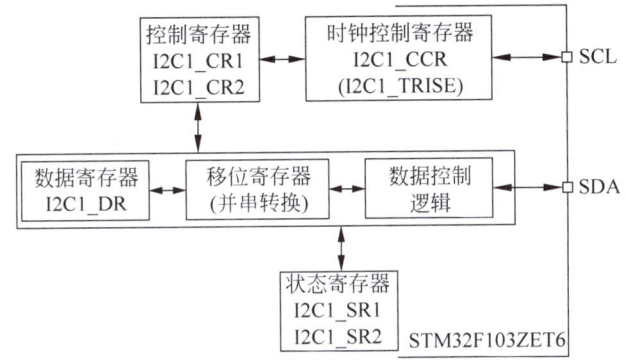

图 8-10　I²C1 接口模块功能框图（工作在主模式下）

如图 8-10 所示，在使用 I²C1 接口模块前，必须先配置控制寄存器 I2C1_CR2 和时钟控制寄存器 I2C1_CCR、I2C1_TRISE，使得时钟信号 SCL 工作正常（正常模式下最高 100kHz，快速模式下最高为 400kHz），然后配置控制寄存器 I2C1_CR1 使 I²C1 模块进入工作态。下面讨论图 8-10 中各个寄存器的含义，如表 8-7～表 8-13 所示，I²C1 模块的基地址为 0x4000 5400（见图 2-4）。

表 8-7　I²C1 控制寄存器 I2C1_CR2（偏移地址 0x04）

位号	名称	设定值	含义
15:13			保留
12	LAST	0	无意义（用于 DMA 传输数据时）
11	DMAEN	0	关闭 DMA 请求功能
10	ITBUFEN	0	接收数据或发送数据均不产生中断
9	ITEVTEN	0	关闭事件中断
8	ITERREN	0	关闭出错中断
7:6			保留
5:0	FREQ[5:0]	8	I²C1 模块时钟源频率为 8MHz

表 8-8　I²C1 时钟控制寄存器 I2C1_CCR（偏移地址 0x1C）

位号	名称	设定值	含义
15	F/S	0	为 0 表示 I²C1 工作在正常速率下；为 1 表示工作在快速模式下
14	DUTY	0	无意义（用于快速模式下）
13:12			保留
11:0	CCR[11:0]	40	分频值设为 40。由于 I²C1 时钟源为 8MHz，所以 SCL 时钟频率为 8MHz/(40×2)=100kHz

表 8-9　I²C1 模块 TRISE 寄存器（偏移地址 0x20）

位号	名称	设定值	含义
15:6			保留
5:0	TRISE[5:0]	9	1000ns×时钟源频率+1=1000ns×8MHz+1 = 9，以保证 SCL 最大上升沿时间为 1000ns

表 8-10　I^2C1 控制寄存器 I2C1_CR1（偏移地址 0x00）

位号	名　　称	设定值	含　　义
15	SWRST	0	使 I^2C1 模块处于工作态
14			保留
13	ALERT	0	SMBA 引脚为高电平
12	PEC	0	无 PEC 传输（PEC 表示数据包错误检验计算）
11	POS	0	无意义（双字节传输中使用）
10	ACK	0	0 表示无应答；1 表示有应答
9	STOP	0	设为 1，将产生"停止"信号（见图 8-9）
8	START	0	设为 1，将产生"开始"信号（见图 8-9）
7	NO STRETCH	0	无意义（从模式下使用）
6	ENGC	1	通用呼叫有效，即地址 0 将被应答
5	ENPEC	0	关闭 PEC 计算功能
4	ENARP	0	关闭 ARP（地址解析协议）功能
3	SMB TYPE	0	无意义（SMBus 类型为 SMBus 设备）
2			保留
1	SMBUS	0	无意义（SMBus 工作在 I^2C 模式下）
0	PE	1	I^2C1 接口模块有效

表 8-11　I^2C1 数据寄存器 I2C1_DR（偏移地址 0x10）

位号	名　　称	复位值	含　　义
15:8			保留
7:0	DR[7:0]	0x00	8 位数据寄存器

表 8-12　I^2C1 状态寄存器 I2C1_SR1（偏移地址 0x14）

位号	名　　称	复位值	含　　义
15	SMBALERT	0	无意义（必须工作在 SMBus 模式下）
14	TIMEOUT	0	为 0 表示无超时；为 1 表示超时（SCL 为低超过 10ms）。写入 0 可清零
13		0	保留
12	PECERR	0	无意义（用于接收数据的 PEC 检测）
11	OVR	0	为 0 表示无溢出；为 1 表示溢出。写 0 可清零
10	AF	0	为 0 表示无应答错误；为 1 表示应答错误。写 0 可清零
9	ARLO	0	为 0 表示无仲裁丢失检测；为 1 表示有仲裁丢失检测。写 0 可清零
8	BERR	0	为 0 表示总线正常；为 1 表示"开始"或"停止"信号出错（见图 8-9）。写 0 可清零
7	TxE	0	为 0 表示发送数据中；为 1 表示数据发送完成。写 DR、发"开始"信号或发"停止"信号均可清零该位
6	RxNE	0	为 0 表示无接收数据；为 1 表示接收到数据。读该位或写 DR 寄存器可清零该位
5		0	保留
4	STOPF	0	为 0 表示无"停止"信号；为 1 表示有"停止"信号。读 SR1 后接着写 CR1 可清零该位

续表

位号	名称	复位值	含义
3	ADD10	0	无意义(用于 10 位地址模式,而 AT24C02 使用 7 位地址模式)
2	BFT	0	为 0 表示数据字节传输中;为 1 表示数据字节传送完成。读 SR1 后接着读或写 DR 寄存器可清零该位
1	ADDR	0	为 0 表示地址发送中;为 1 表示地址发送完成。读 SR1 后接着读 SR2 可清零该位。无应答(NACK)不会置位该位
0	SB	0	为 0 表示无"开始"信号;为 1 表示有"开始"信号。读 SR1 后接着写 DR 可清零该位

表 8-13 I^2C1 状态寄存器 I2C1_SR2(只读,偏移地址 0x18)

位号	名称	复位值	含义
15:8	PEC[7:0]	0x00	无意义(当 ENPEC=1 时为内部 PEC 的值)
7	DUALF	0	无意义(用于从模式)
6	SMB HOST	0	无意义(用于从模式)
5	SMBDEFAULT	0	无意义(用于从模式)
4	GENCALL	0	无意义(用于从模式)
3		0	保留
2	TRA	0	为 0 表示数据接收;为 1 表示数据发送
1	BUSY	0	为 0 表示空闲;为 1 表示线路忙
0	MSL	0	为 0 表示从模式;为 1 表示主模式

视频讲解

8.2.1 访问 EEPROM 寄存器类型实例

本节介绍访问 AT24C02 存储器的寄存器类型实例,其实现步骤如下。

(1) 在工程 12 的基础上,新建"工程 16",保存在目录"D:\STM32F103ZET6 工程\工程 16"下。此时的工程 16 与工程 12 完全相同,然后进行后续工作。

(2) 新建文件 iic1.c 和 iic1.h,保存在目录"D:\STM32F103ZET6 工程\工程 16\BSP"下,其源代码如程序段 8-8 和程序段 8-9 所示。

程序段 8-8 文件 iic1.c

```
1   //Filename: iic1.c
2
3   # include "includes.h"
4
5   void IIC1Init(void)
6   {
7       Int08U i;
8
9       RCC->APB2ENR |= (1uL<<3);          //开启 PB 口时钟
10      GPIOB->CRL &= 0x00FFFFFF;
11      GPIOB->CRL |= 0xFF000000;
12
```

第 9 行打开 PB 口时钟源,第 10、11 行配置 PB6 和 PB7 引脚为替换功能开漏模式。由图 3-16 和图 3-3 可知,PB6 和 PB7 分别用作 I^2C1 模块的 SCL 和 SDA 引脚。

```
13      RCC->APB1ENR |= (1uL<<21);          // I2C1 Clock
14      RCC->APB1RSTR |= (1uL<<21);         //复位 I2C1
15      for(i=0;i<10;i++);
16      RCC->APB1RSTR &= ~(1uL<<21);        //I2C1 工作
17
```

第 13 行开启 I^2C1 模块的时钟源；第 14 行复位 I^2C1 模块；第 15 行等待约 $1\mu s$；第 16 行使 I^2C1 退出复位状态，进入工作状态。

```
18      I2C1->CR1 |= (1uL<<15);             //复位 I2C1
19      for(i=0;i<10;i++);
20      I2C1->CR1 &= ~(1uL<<15);            //I2C1 工作
21
```

第 18～20 行与第 14～16 行的含义相同，这里是借助于 CR1 寄存器的第 15 位，使 I^2C1 模块先复位再进入工作状态。这样做的目的是确保 I^2C1 模块的各个寄存器的复位值稳定。

```
22      I2C1->CR2 = (8uL<<0);               //8MHz, 125ns
23      I2C1->CCR = (40uL<<0);              //40 * 125ns = 5us, 1/(2 * 5us) = 100kHz
24      I2C1->TRISE = (9uL<<0);             //1000ns/125ns + 1 = 9
25
```

第 22～24 行配置 SCL 时钟为 100kHz，参考表 8-7～表 8-9。对于工作在常规速度下的 I^2C1，100kHz 是其最高速度。

```
26      I2C1->CR1 |= (1uL<<6);
27      I2C1->CR1 &= ~(1uL<<1);             //0:I2C 模式
28      I2C1->CR1 |= (1uL<<0);              //使能 I2C1
29      }
30
```

上述第 5～29 行为 I^2C1 的初始化函数 IIC1Init。第 26 行开启通用呼叫应答，第 27 行设定 I^2C1 模式为 I^2C 协议工作模式，第 28 行启动 I^2C1。

```
31      void IIC1Delay(Int32U t)            //延时 t ms
32      {
33          volatile Int32U i,j;
34          for(i=0;i<t;i++)
35          {
36              for(j=0;j<12000;j++);
37          }
38      }
39
```

第 31～38 行为延时函数 IIC1Delay，参数为 t，延时 t ms。

下述函数 AT24C02WrByte 对照着图 8-9 中"单字节数据写"时序分析。

```
40      void AT24C02WrByte(Int08U addr, Int08U dat)
41      {
42          int tmp;
43          tmp = tmp;                      // 避免 tmp 未使用编译警告
44
45          while((I2C1->SR2 & (1uL<<1)) == (1uL<<1));
46          I2C1->CR1 |= (1uL<<8);
47          while((I2C1->SR1 & (1uL<<0)) != (1uL<<0));
48          I2C1->CR1 &= ~(1uL<<10);
```

```
49      I2C1->DR = 0xA0;
50
```

第 45 行等待线路空闲；第 46 行发出"开始"信号；第 47 行等待"开始"信号发送完成；第 48 行清除应答错误位；第 49 行发送地址 0xA0+写信号 0(即 0xA0)，这里的"地址"是指 AT24C02 芯片的 A2、A1 和 A0 引脚状态所确定的地址，当有多片 AT24C02 时，用这个地址区分它们。

```
51      while((I2C1->SR1 & (1uL<<1))!=(1uL<<1));
52      tmp = I2C1->SR1;
53      tmp = I2C1->SR2;
54      I2C1->DR = addr;
55
```

第 51 行等待地址发送完成；第 52、53 行依次读 SR1 和 SR2，目的在于清零 SR1 寄存器的第 1 位(即 ADDR 位，见表 8-12)；第 54 行发送地址数据，这里的"地址"是指 AT24C02 内部存储空间的地址，AT24C02 共有 256 个寻址单元，每个单元为 1 字节，所以这里的地址取值范围为 0x00～0xFF。

```
56      while((I2C1->SR1 & (1uL<<2))!=(1uL<<2));
57      tmp = I2C1->SR1;
58      I2C1->DR = dat;
59
```

第 56 行等待地址数据发送完成；第 57、58 行依次读 SR1 寄存器和写 DR 寄存器，这两个连续的操作将清零 SR1 的第 2 位(即 BFT 位，见表 8-12)；第 58 行发送数据 dat。

```
60      while((I2C1->SR1 & (1uL<<2))!=(1uL<<2));
61      I2C1->CR1 |= (1uL<<9);
62
```

第 60 行等待数据发送完成；第 61 行发送"停止"信号(见图 8-9)，同时清零 SR1 的第 2 位(即 BFT 位)。

```
63      IIC1Delay(10);
64      }
65
```

第 40～64 行为向地址 addr 写入数据 dat 的函数 AT24C02WrByte。STM32F103ZET6 每次输出数据到 AT24C02 后，需等待 AT24C02 内部将数据写入指定的地址内，等待时间至少为 5ms。第 63 行等待约 10ms。

下面的函数 AT24C02RdByte 对照着图 8-9 中"随机地址读出数据"时序分析。

```
66      Int08U AT24C02RdByte(Int08U addr)
67      {
68          Int08U tmp,dat;
69          tmp = tmp;                              // 避免 tmp 未使用编译警告
70
71          while((I2C1->SR2 & (1uL<<1)) == (1uL<<1));
72          I2C1->CR1 |= (1uL<<8);
73          while((I2C1->SR1 & (1uL<<0))!=(1uL<<0));
74          I2C1->CR1 &= ~(1uL<<10);
75          I2C1->DR = 0xA0;
76
```

第71行等待线路空闲；第72行发出"开始"信号；第73行等待"开始"信号发送完成；第74行清除应答错误位；第75行发送地址0xA0+写信号0(即0xA0)。

```
77        while((I2C1 -> SR1 & (1uL << 1))!= (1uL << 1));
78        tmp = I2C1 -> SR1;
79        tmp = I2C1 -> SR2;
80        I2C1 -> DR = addr;
81        while((I2C1 -> SR1 & (1uL << 2))!= (1uL << 2));   //等待数据发送完成(BFT = 1)
```

第77行等待地址发送完成；第78、79行依次读SR1和SR2,目的在于清零SR1寄存器的第1位(即ADDR位,见表8-12)；第80行发送地址数据addr；第81行等待数据发送完成。

```
82        I2C1 -> CR1 |= (1uL << 8);
83        while((I2C1 -> SR1 & (1uL << 0))!= (1uL << 0));
84        I2C1 -> CR1 &= ~(1uL << 10);
85        I2C1 -> DR = 0xA1;
86
```

第82行发出"开始"信号；第83行等待"开始"信号发送完成；第84行清除应答错误位；第85行发送地址0xA0+读信号1(即0xA1)。

```
87        while((I2C1 -> SR1 & (1uL << 1))!= (1uL << 1));   //等待地址发送
88        tmp = I2C1 -> SR1;
89        tmp = I2C1 -> SR2;                                //清零SR1.Addr
90
```

第87行等待地址发送完成；第88、89行依次读SR1和SR2,目的在于清零SR1寄存器的第1位(即ADDR位,见表8-12)。

```
91        while((I2C1 -> SR1 & (1uL << 6))!= (1uL << 6));   //Wait Data Ready(RxNE = 1)
92        I2C1 -> CR1 |= (1uL << 9);                        //Stop Gener.
93
94        dat = I2C1 -> DR;
95        return dat;
96   }
```

第91行等待接收到数据；第92行发送"停止"信号；第94行读数据寄存器DR,读到的数据保存在dat局部变量中。

上述第66～96行为随机地址读出单字节数据的函数AT24C02RdByte,函数的返回值即为从地址addr读到的数据。

程序段8-9　文件iic1.h

```
1    //Filename: iic1.h
2
3    # include "vartypes.h"
4
5    # ifndef  _IIC1_H
6    # define  _IIC1_H
7
8    void IIC1Init(void);
9    void AT24C02WrByte(Int08U, Int08U);
10   Int08U AT24C02RdByte(Int08U);
11
12   # endif
```

文件iic1.h中声明了定义在文件iic1.c中的函数,第8～10行依次为I^2C1初始化函数IIC1Init、单字节写入函数AT24C02WrByte和随机地址单字节读出函数AT24C02RdByte的声明。文件iic1.c中定义的函数IIC1Delay(见程序段8-8第31行),只在iic1.c中使用,故没有在头文件iic1.h中声明它。

(3) 修改includes.h文件,如程序段8-10所示。

程序段8-10　文件includes.h

```
1    //Filename: includes.h
2
3    #include "stm32f10x.h"
4
5    #include "vartypes.h"
6    #include "bsp.h"
7    #include "led.h"
8    #include "key.h"
9    #include "exti.h"
10   #include "beep.h"
11   #include "tim2.h"
12   #include "uart2.h"
13   #include "iic1.h"
```

对比程序段7-3,这里添加了第13行,即包括了头文件iic1.h。

(4) 修改bsp.c文件,如程序段8-11所示。

程序段8-11　文件bsp.c

```
1    //Filename: bsp.c
2
3    #include "includes.h"
4
5    void BSPInit(void)
6    {
7      LEDInit();
8      KEYInit();
9      EXTIKeyInit();
10     BEEPInit();
11     TIM2Init();
12     UART2Init();
13     IIC1Init();
14   }
```

对比程序段7-4,这里添加了第13行,即调用IIC1Init函数初始化I^2C1模块。

(5) 修改main.c文件,如程序段8-12所示。

程序段8-12　文件main.c

```
1    //Filename: main.c
2
3    #include "includes.h"
4
5    Int08U dat1,dat2;
6    Int08U Dat1[100],Dat2[100];
7
```

第5、6行定义了全局变量dat1、dat2和全局数组变量Dat1、Dat2,将它们定义为全局变量而不是局部变量的目的在于,仿真调试时可以在"Watch"窗口中观察它们的值。

```
8     int main(void)
9     {
10        Int08U i;
11
12        BSPInit();
13
14        dat1 = 0x16;
15        for(i = 0;i < 100;i++)
16           Dat1[i] = i + 1;
17
```

第 14 行赋值 dat1 为 0x16;第 15 行将数组 Dat1 赋初值,即 Dat1[i]的值为 i+1,i=0, 1,…,99。

```
18        AT24C02WrByte(0x5A,dat1);
19        dat2 = AT24C02RdByte(0x5A);
20
```

第 18 行将 dat1 写入 AT24C02 的地址 0x5A 处;第 19 行读出 AT24C02 地址 0x5A 处的字节数据,并赋给变量 dat2。

```
21        for(i = 0;i < 100;i++)
22           AT24C02WrByte(0x60 + i,Dat1[i]);
23        for(i = 0;i < 100;i++)
24           Dat2[i] = AT24C02RdByte(0x60 + i);
25
```

第 21~22 行将数据 Dat1 的 100 个数据写入 AT24C02 的起始地址 0x60 处。第 23~24 行将 AT24C02 起始地址 0x60 处的 100 字节数据读出来,赋给数组 Dat2。

```
26        for(;;)
27        {
28        }
29     }
```

上述第 8~29 行为主函数 main,在线仿真时,可以在第 26 行设定断点,从而观察 dat2 和 Dat2 的值。

(6) 将文件 iic1.c 添加到工程管理器的 BSP 分组下。完成后的工程 16 如图 8-11 所示。

在图 8-11 中,编译链接并在线仿真工程 16,在程序段 8-12 的第 26 行设定断点,运行到断点处后,可以得到如图 8-12 所示的"Watch 1"窗口结果。由图 8-12 可知,写入 AT24C02 和读出 AT24C02 的操作均正确。

8.2.2 访问 EEPROM 库函数类型实例

本节介绍访问 AT24C02 的库函数类型的工程实例,其实现步骤如下。

(1) 在工程 13 的基础上,新建"工程 17",保存在目录"D:\STM32F103ZET6 工程\工程 17"下。此时的工程 17 与工程 13 完全相同,然后进行后续工作。

(2) 新建文件 iic1.c 和 iic1.h,保存在目录"D:\STM32F103ZET6 工程\工程 17\BSP"下,其中,文件 iic1.h 如程序段 8-9 所示,文件 iic1.c 如程序段 8-13 所示。

视频讲解

第8章 存储器管理

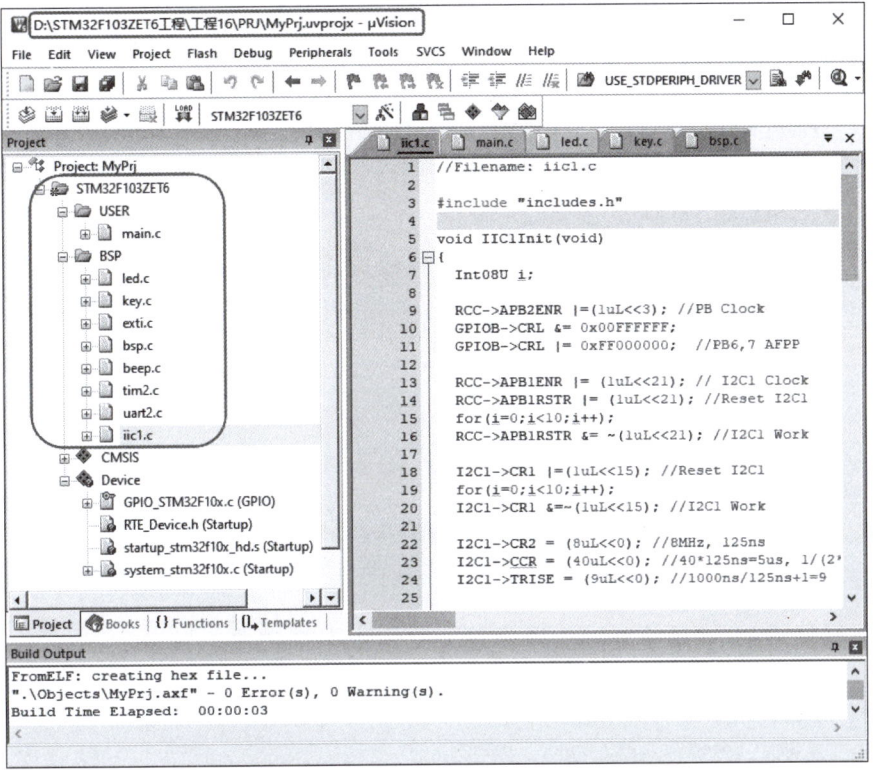

图 8-11 工程 16 工作窗口

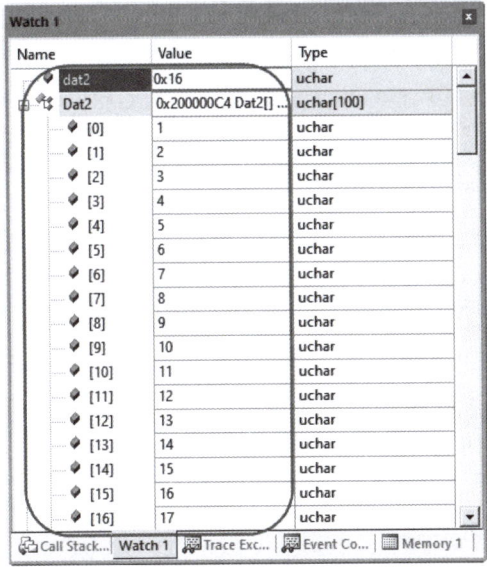

图 8-12 观察窗口 "Watch 1" 显示结果

程序段 8-13 文件 iic1.c

```
1    //Filename: iic1.c
2
3    #include "includes.h"
```

```
4
5    void    IIC1Delay(Int32U t)   //延时 t ms
6    {
7      volatile Int32U i,j;
8      for(i = 0;i < t;i++)
9      {
10        for(j = 0;j < 12000;j++);
11     }
12   }
13
```

第 5~12 行为延时函数 IIC1Delay,延时约 t ms。

```
14   void    IIC1Init(void)
15   {
16     GPIO_InitTypeDef   g;
17     I2C_InitTypeDef    iic1;
18
19     RCC_APB2PeriphClockCmd(RCC_APB2Periph_GPIOB,ENABLE);   //PB 时钟
20     RCC_APB1PeriphClockCmd(RCC_APB1Periph_I2C1,ENABLE);    //I2C1 时钟
21
```

第 19 行打开 PB 口时钟源;第 20 行打开 I^2C1 模块时钟源。

```
22     g.GPIO_Pin = GPIO_Pin_6 | GPIO_Pin_7;                  //PB6(SCL),7(SDA) AFOD
23     g.GPIO_Mode = GPIO_Mode_AF_OD;
24     g.GPIO_Speed = GPIO_Speed_50MHz;
25     GPIO_Init(GPIOB,&g);
26
```

第 22~25 行配置 PB6(SCL)和 PB7(SDA)口工作在替换功能开漏模式。

```
27     I2C_DeInit(I2C1);
28     iic1.I2C_Ack = I2C_Ack_Enable;
29     iic1.I2C_AcknowledgedAddress = I2C_AcknowledgedAddress_7bit;
30     iic1.I2C_ClockSpeed = 100000;                          //100kHz
31     iic1.I2C_DutyCycle = I2C_DutyCycle_2;
32     iic1.I2C_Mode = I2C_Mode_I2C;
33     iic1.I2C_OwnAddress1 = 0x00;
34
35     I2C_Init(I2C1,&iic1);
```

第 27~35 行初始化 I^2C1 模块,按第 27~33 行结构体变量 iic1 的设定值,可知 I^2C1 模块工作在 7 位地址模式下,SCL 时钟速度为 100kHz。

```
36     I2C_Cmd(I2C1,ENABLE);
37     I2C_AcknowledgeConfig(I2C1,ENABLE);                    //ACK
38     I2C_GeneralCallCmd(I2C1,ENABLE);
39   }
40
```

第 14~39 行为 I^2C1 模块初始化函数 IIC1Init;第 36 行开启 I^2C1 模块;第 37 行设置应答有效;第 38 行设置广播呼叫有效。

```
41   void AT24C02WrByte(Int08U addr,Int08U dat)
42   {
43
```

```
44      while(I2C_GetFlagStatus(I2C1,I2C_FLAG_BUSY) == SET);
45      //自定义类型 typedef enum{RESET = 0,SET = !RESET} FlagStatus; 位于 stm32f10x.h
46      I2C_GenerateSTART(I2C1,ENABLE);
47      while(!I2C_CheckEvent(I2C1,I2C_EVENT_MASTER_MODE_SELECT));
48
49      I2C_Send7bitAddress(I2C1,0xA0,I2C_Direction_Transmitter);
50      while(!I2C_CheckEvent(I2C1,I2C_EVENT_MASTER_TRANSMITTER_MODE_SELECTED));
51
52      I2C_SendData(I2C1,addr);
53      while(!I2C_CheckEvent(I2C1,I2C_EVENT_MASTER_BYTE_TRANSMITTING));
54
55      I2C_SendData(I2C1,dat);
56      while(!I2C_CheckEvent(I2C1,I2C_EVENT_MASTER_BYTE_TRANSMITTED));
57
58      I2C_GenerateSTOP(I2C1, ENABLE);
59
60      IIC1Delay(10);
61    }
62
```

第 41～61 行为向 AT24C02 写入单字节数据的函数 AT24C02WrByte,结合图 8-9"单字节数据写"时序进行分析：第 44 行等闲 I^{2}C1 空闲；第 46 行发送"开始"信号；第 47 行等待"开始"信号确认完成；第 49 行发送地址 0xA0＋写信号 0(即 0xA0)；第 50 行等待地址发送确认完成；第 52 行发送要向存储空间写入数据的地址 addr；第 53 行等待地址发送完成；第 55 行发送要写入存储空间的数据 dat；第 56 行等待数据发送完成；第 58 行发送"停止"信号；第 60 行等待 10ms,在这段时间内,AT24C02 内部进行数据写入操作。

```
63    Int08U AT24C02RdByte(Int08U addr)
64    {
65      while(I2C_GetFlagStatus(I2C1,I2C_FLAG_BUSY) == SET);
66      I2C_GenerateSTART(I2C1,ENABLE);
67      while(!I2C_CheckEvent(I2C1,I2C_EVENT_MASTER_MODE_SELECT));
68      I2C_AcknowledgeConfig(I2C1, DISABLE);
69      I2C_Send7bitAddress (I2C1,0xA0, I2C_Direction_Transmitter);
70
71      while(!I2C_CheckEvent(I2C1,I2C_EVENT_MASTER_TRANSMITTER_MODE_SELECTED));
72      I2C_SendData(I2C1,addr);
73
74      while(!I2C_CheckEvent(I2C1,I2C_EVENT_MASTER_BYTE_TRANSMITTING));
75      I2C_GenerateSTART(I2C1,ENABLE);
76
77      while(!I2C_CheckEvent(I2C1,I2C_EVENT_MASTER_MODE_SELECT));
78      I2C_Send7bitAddress(I2C1,0xA1,I2C_Direction_Receiver);
79
80      while(!I2C_CheckEvent(I2C1,I2C_EVENT_MASTER_RECEIVER_MODE_SELECTED));
81
82      I2C_GenerateSTOP(I2C1,ENABLE);
83      while(!I2C_CheckEvent(I2C1,I2C_EVENT_MASTER_BYTE_RECEIVED));
84
85      return  I2C_ReceiveData(I2C1);
86    }
```

第 63～86 行为从 AT24C02 指定地址 addr 读出单字节数据的函数 AT24C02RdByte,

结合图 8-9 "随机地址读出数据" 时序进行分析：第 65 行等待 I^2C1 空闲；第 66 行发送 "开始" 信号；第 67 行等待 "开始" 信号确认完成；第 68 行清零 CR1 寄存器的应答有效位；第 69 行发送地址 0xA0+写信号 0(即 0xA0)；第 71 行等待地址发送确认完成；第 72 行发送要从存储空间读取数据的地址 addr；第 74 行等待地址发送完成；第 75 行再次发送 "开始" 信号；第 77 行等待 "开始" 信号确认完成；第 78 行发送地址 0xA0+读信号 1(即 0xA1)；第 80 行等待地址信号确认完成；第 82 行发送 "停止" 信号；第 83 行等待接收数据准备好；第 85 行调用库函数 I2C_ReceiveData 读出 I^2C1 接收到的数据，并作为函数值返回该数据。

（3）修改 includes.h 文件，如程序段 8-10 所示。

（4）修改 bsp.c 文件，如程序段 8-11 所示。

（5）修改 main.c 文件，如程序段 8-12 所示。

（6）将文件 iic1.c 添加到工程管理器的 BSP 分组下，将目录 "D:\STM32F103ZET6 工程\工程 17\STM32F10x_FWLib\src" 下的文件 stm32f10x_i2c.c 添加到工程管理器的 LIB 分组下。完成后的工程 17 如图 8-13 所示。

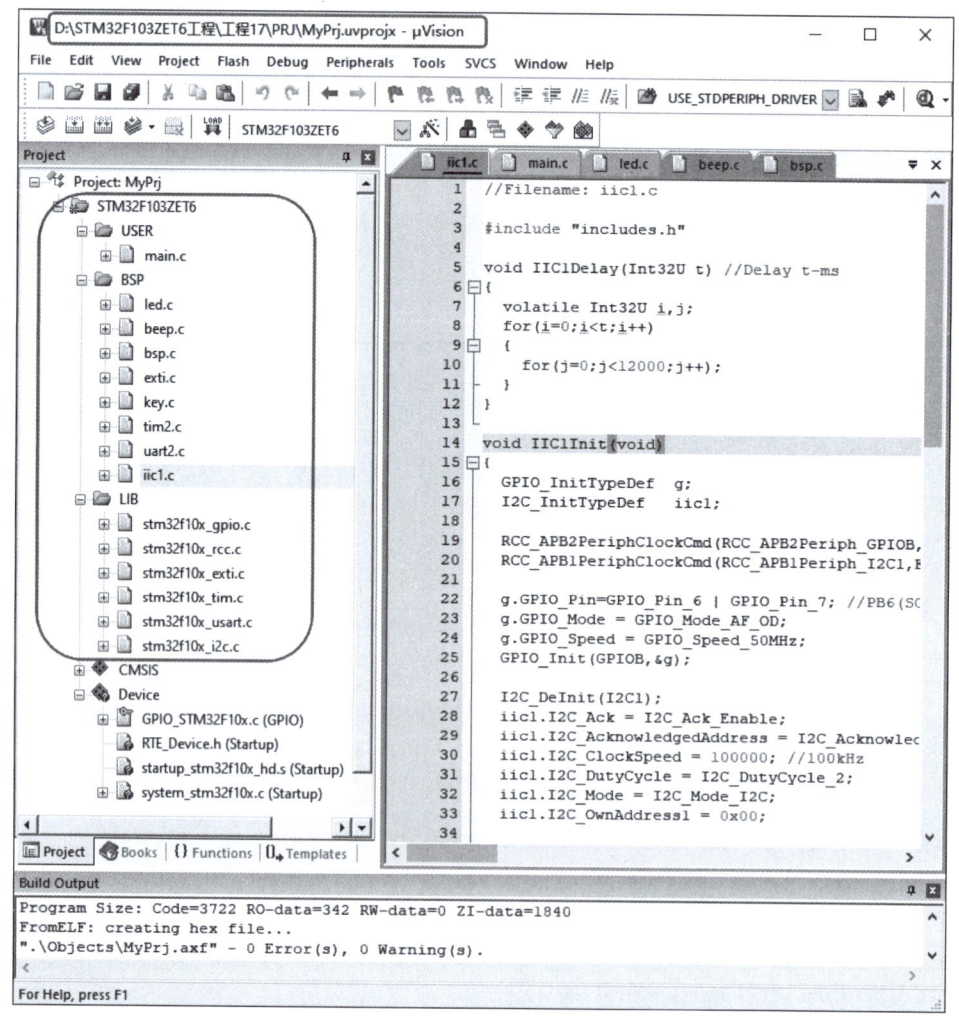

图 8-13　工程 17 工作窗口

在图 8-13 中，编译链接并在线仿真工程 17，同样地，在程序段 8-12 的第 26 行设定断点，可得到如图 8-12 所示的结果。

8.3 Flash 存储器

STM32F103ZET6 微控制器具有 3 个同步串行口，其中有 2 个复用了 I^2S 协议接口。在 STM32F103 学习板上，SPI2 口与 Flash 存储器 W25Q128 相连接，如图 3-15 和图 3-3 所示。本节将以 SPI2 口为例详细介绍 SPI 通信协议、工作时序和 STM32F103ZET6 微控制器通过 SPI2 口访问 Flash 存储器 W25Q128 的程序设计方法。

8.3.1 STM32F103 同步串行口

STM32F103ZET6 微控制器的 SPI2 口具有 4 个功能引脚，按图 3-3 和图 3-15 所示电路与 W25Q128 相连接，其中 STM32F103ZET6 工作在主机模式，W25Q128 为从机模式，各个功能引脚的定义如表 8-14 所示。

表 8-14 STM32F103ZET6 芯片 SPI2 口与 W25Q18 引脚连接情况

序号	STM32F103ZET6 引脚	替换功能	W25Q128 引脚	含　义
1	PB13	SPI2_SCK	CLK	数据位串行时钟信号
2	PB15	SPI2_MOSI	SI	主机发送或从机接收数据端
3	PB14	SPI2_MISO	SO	主机接收或从机发送数据端
4	PB12	无	CS	片选信号，低有效

根据 SPI2_SCK 信号的时钟极性 CPOL 和相位 CPHA(见表 8-15)，SPI 工作协议有 4 种工作模式。这里，设定 CPOL=1 和 CPHA=1，此时 SPI 的工作时序如图 8-14 所示(摘自 STM32F103 参考手册)。

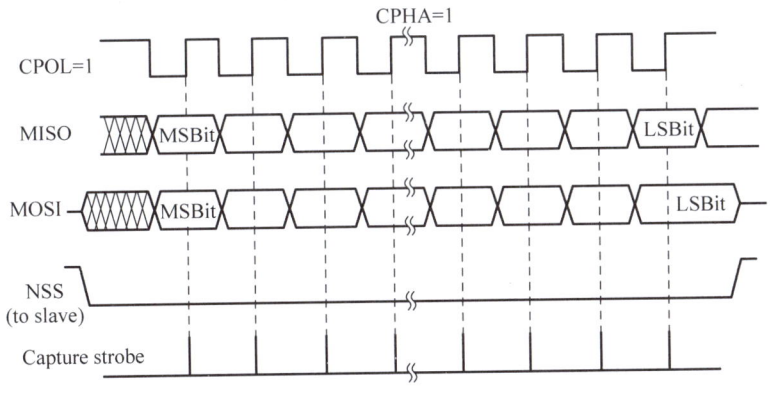

图 8-14 SPI 工作时序

在图 8-14 中，"Capture strobe"(捕获点)上的脉冲为启动数据读或写的时刻。由图 8-14 可知，在 CPOL=1 和 CPHA=1 时，在 CLK 的上升沿时读或写数据位，从左至右先发送或接收最高位，一帧数据可以为 8 位长或 16 位长，由 SPI_CR1 寄存器的 DFF 位决定(见表 8-15)。NSS 一般用作片选信号，低有效。

STM32F103ZET6 微控制器的 SPI 模块结构如图 8-15 所示。

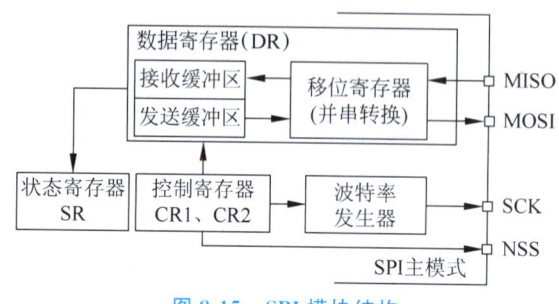

图 8-15　SPI 模块结构

由图 8-15 可知,当 SPI 工作在主模式下时,通过控制寄存器 CR1 设定串行通信的波特率,接收和发送数据共用同一个数据寄存器(DR),与异步串行通信(UART)类似,该数据寄存器(DR)对应两个物理寄存器,通过读或写信号进行区分。SPI 模块的工作状态记录在状态寄存器(SR)中。

下面详细介绍 SPI 模块的各个寄存器的情况,如表 8-15～表 8-18 所示。SPI2 模块的基地址为 0x4000 3800,与 APB1 外设总线(36MHz)相连接。

表 8-15　SPI 控制寄存器 SPI_CR1(偏移地址 0x00)

位号	名　　称	设定值	含　　义
15	BIDIMODE	0	表示双线收发模式
14	BIDIOE	0	无意义(当 BIDIMODE=1 处于单线双向模式时才有意义)
13	CRCEN	0	表示不进行 CRC 计算
12	CRCNEXT	0	无意义(当 CRCEN=1 进行 CRC 计算时才有意义)
11	DFF	0	表示帧数据长度为 8 位
10	RXONLY	0	表示全双工模式,即发送数据帧的同时也接收数据帧
9	SSM	1	表示不使用 NSS 引脚的输入信号
8	SSI	1	该位的值作为 NSS 引脚的状态
7	LSBFIRST	0	传送或接收数据帧从最高位开始
6	SPE	1	启动 SPI 模块
5:3	SR[2:0]	011b	波特率为 fpclk/[2^(SR[2:0]+1)]=36MHz/16=2.25MHz
2	MSTR	1	表示 SPI 工作在主机模式下
1	CPOL	1	位时钟极性设为 1,参考图 8-14
0	CPHA	1	位时钟相位设为 1,参考图 8-14

表 8-16　SPI 控制寄存器 SPI_CR2(偏移地址 0x04)

位号	名　　称	设定值	含　　义
15:8			保留
7	TXEIE	0	表示关闭发送数据帧完成中断
6	RXNEIE	0	表示关闭接收到数据帧中断
5	ERRIE	0	表示关闭数据误码中断
4			保留
3			保留
2	SSOE	0	关闭 NSS 引脚输出
1	TXDMAEN	0	关闭发送缓冲区 DMA 控制
0	RXDMAEN	0	关闭接收缓冲区 DMA 控制

表 8-17　SPI 状态寄存器 SPI_SR(偏移地址 0x08)

位号	名　称	复位值	含　义
15:8		0x00	保留
7	BSY	0	为 0 表示 SPI 空闲；为 1 表示 SPI 忙
6	OVR	0	为 0 表示无数据溢出；为 1 表示有溢出
5	MODF	0	为 0 表示无模式错误；为 1 表示发生模式错误
4	CRCERR	0	为 0 表示无 CRC 误码；为 1 表示有 CRC 误码
3	UDR	0	在 SPI 模式下该位无意义
2	CHSIDE	0	在 SPI 模式下该位无意义
1	TXE	1	为 0 表示正在发送数据帧；为 1 表示发送缓冲区空
0	RXNE	0	为 0 表示接收缓冲区空；为 1 表示接收到数据帧

表 8-18　SPI 数据寄存器 SPI_DR(偏移地址 0x0C)

位号	名　称	复位值	含　义
15:8	DR[15:8]	0x00	16 位通信模式下,接收帧或发送帧的高 8 位；8 位通信模式下,无意义
7:0	DR[7:0]	0x00	16 位通信模式下,接收帧或发送帧的低 8 位；8 位通信模式下,为接收或发送的数据帧

8.3.2　W25Q128 访问控制

W25Q128 为 128Mb(16MB)的串行接口 Flash 存储芯片,工作电压为 3.3V,与微控制器 STM32F103ZET6 的电路连接如图 3-15 和图 3-3 所示。当采用标准 SPI 模式访问 W25Q128 时,其各个引脚的含义为:CS 表示片选输入信号(低有效),CLK 表示串行时钟输入信号,SI 为串行数据输入信号,SO 为串行数据输出信号,WP 表示写保护输入信号(低有效),VCC 和 GND 分别表示电源和地。STM32F103ZET6 通过 PB12、PB13(SPI2_SCK)、PB15(SPI2_MOSI)和 PB14(SPI2_MISO)四根线实现对 W25Q128 的读/写访问,指令、地址和数据在 CLK 上升沿通过 SI 线进入 W25Q128,而在 SCK 下降沿从 W25Q128 的 SO 线中读出数据或状态字。

W25Q128 芯片容量为 16MB,分为 65536 个页,每个页 256B。向 W25Q128 芯片写入数据,仅能按页写入,即一次写入一页内容。在写入数据(称为编程)前,必须首先对该页擦除,然后才能向该页写入一整页的内容。对 W25Q128 的擦除操作可以基于扇区或块,每个扇区包括 16 个页,大小为 4KB；每个块包括 8 个扇区,大小为 32KB；甚至可以整片擦除。对 W25Q128 的读操作,可以读出任一地址的字节,或一次读出一个页的内容。W25Q128 的编址分为页地址(16 位)和页内寻址的字节地址(8 位),通过指定一个 24 位的地址,可以读出该地址的字节内容。

W25Q128 具有 2 个 8 位的状态寄存器:状态寄存器 1(各位用 S7~S0 表示)和状态寄存器 2(各位用 S15~S8 表示)。状态寄存器 1 第 0 位为只读的 BUSY 位,当 W25Q128 为忙时,读出该位的值为 1；当 W25Q128 空闲时,读出该位的值为 0。状态寄存器 1 的第 1 位为只读 WEL 位,当可写入时 WEL 为 1,当不可写入时 WEL 为 0。状态寄存器 1 的第[6:2]位均写入 0,表示非写保护状态；第 7 位 SRP0 为 0 或 1,该位与状态寄存器 2 的第 0 位 SRP1(该位为 0)组合在一起表示状态寄存器处于可编辑模式。状态寄存器 2 的第 2 位保留,始终为 0；第 1 位为 QE 位，写入 0 表示为标准 SPI 模式；第[6:3]位为与存储安全相关的位，默认值为 0；第 7 位为 SUS 位，当擦除/编程挂起指令执行完成后自动置 1。因此，初始化 W25Q128 时，状态寄存器 1 和 2 应保持复位值 0x00 和 0x00。

W25Q128 约有 35 条操作指令，下面介绍常用的几条指令，如表 8-19 所示。表 8-19 中读器件 ID 指令读出的 W25Q128 的 ID 为 0xEF17。

表 8-19 常用的 W25Q128 指令

指 令	字节 1	字节 2	字节 3	字节 4	字节 5
整片擦除	C7H/60H				
扇区擦除(4KB)	20H	A23-A16	A15-A8	A7-A0	
页编程	02H	A23-A16	A15-A8	A7-A0	D7-D0
写状态寄存器	01H	S7-S0	S15-S8		
读状态寄存器 1	05H	S7-S0			
读状态寄存器 2	35H	S15-S8			
写有效	06H				
写禁止	04H				
读数据	03H	A23-A16	A15-A8	A7-A0	D7-D0
读器件 ID	90H	00H	00H	00H	

W25Q128 整片擦除的工作流程如图 8-16 所示。

整片擦除将 W25Q128 的所有字节擦除为 0xFF，由图 8-16 可知，首先需写芯片有效，然后输出整片擦除指令 0xC7 或 0x60，在擦除过程中，状态寄存器 1 的第 0 位 BUSY 位保持为 1，当擦除完成后，BUSY 位转变为 0，通过判断 BUSY 位的状态识别擦除工作是否完成。

W25Q128 芯片 4KB 扇区擦除的工作流程如图 8-17 所示。

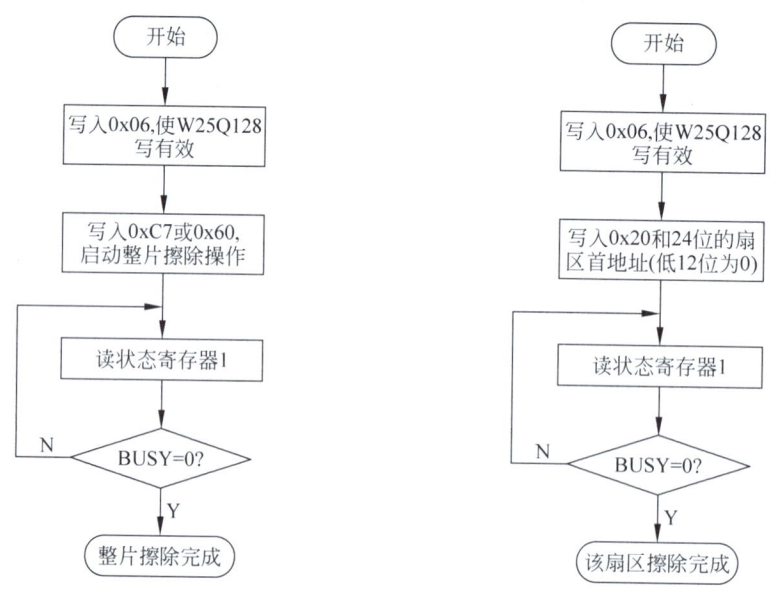

图 8-16 W25Q128 整片擦除的工作流程　　图 8-17 W25Q128 扇区擦除的工作流程

由图 8-17 可知，对 W25Q128 进行扇区擦除时，首先使写 W25Q128 芯片有效，然后，向 W25Q128 写入 0x20 和 24 位的扇区首地址(需要注意的是，有效的扇区首地址的低 12 位必须为 0)启动该扇区的擦除操作,在擦除过程中,BUSY 位保持 1,擦除完成后,BUSY 位自动清零。

W25Q128 的页编程工作流程如图 8-18 所示。

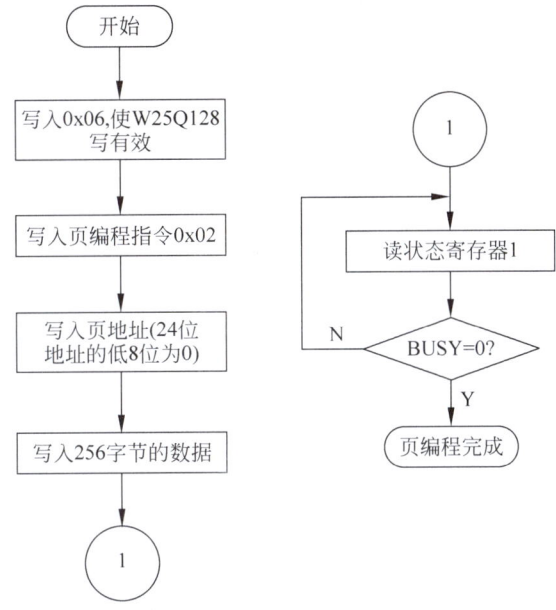

图 8-18 页编程工程流程

页编程是指向擦除过的页面内写入数据,每次页编程前必须有一次擦除操作。如图 8-18 所示,页编程首先使 W25Q128 写入操作有效,然后写入页编程指令 0x02,接着写入 24 位的页地址(低 8 位为 0),之后连续写入 256 字节的数据,最后,等待状态寄存器 1 的 BUSY 位为 0,说明页编程完成。

读 W25Q128 操作只需要写入读指令 0x03,然后写入 24 位的地址,即可以从该地址开始读取数据,如果 CLK 时钟是连续的,则地址是自动加 1 的,因此,一条读指令就可以实现对整个芯片的读取,当然,也可以只读取 1 字节。

8.3.3 访问 Flash 存储器寄存器类型工程实例

为了节省篇幅,本节的工程 18 中重点实现了 W25Q128 存储器的整片擦除、4KB 扇区擦除(共 4096 个扇区)、页编程(共 65536 个页)、页数据读出和随机地址单字节读出的功能。第 n 个 4KB 扇区(n=0~0x0FFF)的首地址为 n<<12,这里,4096=0x1000,第 m 个页(m=0~0xFFFF)的首地址为 m<<8,这里,65536=0x10000。工程 18 的具体实现步骤如下。

(1) 在工程 12 的基础上,新建"工程 18",保存在目录"D:\STM32F103ZET6 工程\工程 18"下。此时的工程 18 与工程 12 完全相同,然后进行后续步骤。

(2) 新建文件 spiflash.c 和 spiflash.h 文件,保存在目录"D:\STM32F103ZET6 工程\工程 18\BSP"下,其源代码如程序段 8-14 和程序段 8-15 所示。

程序段 8-14 文件 spiflash.c

```
1    //Filename: spiflash.c
2
```

视频讲解

```
3      #include "includes.h"
4
5      typedef enum{SPI2_CS_HIGH,SPI2_CS_LOW} CS_STATE;
6
```

第 5 行自定义了枚举型变量类型 CS_STATE。

```
7      void   SPI2Init(void)                  //SPI2 初始化
8      {
9        RCC->APB2ENR |= (1uL<<3);            //打开 PB 口时钟源
10       RCC->APB1ENR |= (1uL<<14);           //开启 SPI2 时钟源
11
```

第 9 行打开 PB 口时钟源;第 10 行开启 SPI2 时钟源。

```
12       GPIOB->CRH &= 0x000FFFFF;
13       GPIOB->CRH |= 0xBBB00000;            //PB[15:13]工作在替换功能推挽模式,50MHz
14       GPIOB->ODR |= (7uL<<13);             //PB[15:13] 上拉有效
15
```

PB15、PB14 和 PB13 分别用作 SPI2 的 MOSI、MISO 和 SCK,这里第 12～14 行配置 PB15、PB14 和 PB13 工作在替换功能推挽模式,第 14 行将它们拉高。

```
16       SPI2->CR1 &= ~(1<<10);               //SPI2 为全双工模式
17       SPI2->CR1 |= (1uL<<9);               //不使用 NSS 引脚
18       SPI2->CR1 |= (1uL<<8);
19       SPI2->CR1 |= (1uL<<2);               //SPI2 工作在主模式
20       SPI2->CR1 &= ~(1<<11);               //帧数据长度为 8 位
21       SPI2->CR1 |= (3uL<<0);               //CPOL = 1,CPHA = 1
22       SPI2->CR1 |= (3uL<<3);               //Clk = 36M/[2^(3+1)] = 2.25MHz
23       SPI2->CR1 &= ~(1uL<<7);              //优先发送最高位
24       SPI2->CR1 |= (1uL<<6);               //开启 SPI2 模块
25     }
26
```

第 7～25 行为 SPI2 模块初始化函数 SPI2Init,第 16～24 行配置 SPI2 模块的工作模式:第 16 行设置 SPI2 为全双工模式;第 17、18 行设置 SPI2 不使用 NSS 引脚;第 19 行使 SPI2 工作在主模式;第 20 行配置帧数据长度为 8 位;第 21 设置 CPOL 和 CPHA 均为 1,见图 8-14;第 22 行设置 SPI2 工作时钟为 2.25MHz,最高可设为 18MHz,STM32F103 学习板上的 W25Q128 可支持高达 35MHz 的速率;第 23 行设置数据帧传输时最高位优先;第 24 行打开 SPI2 模块。

```
27     void SPI2CSOutput(CS_STATE st)         //PB12 用作 SPI2 模块的片选 CS 信号
28     {
29       switch(st)
30       {
31         case SPI2_CS_HIGH:
32           GPIOB->BSRR = (1uL<<12);
33           break;
34         case SPI2_CS_LOW:
35           GPIOB->BRR = (1uL<<12);
36           break;
37       }
38     }
39
```

第 27～38 行为 SPI2 模块的片选 CS 信号输出函数 SPI2CSOutput。第 29 行判断 st 的值,如果为 SPI2_CS_HIGH(第 31 行为真),则执行第 32 行使 PB12 输出高电平;如果 st 为 SPI2_CS_LOW(第 34 行为真),则执行第 35 行使 PB12 输出低电平。PB12 为 W25Q128 的片选输入信号,见图 3-15 和图 3-3。

```
40    void W25Q128Init(void)    //W25Q128 初始化函数
41    {
42        RCC->APB2ENR |= (1uL<<3);           //开启 PB 口时钟源
43        GPIOB->CRH &= 0xFFF0FFFF;
44        GPIOB->CRH |= 0x00030000;           //PB12 上拉有效
45        SPI2CSOutput(SPI2_CS_HIGH);
46    }
47
```

第 40～46 行为 W25Q128 的初始化函数 W25Q128Init。第 42 行打开 PB 口时钟源;第 43、44 行配置 PB12 工作在推挽数字输出模式下;第 45 行将 W25Q128 片选信号 CS 拉高。

```
48    void  SPI2FLASHInit(void)              //SPI2 和 W25Q128 初始化函数
49    {
50        W25Q128Init();
51        SPI2Init();
52    }
53
```

第 48 行为 SPI2 模块和 W25Q128 芯片的总的初始化函数 SPI2FLASHInit,通过调用函数 W25Q128Init 和 SPI2Init 实现。

```
54    Int08U   SPI2RdWrByte(Int08U TxDat)
55    {
56        Int08U RxDat;
57        while((SPI2->SR & (1uL<<1)) == 0);
58        SPI2->DR = TxDat;
59
60        while((SPI2->SR & (1uL<<0)) == 0);
61        RxDat = SPI2->DR;
62        return RxDat;
63    }
64
```

第 54～63 行为 SPI2 的读/写访问函数 SPI2RdWrByte,结合图 8-14 和表 8-17,第 57 行判断状态寄存器 SR 的第 1 位是否为 0,如果为 0 表示正在发送数据,则等待;否则,即该位为 1 时表示发送完成、发送缓冲区为空,则执行第 58 行,将发送的数据 TxDat 赋给数据寄存器 DR。第 60 行判断状态寄存器 SR 的第 0 位是否为 0,如果为 0 表示没有接收到数据,则等待;否则,即该位为 1 时表示接收到新的数据,则执行第 61 行,将数据寄存器 DR 中的数据赋给变量 RxDat。

```
65    Int16U   W25Q128ReadID(void)
66    {
67        Int16U ID;
68        SPI2CSOutput(SPI2_CS_LOW);
69        SPI2RdWrByte(0x90);
70        SPI2RdWrByte(0x00);
71        SPI2RdWrByte(0x00);
```

```
72        SPI2RdWrByte(0x00);
73        ID = SPI2RdWrByte(0xFF)<< 8;
74        ID |= SPI2RdWrByte(0xFF);
75        SPI2CSOutput(SPI2_CS_HIGH);
76        return ID;
77    }
78
```

第65～77行为读 W25Q128 芯片的器件 ID 的函数 W25Q128ReadID。参考表 8-19 中 "读器件 ID"的指令,这里第 68 行使 W25Q128 片选信号为低电平;第 69 行输出指令 0x90,第 70～72 行输出地址 0x000000,第 73、74 行读入器件 ID,对于 W25Q128 而言,读入的 ID 为 0xEF17;第 75 行使 W25Q128 片选信号为高电平。

```
79    Int08U   ReadStReg1(void)
80    {
81        Int08U RegDat;
82        SPI2CSOutput(SPI2_CS_LOW);
83        SPI2RdWrByte(0x05);
84        RegDat = SPI2RdWrByte(0xFF);
85        SPI2CSOutput(SPI2_CS_HIGH);
86        return RegDat;
87    }
88
```

第79～87行为读 W25Q128 状态寄存器 1 的函数 ReadStReg1。参考表 8-19 中"读状态寄存器 1"中的指令,这里第 82 行选中 W25Q128;第 83 行向 W25Q128 写入 0x05;第 84 行读出状态寄存器 1 的值,这里写入 0xFF 无实际意义;第 85 行关闭 W25Q128。

```
89    Int08U   ReadStReg2(void)
90    {
91        Int08U RegDat;
92        SPI2CSOutput(SPI2_CS_LOW);
93        SPI2RdWrByte(0x35);
94        RegDat = SPI2RdWrByte(0xFF);
95        SPI2CSOutput(SPI2_CS_HIGH);
96        return RegDat;
97    }
98
```

第89～97行为读 W25Q128 状态寄存器 2 的函数 ReadStReg2。参考表 8-19 中"读状态寄存器 2"中的指令,这里第 92 行选中 W25Q128;第 93 行向 W25Q128 写入 0x35;第 94 行读出状态寄存器 2 的值,这里写入 0xFF 无实际意义;第 95 行关闭 W25Q128。

```
99    void  WriteEn(void)
100   {
101       SPI2CSOutput(SPI2_CS_LOW);
102       SPI2RdWrByte(0x06);
103       SPI2CSOutput(SPI2_CS_HIGH);
104   }
105
```

第99～104行为向 W25Q128 写入数据操作有效的函数 WriteEn(或称写使能函数)。参考表 8-19 中"写有效"指令,这里第 101 行选中 W25Q128;第 102 行向 W25Q128 写入命令字 0x06；第 103 行关闭 W25Q128。该函数执行后将使状态寄存器 1 中具有只读属性的第 1 位 WEL 位置 1。

```
106    void   WriteDis(void)
107    {
108        SPI2CSOutput(SPI2_CS_LOW);
109        SPI2RdWrByte(0x04);
110        SPI2CSOutput(SPI2_CS_HIGH);
111    }
112
```

第 106~111 行为向 W25Q128 写入数据操作无效的函数 WriteDis(或称写失能函数)。参考表 8-19 中"写禁止"指令，这里第 108 行选中 W25Q128；第 109 行向 W25Q128 写入命令字 0x04；第 110 行关闭 W25Q128。该函数执行后将使状态寄存器 1 中具有只读属性的第 1 位 WEL 位清零。

```
113    void   WriteStReg(Int08U reg1,Int08U reg2)
114    {
115        WriteEn();
116        SPI2CSOutput(SPI2_CS_LOW);
117        SPI2RdWrByte(0x01);
118        SPI2RdWrByte(reg1);
119        SPI2RdWrByte(reg2);
120        SPI2CSOutput(SPI2_CS_HIGH);
121    }
122
```

第 113~121 行为写状态寄存器函数 WriteStReg，两个参数 reg1 和 reg2 分别为状态寄存器 1 和 2 的设定值。参考表 8-19 中"写状态寄存器"指令，这里第 115 行打开"写使能"；第 116 行选中 W25Q128；第 117 行向 W25Q128 写入指令 0x01；第 118 行向 W25Q128 写入 reg1；第 119 行写入 reg2；第 120 行关闭 W25Q128。

```
123    void   W25Q128EraseChip(void)                    //耗时约 37s
124    {
125        WriteEn();
126        SPI2CSOutput(SPI2_CS_LOW);
127        SPI2RdWrByte(0x60);
128        SPI2CSOutput(SPI2_CS_HIGH);
129        while((ReadStReg1() & 0x01) == 0x01);        //等待芯片空闲
130    }
131
```

第 123~130 为整片擦除 W25Q128 的函数 W25Q128EraseChip。参考表 8-19 中"整片擦除"指令，第 125 行打开"写使能"；第 126 行选中 W25Q128；第 127 行向 W25Q128 写入指令 0x60(也可写入 0xC7)；第 128 行关闭 W25Q128；第 129 行等待读状态寄存器 1 的第 1 位为 0，如果该位读出 1，表示内部擦除操作正在进行中，完成擦除操作需要约 37s，之后，读出状态寄存器 1 的第 1 位(BUSY 位)的值为 0。

```
132    //共有 4096 (0x1000) 个扇区
133    //1 扇区 = 16 页
134    void   W25Q128EraseSect(Int16U sect)//sect = 0,1,...,4095(0xFFF),耗时远小于 1s
135    {
```

```
136    Int08U A23_16,A15_8 = 0,A7_0 = 0;
137    A23_16 = (sect >> 4) & 0xFF;
138    A15_8 |= ((sect & 0x0F)<< 4) & 0xF0;
139    WriteEn();
140    SPI2CSOutput(SPI2_CS_LOW);
141    SPI2RdWrByte(0x20);
142    SPI2RdWrByte(A23_16);
143    SPI2RdWrByte(A15_8);
144    SPI2RdWrByte(A7_0);
145    SPI2CSOutput(SPI2_CS_HIGH);
146    while((ReadStReg1() & 0x01) == 0x01);        //等待芯片空闲
147    }
148
```

第134~147行为W25Q128的扇区擦除函数W25Q128EraseSect，该函数带有一个无符号16位的整型参数sect，表示要擦除第sect个扇区。W25Q128共有4096个扇区，编号为0~4095，因此，这里的sect取值为0~4095。参考表8-19中"扇区擦除（4KB）"指令，这里第136行定义的变量A23_16、A15_8和A7_0为扇区sect的首地址，第137、138行由sect得到其首地址，即sect << 12为其首地址，然后按8位一组分别赋给变量A23_16、A15_8和A7_0。第139行开打"写使能"；第140行选中W25Q128；第141行向W25Q128写入指令0x20；第142~144行向W25Q128依次写入24位的扇区首地址；第145行关闭W25Q128；第146行等待W25Q128内部操作完成。调用该函数擦除一个扇区所花的时间远小于1s。

```
149    //0#      page -- 0x00 0000 - 00 00FF
150    //1#      page -- 0x00 0100 - 00 01FF
151    //2#      page -- 0x00 0200 - 00 02FF
152    //3#      page -- 0x00 0300 - 00 03FF
153    //..
154    //15#     page -- 0x00 0F00 - 00 0FFF
155    //..
156    //65535#  page -- 0xFF FF00 - FF FFFF         page = 0,1,..,65535, len <= 256
157    void W25Q128ProgPage(Int16U page,Int08U * WrDat,Int16U len)
158    {
159      Int16U i;
160      Int08U A23_16,A15_8,A7_0 = 0;
161      A23_16 = (page >> 8) & 0xFF;
162      A15_8 = (page & 0xFF);
163      WriteEn();
164      SPI2CSOutput(SPI2_CS_LOW);
165      SPI2RdWrByte(0x02);
166      SPI2RdWrByte(A23_16);
167      SPI2RdWrByte(A15_8);
168      SPI2RdWrByte(A7_0);
169      for(i = 0;i < len;i++)
170      {
171          SPI2RdWrByte(* WrDat++);
172      }
173      SPI2CSOutput(SPI2_CS_HIGH);
174      while((ReadStReg1() & 0x01) == 0x01);        //等待芯片空闲
175    }
```

第 157~175 行为向 W25Q128 写入一页数据的函数 W25Q128ProgPage（又称页编程），该函数具有三个参数，其中 page 为页的编号，W25Q128 具有 65536 个页，故 page 的取值为 0~65535(0xFFFF)；WrDat 指向要写入的数据；len 为要写入的数据长度，由于每页包含 256 字节，所以，len 的最大值为 256，该函数不能跨页写入数据。

第 160~162 行将 page 转化为 24 位的地址数据；第 163 行打开"写使能"；第 164 行选中 W25Q128；参考表 8-19 中"页编程"指令，第 165 行向 W25Q128 写入指令 0x02，第 166~168 行依次写入页首地址；第 169~172 行写入长度为 len 的数据 WrDat；第 173 行关闭 W25Q128；第 174 行等待 W25Q128 内部编程完成。

```
176                                         //page = 0,1,...,655355,len < 256
177    void  W25Q128ReadPage(Int16U page,Int08U * RdDat,Int16U len)
178    {
179      Int16U i;
180      Int08U A23_16,A15_8,A7_0 = 0;
181      A23_16 = (page >> 8) & 0xFF;
182      A15_8 = (page & 0xFF);
183      WriteDis();
184      SPI2CSOutput(SPI2_CS_LOW);
185      SPI2RdWrByte(0x03);
186      SPI2RdWrByte(A23_16);
187      SPI2RdWrByte(A15_8);
188      SPI2RdWrByte(A7_0);
189      for(i = 0;i < len;i++)
190      {
191         * RdDat++ = SPI2RdWrByte(0xFF);
192      }
193      SPI2CSOutput(SPI2_CS_HIGH);
194    }
195
```

第 177~194 行为从 W25Q128 中读出一页数据的函数 W25Q128ReadPage，该函数具有三个参数：page 为页号，取值为 0~65535；RdDat 指向读出数据的缓冲区；len 表示读出数据的长度，len 最大值可取为 256。第 180~182 行将页号 page 转化为页的首地址；第 183 行关闭"写使能"；第 184 行选中 W25Q128；参考表 8-19 中"读数据"指令，第 185 行向 W25Q128 写入指令 0x03；第 186~188 行写入页首地址；第 189~192 行连续从页中读出长度为 len 的字节数据，保存在 RdDat 缓冲区；第 193 行关闭 W25Q128。

```
196    Int08U  W25Q128ReadData(Int32U addr)       //地址:0x0000 0000~0x00FF FFFF
197    {
198      Int08U RxDat;
199      Int08U A23_16,A15_8,A7_0;
200      A23_16 = (addr >> 16) & 0xFF;
201      A15_8 = (addr >> 8) & 0xFF;
202      A7_0 = addr & 0xFF;
203      WriteDis();
204      SPI2CSOutput(SPI2_CS_LOW);
205      SPI2RdWrByte(0x03);
206      SPI2RdWrByte(A23_16);
207      SPI2RdWrByte(A15_8);
208      SPI2RdWrByte(A7_0);
```

```
209         RxDat = SPI2RdWrByte(0xFF);
210         SPI2CSOutput(SPI2_CS_HIGH);
211         return RxDat;
212     }
```

第 196~212 行为从 W25Q128 中任一地址 addr 读出 1 字节数据的函数 W25Q128ReadData。第 199~202 行将地址 addr 分为三个 8 位的地址；第 203 行关闭"写使能"；第 204 行选中 W25Q128；参考表 8-19 中"读数据"指令，第 205 行向 W25Q128 写入指令 0x03，第 206~208 行写入三个 8 位的地址，第 209 行读出数据并赋给变量 RxDat；第 210 行关闭 W25Q128。

程序段 8-15 文件 spiflash.h

```
1    //Filename: spiflash.h
2
3    #include "vartypes.h"
4
5    #ifndef  _SPIFLASH_H
6    #define  _SPIFLASH_H
7
8    void   SPI2FLASHInit(void);
9    Int16U W25Q128ReadID(void);
10   void   W25Q128EraseChip(void);
11   void   W25Q128EraseSect(Int16U sect);
12   void   W25Q128ProgPage(Int16U page,Int08U *,Int16U);
13   void   W25Q128ReadPage(Int16U page,Int08U *,Int16U);
14   Int08U W25Q128ReadData(Int32U addr);
15
16   #endif
```

文件 spiflash.h 声明了文件 spiflash.c 中被外部调用的函数，即 SPI2 与 W25Q128 初始化函数 SPI2FLASHInit、读 W25Q128 器件 ID 函数 W25Q128ReadID、整片擦除函数 W25Q128EraseChip、扇区擦除函数 W25Q128EraseSect、页编程函数 W25Q128ProgPage、读页数据函数 W25Q128ReadPage 和随机地址读单字节数据函数 W25Q128ReadData。

(3) 修改 includes.h 文件，如程序段 8-16 所示。

程序段 8-16 文件 includes.h

```
1    //Filename: includes.h
2
3    #include "stm32f10x.h"
4
5    #include "vartypes.h"
6    #include "bsp.h"
7    #include "led.h"
8    #include "key.h"
9    #include "exti.h"
10   #include "beep.h"
11   #include "tim2.h"
12   #include "uart2.h"
13   #include "spiflash.h"
```

对比程序段 7-3，这里添加了第 13 行，即包括了头文件 spiflash.h。

(4) 修改 bsp.c 文件,如程序段 8-17 所示。

程序段 8-17 文件 bsp.c

```
1    //Filename: bsp.c
2
3    #include "includes.h"
4
5    void BSPInit(void)
6    {
7      LEDInit();
8      KEYInit();
9      EXTIKeyInit();
10     BEEPInit();
11     TIM2Init();
12     UART2Init();
13     SPI2FLASHInit();
14   }
```

对比程序段 7-4,这里添加了第 13 行,即调用函数 SPI2FLASHInit 对 SPI2 口和 W25Q128 存储器访问进行初始化。

(5) 修改 main.c 文件,如程序段 8-18 所示。

程序段 8-18 文件 main.c

```
1    //Filename: main.c
2
3    #include "includes.h"
4
5    Int16U W25Q128ID;
6    Int08U Dat1[256],Dat2[256],dat;
7
```

第 5 行定义的变量 W25Q128ID 用于保存 W25Q128 器件 ID;第 6 行定义了数组变量 Dat1、Dat2 和 8 位整型变量 dat。

```
8    int main(void)
9    {
10     Int16U i;
11     BSPInit();
12
13     W25Q128ID = W25Q128ReadID();
14
```

第 13 行读出 W25Q128 器件 ID,赋给变量 W25Q128ID。

```
15     //W25Q128EraseChip();
16     W25Q128EraseSect(4000);
```

第 16 行擦除第 4000 号扇区,其地址范围为(4000 << 12)~(4000 << 12)+0xFFF。

```
17     for(i = 0;i < 256;i++)
18     {
19       Dat1[i] = i & 0xFF;
20     }
21
```

第 17~20 行为 Dat1 赋初值,即 Dat1 数组的第 i 个元素的值为 i。

```
22      W25Q128ProgPage((4000 << 4) + 2,Dat1,256);
23      W25Q128ReadPage((4000 << 4) + 2,Dat2,256);
24
```

需要注意,在进行页编程前,必须将该页所在的扇区进行擦除操作。上述第 16 行将第 4000 号扇区擦除完成,这里第 22 行向第 4000 号扇区的第 2 页写入 Dat1 中的 256 个数据,因为,扇区号左移 4 位为该扇区的首页,即其第 0 页,加上 2,为其第 2 页。同样地,第 23 行读第 4000 号扇区的第 2 页的全部 256 个数据,赋给数组变量 Dat2。此时,Dat2 数组的第 i 个元素的值为 i。

```
25      dat = W25Q128ReadData((((4000 << 4) + 2)<< 8) + 10);    //读出该地址的值应为 10
26
```

第 25 行读出第 4000 号扇区第 2 页第 10 个地址中的数据,按第 22 行的含义,这里地址里的数据应为 10,即保存在 dat 中的读出的值应该为 10。这里扇区号左移 4 位为该扇区的首页编号,加上 2 后为该扇区的第 2 页的页编号,再总体左移 8 位为该页的首地址,再加上 10 为该页中的第 10 个地址。

```
27      for(;;)
28      {
29      }
30      }
```

在 main 函数的第 27 行设置断点,运行到断点处后,可以在观察窗口中查看 W25Q128ID、Dat2 和 dat 变量的值,以证实读/写 W25Q128 的操作运行正确。

(6) 将文件 spiflash.c 添加到工程管理器的 BSP 分组下。完成后的工程 18 如图 8-19 所示。

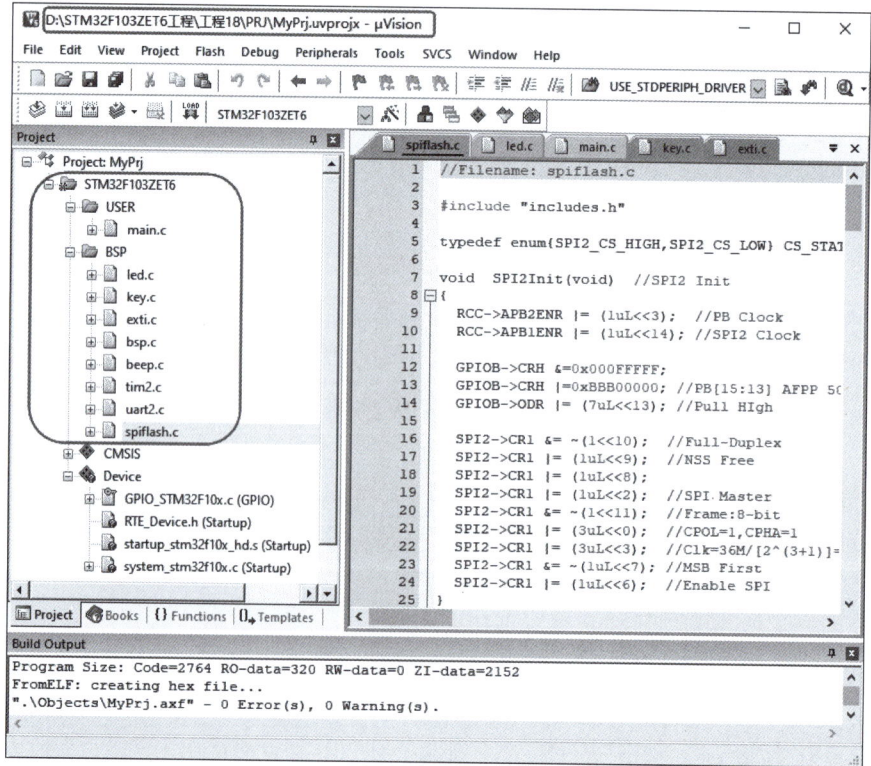

图 8-19　工程 18 工作窗口

在图 8-19 中,编译链接并在线调试运行工程 18,在程序段 8-18 的第 27 行设置断点,运行到断点后,如图 8-20 所示,可看到 W25Q128ID 的值为 0xEF17,dat 变量的值为 10,数组 Dat2 各个元素的值均正确(图 8-20 中给出了前 20 个数组元素),说明工程 18 中读/写 Flash 存储器 W25Q128 的操作运行正常。

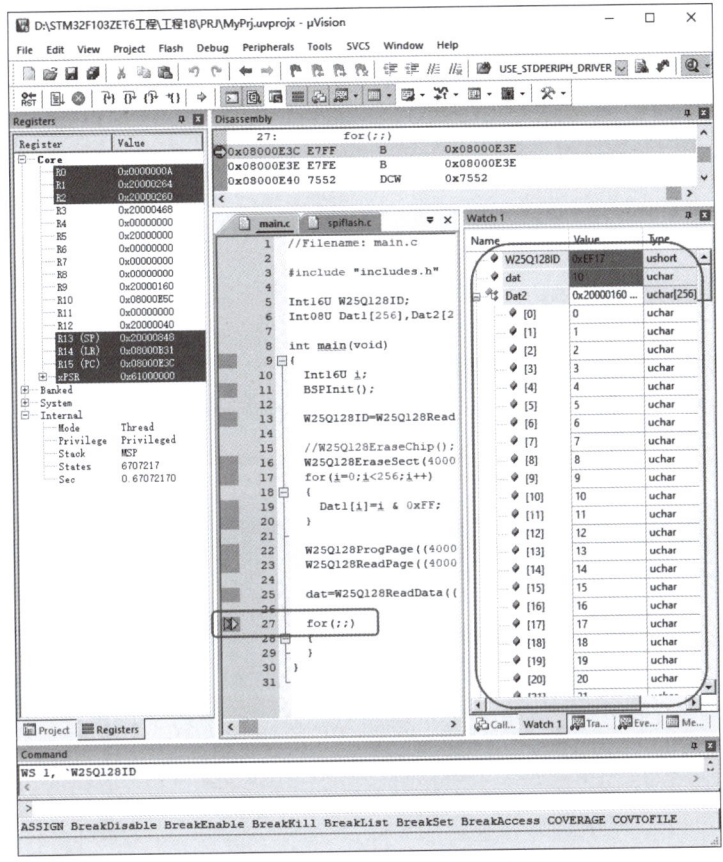

图 8-20　工程 18 在线仿真结果图

(7) 写入 W25Q128 中的数据,在系统掉电后仍然保存着,一般地,W25Q128 能有效存储数据 20 年,存取次数可达 10 万次。现在将程序段 8-18 中第 16～22 行全部注释掉,并将 STM32F103 战舰 V3 开发板断开电源几分钟后再次上电,再次借助 ULINK2 在线仿真工程 18,可以看到变量 dat 和数组 Dat2 中的数据仍然是正确的,如图 8-20 中"Watch 1"窗口所示。

特别需要注意的是,工程 18 的编译选项,即"Options for Target 'STM32F103ZET6'"选项中的"C/C++(AC6)"页面中的优化项,应选"-O0"(原来为"-O1",参考图 4-19),即编译工程 18 时不能对工程代码实施优化。Keil MDK 编译工程时对工程代码的优化主要在于舍弃(或整合)一些局部变量,这种"优化"有时会将一些延时函数优化掉,本章后续工程将使用"-O0"优化选项,即不再对工程代码进行优化;或者使用"-O1"优化选项,但需使用 volatile 声明全部的局部变量。

8.3.4　访问 Flash 存储器库函数类型工程实例

本节介绍读写 W25Q128 存储器的库函数类型工程实例,具体实现步骤如下。

视频讲解

(1) 在工程 13 的基础上,新建"工程 19",保存在目录"D:\STM32F103ZET6 工程\工程 19"下。此时的工程 19 与工程 13 完全相同,然后进行下述工作。

(2) 新建文件 spiflash.c 和 spiflash.h,保存在目录"D:\STM32F103ZET6 工程\工程 19\BSP"下,其中,spiflash.h 文件如程序段 8-15 所示;spiflash.c 文件如程序段 8-19 所示。

程序段 8-19　文件 spiflash.c

```
1   //Filename: spiflash.c
2
3   #include "includes.h"
4
5   typedef enum{SPI2_CS_HIGH,SPI2_CS_LOW} CS_STATE;
6
7   void   SPI2Init(void)                                        //SPI2 初始化函数
8   {
9     GPIO_InitTypeDef g;
10    SPI_InitTypeDef s;
11
12    RCC_APB2PeriphClockCmd(RCC_APB2Periph_GPIOB,ENABLE);        //开启 PB 口时钟源
13    RCC_APB1PeriphClockCmd(RCC_APB1Periph_SPI2,ENABLE);         //开启 SPI2 时钟源
14
```

第 12 行打开 PB 口时钟源;第 13 行打开 SPI 口时钟源。

```
15    g.GPIO_Pin = GPIO_Pin_13 | GPIO_Pin_14 | GPIO_Pin_15;
16    g.GPIO_Mode = GPIO_Mode_AF_PP;
17    g.GPIO_Speed = GPIO_Speed_50MHz;
18    GPIO_Init(GPIOB,&g);                   //PB[15:13]配置为替换功能推挽工作模式,时钟 50MHz
19    GPIO_SetBits(GPIOB,GPIO_Pin_13 | GPIO_Pin_14 | GPIO_Pin_15);   //上拉有效
20
```

第 15~19 行将 PB13、PB14 和 PB15 配置为替换功能推挽工作模式,并将它们拉高。

```
21    s.SPI_BaudRatePrescaler = SPI_BaudRatePrescaler_16;         //Clk = 36M/16 = 2.25MHz
22    s.SPI_CPHA = SPI_CPHA_2Edge;                                //CPHA = 1
23    s.SPI_CPOL = SPI_CPOL_High;                                 //CPOL = 1
24    s.SPI_CRCPolynomial = 7u;                                   //必须大于或等于 1u
25    s.SPI_DataSize = SPI_DataSize_8b;                           //帧长 8 位
26    s.SPI_Direction = SPI_Direction_2Lines_FullDuplex;          //全双工
27    s.SPI_FirstBit = SPI_FirstBit_MSB;                          //优先传输最高位
28    s.SPI_Mode = SPI_Mode_Master;                               //SPI 主模式
29    s.SPI_NSS = SPI_NSS_Soft;                                   //不使用 NSS
30    SPI_Init(SPI2,&s);
31
32    SPI_Cmd(SPI2,ENABLE);                                       //启动 SPI 模块
33  }
34
```

第 7~33 行为 SPI2 模块初始化函数 SPI2Init。第 21~30 行将 SPI2 配置为全双工的帧长为 8 位的主模式,每帧数据传输时最高位在前,传输速度为 2.25MHz,时序图如图 8-14 所示;第 32 行启动 SPI 模块。

```
35  void   SPI2CSOutput(CS_STATE st)                             //PB12 用作片选 CS 信号
36  {
37    switch(st)
38    {
39      case SPI2_CS_HIGH:
```

```
40                GPIO_SetBits(GPIOB,GPIO_Pin_12);
41                break;
42            case SPI2_CS_LOW:
43                GPIO_ResetBits(GPIOB,GPIO_Pin_12);
44                break;
45        }
46    }
47
```

第 35~46 行为 SPI2 模块的片选 CS 信号输出函数 SPI2CSOutput。第 37 行判断 st 的值，如果为 SPI2_CS_HIGH(第 39 行为真)，则执行第 40 行使 PB12 输出高电平；如果 st 为 SPI2_CS_LOW(第 42 行为真)，则执行第 43 行使 PB12 输出低电平。PB12 为 W25Q128 的片选输入信号，见图 3-15 和图 3-3。

```
48    void W25Q128Init(void)                                    //W25Q128 初始化函数
49    {
50        GPIO_InitTypeDef g;
51
52        RCC_APB2PeriphClockCmd(RCC_APB2Periph_GPIOB,ENABLE);   //开启 PB 口时钟源
53        g.GPIO_Pin = GPIO_Pin_12;
54        g.GPIO_Mode = GPIO_Mode_Out_PP;
55        g.GPIO_Speed = GPIO_Speed_50MHz;
56        GPIO_Init(GPIOB,&g);                                   //PB12 上拉有效
57
58        SPI2CSOutput(SPI2_CS_HIGH);
59    }
60
```

第 48~59 行为 W25Q128 初始化函数 W25Q128Init。第 52~56 行配置 PB12 工作在数字推挽输出模式；第 58 行使 PB12(即 CS)输出高电平，即关闭 W25Q128。

```
61    void  SPI2FLASHInit(void)     //SPI2 和 W25Q128 初始化函数
62    {
63        W25Q128Init();
64        SPI2Init();
65    }
66
67    Int08U  SPI2RdWrByte(Int08U TxDat)
68    {
69        Int08U RxDat;
70        while(SPI_I2S_GetFlagStatus(SPI2,SPI_I2S_FLAG_TXE) == RESET);   //等待 TXE = 1
71        SPI_I2S_SendData(SPI2, TxDat);
72        //等待 RxNE = 1
73        while (SPI_I2S_GetFlagStatus(SPI2,SPI_I2S_FLAG_RXNE) == RESET);
74        RxDat = SPI_I2S_ReceiveData(SPI2);
75        return RxDat;
76    }
77
```

第 67~76 行为 SPI2 的读写访问函数 SPI2RdWrByte，结合图 8-14 和表 8-17，第 70 行调用库函数 SPI_I2S_GetFlagStatus 获取状态寄存器 SR 的第 1 位(即 TXE 位)的值，如果为 0，表示正在发送数据，则等待；否则，即该位为 1 时表示发送完成、发送缓冲区为空，则执行第 71 行，调用库函数 SPI_I2S_SendData 发送数据 TxDat。第 73 行再次调用库函数 SPI_I2S_GetFlagStatus 获取状态寄存器 SR 的第 0 位(即 RxNE 位)的值，如果为 0，表示没有接

收到数据,则等待;否则,即该位为1时表示接收到新的数据,则执行第74行,调用库函数SPI_I2S_ReceiveData将接收到的数据赋给变量RxDat。

```
78    Int16U  W25Q128ReadID(void)
79    {
80      Int16U ID;
81      SPI2CSOutput(SPI2_CS_LOW);
82      SPI2RdWrByte(0x90);
```

这里省略的第83~220行与程序段8-14的第70~207行完全相同,事实上,这里的第78~225行与程序段8-14的第65~212行完全相同。

```
221     SPI2RdWrByte(A7_0);
222     RxDat = SPI2RdWrByte(0xFF);
223     SPI2CSOutput(SPI2_CS_HIGH);
224     return RxDat;
225   }
```

(3) 修改文件 includes.h,如程序段 8-16 所示。

(4) 修改文件 bsp.c,如程序段 8-17 所示。

(5) 修改文件 main.c,如程序段 8-18 所示。

(6) 将文件 spiflash.c 添加到工程管理器的 BSP 分组下,将目录"D:\STM32F103ZET6 工程\工程19\STM32F10x_FWLib\src"下的文件 stm32f10x_spi.c 添加到工程管理器的 LIB 分组下,完成后的工程 19 如图 8-21 所示。

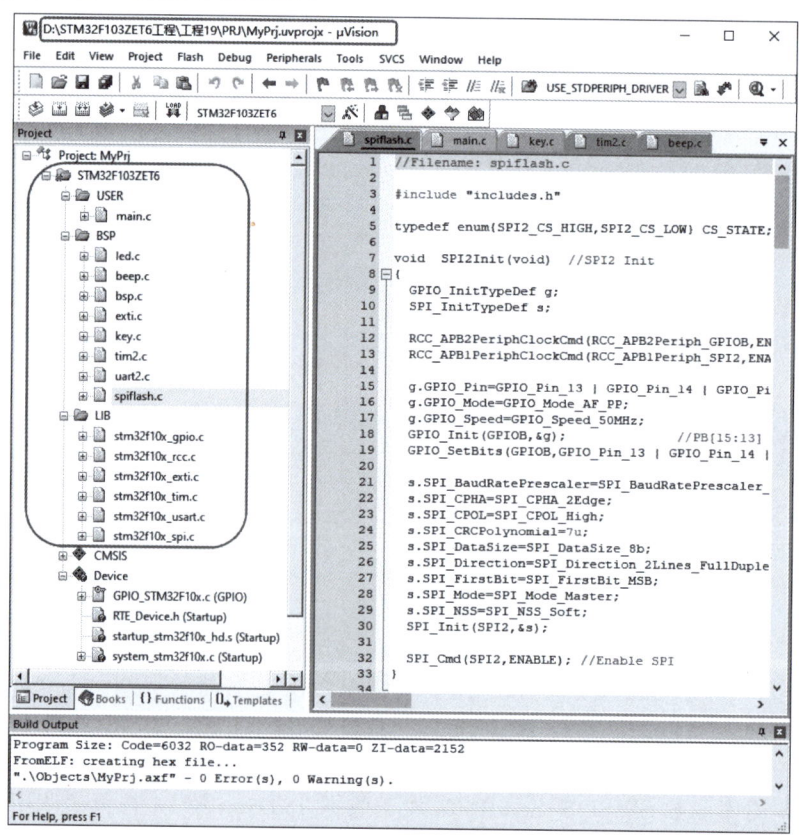

图 8-21　工程 19 工作窗口

在图 8-21 中,编译链接并在线仿真工程 19,将断点设在 main.c 中 main 函数的 for 循环语句处,调试结果如图 8-20 所示。

8.4 本章小结

本章详细介绍了 STM32F103ZET6 微控制器 FSMC 模块、I^2C 模块和 SPI 模块的工作原理与程序设计方法。本章的工程实例阐述了访问异步 SRAM 芯片 IS62WV51216、EEPROM 芯片 AT24C02 和 Flash 芯片 W25Q128 的程序设计方法。这些芯片是各类常用的存储器芯片的代表,其访问操作方法具有通用性和指导意义。建议读者朋友在本章学习的基础上,编写将汉字库存入 W25Q128 芯片的工程,整个 16×16 点阵宋体汉字库约占 300KB,建议将汉字库存储在 W25Q128 芯片中的首地址设为 0x8000,可参考文献[9]第 12 章。

习题

1. 结合图 8-1 说明 SRAM 存储器 IS62WV51216 的访问方法。
2. 编写库函数类型工程,实现 SRAM 存储器 IS62WV51216 的存储访问。
3. 阐述 AT24C02 存储器的特点和访问方法。
4. 编写寄存器类型工程,实现 AT24C02 存储器的数据读/写功能。
5. 结合图 8-16 说明 W25Q128 存储器的整片擦除方法。
6. 编写库函数类型工程,实现 W25Q128 的单页写入和读出功能。

第9章 LCD屏与温/湿度传感器
CHAPTER 9

LCD 显示屏是嵌入式系统中最重要的输出设备之一，STM32F103 战舰 V3 开发板集成了一块 4.3 英寸 480×800 像素分辨率的真彩色 TFT 型 LCD 显示屏，设定工作在 64k 色彩下。本章将介绍 STM32F103ZET6 驱动 LCD 屏的显示技术和工程程序设计方法，并介绍温/湿度传感器 DHT11 的应用方法。

本章的学习目标：
➢ 了解 LCD 屏显示原理；
➢ 熟悉 DHT11 温/湿度传感器的工作原理；
➢ 掌握 DHT11 温/湿度读取方法；
➢ 熟练应用寄存器或库函数方法在 LCD 屏上输出字符、汉字和图像。

9.1 LCD 屏显示原理

一般地，LCD 显示模块包括 4 部分，即 LCD 显示部分（LCD 面板）、LCD 屏驱动部分、LCD 屏控制部分（也称 LCD 控制器）和 LCD 屏显示存储器（简称显存）。对于一些高级的微控制器，如基于 Cortex-M3 内核的 LPC1788 芯片，片内集成了 LCD 控制器，可以直接与 LCD 屏相连接。然而，STM32F103ZET6 芯片中没有集成 LCD 控制器，不能直接与 LCD 屏相连接，而要与 LCD 显示模块相连接。

在 STM32F103ZET6 战舰 V3 开发板上，STM32F103ZET6 微控制器驱动 LCD 屏显示，需要做如下三步工作。

（1）根据图 3-18 和图 3-3、图 3-5、图 3-6、图 3-8 可知，LCD 显示模块与 STM32F103ZET6 的电路连接如表 9-1 所示。

表 9-1 LCD 显示模块与 STM32F103ZET6 的电路连接

序 号	LCD 屏引脚名	LCD 屏引脚	网 络 标 号	STM32F103 引脚
1	背光控制脚	BL	LCD_BL	PB0
2	芯片选通脚	LCD_CS	FSMC_NE4	PG12
3	写选通脚	WR	FSMC_NWE	PD5
4	读选通脚	RD	FSMC_NOE	PD4
5	数据/命令脚	RS	FSMC_A10	PG0
6	数据总线 15	DB15	FSMC_D15	PD10

续表

序　号	LCD 屏引脚名	LCD 屏引脚	网络标号	STM32F103 引脚
7	数据总线 14	DB14	FSMC_D14	PD9
8	数据总线 13	DB13	FSMC_D13	PD8
9	数据总线 12	DB12	FSMC_D12	PE15
10	数据总线 11	DB11	FSMC_D11	PE14
11	数据总线 10	DB10	FSMC_D10	PE13
12	数据总线 9	DB9	FSMC_D9	PE12
13	数据总线 8	DB8	FSMC_D8	PE11
14	数据总线 7	DB7	FSMC_D7	PE10
15	数据总线 6	DB6	FSMC_D6	PE9
16	数据总线 5	DB5	FSMC_D5	PE8
17	数据总线 4	DB4	FSMC_D4	PE7
18	数据总线 3	DB3	FSMC_D3	PD1
19	数据总线 2	DB2	FSMC_D2	PD0
20	数据总线 1	DB1	FSMC_D1	PD15
21	数据总线 0	DB0	FSMC_D0	PD14

在表 9-1 中，PB0 口输出高电平，则点亮 LCD 屏背光。由于 LCD 屏的"芯片选通脚"与 PG12 口相连（复用了 FSMC_NE4，见图 3-8），所以，LCD 屏的控制由 FSMC 模块的 Bank1 的第四区域实现，根据图 8-3 可知，Bank1 区域 4 的首地址为 0x6C00 0000，而 LCD 屏的"数据/命令脚"（或称"数据/地址脚"）RS 与 FSMC_A10 相连（PG0 口复用，见图 3-8），当 FSMC_A10 为高电平时，"数据/命令脚"用作"数据脚"，当 FSMC_A10 为低电平时，"数据/命令脚"用作"命令脚"。因此，所有形如 0B0110 11xx xxxx xxxx xxxx 1xxx xxxx xxxx（x 为 0 或 1）的地址，将"数据/命令脚"用作"数据脚"；所有形如 0B0110 11xx xxxx xxxx xxxx 0xxx xxxx xxxx（x 为 0 或 1）的地址，将"数据/命令脚"用作"命令脚"。这里，使用地址 0x6C00 07FE 作为"命令脚"的地址，使用地址 0x6C00 0800 作为"数据脚"的地址。注意，这里 A10 对应地址的第 11 位，在 FSMC 模块工作在 16 位数据总线模式下时，STM32F103ZET6 的内部地址 HADDR[25:1]>>1 产生外部地址 A[24:0]，这在 8.1 节已经阐述过了。

综上所述，第一步工作是将 PB0 口配置为数字输出口，将 FSMC 模块 Bank1 区域 4 相关的端口配置为 FSMC 模式。

（2）STM32F103ZET6 微控制器片内没有 LCD 控制器，而 STM32F103 学习板的 LCD 显示模块中集成了 NT35510 控制器，所以第二步工作是对 NT35510 控制器进行初始化。

（3）LCD 控制器的任务就是以一定的频率（刷新率，一般是 60Hz）将 LCD 显存中的内容送给 LCD 驱动器显示出来。用户只需要将要显示的信息写入显存中，后续的显示工作由 LCD 控制器自动实现。NT35510 控制器集成了一个 480RGB×864（约 3MB）大小的显存，指定显存中的坐标(x,y)，向该坐标处写入一个 RGB 色彩，则该点将以设定的色彩显示出来。因此，第三步工作就是编写绘点函数和输出字符函数等，实现字符和图像的显示。

下面结合程序段 9-1 进一步介绍 STM32F103ZET6 借助 NT35510 控制器驱动 LCD 显示的工作过程。

程序段 9-1　文件 lcd.c

```
1     //Filename: lcd.c
2
3     #include "includes.h"
4     #include "textlib.h"
5
6     typedef struct
7     {
8       volatile Int16U LCDReg;
9       volatile Int16U LCDDat;
10    }LCDTypeDef;
11    //块 1～4 基地址:0x6C00 0000,A10 = 0 表示地址;A10 = 1 表示数据
12    //LCDReg 0x7FE >> 1(A10 = 0),LCDDat 0x800 >> 1(A10 = 1)
13    #define LCDBaseAddr        ((Int32U)(0x6C000000 | 0x000007FE))
14    #define LCDCon             ((LCDTypeDef *)LCDBaseAddr)
15
```

第 4 行包括了文本库头文件 textlib.h,该头文件中包含了全部的 128 个 ASCII 码的 16×8 点阵结构图形和"温湿度℃"4 个汉字符号的 16×16 点阵结构图形,如程序段 9-5 所示。第 6～14 行宏定义了 LCDCon 结构体指针,使用了地址 0x6C00 07FE 作为"命令"地址,地址 0x6C00 0800 作为"数据"地址。

```
16    typedef struct
17    {
18      Int16U  Width;         //LCD 屏宽
19      Int16U  Height;        //LCD 屏高
20      Int08U  Deriction;     //0:竖屏,1:横屏
21      Int16U  WrGRAMCmd;     //写显存命令
22      Int16U  SetXCmd;       //设置 X 坐标命令
23      Int16U  SetYCmd;       //设置 Y 坐标命令
24    }LCDDev;
25    LCDDev  dev;
26    Int16U  penColor;
27    Int16U  groundColor;
28
```

第 16～25 行定义了结构体变量 dev,其各个成员依次表示 LCD 屏宽度、LCD 屏高度(以像素点为单位)、LCD 屏显示方向、写显存命令、设置 X 坐标命令和设置 Y 坐标命令(第 18～23 行,参考了正电原子 LCD 屏驱动程序)。第 26、27 行定义了用于保存前景色和背景色的变量 penColor 和 groundColor。

```
29    void LCDDelay(Int32U t)    //延时 t μs
30    {
31      volatile Int32U i;
32      volatile Int08U j;
33      for(i = 0;i < t;i++)
34      {
35          for(j = 0;j < 12;j++);
36      }
37    }
38
```

第 29～37 行为延时函数 LCDDelay,具有一个参数 t,延时约 t μs。

```
39    void LCDWrReg(Int16U reg)
40    {
41        LCDCon->LCDReg = reg;
42    }
43
```

第 39～42 行为向 LCD 模块写命令字函数 LCDWrReg。

```
44    void LCDWrDat(Int16U dat)
45    {
46        LCDCon->LCDDat = dat;
47    }
48
```

第 44～47 行为向 LCD 模块写数据字函数 LCDWrDat。

```
49    void LCDWrRegDat(Int16U reg,Int16U dat)//Write Reg and Ram
50    {
51        LCDWrReg(reg);                   //地址
52        LCDWrDat(dat);                   //数据
53    }
54
```

第 49～53 为向 LCD 写入一个命令字和一个数据字的函数 LCDWrRegDat，调用了写命令字函数(第 51 行)和写数据字函数(第 52 行)。

```
55    void NT35510Init(void)   //NT35510 驱动器初始化函数
56    {
57        Int16U   RegDat[ ] = {0xF000,0x55,0xF001,0xAA,0xF002,0x52,0xF003,0x08,0xF004,0x01,
                                                                            //LV2 Page1
58                              0xB000,0x0D,0xB001,0x0D,0xB002,0x0D,         //Set AVDD 5.2V
59                              0xB600,0x34,0xB601,0x34,0xB602,0x34,         //AVDD ratio
60                              0xB100,0x0D,0xB101,0x0D,0xB102,0x0D,         //AVEE -5.2V
61                              0xB700,0x34,0xB701,0x34,0xB702,0x34,         //AVEE ratio
62                              0xB200,0x00,0xB201,0x00,0xB202,0x00,         //VCL -2.5V
63                              0xB800,0x24,0xB801,0x24,0xB802,0x24,         //VCL ratio
64                              0xBF00,0x01,0xB300,0x0F,0xB301,0x0F,0xB302,0x0F, //VGH 15V
65                              0xB900,0x34,0xB901,0x34,0xB902,0x34,         //VGH ratio
66                          0xB500,0x08,0xB501,0x08,0xB502,0x08,0xC200,0x03, //VGL_REG -10V
67                              0xBA00,0x24,0xBA01,0x24,0xBA02,0x24,         //VGLX ratio
68                              0xBC00,0x00,0xBC01,0x78,0xBC02,0x00,         //VGMP/VGSP 4.5V/0V
69                              0xBD00,0x00,0xBD01,0x78,0xBD02,0x00,         //VGMN/VGSN -4.5V/0V
70                              0xBE00,0x00,0xBE01,0x64,            //VCOM -2.0375V(0xA3 not 0x64)
71                              //Gamma Setting
72        0xD100,0x00,0xD101,0x33,0xD102,0x00,0xD103,0x34,0xD104,0x00,0xD105,0x3A,
73        0xD106,0x00,0xD107,0x4A,0xD108,0x00,0xD109,0x5C,0xD10A,0x00,0xD10B,0x81,
74        0xD10C,0x00,0xD10D,0xA6,0xD10E,0x00,0xD10F,0xE5,0xD110,0x01,0xD111,0x13,
75        0xD112,0x01,0xD113,0x54,0xD114,0x01,0xD115,0x82,0xD116,0x01,0xD117,0xCA,
76        0xD118,0x02,0xD119,0x00,0xD11A,0x02,0xD11B,0x01,0xD11C,0x02,0xD11D,0x34,
77        0xD11E,0x02,0xD11F,0x67,0xD120,0x02,0xD121,0x84,0xD122,0x02,0xD123,0xA4,
78        0xD124,0x02,0xD125,0xB7,0xD126,0x02,0xD127,0xCF,0xD128,0x02,0xD129,0xDE,
79        0xD12A,0x02,0xD12B,0xF2,0xD12C,0x02,0xD12D,0xFE,0xD12E,0x03,0xD12F,0x10,
80        0xD130,0x03,0xD131,0x33,0xD132,0x03,0xD133,0x6D,0xD200,0x00,0xD201,0x33,
81        0xD202,0x00,0xD203,0x34,0xD204,0x00,0xD205,0x3A,0xD206,0x00,0xD207,0x4A,
82        0xD208,0x00,0xD209,0x5C,0xD20A,0x00,0xD20B,0x81,0xD20C,0x00,0xD20D,0xA6,
83        0xD20E,0x00,0xD20F,0xE5,0xD210,0x01,0xD211,0x13,0xD212,0x01,0xD213,0x54,
```

```
84      0xD214,0x01,0xD215,0x82,0xD216,0x01,0xD217,0xCA,0xD218,0x02,0xD219,0x00,
85      0xD21A,0x02,0xD21B,0x01,0xD21C,0x02,0xD21D,0x34,0xD21E,0x02,0xD21F,0x67,
86      0xD220,0x02,0xD221,0x84,0xD222,0x02,0xD223,0xA4,0xD224,0x02,0xD225,0xB7,
87      0xD226,0x02,0xD227,0xCF,0xD228,0x02,0xD229,0xDE,0xD22A,0x02,0xD22B,0xF2,
88      0xD22C,0x02,0xD22D,0xFE,0xD22E,0x03,0xD22F,0x10,0xD230,0x03,0xD231,0x33,
89      0xD232,0x03,0xD233,0x6D,0xD300,0x00,0xD301,0x33,0xD302,0x00,0xD303,0x34,
90      0xD304,0x00,0xD305,0x3A,0xD306,0x00,0xD307,0x4A,0xD308,0x00,0xD309,0x5C,
91      0xD30A,0x00,0xD30B,0x81,0xD30C,0x00,0xD30D,0xA6,0xD30E,0x00,0xD30F,0xE5,
92      0xD310,0x01,0xD311,0x13,0xD312,0x01,0xD313,0x54,0xD314,0x01,0xD315,0x82,
93      0xD316,0x01,0xD317,0xCA,0xD318,0x02,0xD319,0x00,0xD31A,0x02,0xD31B,0x01,
94      0xD31C,0x02,0xD31D,0x34,0xD31E,0x02,0xD31F,0x67,0xD320,0x02,0xD321,0x84,
95      0xD322,0x02,0xD323,0xA4,0xD324,0x02,0xD325,0xB7,0xD326,0x02,0xD327,0xCF,
96      0xD328,0x02,0xD329,0xDE,0xD32A,0x02,0xD32B,0xF2,0xD32C,0x02,0xD32D,0xFE,
97      0xD32E,0x03,0xD32F,0x10,0xD330,0x03,0xD331,0x33,0xD332,0x03,0xD333,0x6D,
98      0xD400,0x00,0xD401,0x33,0xD402,0x00,0xD403,0x34,0xD404,0x00,0xD405,0x3A,
99      0xD406,0x00,0xD407,0x4A,0xD408,0x00,0xD409,0x5C,0xD40A,0x00,0xD40B,0x81,
100     0xD40C,0x00,0xD40D,0xA6,0xD40E,0x00,0xD40F,0xE5,0xD410,0x01,0xD411,0x13,
101     0xD412,0x01,0xD413,0x54,0xD414,0x01,0xD415,0x82,0xD416,0x01,0xD417,0xCA,
102     0xD418,0x02,0xD419,0x00,0xD41A,0x02,0xD41B,0x01,0xD41C,0x02,0xD41D,0x34,
103     0xD41E,0x02,0xD41F,0x67,0xD420,0x02,0xD421,0x84,0xD422,0x02,0xD423,0xA4,
104     0xD424,0x02,0xD425,0xB7,0xD426,0x02,0xD427,0xCF,0xD428,0x02,0xD429,0xDE,
105     0xD42A,0x02,0xD42B,0xF2,0xD42C,0x02,0xD42D,0xFE,0xD42E,0x03,0xD42F,0x10,
106     0xD430,0x03,0xD431,0x33,0xD432,0x03,0xD433,0x6D,0xD500,0x00,0xD501,0x33,
107     0xD502,0x00,0xD503,0x34,0xD504,0x00,0xD505,0x3A,0xD506,0x00,0xD507,0x4A,
108     0xD508,0x00,0xD509,0x5C,0xD50A,0x00,0xD50B,0x81,0xD50C,0x00,0xD50D,0xA6,
109     0xD50E,0x00,0xD50F,0xE5,0xD510,0x01,0xD511,0x13,0xD512,0x01,0xD513,0x54,
110     0xD514,0x01,0xD515,0x82,0xD516,0x01,0xD517,0xCA,0xD518,0x02,0xD519,0x00,
111     0xD51A,0x02,0xD51B,0x01,0xD51C,0x02,0xD51D,0x34,0xD51E,0x02,0xD51F,0x67,
112     0xD520,0x02,0xD521,0x84,0xD522,0x02,0xD523,0xA4,0xD524,0x02,0xD525,0xB7,
113     0xD526,0x02,0xD527,0xCF,0xD528,0x02,0xD529,0xDE,0xD52A,0x02,0xD52B,0xF2,
114     0xD52C,0x02,0xD52D,0xFE,0xD52E,0x03,0xD52F,0x10,0xD530,0x03,0xD531,0x33,
115     0xD532,0x03,0xD533,0x6D,0xD600,0x00,0xD601,0x33,0xD602,0x00,0xD603,0x34,
116     0xD604,0x00,0xD605,0x3A,0xD606,0x00,0xD607,0x4A,0xD608,0x00,0xD609,0x5C,
117     0xD60A,0x00,0xD60B,0x81,0xD60C,0x00,0xD60D,0xA6,0xD60E,0x00,0xD60F,0xE5,
118     0xD610,0x01,0xD611,0x13,0xD612,0x01,0xD613,0x54,0xD614,0x01,0xD615,0x82,
119     0xD616,0x01,0xD617,0xCA,0xD618,0x02,0xD619,0x00,0xD61A,0x02,0xD61B,0x01,
120     0xD61C,0x02,0xD61D,0x34,0xD61E,0x02,0xD61F,0x67,0xD620,0x02,0xD621,0x84,
121     0xD622,0x02,0xD623,0xA4,0xD624,0x02,0xD625,0xB7,0xD626,0x02,0xD627,0xCF,
122     0xD628,0x02,0xD629,0xDE,0xD62A,0x02,0xD62B,0xF2,0xD62C,0x02,0xD62D,0xFE,
123     0xD62E,0x03,0xD62F,0x10,0xD630,0x03,0xD631,0x33,0xD632,0x03,0xD633,0x6D,
124     0xF000,0x55,0xF001,0xAA,0xF002,0x52,0xF003,0x08,0xF004,0x00,    //LV2 Page 0 使能
125     0xB100,0xCC,0xB101,0x00,                        //显示控制
126                                                     //#480X854 0xB500,0x6B
127     0xB600,0x05,                                    //源保持时间
128     0xB700,0x70,0xB701,0x70,                        //门 EQ 控制
129     0xB800,0x01,0xB801,0x03,0xB802,0x03,0xB803,0x03,//源 EQ 控制 (模式 2)
130     0xBC00,0x02,0xBC01,0x00,0xBC02,0x00,            //Inversion 模式 (2-dot)
131                                                     //时间控制 4H w/ 4-delay 16bit/pixel
132     0xC900,0xD0,0xC901,0x02,0xC902,0x50,0xC903,0x50,0xC904,0x50,0x3500,0x00,0x3A00,0x55};
133         Int16U i;
134         for(i = 0;i < sizeof(RegDat)/sizeof(Int16U);i += 2)
135         LCDWrRegDat(RegDat[i],RegDat[i+1]);
136
137         LCDWrReg(0x1100);
```

```
138        LCDDelay(120);
139        LCDWrReg(0x2900);
140    }
141
```

第 55～140 行为初始化 NT35510 控制器的函数 NT35510Init，按 NT35510 芯片手册给定的命令字和数据字进行设计，没有特别的含义。这部分内容 NT35510 厂商也有相应的源代码，建议出厂时固化在控制器内部，可节省程序员的时间。

```
142    void LCDDirection(void)
143    {
144        dev.Direction = 0;                          //竖屏
145        dev.Width = 480;
146        dev.Height = 800;
147        dev.SetXCmd = 0x2A00;
148        dev.SetYCmd = 0x2B00;
149        dev.WrGRAMCmd = 0x2C00;
150        //Sanning Direction Left -> Right, Up -> Down
151        LCDWrRegDat(0x3600,0x00);
152        LCDWrRegDat(dev.SetXCmd,0x00);
153        LCDWrRegDat(dev.SetXCmd + 1,0x00);
154        LCDWrRegDat(dev.SetXCmd + 2,(dev.Width - 1)>> 8);
155        LCDWrRegDat(dev.SetXCmd + 3,(dev.Width - 1) & 0xFF);
156        LCDWrRegDat(dev.SetYCmd,0x00);
157        LCDWrRegDat(dev.SetYCmd + 1,0x00);
158        LCDWrRegDat(dev.SetYCmd + 2,(dev.Height - 1)>> 8);
159        LCDWrRegDat(dev.SetYCmd + 3,(dev.Height - 1) & 0xFF);
160    }
161
```

第 142 行为设定 LCD 显示方向的函数 LCDDirection，这里使用了竖屏显示(Portrait)，同样地，这些命令字是 NT35510 芯片手册上提供的。仍然建议出厂时固化在芯片内部。

```
162    void   LCDInit(void)
163    {
164        RCC -> AHBENR | = (1uL << 8);               //启动 FSMC 时钟
165        RCC -> APB2ENR | = (1uL << 3) | (1uL << 5) | (1uL << 6) | (1uL << 8);//打开 PB,PD,PE,PG 时钟源
166        GPIOB -> CRL & = 0xFFFFFFF0;                // PB0 为数字输出口,控制 LCD 背光,时钟 50MHz
167        GPIOB -> CRL | = 0x00000003;
168        GPIOB -> BSRR = (1uL << 0);                 //点亮 LCD 背光源
169
```

第 164 行打开 FSMC 模块时钟；第 165 行打开 PB、PD、PE 和 PG 口的时钟源。第 166～167 行配置 PB0 为数字输出口；第 168 行使 PB0 口输出高电平，结合表 9-1 可知这会点亮 LCD 屏背光源。

```
170        //参考 FSMCInit()函数
171        GPIOD -> CRH& = 0x00FFF000;                 //PD 0,1,4,5,8,9,10,14,15
172        GPIOD -> CRH| = 0xBB000BBB;
173        GPIOD -> CRL& = 0xFF00FF00;
174        GPIOD -> CRL| = 0x00BB00BB;
175        GPIOE -> CRH& = 0x00000000;                 //PE 7～15
176        GPIOE -> CRH| = 0xBBBBBBBB;
177        GPIOE -> CRL& = 0x0FFFFFFF;
```

```
178       GPIOE->CRL| = 0xB0000000;
179       GPIOG->CRH& = 0xFFF0FFFF;          //PG 0,12
180       GPIOG->CRH| = 0x000B0000;
181       GPIOG->CRL& = 0xFFFFFFF0;
182       GPIOG->CRL| = 0x0000000B;
183
```

第 170～182 行将 PD0、PD1、PD4、PD5、PD8～PD10、PD14、PD15、PE7～PE15、PG0 和 PG12 配置为替换功能推挽模式,即工作在 FSMC 模式下。

```
184       FSMC_Bank1->BTCR[6] = 0x00005011;   //块 1 区域 4 处于工作状态
185       FSMC_Bank1->BTCR[7] = 0x00000F01;
186       FSMC_Bank1E->BWTR[6] = 0x00000300;
187
```

第 184～186 行配置 FSMC 模块的寄存器 BCR4、BTR4 和 BWTR4(参考 8.1 节),使得 Bank1 区域 4 处于工作状态,也就是地址区间 0x6C00 0000 ～ 0x6FFF FFFF 内的地址可有效访问。

```
188       LCDDelay(50 * 1000);                // 延时 50 ms
189       NT35510Init();
190       LCDDirection();                     //竖屏
191       LCDClear(255,255,255);
192   }
193
```

第 142～192 行为 LCD 模块初始化函数 LCDInit。其中,第 164～186 行为配置 PB0 口和 FSMC 模块 Bank1 区域 4;第 188 行延时 50ms,第 190 行调用 NT35510Init 函数初始化 NT35510 控制器;第 190 行调用 LCDDirection 函数设置显示方向为竖屏;第 191 行调用 LCDClear 函数清屏。

```
194   void SetCursor(Int16U x, Int16U y)   //设置光标位置函数
195   {
196       LCDWrRegDat(dev.SetXCmd, x >> 8);
197       LCDWrRegDat(dev.SetXCmd + 1, x & 0xFF);
198       LCDWrRegDat(dev.SetYCmd, y >> 8);
199       LCDWrRegDat(dev.SetYCmd + 1, y & 0xFF);
200   }
201
```

第 194～200 行为设置光标在显存中的位置的函数 SetCursor,光标在显存中的位置表示 LCD 屏的当前显示位置。横坐标 x 取值为 0～479,纵坐标 y 取值为 0～799,LCD 屏的左上角坐标为(0,0),右下角坐标为(479,799),称为图形坐标系。

```
202   void SetPenColor(Int08U r, Int08U g, Int08U b)
203   {
204       penColor = RGB(r,g,b);
205   }
206   void SetPenColorEx(Int16U c)
207   {
208       penColor = c;
209   }
```

第 202～205 行和第 206～209 行均为设置前景画笔颜色的函数,其中,SetPenColor 函

数通过指定红色 r、绿色 g 和蓝色 b 设定画笔颜色；而 SetPenColorEx 通过指定一个 16 位长的颜色常量设定画笔颜色。这里的 RGB 是一个宏函数，定义在 lcd.h 中，见程序段 9-3。16 位长的色彩是按 565 配色，即第[15:11]位为红色，第[10:5]位为绿色，第[4:0]位为蓝色。

```
210    void SetGroundColor(Int08U r,Int08U g,Int08U b)
211    {
212        groundColor = RGB(r,g,b);
213    }
214    void SetGroundColorEx(Int16U c)
215    {
216        groundColor = c;
217    }
218
```

第 210~213 行和第 214~217 行均为设置背景画笔颜色的函数，其中，SetGroundColor 函数通过指定红色 r、绿色 g 和蓝色 b 设定画笔颜色；而 SetGroundColorEx 通过指定一个 16 位长的颜色常量设定画笔颜色。

```
219    void LCDWrGRAM(void)
220    {
221        LCDWrReg(dev.WrGRAMCmd);
222    }
223
```

第 219~222 行为向 LCD 控制器写显存的命令函数 LCDWrGRAM，即调用该函数后才能写显存。

```
224    void LCDClear(Int08U r,Int08U g,Int08U b)   //清屏函数
225    {
226        Int16U i,j;
227        SetCursor(0,0);
228        LCDWrGRAM();
229        for(i = 0;i < dev.Height;i++)
230            for(j = 0;j < dev.Width;j++)
231                LCDWrDat(RGB(r,g,b));
232    }
233
```

第 224~232 行为清屏函数 LCDClear。第 227 行将光标设在(0,0)点(即 LCD 屏左上角)，第 228 行启动写显存操作；第 229~231 行将显存内的全部像素点填充为 RGB(r,g,b)色彩。

```
234    void DrawPoint(Int16U x,Int16U y,Int16U color)
235    {
236        SetCursor(x,y);
237        LCDWrGRAM();
238        LCDWrDat(color);
239    }
240
```

第 234~239 为画点函数 DrawPoint，这是最基本的函数。第 236 行将光标定位在(x,y)处；第 237 行启动写显存；第 238 行向当前(x,y)处写入色彩 color。

```
241    void LCDClearRegion(Int16U x1,Int16U y1,Int16U x2,Int16U y2)
242    {
243      Int16U i,j;
244      SetCursor(x1,y1);
245      LCDWrGRAM();
246      for(i = x1;i < = x2;i++)
247          for(j = y1;j < = y2;j++)
248              DrawPoint(i,j,groundColor);
249    }
250
```

第241~249行为清除矩形区域的函数LCDClearRegion,即将左上角坐标(x1,y1)和右下角坐标(x2,y2)围成的矩形用背景色填充。

```
251    void DrawLine(Int16U x1,Int16U y1,Int16U x2,Int16U y2)
252    {
253      Float32   k1,k2;
254      Float32   fx1,fx2,fy1,fy2,fx,fy;
255      Int16U i,xmin,xmax,ymin,ymax;
256      Int16U ix,iy;
257
258      xmin = x1;xmax = x2;
259      ymin = y1;ymax = y2;
260      if(x1 > x2)
261      {
262        xmin = x2;xmax = x1;
263      }
264      if(y1 > y2)
265      {
266        ymin = y2;ymax = y1;
267      }
268      fx1 = (Float32)x1;fy1 = (Float32)y1;fx2 = (Float32)x2;fy2 = (Float32)y2;
269      if((x1!= x2) && (y1!= y2))
270      {
271        k1 = (fy2 - fy1)/(fx2 - fx1);
272        for(i = xmin;i < = xmax;i++)
273        {
274          fx = (Float32)i;
275          fy = fy1 + k1 * (fx - fx1);
276          ix = i;
277          iy = (Int16U)fy;
278          DrawPoint(ix,iy,penColor);
279        }    // x方向连续画线
280        k2 = (fx2 - fx1)/(fy2 - fy1);
281        for(i = ymin;i < = ymax;i++)
282        {
283          fy = (Float32)i;
284          fx = fx1 + k2 * (fy - fy1);
285          iy = i;
286          ix = (Int16U)fx;
287          DrawPoint(ix,iy,penColor);
288        }    // y方向连续画线
289      }
290      else if(x1 == x2)
```

```
291     {
292       for(i = ymin;i <= ymax;i++)
293         DrawPoint(x1,i,penColor);
294     }
295     else
296     {
297       for(i = xmin;i <= xmax;i++)
298         DrawPoint(i,y1,penColor);
299     }
300   }
301
```

第 251～300 行为画线函数 DrawLine，画线函数的方法很多，该方法参考自文献[10]第 198 页。

```
302   void DrawRectangle(Int16U x1,Int16U y1,Int16U x2,Int16U y2)
303   {
304     if((x1!= x2) && (y1!= y2))
305     {
306       DrawLine(x1,y1,x2,y1);
307       DrawLine(x1,y1,x1,y2);
308       DrawLine(x2,y2,x1,y2);
309       DrawLine(x2,y2,x2,y1);
310     }
311   }
312
```

第 302～311 行为画矩形函数 DrawRectangle。

```
313   void DrawCircle(Int16U x0,Int16U y0,Int16U r)
314   {
315     Float32 x1,y1,x2,y2,theta;
316     Float32 fr,fx0,fy0;
317     Int16U i;
318     fr = (Float32)r;fx0 = (Float32)x0;fy0 = (Float32)y0;
319     x1 = fx0 + fr;
320     y1 = fy0;
321     if(r > 0)
322     {
323       for(i = 0;i < 360;i++)
324       {
325         theta = i * 3.1416/180.0;
326         x2 = fx0 + fr * arm_cos_f32(theta);
327         y2 = fy0 + fr * arm_sin_f32(theta);
328         DrawLine(x1,y1,x2,y2);
329         x1 = x2;
330         y1 = y2;
331       }
332     }
333   }
334
```

第 313～333 行为画圆函数。这里的 arm_cos_f32 和 arm_sin_f32 就是数学中的三角函数 cos 和 sin，这两个函数来自于 arm_cortexM3l_math.lib(DSP)库，见图 4-13 中的 CMSIS 下的 DSP。

```
335    void DrawChar(Int16U x,Int16U y,Int08U ch)
336    {
337        Int16U i,j;
338        Int08U k,m,v;
339
340        for(k = 0;k < 16;k++)
341        {
342            v = ASC16X8[ch][k];
343            for(m = 0;m < 8;m++)
344            {
345                i = x + m;
346                j = y + k;
347                if((v & (1u <<(7 - m))) == (1u <<(7 - m)))
348                    DrawPoint(i,j,penColor);
349                else
350                    DrawPoint(i,j,groundColor);
351            }
352        }
353    }
354
```

第335~353行为绘制字符函数DrawChar,根据各个字符的ASCII值,从ASC16X8数组中查到该字符的点阵数据(ASC16X8数组位于头文件textlib.h中),如果数据中相应的位为1,则用前景色画笔绘点,否则用背景色画笔绘点。

```
355    void DrawString(Int16U x,Int16U y,Int08U * str,Int08U len)
356    {
357        Int16U i;
358        Int08U ch;
359        for(i = 0;i < len;i++)
360        {
361            ch = str[i];
362            if(ch!= '\0')
363                DrawChar(x + 8 * i,y,ch);
364            else
365                break;
366        }
367    }
368
```

第355~367行为绘制字符串函数DrawString,通过调用绘制字符函数DrawChar实现。

```
369    void DrawHZ16X16(Int16U x,Int16U y,Int08U * hz,Int08U len)
370    {
371        Int08U i,j,k;
372        Int16U code;
373        Int08U * addr;
374        Int08U ch;
375        for(k = 0;k < len;k++)
376        {
377            code = hz[2 * k]<< 8 | hz[2 * k + 1];
378            switch(code)
379            {
```

```
380              case 0xCEC2:                        //温
381                  addr = &HZ16X16[0];
382                  break;
383              case 0xCAAA:                        //湿
384                  addr = &HZ16X16[32];
385                  break;
386              case 0xB6C8:                        //度
387                  addr = &HZ16X16[2 * 32];
388                  break;
389              case 0xC9E3:                        //℃
390                  addr = &HZ16X16[3 * 32];
391                  break;
392              default:
393                  break;
394          }
395          for(i = 0;i < 16;i++)
396          {
397              ch = *(addr + 2 * i);
398              for(j = 0;j < 8;j++)                //第1个字节
399              {
400                  if((ch & (1u << (7 - j))) == (1u << (7 - j)))
401                      DrawPoint(x + j + 16 * k,y + i,penColor);
402                  else
403                      DrawPoint(x + j + 16 * k,y + i,groundColor);
404              }
405              ch = *(addr + 2 * i + 1);
406              for(j = 0;j < 8;j++)                //第2个字节
407              {
408                  if((ch & (1u << (7 - j))) == (1u << (7 - j)))
409                      DrawPoint(x + j + 8 + 16 * k,y + i,penColor);
410                  else
411                      DrawPoint(x + j + 8 + 16 * k,y + i,groundColor);
412              }
413          }
414      }
415  }
```

第369～415行为绘制16×16点阵汉字的函数DrawHZ16X16,表示在(x,y)处绘制长度为len的汉字hz。这里的len必须与汉字的个数相同。对于每个汉字,第377行获得该汉字的内码;第378行根据汉字内码判断是哪个汉字。该函数仅支持"温湿度℃"4个汉字符号的显示。第378～394行获得某个汉字的点阵数组所在的地址addr;第395～413行输出该汉字。

9.2 温/湿度传感器

数字式温/湿度传感器DHT11具有4个引脚,如图3-17所示,其中,电源脚VDD接+3.3V,数据输入/输出口DATA通过网络标号"1WIRE_DQ"与STM32F103ZET6芯片的PG11口相连接,工作在一线模式下,与温度传感器DS18B20有些类似。

DHT11的操作步骤为:先复位DHT11,然后从其中连续读出5字节,按读出的前后顺序保存在数组元素v[0]、v[1]、v[2]、v[3]和v[4]中,则v[0]为湿度值,精度为1(即1%);v[2]

为温度值,精度为 1(即 1℃);v[4]为校验和,满足 v[0]+v[1]+v[2]+v[3]=v[4];v[1]和 v[3]保留,无意义。

"DHT11 复位""从 DHT11 中读出 0"和"从 DHT11 中读出 1"的操作时序如图 9-1 所示。

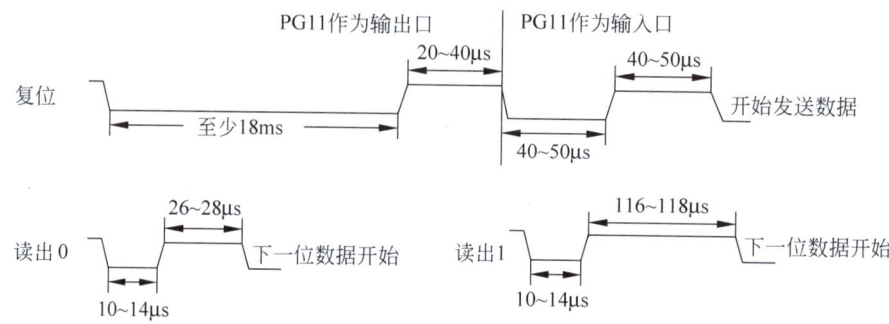

图 9-1　DHT11 访问时序

由图 9-1 可知,DHT11 复位需要 STM32F103ZET6 的 PG11 口输出低电平至少 18ms,然后输出高电平 20～40μs,然后将 PG11 口设为输入口,在 40～50μs 内可读到低电平信号,在 40～50μs 后可读到高电平,之后,开始接收 DHT11 的温/湿度数据。DHT11 的温/湿度数据是逐位读出的,如果 DHT11 输出的是'0',则在 10～14μs 的低电平后将有 26～28μs 长的高电平,表示 DHT11 输出了'0';如果有 116～118μs 长的高电平,表示 DHT11 输出了'1'。

下面的程序段 9-2 详细说明了 DHT11 的访问方法,对照图 9-1 进行分析。

程序段 9-2　文件 temhum.c

```
1    //Filename: temhum.c
2
3    #include "includes.h"
4
5    void TemHumInit(void)
6    {
7        RCC->APB2ENR |= (1uL<<8);        //打开 PG 口时钟源
8        GPIOG->CRH &= 0xFFFF0FFF;
9        GPIOG->CRH |= 0x00003000;        //PG11 为数字输出口,时钟 50MHz
10       GPIOG->BSRR = (1uL<<11);         //PG11 输出高电平
11   }
12
```

由于 PG11 口与 DHT11 的数据输入/输出口相连接,故需要将 PG11 口设为数字输出口。在函数 TemHumInit 中,第 7 行打开 PG 口时钟源;第 8～9 行设置 PG11 为数字输出口;第 10 行设置 PG11 输出高电平。

```
13   void DHT11IOSet(Int08U i)             //参数 i=1 将 PG11 设为输出口;i=0 将 PG11 设为输入口
14   {
15       if(i)
16       {
17           GPIOG->CRH &= 0xFFFF0FFF;     //PG11 作为数字输出口,时钟 50MHz
18           GPIOG->CRH |= 0x00003000;
19       }
```

```
20      else
21      {
22          GPIOG->CRH &= 0xFFFF0FFF;        //PG11作为数字输入口,具有上拉和下拉功能
23          GPIOG->CRH |= 0x00008000;
24      }
25  }
26
```

第 13～25 行为设置 PG11 状态的函数 DHT11IOSet,如果参数 i=0,则 PG11 为输入口(第 21～24 行);如果 i=1,则 PG11 为输出口(第 16～19 行)。

```
27  void DHT11DOUT(Int08U i)
28  {
29      if(i)
30          GPIOG->BSRR = (1uL << 11);       //PG11输出高电平
31      else
32          GPIOG->BRR = (1uL << 11);        //PG11输出低电平
33  }
34
```

第 27～33 行为 PG11 输出电平信号的函数 DHT11DOUT,如果参数 i=1,表示 PG11 输出高电平;如果 i=0,表示 PG11 输出低电平。

```
35  Int08U DHT11IN(void)
36  {
37      Int08U v;
38      v = (GPIOG->IDR >> 11) & 0x01;
39      return v;
40  }
41
```

第 35～40 行为读 PG11 口的函数 DHT11IN,当 PG11 为高电平时,读入 1;当 PG11 为低电平时,读入 0。

```
42  void DHT11Delay(Int32U t)                //延时 t μs
43  {
44      volatile Int32U i;
45      for(i = 0;i < 10 * t;i++);
46  }
47
```

第 42～46 行为延时函数 DHT11Delay,具有一个参数 t,表示延时约 t μs。

```
48  Int08U DHT11Reset(void)                  //返回 1 表示 DHT11 复位正常
49  {
50      Int08U v;
51      DHT11IOSet(1);                       //PG11 设为输出口
52      DHT11DOUT(1);
53      DHT11Delay(20);
54      DHT11DOUT(0);                        //等待至少 18ms
55      DHT11Delay(20 * 1000);
56      DHT11DOUT(1);                        //PG11 输出高电平,等待 20～40μs
57      DHT11Delay(30);
58
59      DHT11IOSet(0);                       //PG11 设为输入口
60      while(DHT11IN());
```

```
61      DHT11Delay(60);              //等待 60μs
62      v = DHT11IN();
63      DHT11Delay(30);              //等待 30μs
64      return v;
65    }
66
```

第 48~65 行为 DHT11 复位函数 DHT11Reset, 对照图 9-1 可知, 第 51 行将 PG11 设为输出口, 第 52 行 PG11 输出高电平, 第 53 行等待约 20μs, 第 54 行 PG11 输出低电平, 第 55 行等待约 20ms(至少为 18ms), 第 56 行 PG11 输出高电平, 第 57 行等待 30μs。第 59 行将 PG11 口设为输入口, 第 60 行等待 DHT11 输出低电平, 第 61 行等待 60μs, 第 62 行读 PG11 口(此时可读到高电平), 第 63 行等待约 30μs, 结束 DHT11 复位过程, 第 64 行返回读到的数据(即 1)。

```
67    Int08U DHT11RdBit(void)
68    {
69      Int08U v,w;
70      while(DHT11IN());            //等待 PG11 为低电平
71      DHT11Delay(6);
72      while(!DHT11IN());           //等待 PG11 为高电平
73      DHT11Delay(1);
74      w = 0;
75      while(DHT11IN())             //统计 PG11 为高电平的时间
76      {
77          w++;
78          DHT11Delay(1);
79      }
80      if(w > 23)
81          v = 1;
82      else
83          v = 0;
84      return v;
85    }
86
```

第 67~85 行为读 DHT11 一位数据的函数 DHT11RdBit, 结合图 9-1 可知, 第 70 行等待 DHT11 输出低电平, 第 71 行等待 6μs, 第 72 行等待 DHT11 输出高电平, 第 73 行延时 1μs。第 74~79 行用局部变量 w 记录 DHT11 输出高电平的时间, 如果 DHT11 输出低电平, 则 w 的值约为 10; 如果 DHT11 输出高电平, 则 w 的值约为 36。这里 w 的值不是图 9-1 中的 26~28 或 116~118, 是因为第 75、77 行的 C 语句本身也要花费时间。第 80~83 行根据 w 的值判定 DHT11 输出的是"1"还是"0", 第 84 行返回接收到的位信号。

```
87    Int08U DHT11RdByte(void)
88    {
89      Int08U i,dat = 0;
90      for(i = 0;i < 8;i++)
91      {
92          dat <<= 1;
93          dat |= DHT11RdBit();
94      }
95      return dat;
96    }
97
```

第87～96行为读DHT11字节数据的函数DHT11RdByte,调用读位数据函数DHT11RdBit实现。

```
98    Int16U DHT11ReadData(void)
99    {
100       Int16U   th;
101       Int08U   i,v[5];
102       th = DHT11Reset();
103       for(i = 0;i < 5;i++)
104           v[i] = DHT11RdByte();
105       if(v[0] + v[1] + v[2] + v[3] == v[4])
106           th = (v[2]<< 8) | v[0];            //温度值和湿度值
107       else
108           th = 0;
109       return th;
110   }
```

第98～110行为读DHT11温/湿度值的函数DHT11ReadData,返回值为16位长的数据,其中,温度值为高8位,湿度值为低8位。第102行复位DHT11;第103～104行读取DHT11输出的5字节数据;第105～108行判定读取的数据校验正确与否,如果正确,温度值左移8位＋湿度值赋给变量th,否则th＝0。

9.3 LCD显示实例

本节将根据前面两节的内容,设计LCD屏显示的工程实例,9.3.1节介绍寄存器类型的实例,9.3.2节介绍库函数类型的实例。

9.3.1 寄存器类型实例

视频讲解

在工程14的基础上新建"工程20",保存在目录"D:\STM32F103ZET6工程\工程20"下,此时的工程20与工程14完全相同,然后进行如下设计工作。

(1) 新建文件lcd.c、lcd.h、temhum.c和temhum.h,保存在目录"D:\STM32F103ZET6工程\工程20\BSP"下,其中,lcd.c和temhum.c文件如程序段9-1和程序段9-2所示,lcd.h和temhum.h如程序段9-3和程序段9-4所示。

程序段9-3　文件lcd.h

```
1    //Filename: lcd.h
2
3    # include "vartypes.h"
4
5    # ifndef  _LCD_H
6    # define  _LCD_H
7
8    # define  RGB(r,g,b)    (((r & 0xF8)<< 8) | ((g & 0xFC)<< 3) | ((b & 0xF8)>> 3))
                                                                    //rgb:565
9    # define  WHITE         RGB(255,255,255)
10   # define  BLACK         RGB(0,0,0)
11   # define  RED           RGB(255,0,0)
12   # define  GREEN         RGB(0,255,0)
```

```
13    #define  BLUE         RGB(0,0,255)
14    #define  CADETBLUE    RGB(95,158,160)
15    #define  SKYBLUE      RGB(135,206,235)
16    #define  ORANGE       RGB(255,165,0)
17    #define  WHEAT        RGB(245,222,179)
18    #define  DARKORANGE   RGB(255,140,0)
19    #define  PINK         RGB(255,192,203)
20    #define  CRIMSON      RGB(220,20,60)
21    #define  DARKVIOLET   RGB(148,0,211)
22    #define  NAVY         RGB(0,0,128)
23    #define  DODGERBLUE   RGB(30,144,255)
24    #define  SEAGREEN     RGB(46,139,87)
25    #define  TOMATO       RGB(255,99,71)
26    #define  LIGHTGRAY    RGB(211,211,211)
27    #define  DARKGRAY     RGB(169,169,169)
28    #define  DIMGRAM      RGB(105,105,105)
29
30    void LCDInit(void);
31    void SetPenColor(Int08U r,Int08U g,Int08U b);
32    void SetPenColorEx(Int16U c);
33    void SetGroundColor(Int08U r,Int08U g,Int08U b);
34    void SetGroundColorEx(Int16U c);
35    void LCDClear(Int08U r,Int08U g,Int08U b);
36    void LCDClearRegion(Int16U x1,Int16U y1,Int16U x2,Int16U y2);
37    void DrawChar(Int16U x,Int16U y,Int08U ch);
38    void DrawString(Int16U x,Int16U y,Int08U *str,Int08U len);
39    void DrawHZ16X16(Int16U x,Int16U y,Int08U *hz,Int08U len);
40    void DrawLine(Int16U x1,Int16U y1,Int16U x2,Int16U y2);
41    void DrawRectangle(Int16U x1,Int16U y1,Int16U x2,Int16U y2);
42    void DrawCircle(Int16U x0,Int16U y0,Int16U r);
43
44    #endif
```

在文件 lcd.h 中,第 8 行定义了宏函数 RGB(r,g,b),第 9～28 行定义了常用的 16 位长的颜色。第 30～42 行声明了文件 lcd.c 中定义的函数,依次为 LCD 初始化函数、设置前景色函数、设置前景色函数(使用 16 位颜色常量)、设置背景色函数、设置背景色函数(使用 16 位颜色常量)、LCD 清屏函数、LCD 显示区域清除函数、绘制字符函数、绘制字符串函数、绘制 16×16 点阵汉字函数、画线函数、画矩形函数和画圆函数。

程序段 9-4　文件 temhum.h

```
1     //Filename: temhum.h
2
3     #include "vartypes.h"
4
5     #ifndef  _TEMHUM_H
6     #define  _TEMHUM_H
7
8     void DHT11Delay(Int32U);
9     void TemHumInit(void);
10    Int16U DHT11ReadData(void);
11
12    #endif
```

文件 temhum.h 中声明了文件 temhum.c 中定义的函数,如第 8～10 行所示,依次为延时函数、DHT11 初始化函数和读 DHT11 温/湿度数据函数。

（2）新建文件 textlib.h，保存在目录"D:\STM32F103ZET6 工程\工程 20\BSP"下，其代码如程序段 9-5 所示。

程序段 9-5　文件 textlib.h

```
1    //Filename: textlib.h
2
3    # include "vartypes.h"
4
5    Int08U ASC16X8[128][16] = {    //ASCII 0～127
6    0x00,0x00,0x00,0x00,0x00,0x00,0x00,0x00,0x00,0x00,0x00,0x00,0x00,0x00,0x00,0x00,
7    0x00,0x00,0x00,0x00,0x00,0x00,0x00,0x00,0x00,0x00,0x00,0x00,0x00,0x00,0x00,0x00,
8    0x00,0x00,0x00,0x00,0x00,0x00,0x00,0x00,0xF8,0x08,0x08,0x08,0x08,0x08,0x08,0x08,
9    0x08,0x08,0x08,0x08,0x08,0x08,0x08,0x08,0x0F,0x00,0x00,0x00,0x00,0x00,0x00,0x00,
10   0x08,0x08,0x08,0x08,0x08,0x08,0x08,0x08,0xF8,0x00,0x00,0x00,0x00,0x00,0x00,0x00,
11   0x08,0x08,0x08,0x08,0x08,0x08,0x08,0x08,0x08,0x08,0x08,0x08,0x08,0x08,0x08,0x08,
12   0x00,0x00,0x00,0x00,0x00,0x00,0x00,0x00,0xFF,0x00,0x00,0x00,0x00,0x00,0x00,0x00,
13   0x00,0x00,0x00,0x00,0x18,0x3C,0x7E,0x7E,0x7E,0x3C,0x18,0x00,0x00,0x00,0x00,0x00,
14   0xFF,0xFF,0xFF,0xFF,0xE7,0xC3,0x81,0x81,0x81,0xC3,0xE7,0xFF,0xFF,0xFF,0xFF,0xFF,
15   0x00,0x00,0x00,0x00,0x18,0x24,0x42,0x42,0x42,0x24,0x18,0x00,0x00,0x00,0x00,0x00,
16   0xFF,0xFF,0xFF,0xFF,0xE7,0xDB,0xBD,0xBD,0xBD,0xDB,0xE7,0xFF,0xFF,0xFF,0xFF,0xFF,
17   0x00,0x00,0x1F,0x05,0x05,0x09,0x09,0x10,0x10,0x38,0x44,0x44,0x44,0x38,0x00,0x00,
18   0x00,0x00,0x1C,0x22,0x22,0x22,0x1C,0x08,0x08,0x7F,0x08,0x08,0x08,0x08,0x00,0x00,
19   0x00,0x10,0x18,0x14,0x12,0x11,0x11,0x11,0x11,0x12,0x30,0x70,0x70,0x60,0x00,0x00,
20   0x00,0x03,0x1D,0x11,0x13,0x1D,0x11,0x11,0x11,0x13,0x17,0x36,0x70,0x60,0x00,0x00,
21   0x00,0x08,0x08,0x5D,0x22,0x22,0x22,0x63,0x22,0x22,0x22,0x5D,0x08,0x08,0x00,0x00,
22   0x08,0x08,0x08,0x08,0x08,0x08,0x08,0x08,0xFF,0x08,0x08,0x08,0x08,0x08,0x08,0x08,
23   0x00,0x00,0x01,0x03,0x07,0x0F,0x1F,0x3F,0x7F,0x3F,0x1F,0x0F,0x07,0x03,0x01,0x00,
24   0x00,0x08,0x1C,0x2A,0x08,0x08,0x08,0x08,0x08,0x08,0x08,0x08,0x2A,0x1C,0x08,0x00,
25   0x00,0x00,0x24,0x24,0x24,0x24,0x24,0x24,0x24,0x24,0x24,0x00,0x00,0x24,0x24,0x00,
26   0x00,0x00,0x1F,0x25,0x45,0x45,0x45,0x25,0x1D,0x05,0x05,0x05,0x05,0x05,0x00,0x00,
27   0x08,0x08,0x08,0x08,0x08,0x08,0x08,0x08,0xFF,0x00,0x00,0x00,0x00,0x00,0x00,0x00,
28   0x00,0x00,0x00,0x00,0x00,0x00,0x00,0x00,0xFF,0x08,0x08,0x08,0x08,0x08,0x08,0x08,
29   0x08,0x08,0x08,0x08,0x08,0x08,0x08,0x08,0xF8,0x08,0x08,0x08,0x08,0x08,0x08,0x08,
30   0x00,0x08,0x1C,0x2A,0x08,0x08,0x08,0x08,0x08,0x08,0x08,0x08,0x08,0x08,0x08,0x00,
31   0x08,0x08,0x08,0x08,0x08,0x08,0x08,0x08,0x0F,0x08,0x08,0x08,0x08,0x08,0x08,0x08,
32   0x00,0x00,0x00,0x00,0x00,0x00,0x04,0x02,0x7F,0x02,0x04,0x00,0x00,0x00,0x00,0x00,
33   0x00,0x00,0x00,0x00,0x00,0x00,0x10,0x20,0x7F,0x20,0x10,0x00,0x00,0x00,0x00,0x00,
34   0x00,0x00,0x00,0x40,0x40,0x40,0x40,0x40,0x40,0x40,0x40,0x40,0x7F,0x00,0x00,0x00,
35   0x00,0x00,0x00,0x00,0x00,0x00,0x22,0x41,0x7F,0x41,0x22,0x00,0x00,0x00,0x00,0x00,
36   0x00,0x08,0x08,0x08,0x1C,0x1C,0x1C,0x1C,0x3E,0x3E,0x3E,0x3E,0x7F,0x7F,0x7F,0x00,
37   0x00,0x7F,0x7F,0x7F,0x3E,0x3E,0x3E,0x3E,0x1C,0x1C,0x1C,0x1C,0x08,0x08,0x08,0x00,
38   0x00,0x00,0x00,0x00,0x00,0x00,0x00,0x00,0x00,0x00,0x00,0x00,0x00,0x00,0x00,0x00,
39   0x00,0x00,0x00,0x10,0x10,0x10,0x10,0x10,0x10,0x10,0x00,0x00,0x18,0x18,0x00,0x00,
40   0x00,0x12,0x36,0x24,0x48,0x00,0x00,0x00,0x00,0x00,0x00,0x00,0x00,0x00,0x00,0x00,
41   0x00,0x00,0x00,0x24,0x24,0x24,0xFE,0x48,0x48,0x48,0xFE,0x48,0x48,0x48,0x00,0x00,
42   0x00,0x00,0x10,0x38,0x54,0x54,0x50,0x30,0x18,0x14,0x14,0x54,0x54,0x38,0x10,0x10,
43   0x00,0x00,0x00,0x44,0xA4,0xA8,0xA8,0xA8,0x54,0x1A,0x2A,0x2A,0x2A,0x44,0x00,0x00,
44   0x00,0x00,0x00,0x30,0x48,0x48,0x48,0x50,0x6E,0xA4,0x94,0x88,0x89,0x76,0x00,0x00,
45   0x00,0x60,0x60,0x20,0xC0,0x00,0x00,0x00,0x00,0x00,0x00,0x00,0x00,0x00,0x00,0x00,
46   0x00,0x02,0x04,0x08,0x08,0x10,0x10,0x10,0x10,0x10,0x10,0x08,0x08,0x04,0x02,0x00,
47   0x00,0x40,0x20,0x10,0x10,0x08,0x08,0x08,0x08,0x08,0x08,0x10,0x10,0x20,0x40,0x00,
48   0x00,0x00,0x00,0x00,0x10,0x10,0xD6,0x38,0x38,0xD6,0x10,0x10,0x00,0x00,0x00,0x00,
```

```
49    0x00,0x00,0x00,0x00,0x10,0x10,0x10,0x10,0xFE,0x10,0x10,0x10,0x10,0x00,0x00,0x00,
50    0x00,0x00,0x00,0x00,0x00,0x00,0x00,0x00,0x00,0x00,0x00,0x00,0x60,0x60,0x20,0xC0,
51    0x00,0x00,0x00,0x00,0x00,0x00,0x00,0x00,0x7F,0x00,0x00,0x00,0x00,0x00,0x00,0x00,
52    0x00,0x00,0x00,0x00,0x00,0x00,0x00,0x00,0x00,0x00,0x00,0x00,0x60,0x60,0x00,0x00,
53    0x00,0x00,0x01,0x02,0x02,0x04,0x04,0x08,0x08,0x10,0x10,0x20,0x20,0x40,0x40,0x00,
54    0x00,0x00,0x00,0x18,0x24,0x42,0x42,0x42,0x42,0x42,0x42,0x42,0x24,0x18,0x00,0x00,
55    0x00,0x00,0x00,0x10,0x70,0x10,0x10,0x10,0x10,0x10,0x10,0x10,0x10,0x7C,0x00,0x00,
56    0x00,0x00,0x00,0x3C,0x42,0x42,0x42,0x04,0x04,0x08,0x10,0x20,0x42,0x7E,0x00,0x00,
57    0x00,0x00,0x00,0x3C,0x42,0x42,0x04,0x18,0x04,0x02,0x02,0x42,0x44,0x38,0x00,0x00,
58    0x00,0x00,0x00,0x04,0x0C,0x14,0x24,0x24,0x44,0x44,0x7E,0x04,0x04,0x1E,0x00,0x00,
59    0x00,0x00,0x00,0x7E,0x40,0x40,0x40,0x58,0x64,0x02,0x02,0x42,0x44,0x38,0x00,0x00,
60    0x00,0x00,0x00,0x1C,0x24,0x40,0x40,0x58,0x64,0x42,0x42,0x42,0x24,0x18,0x00,0x00,
61    0x00,0x00,0x00,0x7E,0x44,0x44,0x08,0x08,0x10,0x10,0x10,0x10,0x10,0x10,0x00,0x00,
62    0x00,0x00,0x00,0x3C,0x42,0x42,0x42,0x24,0x18,0x24,0x42,0x42,0x42,0x3C,0x00,0x00,
63    0x00,0x00,0x00,0x18,0x24,0x42,0x42,0x42,0x26,0x1A,0x02,0x02,0x24,0x38,0x00,0x00,
64    0x00,0x00,0x00,0x00,0x00,0x00,0x18,0x18,0x00,0x00,0x00,0x00,0x18,0x18,0x00,0x00,
65    0x00,0x00,0x00,0x00,0x00,0x00,0x00,0x10,0x00,0x00,0x00,0x00,0x00,0x10,0x10,0x20,
66    0x00,0x00,0x00,0x02,0x04,0x08,0x10,0x20,0x40,0x20,0x10,0x08,0x04,0x02,0x00,0x00,
67    0x00,0x00,0x00,0x00,0x00,0x00,0xFE,0x00,0x00,0x00,0xFE,0x00,0x00,0x00,0x00,0x00,
68    0x00,0x00,0x00,0x40,0x20,0x10,0x08,0x04,0x02,0x04,0x08,0x10,0x20,0x40,0x00,0x00,
69    0x00,0x00,0x00,0x3C,0x42,0x42,0x62,0x02,0x04,0x08,0x08,0x00,0x18,0x18,0x00,0x00,
70    0x00,0x00,0x00,0x38,0x44,0x5A,0xAA,0xAA,0xAA,0xAA,0xB4,0x42,0x44,0x38,0x00,0x00,
71    0x00,0x00,0x00,0x10,0x10,0x18,0x28,0x28,0x24,0x3C,0x44,0x42,0x42,0xE7,0x00,0x00,
72    0x00,0x00,0x00,0xF8,0x44,0x44,0x44,0x78,0x44,0x42,0x42,0x42,0x44,0xF8,0x00,0x00,
73    0x00,0x00,0x00,0x3E,0x42,0x42,0x80,0x80,0x80,0x80,0x80,0x42,0x44,0x38,0x00,0x00,
74    0x00,0x00,0x00,0xF8,0x44,0x42,0x42,0x42,0x42,0x42,0x42,0x42,0x44,0xF8,0x00,0x00,
75    0x00,0x00,0x00,0xFC,0x42,0x48,0x48,0x78,0x48,0x48,0x40,0x42,0x42,0xFC,0x00,0x00,
76    0x00,0x00,0x00,0xFC,0x42,0x48,0x48,0x78,0x48,0x48,0x40,0x40,0x40,0xE0,0x00,0x00,
77    0x00,0x00,0x00,0x3C,0x44,0x44,0x80,0x80,0x80,0x8E,0x84,0x44,0x44,0x38,0x00,0x00,
78    0x00,0x00,0x00,0xE7,0x42,0x42,0x42,0x42,0x7E,0x42,0x42,0x42,0x42,0xE7,0x00,0x00,
79    0x00,0x00,0x00,0x7C,0x10,0x10,0x10,0x10,0x10,0x10,0x10,0x10,0x10,0x7C,0x00,0x00,
80    0x00,0x00,0x00,0x3E,0x08,0x08,0x08,0x08,0x08,0x08,0x08,0x08,0x08,0x88,0xF0,
81    0x00,0x00,0x00,0xEE,0x44,0x48,0x50,0x70,0x50,0x48,0x48,0x44,0x44,0xEE,0x00,0x00,
82    0x00,0x00,0x00,0xE0,0x40,0x40,0x40,0x40,0x40,0x40,0x40,0x40,0x42,0xFE,0x00,0x00,
83    0x00,0x00,0x00,0xEE,0x6C,0x6C,0x6C,0x6C,0x54,0x54,0x54,0x54,0x54,0xD6,0x00,0x00,
84    0x00,0x00,0x00,0xC7,0x62,0x62,0x52,0x52,0x4A,0x4A,0x4A,0x46,0x46,0xE2,0x00,0x00,
85    0x00,0x00,0x00,0x38,0x44,0x82,0x82,0x82,0x82,0x82,0x82,0x82,0x44,0x38,0x00,0x00,
86    0x00,0x00,0x00,0xFC,0x42,0x42,0x42,0x42,0x7C,0x40,0x40,0x40,0x40,0xE0,0x00,0x00,
87    0x00,0x00,0x00,0x38,0x44,0x82,0x82,0x82,0x82,0x82,0xB2,0xCA,0x4C,0x38,0x06,0x00,
88    0x00,0x00,0x00,0xFC,0x42,0x42,0x42,0x7C,0x48,0x48,0x44,0x44,0x42,0xE3,0x00,0x00,
89    0x00,0x00,0x00,0x3E,0x42,0x42,0x40,0x20,0x18,0x04,0x02,0x42,0x42,0x7C,0x00,0x00,
90    0x00,0x00,0x00,0xFE,0x92,0x10,0x10,0x10,0x10,0x10,0x10,0x10,0x10,0x38,0x00,0x00,
91    0x00,0x00,0x00,0xE7,0x42,0x42,0x42,0x42,0x42,0x42,0x42,0x42,0x42,0x3C,0x00,0x00,
92    0x00,0x00,0x00,0xE7,0x42,0x42,0x44,0x24,0x24,0x28,0x28,0x18,0x10,0x10,0x00,0x00,
93    0x00,0x00,0x00,0xD6,0x92,0x92,0x92,0x92,0xAA,0xAA,0x6C,0x44,0x44,0x44,0x00,0x00,
94    0x00,0x00,0x00,0xE7,0x42,0x24,0x24,0x18,0x18,0x18,0x24,0x24,0x42,0xE7,0x00,0x00,
95    0x00,0x00,0x00,0xEE,0x44,0x44,0x28,0x28,0x10,0x10,0x10,0x10,0x10,0x38,0x00,0x00,
96    0x00,0x00,0x00,0x7E,0x84,0x04,0x08,0x08,0x10,0x20,0x20,0x42,0x42,0xFC,0x00,0x00,
97    0x00,0x1E,0x10,0x10,0x10,0x10,0x10,0x10,0x10,0x10,0x10,0x10,0x10,0x10,0x1E,0x00,
98    0x00,0x00,0x40,0x40,0x20,0x20,0x10,0x10,0x10,0x08,0x08,0x04,0x04,0x04,0x02,0x02,
99    0x00,0x78,0x08,0x08,0x08,0x08,0x08,0x08,0x08,0x08,0x08,0x08,0x08,0x08,0x78,0x00,
100   0x00,0x1C,0x22,0x00,0x00,0x00,0x00,0x00,0x00,0x00,0x00,0x00,0x00,0x00,0x00,0x00,
101   0x00,0x00,0x00,0x00,0x00,0x00,0x00,0x00,0x00,0x00,0x00,0x00,0x00,0x00,0x00,0xFF,
102   0x00,0x60,0x10,0x00,0x00,0x00,0x00,0x00,0x00,0x00,0x00,0x00,0x00,0x00,0x00,0x00,
```

```
103    0x00,0x00,0x00,0x00,0x00,0x00,0x00,0x3C,0x42,0x1E,0x22,0x42,0x42,0x3F,0x00,0x00,
104    0x00,0x00,0x00,0xC0,0x40,0x40,0x40,0x58,0x64,0x42,0x42,0x42,0x64,0x58,0x00,0x00,
105    0x00,0x00,0x00,0x00,0x00,0x00,0x00,0x1C,0x22,0x40,0x40,0x40,0x22,0x1C,0x00,0x00,
106    0x00,0x00,0x00,0x06,0x02,0x02,0x02,0x1E,0x22,0x42,0x42,0x42,0x26,0x1B,0x00,0x00,
107    0x00,0x00,0x00,0x00,0x00,0x00,0x00,0x3C,0x42,0x7E,0x40,0x40,0x42,0x3C,0x00,0x00,
108    0x00,0x00,0x00,0x0F,0x11,0x10,0x10,0x7E,0x10,0x10,0x10,0x10,0x10,0x7C,0x00,0x00,
109    0x00,0x00,0x00,0x00,0x00,0x00,0x00,0x3E,0x44,0x44,0x38,0x40,0x3C,0x42,0x42,0x3C,
110    0x00,0x00,0x00,0xC0,0x40,0x40,0x40,0x5C,0x62,0x42,0x42,0x42,0x42,0xE7,0x00,0x00,
111    0x00,0x00,0x00,0x30,0x30,0x00,0x00,0x70,0x10,0x10,0x10,0x10,0x10,0x7C,0x00,0x00,
112    0x00,0x00,0x00,0x0C,0x0C,0x00,0x00,0x1C,0x04,0x04,0x04,0x04,0x04,0x04,0x44,0x78,
113    0x00,0x00,0x00,0xC0,0x40,0x40,0x40,0x4E,0x48,0x50,0x68,0x48,0x44,0xEE,0x00,0x00,
114    0x00,0x00,0x00,0x70,0x10,0x10,0x10,0x10,0x10,0x10,0x10,0x10,0x10,0x7C,0x00,0x00,
115    0x00,0x00,0x00,0x00,0x00,0x00,0x00,0xFE,0x49,0x49,0x49,0x49,0x49,0xED,0x00,0x00,
116    0x00,0x00,0x00,0x00,0x00,0x00,0x00,0xDC,0x62,0x42,0x42,0x42,0x42,0xE7,0x00,0x00,
117    0x00,0x00,0x00,0x00,0x00,0x00,0x00,0x3C,0x42,0x42,0x42,0x42,0x42,0x3C,0x00,0x00,
118    0x00,0x00,0x00,0x00,0x00,0x00,0x00,0xD8,0x64,0x42,0x42,0x42,0x44,0x78,0x40,0xE0,
119    0x00,0x00,0x00,0x00,0x00,0x00,0x00,0x1E,0x22,0x42,0x42,0x42,0x22,0x1E,0x02,0x07,
120    0x00,0x00,0x00,0x00,0x00,0x00,0x00,0xEE,0x32,0x20,0x20,0x20,0x20,0xF8,0x00,0x00,
121    0x00,0x00,0x00,0x00,0x00,0x00,0x00,0x3E,0x42,0x40,0x3C,0x02,0x42,0x7C,0x00,0x00,
122    0x00,0x00,0x00,0x00,0x00,0x10,0x10,0x7C,0x10,0x10,0x10,0x10,0x10,0x0C,0x00,0x00,
123    0x00,0x00,0x00,0x00,0x00,0x00,0x00,0xC6,0x42,0x42,0x42,0x42,0x46,0x3B,0x00,0x00,
124    0x00,0x00,0x00,0x00,0x00,0x00,0x00,0xE7,0x42,0x24,0x24,0x28,0x10,0x10,0x00,0x00,
125    0x00,0x00,0x00,0x00,0x00,0x00,0x00,0xD7,0x92,0x92,0xAA,0xAA,0x44,0x44,0x00,0x00,
126    0x00,0x00,0x00,0x00,0x00,0x00,0x00,0x6E,0x24,0x18,0x18,0x18,0x24,0x76,0x00,0x00,
127    0x00,0x00,0x00,0x00,0x00,0x00,0x00,0xE7,0x42,0x24,0x24,0x28,0x18,0x10,0x10,0xE0,
128    0x00,0x00,0x00,0x00,0x00,0x00,0x00,0x7E,0x44,0x08,0x10,0x10,0x22,0x7E,0x00,0x00,
129    0x00,0x03,0x04,0x04,0x04,0x04,0x04,0x08,0x04,0x04,0x04,0x04,0x04,0x04,0x03,0x00,
130    0x08,0x08,0x08,0x08,0x08,0x08,0x08,0x08,0x08,0x08,0x08,0x08,0x08,0x08,0x08,0x08,
131    0x00,0x60,0x10,0x10,0x10,0x10,0x10,0x08,0x10,0x10,0x10,0x10,0x10,0x10,0x60,0x00,
132    0x30,0x4C,0x43,0x00,0x00,0x00,0x00,0x00,0x00,0x00,0x00,0x00,0x00,0x00,0x00,0x00,
133    0x00,0x00,0x00,0x00,0x00,0x00,0x00,0x00,0x00,0x00,0x00,0x00,0x00,0x00,0x00,0x00};
134
135    Int08U HZ16X16[ ] = {    //温 湿 度 ℃
136    0x00,0x00,0x23,0xF8,0x12,0x08,0x12,0x08,0x83,0xF8,0x42,0x08,0x42,0x08,0x13,0xF8,
137    0x10,0x00,0x27,0xFC,0xE4,0xA4,0x24,0xA4,0x24,0xA4,0x24,0xA4,0x2F,0xFE,0x00,0x00,
                                //温 - CEC2
138    0x00,0x00,0x27,0xF8,0x14,0x08,0x14,0x08,0x87,0xF8,0x44,0x08,0x44,0x08,0x17,0xF8,
139    0x11,0x20,0x21,0x20,0xE9,0x24,0x25,0x28,0x23,0x30,0x21,0x20,0x2F,0xFE,0x00,0x00,
                                //湿 - CAAA
140    0x01,0x00,0x00,0x80,0x3F,0xFE,0x22,0x20,0x22,0x20,0x3F,0xFC,0x22,0x20,0x22,0x20,
141    0x23,0xE0,0x20,0x00,0x2F,0xF0,0x24,0x10,0x42,0x20,0x41,0xC0,0x86,0x30,0x38,0x0E,
                                //度 - B6C8
142    0x60,0x00,0x91,0xF4,0x96,0x0C,0x6C,0x04,0x08,0x04,0x18,0x00,0x18,0x00,0x18,0x00,
143    0x18,0x00,0x18,0x00,0x18,0x00,0x08,0x00,0x0C,0x04,0x06,0x08,0x01,0xF0,0x00,0x00};
                                //摄℃ - C9E3
```

第5～133行定义了128个ASCII的16×8点阵数组ASC16X8，ASC16X8为二元数组，共128行16列，每行对应一个字符，第i行对应ASCII值为i的字符的点阵。ASCII字符表请参考文献[10]附录B。

第135～143行定义了"温湿度℃"4个汉字符号的16×16点阵数据HZ16X16。

上述两个点阵数组均使用软件PCtoLCD2002生成。

（3）修改 includes.h 文件，如程序段 9-6 所示。

程序段 9-6　文件 includes.h

```
1    //Filename: includes.h
2
3    #include "stm32f10x.h"
4    #define ARM_MATH_CM3
5    #include "arm_math.h"
6
7    #include "vartypes.h"
8    #include "bsp.h"
9    #include "led.h"
10   #include "key.h"
11   #include "exti.h"
12   #include "beep.h"
13   #include "tim2.h"
14   #include "uart2.h"
15   #include "fsmc.h"
16   #include "lcd.h"
17   #include "temhum.h"
```

对比程序段 8-4，这里添加了第 4～5 行和第 16～17 行，第 4 行宏定义 ARM_MATH_CM3 常量，第 5 行包括头文件 arm_math.h，在程序段 9-1 文件 lcd.c 中应用的函数 arm_cos_f32 等的声明位于头文件 arm_math.h 中，第 4 行的宏常量表示所用的处理器为 Cortex-M3，用于指示头文件 arm_math.h 中那些属于 Cortex-M3 内核的函数是可用的，而其他函数（例如属于 Cortex-M0、M4 和 M7 的）是不可见的。第 16、17 行包括与 LCD 屏显示操作和温/湿度传感器 DHT11 相关的头文件 lcd.h 和 temhum.h。

（4）修改 bsp.c 文件，如程序段 9-7 所示。

程序段 9-7　文件 bsp.c

```
1    //Filename: bsp.c
2
3    #include "includes.h"
4
5    void BSPInit(void)
6    {
7      LEDInit();
8      KEYInit();
9      EXTIKeyInit();
10     BEEPInit();
11     TIM2Init();
12     UART2Init();
13     FSMCInit();
14     LCDInit();
15     TemHumInit();
16   }
```

对比程序段 8-5，这里添加了第 14、15 行，分别调用函数 LCDInit 和 TemHumInit 对 LCD 屏和 DHT11 温/湿度传感器进行初始化。

（5）修改 main.c 文件，如程序段 9-8 所示。

程序段 9-8　文件 main.c

```
1    //Filename: main.c
2
```

```
 3      #include "includes.h"
 4
 5      int main(void)
 6      {
 7        Int16U th;
 8        Int08U t10,t01,h10,h01;
 9
```

第 7 行定义变量 th 用于保存温/湿度值,其高 8 位为温度值,低 8 位为湿度值。第 8 行定义四个 8 位的无符号整型变量 t10、t01、h10 和 h01,依次用于保存温度值的十位数字、温度值的个位数字、湿度值的十位数字和湿度值的个位数字。

```
10        BSPInit();
11
12        SetPenColorEx(BLUE);
13        SetGroundColorEx(DARKGRAY);
14        LCDClearRegion(0,0,479,799);
15        DrawString(10,10,(Int08U *)"Hello World!",20);
16
```

第 12 行设置前景画笔为蓝色;第 13 行设置背景画笔为深灰色;第 14 行清屏;第 15 行在坐标(10,10)处显示字符串"Hello World!"。

```
17        for(;;)
18        {
19            th = DHT11ReadData();
20            t10 = (th >> 8) / 10;
21            t01 = (th >> 8) % 10;
22            h10 = (th & 0xFF) / 10;
23            h01 = (th & 0xFF) % 10;
24            DrawHZ16X16(10,50,(Int08U *)"温度",2);
25            DrawChar(10 + 2 * 16,50,(Int08U)':');
26            DrawChar(10 + 2 * 16 + 8,50,(Int08U)(t10 + '0'));
27            DrawChar(10 + 40 + 8,50,(Int08U)(t01 + '0'));
28            DrawHZ16X16(10 + 48 + 8,50,(Int08U *)"摄",1);
29
30            DrawHZ16X16(10,70,(Int08U *)"湿度",2);
31            DrawChar(10 + 2 * 16,70,(Int08U)':');
32            DrawChar(10 + 2 * 16 + 8,70,(Int08U)(h10 + '0'));
33            DrawChar(10 + 40 + 8,70,(Int08U)(h01 + '0'));
34            DrawChar(10 + 48 + 8,70,(Int08U)'%');
35
36            DHT11Delay(1000000uL);
37        }
38      }
```

第 17~37 行为无限循环体。第 19 行读取 DHT11 获得温度和湿度值;第 20~23 行获得温度的十位与个位数字以及湿度的十位与个位数字;第 24~28 行将显示"温度:17℃"(这里假定 t10=1,t01=7);第 30~34 行将显示"湿度:40%"(这里假定 h10=4,h01=0);第 36 行延时 1s。

(6) 将文件 temhum.c 和 lcd.c 添加到工程管理器的 BSP 分组下。完成后的工程 20 如图 9-2 所示。图 9-2 中出现了 3 个警告信息,是因为 main.c 文件中使用了中文字符串。

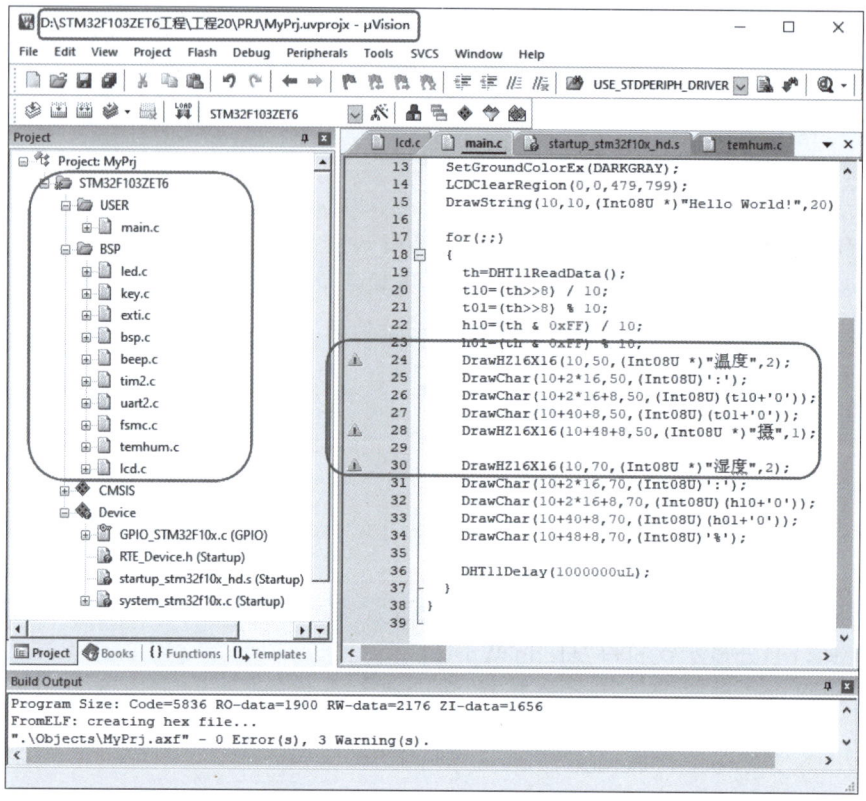

图 9-2 工程 20 工作窗口

在图 9-2 中,编译链接并运行工程 20,LCD 屏的显示如图 9-3 所示。

图 9-3 LCD 屏显示结果(截取屏的左上角)

这时,改变 DHT11 的环境温度和湿度值,可以看到图 9-3 中的显示结果与环境同步变化。

9.3.2 库函数类型实例

视频讲解

在工程 15 的基础上,新建"工程 21",保存在目录"D:\STM32F103ZET6 工程\工程 21"下,此时的工程 21 与工程 15 完全相同,然后进行下面的设计工作。

(1) 新建文件 lcd.c、lcd.h、temhum.c 和 temhum.h,保存在目录"D:\STM32F103ZET6 工程\工程 21\BSP"下,其中,lcd.h 文件如程序段 9-3 所示;temhum.h 文件如程序段 9-4 所示;lcd.c 文件与程序段 9-1 中的 lcd.c 文件除了其中的 LCDInit 函数外,其余部分相同,修改后的 LCDInit 函数如程序段 9-9 所示;temhum.c 文件如程序段 9-10 所示。

程序段 9-9 相对于程序段 9-1 而言 lcd.c 文件中修改后的 LCDInit 函数

```
1    void  LCDInit(void)
2    {
3      FSMC_NORSRAMInitTypeDef f;
4      FSMC_NORSRAMTimingInitTypeDef t;
5      GPIO_InitTypeDef g;
6
7      RCC_APB2PeriphClockCmd(RCC_APB2Periph_GPIOB,ENABLE);//打开 PB 口时钟源
8      g.GPIO_Pin = GPIO_Pin_0;
9      g.GPIO_Mode = GPIO_Mode_Out_PP;
10     g.GPIO_Speed = GPIO_Speed_50MHz;
11     GPIO_Init(GPIOB,&g);     //PB0 为数字输出口,控制 LCD 背光,时钟 50MHz
12     GPIO_SetBits(GPIOB,GPIO_Pin_0);                    //开启 LCD 屏背光
13
```

第 7 行打开 PB 口时钟源；第 8～11 行设定 PB0 为数字输出口；第 12 行使 PB0 输出高电平,即开启 LCD 屏背光。

```
14     RCC_AHBPeriphClockCmd(RCC_AHBPeriph_FSMC, ENABLE);    //开启 FSMC 时钟源
15     //打开 PD,PE,PG 口时钟源
16     RCC_APB2PeriphClockCmd(RCC_APB2Periph_GPIOD | RCC_APB2Periph_GPIOE
17            | RCC_APB2Periph_GPIOG, ENABLE);
18
```

第 14 行打开 FSMC 模块时钟源；第 16、17 行为一条语句,打开 PD、PE 和 PG 口的时钟源。

```
19     //PD 0,1,4,5,8,9,10,14,15
20     g.GPIO_Pin = GPIO_Pin_0 | GPIO_Pin_1 | GPIO_Pin_4 | GPIO_Pin_5
21            | GPIO_Pin_8 | GPIO_Pin_9 | GPIO_Pin_10
22            | GPIO_Pin_14 | GPIO_Pin_15;
23     g.GPIO_Mode = GPIO_Mode_AF_PP;
24     g.GPIO_Speed = GPIO_Speed_50MHz;
25     GPIO_Init(GPIOD, &g);
26
```

对于 FSMC 模块 Bank1 区域 4 而言,PD 口占用了 PD0、PD1、PD4、PD5、PD8～PD10、PD14 和 PD15,第 20～25 行设定这些口为替换功能推挽模式。

```
27     //PE 7～15
28     g.GPIO_Pin = GPIO_Pin_7 | GPIO_Pin_8  | GPIO_Pin_9
29            | GPIO_Pin_10 | GPIO_Pin_11 | GPIO_Pin_12
30            | GPIO_Pin_13 | GPIO_Pin_14 | GPIO_Pin_15;
31     GPIO_Init(GPIOE, &g);
32
```

PE 口占用了 PE7～PE15,第 28～31 行设定这些口工作在替换功能推挽模式下。

```
33     //PG 0,12
34     g.GPIO_Pin = GPIO_Pin_0 | GPIO_Pin_12;
35     GPIO_Init(GPIOG, &g);
36
```

PG 口占用了 PG0 和 PG12,第 34～35 行设定这些口工作在替换功能推挽模式下。

```
37     t.FSMC_AddressSetupTime = 0;
38     t.FSMC_AddressHoldTime = 0;
```

```
39        t.FSMC_DataSetupTime = 2;
40        t.FSMC_BusTurnAroundDuration = 0;
41        t.FSMC_CLKDivision = 0;
42        t.FSMC_DataLatency = 0;
43        t.FSMC_AccessMode = 0;
44
45        f.FSMC_Bank = FSMC_Bank1_NORSRAM4;
46        f.FSMC_DataAddressMux = FSMC_DataAddressMux_Disable;
47        f.FSMC_MemoryType = FSMC_MemoryType_SRAM;
48        f.FSMC_MemoryDataWidth = FSMC_MemoryDataWidth_16b;
49        f.FSMC_BurstAccessMode = FSMC_BurstAccessMode_Disable;
50        f.FSMC_AsynchronousWait = FSMC_AsynchronousWait_Disable;
51        f.FSMC_WaitSignalPolarity = FSMC_WaitSignalPolarity_Low;
52        f.FSMC_WrapMode =    FSMC_WrapMode_Disable;
53        f.FSMC_WaitSignalActive = FSMC_WaitSignalActive_BeforeWaitState;
54        f.FSMC_WriteOperation = FSMC_WriteOperation_Enable;
55        f.FSMC_WaitSignal = FSMC_WaitSignal_Disable;
56        f.FSMC_ExtendedMode = FSMC_ExtendedMode_Disable;
57        f.FSMC_WriteBurst = FSMC_WriteBurst_Disable;
58        f.FSMC_ReadWriteTimingStruct = &t;
59
60        FSMC_NORSRAMInit(&f);
61        FSMC_NORSRAMCmd(FSMC_Bank1_NORSRAM4,ENABLE);
62
```

第 37~61 行设定 FSMC 模块 Bank1 区域 4 处于工作状态,其设定方法参考 8.1 节,这些代码与程序段 8-7 中的第 43~67 行相同,除了这里使用了 FSMC_Bank1_NORSRAM4,那里使用了 FSMC_Bank1_NORSRAM3。

```
63        LCDDelay(50 * 1000);                    // 延时 50 ms
64        NT35510Init();
65        LCDDirection();                         //竖屏
66        LCDClear(255,255,255);
67    }
```

第 1~67 行为 LCDInit 函数,除了该函数外,工程 21 中的 lcd.c 文件与工程 20 中的 lcd.c 文件相同。

程序段 9-10 文件 temhum.c

```
1     //Filename: temhum.c
2
3     # include "includes.h"
4
5     void TemHumInit(void)
6     {
7       GPIO_InitTypeDef g;
8
9       RCC_APB2PeriphClockCmd(RCC_APB2Periph_GPIOG,ENABLE);//打开 PG 口时钟源
10
11      g.GPIO_Pin = GPIO_Pin_11;
12      g.GPIO_Mode = GPIO_Mode_Out_PP;
13      g.GPIO_Speed = GPIO_Speed_50MHz;
14      GPIO_Init(GPIOG, &g);           //PG11 工作在数字输出模式下,时钟 50MHz
15
16      GPIO_SetBits(GPIOG,GPIO_Pin_11); //PG11 输出高电平
```

```
17    }
18
```

第5～17行为 TemHumInit 函数。第9行打开 PG 口时钟源；第11～14行设置 PG11 工作在数字输出模式下；第16行使 PG11 输出高电平。

```
19    void DHT11IOSet(Int08U i)          //i=1,将 PG11 设为输出口; i=0,将 PG11 设为输入口
20    {
21      GPIO_InitTypeDef g;
22      g.GPIO_Pin = GPIO_Pin_11;
23      if(i)
24      {
25          g.GPIO_Mode  = GPIO_Mode_Out_PP;
26          g.GPIO_Speed = GPIO_Speed_50MHz;
27          GPIO_Init(GPIOG,&g);         //PG11 为数字输出口,时钟 50MHz
28      }
29      else
30      {
31          g.GPIO_Mode = GPIO_Mode_IPU;
32          GPIO_Init(GPIOG,&g);         //PG11 为数字输入口,具有上拉和下拉功能
33      }
34    }
35
```

第19～34行为配置 PG11 口工作状态的函数 DHT11IOSet。当参数 i=1 时,第24～28行将 PG11 设为数字输出口; 当参数 i=0 时,第30～33行将 PG11 设为数字输入口。

```
36    void DHT11DOUT(Int08U i)
37    {
38      if(i)
39          GPIO_SetBits(GPIOG,GPIO_Pin_11);    //PG11 输出高电平
40      else
41          GPIO_ResetBits(GPIOG,GPIO_Pin_11);  //PG11 输出低电平
42    }
43
```

第36～42行为设置 PG11 口输出电平情况的函数 DHT11DOUT。当参数 i=1 时,第39行将使得 PG11 口输出高电平;当参数 i=0 时,第41行将使得 PG11 口输出低电平。

下面为读 PG11 口的函数 DHT11IN,通过调用库函数 GPIO_ReadInputDataBit 实现,如果 PG11 为高电平,则读入 1;否则,读入 0。

```
44    Int08U DHT11IN(void)
45    {
46      Int08U v;
47      v = GPIO_ReadInputDataBit(GPIOG,GPIO_Pin_11);
48      return v;
49    }
50
```

下面省略了第51～119行(temhum.c 文件共有 119 行),省略的部分与程序段 9-2 中的第42～110行完全相同。

(2) 新建文件 textlib.h,保存在目录"D:\STM32F103ZET6 工程\工程 21\BSP"下,其代码如程序段 9-5 所示。

(3) 修改 includes.h 文件,如程序段 9-6 所示。

(4) 修改 bsp.c 文件,如程序段 9-7 所示。

(5) 修改 main.c 文件,如程序段 9-8 所示。

(6) 将文件 lcd.c 和 temhum.c 添加到工程管理器的"BSP"分组下,即完成工程 21 的建设,工程 21 的执行情况与工程 20 完全相同,不再赘述。

9.4 本章小结

本章详细介绍了 STM32F103ZET6 驱动 TFT 型 LCD 显示屏的工作原理与程序设计方法,并介绍了温/湿度传感器 DHT11 的访问方法。本章仅展示了英文字符串和汉字的显示技术,建议学生和读者朋友在本章学习的基础上,进行创建汉字库和借助汉字库显示汉字的工作,可将 16×16 点阵汉字库和 32×32 点阵汉字库存入 STM32F103 学习板的 W25Q128 存储器中,建议字库的首地址为 0x8000,可参考文献[9]中的方法。在工程 20 中集成了画点、画线、画矩形和画圆周的函数,为了节省篇幅,大部分函数没有考虑边界裁剪处理,可以在此基础上,进一步开发一些实用的绘图函数,甚至编写一些支持图像格式 BMP、GIF 和 JPEG 的图像显示函数。

此外,后续第 2 篇的工程在本章的工程 21 的基础上进行建设,建议学生和读者朋友在精通工程 21 的前提下,再开展后续篇章的学习。第 1 篇在学习的过程中,需要自始至终参考 STM32F103 参考手册(官网文件名 CD00171190.PDF)和芯片手册(官网文件名 CD00191185.pdf)。还需强调指出的是,限于本书篇幅和教学学时限制,第 2 篇内容选材上起点稍高,对于初学者而言,建议补习参考文献[5-10]中的一些入门知识。参考文献[6]是全面介绍 μC/OS-Ⅱ内核工作原理的教材,版本号是 v2.86;文献[7]偏重介绍 μC/OS-Ⅱ的诸个系统函数,是 μC/OS-Ⅱ作者 J.J.Labrosse 的英文原版,版本是 v2.52;文献[5]给出了基于 μC/OS-Ⅱ系统的大量实例;文献[10]的内容与本书第 2 篇的内容有重叠部分,基于 LPC1788 重点讲述用户任务和重要组件的应用技术;文献[8]讲述基于 LPC1788 和 μC/OS-Ⅲ进行应用程序设计的方法。

习题

1. 简要回答 LCD 显示模块的组成。
2. 简要说明 LCD 显示器的工作原理。
3. 结合图 9-1,说明 DHT11 温/湿度传感器的数据访问方法。
4. 编写寄存器类型工程实现 LCD 屏显示温度和湿度信息功能,使用英文界面。
5. 编写库函数类型工程实现 LCD 屏显示温度和湿度信息功能,使用中文界面。
6. 编写工程实现 LCD 屏动态显示信息功能,例如,滚动显示"欢迎加入 STM32F103 之家!"。
7. 结合按键和 LCD 屏,编写工程实现简单的"计算器"功能(要求:实现四则运算)。
8. 编写工程使 LCD 屏实现汽车仪表盘功能,即具有车速、转速、水温、油表和日期显示等功能。

第 2 篇

嵌入式实时操作系统 μC/OS-Ⅱ

本篇内容包括第 10～13 章，详细介绍基于嵌入式实时操作系统 μC/OS-Ⅱ 的任务级别的程序设计方法，依次介绍的内容如下：

➢ μC/OS-Ⅱ 系统的文件组成及其在 STM32F103 硬件平台的移植
➢ μC/OS-Ⅱ 用户任务设计方法及其工程框架
➢ μC/OS-Ⅱ 信号量与互斥信号量用法
➢ μC/OS-Ⅱ 消息邮箱与消息队列用法

这部分内容结合库函数类型的工程实例进行介绍，重点在于用户任务、信号量与消息邮箱的学习。

注意：本篇内容全部工程必须基于 Keil MDK 5.37 或更高版本的开发环境。

第10章 μC/OS-Ⅱ系统与移植

CHAPTER 10

本章将介绍嵌入式实时操作系统 μC/OS-Ⅱ的系统结构和其在 STM32F103 战舰 V3 开发板上的移植工程,并将阐述 μC/OS-Ⅱ系统配置与裁剪的方法。μC/OS-Ⅱ是美国 Micrium 公司推出的开源的嵌入式实时操作系统,具有体积小、实时性强和移植能力强的特点。μC/OS-Ⅱ可以移植到几乎所有的 ARM 微控制器上,那些具有一定 RAM 空间(最好是 8KB 以上)且具有堆栈操作的微控制器均可成功移植。STM32F103ZET6 片上 RAM 空间为 64KB,可以很好地支持 μC/OS-Ⅱ系统。

本章的学习目标:
- 了解 μC/OS-Ⅱ系统在 STM32F103 上的移植方法;
- 熟悉 μC/OS-Ⅱ系统配置裁剪方法;
- 掌握 μC/OS-Ⅱ系统三个系统任务的作用。

10.1 μC/OS-Ⅱ系统移植

视频讲解

在工程 21 的基础上新建"工程 22",保存在目录"D:\STM32F103ZET6 工程\工程 22"下,此时的工程 22 与工程 21 完全相同。现在进行下面的设计工作。

(1) 在工程 22 工作窗口(参考后面的图 10-2)中单击"Manage Run-Time Environment"快捷按钮("管理运行环境"快捷按钮),或者选择菜单 Project|Manage|Run-Time Environment,将弹出如图 10-1 所示对话框。

在图 10-1 中,勾选 uC/OS Kernel 表示选择 μC/OS-Ⅱ内核,注意:对于 μC/OS-Ⅱ,不用选择 uC/OS Common(这里也勾选了,"uC/OS Common"主要为 μC/OS-Ⅲ服务)。然后,单击 OK 按钮进入图 10-2 所示界面。

注意:图 10-2 是 μC/OS-Ⅱ系统移植好后的工程 22。这里,当在图 10-1 中选择了 RTOS(实时操作系统)后,工程管理器中将自动创建"RTOS"分组,如图 10-2 所示,分组下共有 24 个文件(其中,前 15 个为 μC/OS-Ⅱ内核文件,带有后缀(uC/OS Kernel);后 9 个为 μC/OS Common 文件),将在 10.2 节介绍各个内核文件在 μC/OS-Ⅱ中承担的角色。需要说明的是,除了 app_cfg.h 和 os_cfg.h 文件外,其余内核文件都被锁定为只读文件(文件图标上有一把小钥匙)。

可见,第一步工作是将 μC/OS-Ⅱ系统文件添加到工程 22 中。

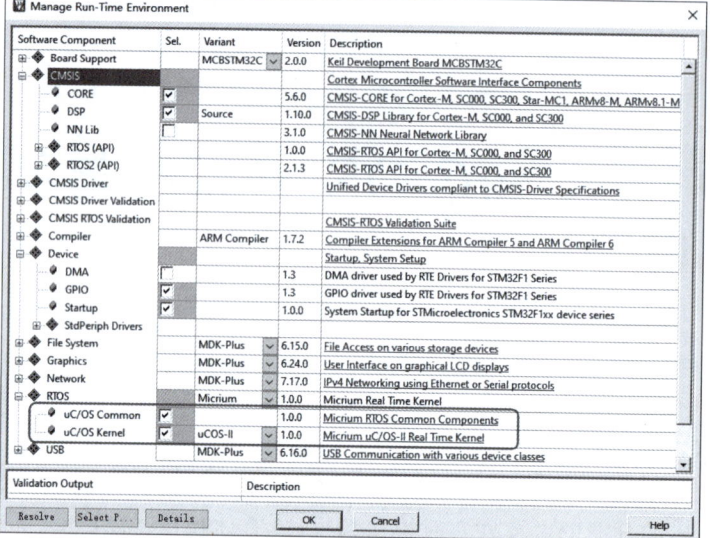

图 10-1 "管理运行环境"对话框

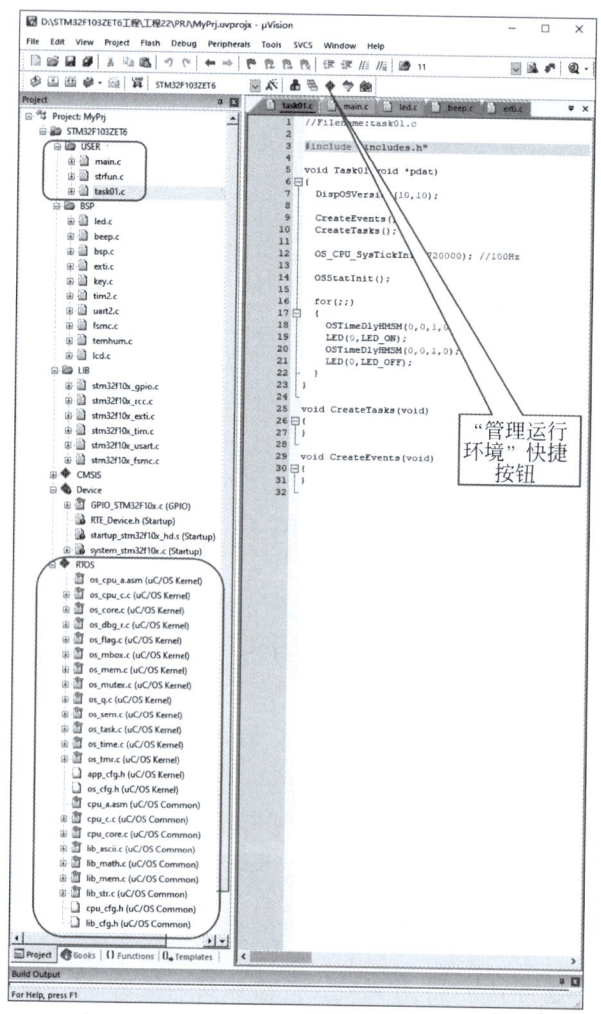

图 10-2 工程 22 工作窗口

（2）在图 10-2 左侧的工程管理器中，右击"STM32F103ZET6"，在弹出的菜单中单击"Options for Target 'STM32F103ZET6'…Alt＋F7"，进入图 10-3 所示对话框，在图 10-3 中选择"C/C++"选项卡。

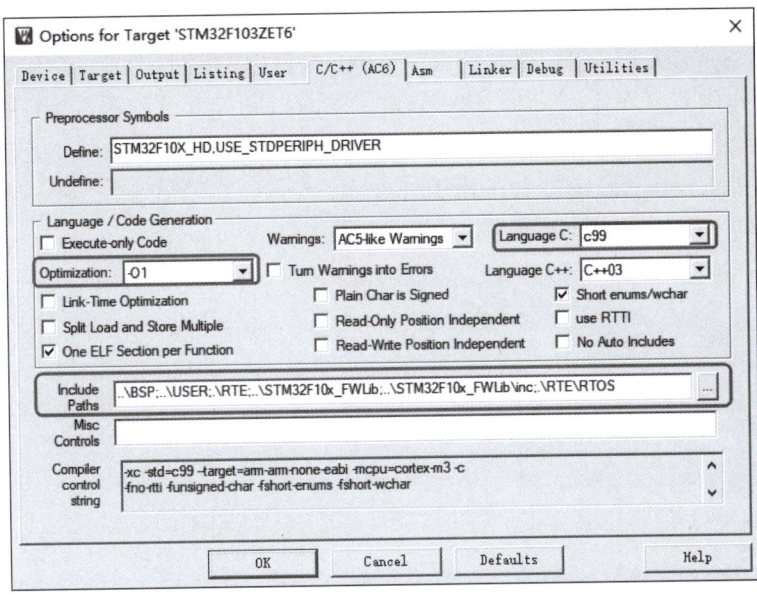

图 10-3 "工程选项配置"对话框

在图 10-3 中，添加包括路径".\RTE\RTOS"，即添加 μC/OS-Ⅱ系统文件所在的路径。

（3）修改系统启动文件 startup_stm32f10x_hd.s，如程序段 10-1 所示。

程序段 10-1　系统启动文件 startup_stm32f10x_hd.s 中需要修改的部分

```
1              AREA     RESET, DATA, READONLY
2              EXPORT   __Vectors
3              EXPORT   __Vectors_End
4              EXPORT   __Vectors_Size
5              IMPORT   OS_CPU_SysTickHandler
6              IMPORT   OS_CPU_PendSVHandler
7
8   __Vectors  DCD      __initial_sp              ; 堆栈栈顶
9              DCD      Reset_Handler             ; Reset Handler
10             DCD      NMI_Handler               ; NMI Handler
11             DCD      HardFault_Handler         ; Hard Fault Handler
12             DCD      MemManage_Handler         ; MPU Fault Handler
13             DCD      BusFault_Handler          ; Bus Fault Handler
14             DCD      UsageFault_Handler        ; Usage Fault Handler
15             DCD      0                         ; 保留
16             DCD      0                         ; 保留
17             DCD      0                         ; 保留
18             DCD      0                         ; 保留
19             DCD      SVC_Handler               ; SVCall Handler
20             DCD      DebugMon_Handler          ; Debug Monitor Handler
21             DCD      0                         ; Reserved
22             DCD      OS_CPU_PendSVHandler      ; PendSV Handler
23             DCD      OS_CPU_SysTickHandler     ; SysTick Handler
```

在文件 startup_stm32f10x_hd.s 中，先定位到程序段 10-1 第 1 行处（文件中的第 57 行处），然后在程序段 10-1 中添加第 5、6 行，表示引用外部定义的函数 OS_CPU_SysTickHandler 和 OS_CPU_PendSVHandler，这两个函数定义在 os_cpu_c.c 和 os_cpu_a.asm 文件中；接着修改第 22 和 23 行，第 22 行将原来的"PendSV_Handler"替换为"OS_CPU_PendSVHandler"，第 23 行将原来的"SysTick_Handler"替换为"OS_CPU_SysTickHandler"。

这一步工作的意义在于，将 PendSV 异常和 SysTick 异常分配给 μC/OS-Ⅱ 系统使用，分别用于任务切换和系统节拍处理。

（4）修改文件 app_cfg.h，如程序段 10-2 所示。

程序段 10-2　文件 app_cfg.h

```
1    //Filename: app_cfg.h
2
3    #ifndef  _APP_CFG_H
4    #define  _APP_CFG_H
5
6    #define  OS_TASK_TMR_PRIO    (OS_LOWEST_PRIO - 2)
7
8    #ifdef   OS_CPU_GLOBALS
9    #define EXTERN
10   #else
11   #define EXTERN extern
12   #endif
13
14   #endif
15
16   EXTERN unsigned int * p_stk;
```

在 μC/OS-Ⅱ 系统中，文件 app_cfg.h 是用户配置文件，用于定义用户任务的优先级号、声明任务函数和定义任务的堆栈大小等信息。但是，大部分专家只在 app_cfg.h 中定义系统定时器任务的优先级号，本书也秉承了这一原则。第 6 行定义定时器任务的优先级号为（OS_LOWEST_PRIO－2）。第 8～12 行和第 16 行用于定义一个指针变量 p_stk，该变量被用于文件 os_cpu_c.c 的函数 OSTaskStkInit 中（文件 os_cpu_c.c 中第 258 行），无特殊含义。

这一步工作主要是定义定时器任务的优先级号，定时器任务是系统任务，只需要用户指定优先级号。由于空闲任务的优先级号固定为 OS_LOWEST_PRIO，统计任务的优先级号固定为 OS_LOWEST_PRIO－1，一般地，将定时器任务的优先级号设定为 OS_LOWEST_PRIO－2。

（5）修改 includes.h 文件，如程序段 10-3 所示。

程序段 10-3　文件 includes.h

```
1    //Filename: includes.h
2
3    #include "stm32f10x.h"
4    #define ARM_MATH_CM3
5    #include "arm_math.h"
6
7    #include "vartypes.h"
8    #include "bsp.h"
```

```
9    #include "exti.h"
10   #include "key.h"
11   #include "beep.h"
12   #include "led.h"
13   #include "tim2.h"
14   #include "uart2.h"
15   #include "fsmc.h"
16   #include "lcd.h"
17   #include "temhum.h"
18
19   #include "strfun.h"
20   #include "ucos_ii.h"
21   #include "task01.h"
```

对比程序段 9-6 可知,这里添加了第 19～21 行,包括了头文件 strfun.h、ucos_ii.h 和 task01.h,其中,strfun.h 和 task01.h 如程序段 10-6 和程序段 10-8 所示(见后文)。这里的头文件 ucos_ii.h 为 μC/OS-Ⅱ 的系统头文件,其中声明了 μC/OS-Ⅱ 系统的全部函数和宏常量。

至此,已经实现了 μC/OS-Ⅱ 系统在 STM32F103ZET6 学习板上的移植。Keil MDK 5.37 或更高的版本使得移植 μC/OS-Ⅱ 系统变得异常简单了。后续的工作就是创建用户任务实现所需要的功能了。在 Keil MDK 5.37 中集成的 μC/OS-Ⅱ 系统的版本号为 2.92.11,这个版本因通过了美国联邦航空管理局(FAA)关于 RTCA DO—178B 标准的质量认证,可用于与人生命攸关的、安全性要求苛刻的嵌入式系统中,故仍然是国内外主流的商业应用操作系统,2012 年美国 NASA 发送到火星上的"好奇号"(Curiosity)机器人就搭载了 μC/OS-Ⅱ 系统。

(6) 修改 main.c 文件,如程序段 10-4 所示。

程序段 10-4　文件 main.c

```
1    //Filename: main.c
2
3    #include "includes.h"
4
5    OS_STK Task01Stk[Task01StkSize];
6
7    int main(void)
8    {
9      BSPInit();
10
11     OSInit();
12     OSTaskCreateExt(Task01,
13                     (void *)0,
14                     &Task01Stk[Task01StkSize-1],
15                     Task01Prio,
16                     Task01ID,
17                     &Task01Stk[0],
18                     Task01StkSize,
19                     (void *)0,
20                     (OS_TASK_OPT_STK_CHK | OS_TASK_OPT_STK_CLR));
21     OSStart();
22   }
```

在文件 main.c 中，第 5 行定义用户任务 Task01(本书用用户任务函数名表示用户任务名)的堆栈 Task01Stk，堆栈使用 μC/OS-Ⅱ 系统自定义类型 OS_STK 定义的数组表示，对于 STM32F103ZET6 而言，OS_STK 就是无符号 32 位整型。

第 9 行调用 BSPInit 初始化 STM32F103ZET6 片内外设。第 11～21 行称为 μC/OS-Ⅱ 系统的启动三部曲：第 11 行调用系统函数 OSInit 初始化 μC/OS-Ⅱ 系统；第 12～20 行为一条语句，调用系统函数 OSTaskCreateExt 创建第一个用户任务，μC/OS-Ⅱ 系统要求至少创建一个用户任务；第 21 行调用系统函数 OSStart 启动多任务，之后，μC/OS-Ⅱ 系统调度器将按优先级调度策略管理用户任务的执行。

这一步的工作在于创建第一个用户任务，此时系统中共有 4 个任务，即空闲任务、统计任务、定时器任务 3 个系统任务和用户任务 Task01，然后，启动多任务，μC/OS-Ⅱ 系统调度器总是将 CPU 使用权分配给处于就绪态的最高优先级的任务。事实上，μC/OS-Ⅱ 系统的调度器是极其优秀的调度器，μC/OS-Ⅱ 系统最多支持 255 个任务，无论系统中包括多少个任务(必须小于或等于 255)，每个任务的调度时间是相同的。

需要注意的是，文件 main.c 在第 2 篇的全部工程中都是相同的。如果追求完美的话，甚至可以把第 5 行和第 9 行的代码分别移到头文件 task01.h(用类似于 app_cfg.h 定义 p_stk 的方法定义)和 OSInitHookBegin 函数(OSInit 函数的钩子函数，用于不改变 OSInit 函数的代码而添加新的功能)中。创建用户任务的函数 OSTaskCreateExt 将在第 11 章介绍。

(7) 新建文件 strfun.c 和 strfun.h，保存在目录 "D:\STM32F103ZET6 工程\工程 22\USER" 下，其代码如程序段 10-5 和程序段 10-6 所示。

程序段 10-5　文件 strfun.c

```
1    //Filename: strfun.c
2
3    #include "includes.h"
4
5    void Int2String(Int32U v, Int08U * str)
6    {
7      Int32U i;
8      Int08U j,h,d = 0;
9      Int08U * str1, * str2;
10     str1 = str;
11     str2 = str;
12     while(v > 0)
13     {
14       i = v % 10;
15       * str1++ = i + '0';
16       d++;
17       v = v/10;
18     }
19     * str1 = '\0';
20     for(j = 0;j < d/2;j++)
21     {
22       h = * (str2 + j);
23       * (str2 + j) = * (str2 + d - 1 - j);
24       * (str2 + d - 1 - j) = h;
25     }
26   }
27
```

第 5～26 行为将整数转化为字符串的函数 Int2String。对于输入的 32 位整数 v,如果 v>0(第 12 行为真),则将其个位数字转化为字符保存在 str1 指向的地址中(第 14、15 行),然后,v 除以 10 的值赋给 v(第 17 行),循环执行第 12～18 行直到 v=0。其中,变量 d 记录转化后的字符串的长度。由于上述操作中,将整数的个位放在字符串的首位置,十位放在字符串的第 2 个位置,以此类推,整数的最高位放在字符串的最后位置,因此,第 20～25 行将字符串中的字符进行了对称置换,使得整数的最高位位于字符串的首位置,而次高位位于字符串的第 2 个位置,以此类推,整数的个位位于字符串的最后位置。

```
28    Int16U LengthOfString(Int08U * str)
29    {
30        Int16U i = 0;
31        while( * str++!= '\0')
32        {
33            i++;
34        }
35        return i;
36    }
37
```

第 28～36 行为获取字符串长度的函数 LengthOfString。字符串的末尾为字符'\0',该函数从字符串首字符开始计数到遇到字符'\0'为止,即字符串中包含的字符个数。

```
38    void DispOSVersion(Int16U x,Int16U y)
39    {
40        Int08U len,ch[20];
41        Int16U v;
42        SetPenColorEx(BLUE);
43        SetGroundColorEx(WHITE);
44        v = OSVersion();
45        Int2String(v,ch);
46        DrawString(x,y,(Int08U * )"uC/OS-Ⅱ Version:",20);
47        DrawString(x + 18 * 8,y,ch,1);
48        DrawChar(x + 19 * 8,y,'.');
49        DrawString(x + 20 * 8,y,&ch[1],20);
50        len = LengthOfString(ch);
51        DrawChar(x + 20 * 8 + (len - 1) * 8,y,'.');
52    }
```

第 38～52 行为显示使用的 μC/OS-Ⅱ 系统版本号的函数 DispOSVersion。该函数将在 (x,y)坐标处显示"uC/OS-Ⅱ Version:2.9211.",第 44 行调用系统函数 OSVersion 取得系统版本号,为 29211,除以 10000 后的值为真实的版本号。

程序段 10-6　文件 strfun.h

```
1    //Filename: strfun.h
2
3    # include "vartypes.h"
4
5    # ifndef  _STRFUN_H
6    # define  _STRFUN_H
7
8    void Int2String(Int32U v,Int08U * str);
9    Int16U LengthOfString(Int08U * str);
```

```
10     void DispOSVersion(Int16U x,Int16U y);
11
12     #endif
```

文件 strfun.h 中声明了文件 strfun.c 中定义的函数,第 8～10 行依次为整数转化为字符串函数、求字符串长度函数和在 LCD 屏上显示 μC/OS-Ⅱ 系统版本号函数。

(8) 新建文件 task01.c 和 task01.h,保存在目录"D:\STM32F103ZET6 工程\工程 22\USER"下,其代码如程序段 10-7 和程序段 10-8 所示。

程序段 10-7　文件 task01.c

```
1      //Filename:task01.c
2
3      #include "includes.h"
4
5      void Task01(void *pdat)
6      {
7        DispOSVersion(10,10);
8
9        CreateEvents();
10       CreateTasks();
11
12       OS_CPU_SysTickInit(720000);              //100Hz
13
14       OSStatInit();
15
16       for(;;)
17       {
18         OSTimeDlyHMSM(0,0,1,0);
19         LED(0,LED_ON);
20         OSTimeDlyHMSM(0,0,1,0);
21         LED(0,LED_OFF);
22       }
23     }
24
```

第 5～23 行为用户任务函数 Task01。第 7 行在 LCD 屏(10,10)处显示 μC/OS-Ⅱ 系统版本号;第 9 行调用函数 CreateEvents 创建事件;第 10 行调用函数 CreateTasks 创建除第一个用户任务之外的其他用户任务;第 12 行调用系统函数 OS_CPU_SysTickInit(位于文件 os_cpu_c.c 中)设定时钟节拍工作频率为 100Hz。第 14 行调用 OSStatInit 初始化统计任务。第 16～22 行为无限循环体,循环执行延时 1s(第 18 行)、点亮 LED0 灯(第 19 行)、延时 1s(第 20 行)和关闭 LED0 灯(第 21 行)。

第一个用户任务中必须做到:①启动时钟节拍定时器,一般设为 100Hz;②初始化统计任务,可以统计各个任务的堆栈使用情况和 CPU 的利用率情况;③创建其他的用户任务和事件。

```
25     void CreateTasks(void)
26     {
27     }
28
29     void CreateEvents(void)
30     {
31     }
```

第 25~27 行为创建其他用户任务的函数 CreateTasks，当前为空；第 29~31 行为创建事件的函数 CreateEvents，当前为空。

程序段 10-8　文件 task01.h

```
1    //Filename:task01.h
2
3    #ifndef  _TASK01_H
4    #define  _TASK01_H
5
6    #define  Task01ID        1u
7    #define  Task01Prio      (Task01ID + 4u)
8    #define  Task01StkSize   200u
9
10   void Task01(void * pdat);
11   void CreateTasks(void);
12   void CreateEvents(void);
13
14   #endif
```

文件 task01.h 中宏定义了第一个用户任务 Task01 的 ID 为 1、优先级号为 4、堆栈大小为 200（由于堆栈以字为单位，这里的 200 相当于 800 字节），这些宏常量被用于 main.c 文件中（参考程序段 10-4）。第 10~12 行声明了文件 task01.c 中定义的函数，依次为任务函数 Task01、创建其他任务函数 CreateTasks 和创建事件函数 CreateEvents。

(9) 修改 exti.c 文件中如程序段 10-9 所示的部分。

程序段 10-9　文件 exti.c 中需要修改的部分

```
1    void EXTI2_IRQHandler()
2    {
3      OSIntEnter();
4      DrawString(400,10,(Int08U *)"Key 2",10);    //LED(0,LED_ON);
5      EXTI_ClearFlag(EXTI_Line2);
6      NVIC_ClearPendingIRQ(EXTI2_IRQn);
7      OSIntExit();
8    }
9
10   void EXTI3_IRQHandler()
11   {
12     OSIntEnter();
13     DrawString(400,10,(Int08U *)"Key 1",10);    //LED(0,LED_OFF);
14     EXTI_ClearFlag(EXTI_Line3);
15     NVIC_ClearPendingIRQ(EXTI3_IRQn);
16     OSIntExit();
17   }
18
19   void EXTI4_IRQHandler()
20   {
21     OSIntEnter();
22     BEEP();
23     EXTI_ClearFlag(EXTI_Line4);
24     NVIC_ClearPendingIRQ(EXTI4_IRQn);
25     OSIntEnter();
26   }
```

将文件 exti.c 中的上述两个中断服务函数中的第 4 行和第 13 行,由原来的语句"LED(0,LED_ON);"和"//LED(0,LED_OFF);"修改为"DrawString(400,10,(Int08U *)"Key 2",10);"和"DrawString(400,10,(Int08U *)"Key 1",10);",表示按下按键 1 时,在 LCD 屏的右上角显示"Key 1",而按下按键 2 时,将显示"Key 2"。这是因为 LED0 灯被用于用户任务函数 Task01 中了(参考程序段 10-7)。注意:第 3、12、21 行和第 7、16、25 行添加了语句"OSIntEnter();"和"OSIntExit();",这组语句成对出现,用于加载了 μC/OS-Ⅱ 操作系统后的中断管理。

(10) 修改 os_cfg.h 文件中宏常量"OS_TMR_EN"的值,由 0u 修改为 1u(位于文件的第 139 行),表示打开系统定时器模块。10.2 节中将详细介绍 os_cfg.h 文件。

(11) 将文件 strfun.c 和 task01.c 添加到工程管理器的"USER"分组下。完成后的工程 22 如图 10-2 所示。

工程 22 是一个完整的工程,在 STM32F103 战舰 V3 开发板上运行时,LED0 灯每隔 1s 闪烁一次(LED1 灯也每隔 1s 闪烁一次,由 TIM2 驱动),在 LCD 屏的左上角显示一行信息"uC/OS-Ⅱ Version:2.9211."(如果按下按键 1 或 2 将在 LCD 屏的右上角显示按键信息,按下按键 3 蜂鸣器将启动或关闭,这些是从工程 21 继承来的功能)。

通过后续内容和第 11 章的学习,工程 22 中的各种疑问才能逐步明白。

10.2 μC/OS-Ⅱ 系统结构与配置

本书使用的 μC/OS-Ⅱ 嵌入式实时操作系统,版本号为 V2.92.11,结合图 10-2 可知,μC/OS-Ⅱ 共有 16 个系统文件(包括 ucos_ii.h),如表 10-1 所示。

表 10-1 μC/OS-Ⅱ 系统文件

序号	文件作用	文件名
1	头文件	ucos_ii.h
2	移植文件	os_cpu_a.asm
3	移植文件	os_cpu_c.c
4	内核文件	os_core.c
5	编译调试信息	os_dbg_r.c
6	事件标志组管理	os_flag.c
7	消息邮箱管理	os_mbox.c
8	存储管理	os_mem.c
9	互斥信号量管理	os_mutex.c
10	消息队列管理	os_q.c
11	信号量管理	os_sem.c
12	任务管理	os_task.c
13	延时管理	os_time.c
14	定时器管理	os_tmr.c
15	用户配置文件	app_cfg.h
16	系统配置文件	os_cfg.h

如果对 μC/OS-Ⅱ系统内核工作原理感兴趣,需要认真阅读表 10-1 中的全部文件,大约有 11000 多行源代码。如果重点关注 μC/OS-Ⅱ系统的应用程序设计,可以只关心系统配置文件 os_cfg.h,通过该文件可对 μC/OS-Ⅱ系统进行裁剪,该文件内容如程序段 10-10 所示。

程序段 10-10　文件 os_cfg.h

```
1    //Filename: os_cfg.h
2    //Owned by Micrium, V2.9211
3
4    #ifndef OS_CFG_H
5    #define OS_CFG_H
6
7    // MISCELLANEOUS
8    #define OS_APP_HOOKS_EN         0u
9    #define OS_ARG_CHK_EN           1u
10   #define OS_CPU_HOOKS_EN         1u
11
```

第 8 行 OS_APP_HOOKS_EN 为 1 表示 μC/OS-Ⅱ支持用户定义的应用程序钩子函数,默认为支持,这里设置为 0。第 9 行 OS_ARG_CHK_EN 为 1 表示系统函数进行参数合法性检查,为 0 表示不做合法性检查,默认为 0,建议设为 1。第 10 行 OS_CPU_HOOKS_EN 为 1 表示支持系统钩子函数,为 0 表示不支持,默认为 1。

```
12   #define OS_DEBUG_EN             0u
13
14   #define OS_EVENT_MULTI_EN       0u
15   #define OS_EVENT_NAME_EN        1u
16
```

第 12 行 OS_DEBUG_EN 为 1 表示使能调试变量,默认为 1,建议设置为 0。第 14 行 OS_EVENT_MULTI_EN 为 1 表示支持多事件请求系统函数,默认为 1,建议设置为 0。第 15 行 OS_EVENT_NAME_EN 为 1 表示可为各个组件指定名称,默认为 1,建议设置为 1。

```
17   #define OS_LOWEST_PRIO          63u
18
```

第 17 行 OS_LOWEST_PRIO 表示任务的最大优先级号值,默认为 63,μC/OS-Ⅱ最多可支持 255 个任务,因此,这里 OS_LOWEST_PRIO 的值最大不能超过 254(因为优先级号从 0 开始,计数到 254 时,共有 255 个任务;255(即 0xFF),专用于表示当前执行任务的任务优先级号)。OS_LOWEST_PRIO 专用于表示空闲任务的优先级号。

```
19   #define OS_MAX_EVENTS           20u
20   #define OS_MAX_FLAGS            5u
21   #define OS_MAX_MEM_PART         5u
22   #define OS_MAX_QS               4u
23   #define OS_MAX_TASKS            40u
24
```

第 19 行 OS_MAX_EVENTS 指定系统中事件控制块的最大数量,即事件的最大数量,默认值为 10,建议值为 20;第 20 行 OS_MAX_FLAGS 指定事件标志组的最大个数,默认值为 5;第 21 行 OS_MAX_MEM_PART 指定内存分区的最大个数,默认值为 5;第 22 行

OS_MAX_QS 指定消息队列的最大个数，默认值为 4；第 23 行 OS_MAX_TASKS 指定最多可创建的任务个数，建议值为 40，默认值为 20，最小值为 2，因为 μC/OS-Ⅱ 至少要创建空闲系统任务和一个用户任务。

```
25      #define OS_SCHED_LOCK_EN        1u
26
27      #define OS_TICK_STEP_EN         0u
28      #define OS_TICKS_PER_SEC        100u
29      #define OS_TLS_TBL_SIZE         0u
```

第 25 行 OS_SCHED_LOCK_EN 为 1 表示用于任务上锁和解锁的函数 OSSchedLock 和 OSSchedUnLock 可用，为 0 表示不可用；第 27 行 OS_TICK_STEP_EN 为 1 表示 μC/OS-View 可观测时钟节拍，为 0 表示关闭 μC/OS-View 监控功能；第 28 行为时钟节拍频率，默认值为 100Hz。第 29 行定义用户任务专用的变量存储区的长度为 0。

```
30      // TASK STACK SIZE
31      #define OS_TASK_TMR_STK_SIZE    200u
32      #define OS_TASK_STAT_STK_SIZE   200u
33      #define OS_TASK_IDLE_STK_SIZE   200u
34
```

第 31~33 行宏定义了 3 个系统任务，即定时器任务、统计任务和空闲任务的堆栈大小，均设为 200，单位为 OS_STK，对于 STM32F103 微控制器而言，OS_STK 为无符号 32 位整型，即 200 相当于 800 字节。

```
35      // TASK MANAGEMENT
36      #define OS_TASK_CHANGE_PRIO_EN      1u
37      #define OS_TASK_CREATE_EN           1u
38      #define OS_TASK_CREATE_EXT_EN       1u
39      #define OS_TASK_DEL_EN              1u
40      #define OS_TASK_NAME_EN             1u
41      #define OS_TASK_PROFILE_EN          1u
42      #define OS_TASK_QUERY_EN            1u
43      #define OS_TASK_REG_TBL_SIZE        1u
44      #define OS_TASK_STAT_EN             1u
45      #define OS_TASK_STAT_STK_CHK_EN     1u
46      #define OS_TASK_SUSPEND_EN          1u
47      #define OS_TASK_SW_HOOK_EN          1u
48
```

第 36~47 行为任务管理相关的宏定义，各行的宏定义值均为 1，依次表示函数 OSTaskChangePrio 可用、OSTaskCreate 函数可用、OSTaskCreateExt 函数可用、OSTaskDel 函数可用、函数可命名、OS_TCB 任务控制块中包括测试信息、OSTaskQuery 函数可用、任务寄存器变量数组长度为 1、统计任务可用、统计任务可统计各个任务的堆栈使用情况、函数 OSTaskSuspend 和 OSTaskResume 可用以及 OSTaskSwHook 函数可用。除了第 43 行的 OS_TASK_REG_TBL_SIZE 外，其余行宏定义的值为 0 时，含义刚好与上述相反。

```
49      // EVENT FLAGS
50      #define OS_FLAG_EN              1u
51      #define OS_FLAG_ACCEPT_EN       1u
```

52	#define OS_FLAG_DEL_EN	1u
53	#define OS_FLAG_NAME_EN	1u
54	#define OS_FLAG_QUERY_EN	1u
55	#define OS_FLAG_WAIT_CLR_EN	1u
56	#define OS_FLAGS_NBITS	16u
57		

第 50~56 行为与事件标志组相关的宏定义，第 50~55 行的宏定义值均为 1，各行的含义依次为事件标志组可用、函数 OSFlagAccept 可用、函数 OSFlagDel 可用、可为事件标志组命名、函数 OSFlagQuery 可用、等待清除事件标志的代码有效；上述各行的宏定义值为 0 时，其含义刚好相反。第 56 行将事件标志 OS_FLAGS 类型宏定义为 16 位无符号整型。如果第 50 行的宏定义改为 0，则表示事件标志组被裁剪掉了，于是第 51~56 行无效。

58	// MESSAGE MAILBOXES	
59	#define OS_MBOX_EN	1u
60	#define OS_MBOX_ACCEPT_EN	1u
61	#define OS_MBOX_DEL_EN	1u
62	#define OS_MBOX_PEND_ABORT_EN	1u
63	#define OS_MBOX_POST_EN	1u
64	#define OS_MBOX_POST_OPT_EN	1u
65	#define OS_MBOX_QUERY_EN	1u
66		

第 59~65 行为与消息邮箱相关的宏定义，各行的宏定义值均为 1，其含义依次为消息邮箱可用、函数 OSMboxAccept 可用、函数 OSMboxDel 可用、函数 OSMboxPendAbort 可用、函数 OSMboxPost 可用、函数 OSMboxPostOpt 可用以及函数 OSMboxQuery 可用；如果各行的宏定义值为 0，则含义刚好相反。如果第 59 的宏定义为 0，则表示消息邮箱被裁剪掉了，于是第 60~65 行无效。

67	// MEMORY MANAGEMENT	
68	#define OS_MEM_EN	1u
69	#define OS_MEM_NAME_EN	1u
70	#define OS_MEM_QUERY_EN	1u
71		

第 68~70 行为与存储管理相关的宏定义，各行的宏定义值均为 1，依次表示存储管理组件可用、可为内存分区命名以及函数 OSMemQuery 可用；如果各行的宏定义值为 0，含义刚好相反。如果第 68 行的宏定义为 0，则表示存储管理组件被裁剪掉了，于是第 69~70 行无效。

72	// MUTUAL EXCLUSION SEMAPHORES	
73	#define OS_MUTEX_EN	1u
74	#define OS_MUTEX_ACCEPT_EN	1u
75	#define OS_MUTEX_DEL_EN	1u
76	#define OS_MUTEX_QUERY_EN	1u
77		

第 73~76 行为与互斥信号量相关的宏定义，各行的宏定义值均为 1，依次为互斥信号量组件可用、函数 OSMutexAccept 可用、函数 OSMutexDel 可用以及函数 OSMutexQuery 可用；如果各行的宏定义为 0，则含义刚好相反。如果第 73 行的宏定义为 0，则表示互斥信号量被裁剪掉了，于是第 74~76 行无效。

```
78      // MESSAGE QUEUES
79      #define OS_Q_EN                    1u
80      #define OS_Q_ACCEPT_EN             1u
81      #define OS_Q_DEL_EN                1u
82      #define OS_Q_FLUSH_EN              1u
83      #define OS_Q_PEND_ABORT_EN         1u
84      #define OS_Q_POST_EN               1u
85      #define OS_Q_POST_FRONT_EN         1u
86      #define OS_Q_POST_OPT_EN           1u
87      #define OS_Q_QUERY_EN              1u
88
```

第 79~87 行为与消息队列相关的宏定义，各行的宏定义值均为 1，依次表示消息队列组件可用、函数 OSQAccept 可用、函数 OSQDel 可用、函数 OSQFlush 可用、函数 OSQPendAbort 可用、函数 OSQPost 可用、函数 QPostFront 可用、函数 OSQPostOpt 可用以及函数 OSQQuery 可用。当各行的宏定义值为 0 时，含义刚好与上述相反。当第 79 行的宏定义值为 0 时，消息队列从系统中被裁剪掉，则第 80~87 行无效。

```
89      // SEMAPHORES
90      #define OS_SEM_EN                  1u
91      #define OS_SEM_ACCEPT_EN           1u
92      #define OS_SEM_DEL_EN              1u
93      #define OS_SEM_PEND_ABORT_EN       1u
94      #define OS_SEM_QUERY_EN            1u
95      #define OS_SEM_SET_EN              1u
96
```

第 90~95 行为与信号量相关的宏定义，各行的宏定义值均为 1，依次表示信号量组件可用、函数 OSSemAccept 可用、函数 OSSemDel 可用、函数 OSSemPendAbort 可用、函数 OSSemQuery 可用以及函数 OSSemSet 可用；如果各行的宏定义值为 0，则含义刚好相反。如果第 90 行的宏定义为 0，则表示信号量被从系统中裁剪掉了，于是第 91~95 行均无效。

```
97      // TIME MANAGEMENT
98      #define OS_TIME_DLY_HMSM_EN        1u
99      #define OS_TIME_DLY_RESUME_EN      1u
100     #define OS_TIME_GET_SET_EN         1u
101     #define OS_TIME_TICK_HOOK_EN       1u
102
```

第 98~101 行为与延时管理相关的宏定义，各行的宏定义值为 1，依次表示函数 OSTimeDlyHMSM 可用、函数 OSTimeDlyResume 可用、函数 OSTimeGet 和 OSTimeSet 可用以及函数 OSTimeTickHook 可用；如果各行的宏定义值为 0，则其含义刚好相反。

```
103     // TIMER MANAGEMENT
104     #define OS_TMR_EN                  1u
105     #define OS_TMR_CFG_MAX             16u
106     #define OS_TMR_CFG_NAME_EN         1u
107     #define OS_TMR_CFG_WHEEL_SIZE      7u
108     #define OS_TMR_CFG_TICKS_PER_SEC   10u
109
110     #endif
```

第 104~108 行为与定时器管理相关的宏定义，第 104 行 OS_TMR_EN 为 1 表示软定时器组件可用；为 0 表示关闭定时器任务。第 105 行 OS_TMR_CFG_MAX 用于设置最大可创建的软定时器个数，默认值为 16。第 106 行 OS_TMR_CFG_NAME_EN 为 1 表示可为软定时器命名。第 107 行 OS_TMR_CFG_WHEEL_SIZE 表示软定时器轮盘的个数，默认值为 7。第 108 行 OS_TMR_CFG_TICKS_PER_SEC 表示定时器的频率，默认值为 10Hz。

针对 STM32F103ZET6 的 μC/OS-Ⅱ 系统常用配置见表 10-2。

表 10-2　针对 STM32F103ZET6 的 μC/OS-Ⅱ 系统常用配置

序号	宏常量名	默认值	建议值	建议值含义
1	OS_EVENT_MULTI_EN	1	0	不使用多事件请求
2	OS_LOWEST_PRIO	63	63	空闲任务优先级号为 63，统计任务优先级号为 62，用户任务优先级号为 0~61
3	OS_MAX_TASKS	20	40	最多可创建 40 个任务，任务的个数和优先级号不需要一一对应，但需要满足每个任务必须有独一无二的优先级号，且满足 OS_MAX_TASKS ≤ OS_LOWEST_PRIO−1
4	OS_MAX_EVENTS	10	20	事件个数最多为 20
5	OS_MAX_FLAGS	5	5	事件标志组个数最多为 5
6	OS_MAX_QS	4	4	消息队列个数最多为 4
7	OS_TICKS_PER_SEC	100	100	系统节拍时钟为 100Hz
8	OS_TASK_TMR_STK_SIZE	128	200	定时器任务堆栈大小为 200(800B)
9	OS_TASK_STAT_STK_SIZE	128	200	统计任务堆栈大小为 200(800B)
10	OS_TASK_IDLE_STK_SIZE	128	200	空闲任务堆栈大小为 200(800B)
11	OS_TASK_CREATE_EXT_EN	1	1	允许使用 OSTaskCreateExt 创建任务
12	OS_FLAG_EN	1	1	事件标志组件可用
13	OS_MBOX_EN	1	1	消息邮箱组件可用
14	OS_MEM_EN	1	1	存储管理组件可用
15	OS_MUTEX_EN	1	1	互斥信号量组件可用
16	OS_Q_EN	1	1	消息队列组件可用
17	OS_SEM_EN	1	1	信号量组件可用
18	OS_TIME_DLY_HMSM_EN	1	1	函数 OSTimeDlyHMSM 可用
19	OS_TMR_EN	1	1	软定时器组件可用
20	OS_DEBUG_EN	1	0	关闭调试信息
21	OS_TICK_STEP_EN	1	0	关闭 μC/OS-View 的系统节拍步进观测功能
22	OS_TMR_CFG_TICKS_PER_SEC	10	10	软定时器频率为 10Hz

按表 10-2 中的配置，工程中最多可创建的任务数为 40 个，优先级号取值为 0~63，μC/OS-Ⅱ 自动把 OS_LOWEST_PRIO（这里为 63）设置为空闲任务的优先级号，把 OS_LOWEST_PRIO−1（这里为 62）设置为统计任务的优先级号（如果统计任务可用）。在工程中，把定时器任务的优先级号定义为 61（参考程序段 10-2），其他用户任务的优先级号为 0~60。然而，一般地，0~4 号留作优先级继承优先级号（PIP）（将在第 12 章介绍）。这里，可创建的用户任务最多为 38 个（40 个中去掉统计任务和定时器任务），这 38 个用户任务的优先级号可在 5~60 中随意选择，但需保证各个任务的优先级号互不相同。

第 2 篇中全部工程实例均采用了表 10-2 的配置,需要指出的是,基于 STM32F103ZET6 微控制器,创建的任务数不宜超过 80 个(包括 3 个系统任务:空闲任务、统计任务和定时器任务)。μC/OS-Ⅱ 要求每个任务具有独一无二的优先级号,且满足 OS_MAX_TASKS ≤ OS_LOWEST_PRIO−1,优先级号的最大值为 254,并且任务的优先级号越小,任务的优先级别越高。因此,优先级号为 0 的任务优先级最高,优先级号为 OS_LOWEST_PRIO 的空闲任务优先级最低,而由于统计任务的优先级号固定为 OS_LOWEST_PRIO−1,因此统计任务的优先级只比空闲任务高。此外,μC/OS-Ⅱ 要求每个任务具有独立的堆栈空间,不同任务的堆栈空间大小可以不同,一般地,每个任务的堆栈大小在 200B 以上,本书中任务的堆栈大小指定为 800B。

10.3 μC/OS-Ⅱ 系统任务

μC/OS-Ⅱ 具有 3 个系统任务,即空闲任务、统计任务和定时器任务(注意,定时器任务在一些书中被称为用户任务,本书中将定时器任务称为系统任务)。系统任务由 μC/OS-Ⅱ 内核创建;除了系统任务外,其余由用户创建并实现所需要的功能的任务,均被称为用户任务。

10.3.1 空闲任务

当所有其他任务均没有使用 CPU 时,空闲任务占用 CPU,因此,空闲任务是 μC/OS-Ⅱ 中优先级最低的任务,其优先级号固定为 OS_LOWEST_PRIO。空闲任务实现的工作为:每执行一次空闲任务,系统全局变量 OSIdleCtr 自增 1;每次空闲任务的执行都将调用一次钩子函数 OSTaskIdleHook,用户可以通过该钩子函数扩展功能,例如使 STM32F103ZET6 进入低功耗模式。

10.3.2 统计任务

统计任务用于统计 CPU 的使用率和各个任务的堆栈使用情况。统计任务的优先级号固定为 OS_LOWEST_PRIO−1,仅比空闲任务的优先级高,对于 μC/OS-Ⅱ V2.92.11 而言,每 0.1s 执行统计任务一次,将统计这段时间内空闲任务运行的时间,用 OSIdleCtr 表示,用该数值与 0.1s 时间内只有空闲任务运行时的 OSIdleCtr 的值(用 OSIdleCtrMax 表示,在 OSStatInit 函数中可统计到该值)相比,即得到这 0.1s 内的 CPU 空闲率,1 减去 CPU 空闲率的差为 CPU 使用率。

当需要查询某个任务的堆栈使用情况时,必须在创建这个任务时把它的堆栈内容全部清零,这样,统计任务在统计每个任务的堆栈使用情况时,统计其堆栈中不为 0 的元素个数,该值为其堆栈使用的长度,堆栈总长度减去前者即得到该任务的空闲堆栈空间长度。

当程序段 10-10 的第 44 行 OS_TASK_STAT_EN 为 1 时,则开启 μC/OS-Ⅱ 统计任务功能。此时需要在第一个用户任务的无限循环体前面插入语句"OSStatInit();"以初始化统计任务,并且要求使用函数 OSTaskCreateExt 创建用户任务,最后一个参数使用"OS_TASK_OPT_STK_CHK | OS_TASK_OPT_STK_CLR"。统计任务可以统计各个任务的 CPU 占用率以及其堆栈占用情况。

一般地，在第一个用户任务中显示 CPU 使用率和各个任务堆栈占用情况，CPU 使用率保存在一个系统全局变量 OSCPUUsage 中，其值为 0～100 范围内的整数，如果为 3，则表示 CPU 使用率为 3%。

当查询某个任务的堆栈使用情况时，需要定义结构体变量类型 OS_STK_DATA 的变量，然后调用函数 OSTaskStkChk，该函数有两个参数，第一个为任务优先级号，第二个为指向 OS_STK_DATA 型结构体变量的指针。例如：

```
OS_STK_DATA  StkData;
OSTaskStkChk(2, &StkData);
```

则将优先级号为 2 的任务的堆栈使用情况保存在 StkData 变量中，其中，StkData.OSFree 为该任务空闲的堆栈大小，StkData.OSUsed 为该任务使用的堆栈大小，单位为字节。

10.3.3 定时器任务

定时器任务由 μC/OS-Ⅱ 系统提供，用于创建软定时器（或称系统定时器）。相对于 STM32F103ZET6 芯片的硬件定时器而言，软定时器是指 μC/OS-Ⅱ 系统提供的软件定时器组件，具有和硬件定时器相似的定时功能。根据表 10-2 所示的配置方式，在后续的工程中将定时器任务的优先级号配置为 61。程序段 10-10 中第 105 行宏定义了常量 OS_TMR_CFG_MAX 为 16，表示最多可以创建 16 个软定时器。μC/OS-Ⅱ 定时器任务可管理的定时器数量仅受定时器数据类型的限制，对于 16 位无符号整型而言，可管理多达 65536 个定时器。

10.4 本章小结

本章详细讨论了 μC/OS-Ⅱ 系统移植到 STM32F103ZET6 硬件平台的工程框架，并阐述了 μC/OS-Ⅱ 系统的文件结构和裁剪系统内核组件的配置文件内容，最后，介绍了 μC/OS-Ⅱ 系统的三个系统任务及其作用。本章给出的工程 22 是一个完整的可执行工程，但是只有一个用户任务，第 11 章将在工程 22 的基础上添加更多的用户任务，并深入阐述多任务的工程实例的工作原理。

习题

1. 借助 Keil MDK 最新版本，说明 μC/OS-Ⅱ 系统移植到 STM32F103ZET6 微控制器上的方法。
2. 结合 os_cfg.h 文件，简述 μC/OS-Ⅱ 系统的裁剪方法。
3. 简要说明 μC/OS-Ⅱ 系统有哪几个系统任务，并说明各个系统任务的作用。

第 11 章 μC/OS-Ⅱ任务管理

CHAPTER 11

本章将介绍与 μC/OS-Ⅱ任务管理相关的系统函数及其应用方法，并将深入剖析多任务的工程实例及其工作原理，然后，还将介绍统计任务的作用和系统定时器的创建方法。

本章的学习目标：
- 了解统计任务的用法；
- 熟悉与 μC/OS-Ⅱ用户任务相关的系统函数；
- 掌握 μC/OS-Ⅱ用户任务的创建方法；
- 熟练应用库函数方法创建多任务工程。

11.1 μC/OS-Ⅱ用户任务

相对于系统任务而言，μC/OS-Ⅱ应用程序中用户创建的任务，称为用户任务，每个用户任务都在周期性地执行着某项工作，或请求到事件后执行相应的功能。用户任务的特点如下。

(1) 用户任务对应的函数是一个带有无限循环体的函数，由于具有无限循环体，故该类函数没有返回值。

(2) 用户任务对应的函数具有一个"void *"类型的指针参数，该类型指针可以指向任何类型的数据，通过该指针可以在任务创建时向任务传递一些数据，这种传递只能发生一次，即创建任务的时候，一旦任务开始工作，就无法再通过函数参数向任务传递数据了。

(3) 每个用户任务具有唯一的优先级号，取值范围为 0～OS_LOWEST_PRIO−3(OS_LOWEST_PRIO 为 os_cfg.h 中宏定义的常量，最大值为 254)，一般地，系统的空闲任务优先级号为 OS_LOWEST_PRIO，统计任务的优先级号为 OS_LOWEST_PRIO−1，定时器任务的优先级号常设定为 OS_LOWEST_PRIO−2。此外，需要为优先级继承优先级留出优先级号，所以，用户任务的优先级号一般为 5～OS_LOWEST_PRIO−3。在基于 STM32F103ZET6 的工程中，OS_LOWEST_PRIO 被宏定义为 63(参考表 10-2 和程序段 10-10 的 os_cfg.h 文件)，定时器任务的优先级号为 61，因此，用户任务的优先级号的取值范围为 5～60。

(4) 每个用户任务具有独立的堆栈，使用 OS_STK 类型定义堆栈，堆栈数组的大小一般要在 50(即 200 字节)以上。

在 μC/OS-Ⅱ V2.92.11 中，与用户任务管理相关的函数有 11 个，如表 11-1 所示，该类函数位于 os_task.c 文件中，用于实现任务创建、删除、挂起、恢复、改变任务优先级、查询任务信息、查询任务堆栈信息、设置任务名或查询任务名等操作。

表 11-1　任务管理函数

函 数 原 型	功　　能
INT8U　OSTaskCreate(void (* task)(void * p_arg), 　　　　　　　　void 　* p_arg, 　　　　　　　　OS_STK 　* ptos, 　　　　　　　　INT8U 　prio);	创建一个任务。4 个参数的含义依次为用户任务对应的函数名、函数参数、任务堆栈、任务优先级。可以在启动多任务前创建任务,也可在一个已经运行的任务中创建新的任务,但不能在中断服务程序中创建任务。任务函数必须包含无限循环体,且必须调用 OSMboxPend、OSFlagPend、OSMutexPend、OSQPend、OSSemPend、OSTimeDly、OSTimeDlyHMSM、OSTaskSuspend 和 OSTaskDel 中的一个,用于实现任务调度。任务优先级不应取为 0～3,并且不能取为 OS_LOWEST_PRIO－1～OS_LOWEST_PRIO
INT8U OSTaskCreateExt(void (* task)(void * p_arg), 　　　　　　　　void 　* p_arg, 　　　　　　　　OS_STK 　* ptos, 　　　　　　　　INT8U 　prio, 　　　　　　　　INT16U 　id, 　　　　　　　　OS_STK 　* pbos, 　　　　　　　　INT32U 　stk_size, 　　　　　　　　void 　* pext, 　　　　　　　　INT16U 　opt);	与 OSTaskCreate 作用相同,用于创建一个任务。该函数的前 4 个参数与 OSTaskCreate 相同,增加了表示任务 ID、任务堆栈栈底、任务堆栈大小、用户定义的任务外部空间指针和任务创建选项等参数。如果要对任务的堆栈进行检查,必须使用该函数创建任务,且 opt 应设置为"OS_TASK_OPT_STK_CHK ∣ OS_TASK_OPT_STK_CLR",本书中实例全部使用该函数创建用户任务
INT8U　OSTaskDel(INT8U　prio);	通过指定任务优先级或 OS_PRIO_SELF 删除一个任务或调用该函数的任务自己。被删除的任务进入休眠态,调用 OSTaskCreate 或 OSTaskCreateExt 可再次激活它(中断服务程序不能调用该函数)
INT8U　OSTaskDelReq(INT8U　prio);	请求任务删除自己。一般用于删除占有资源的任务,假设该任务的优先级号为 10,发出删除任务 10 请求的任务优先级号为 5,则在任务 5 中调用 OSTaskDelReg(10),任务 10 中会调用 OSTaskDelReq(OS_PRIO_SELF),如果返回值为 OS_TASK_DEL_REQ,则表明有来自其他任务的删除请求,任务 10 首先释放其占有的资源,然后调用 OSTaskDel(OS_PRIO_SELF)删除自己(中断服务程序不能调用该函数)
INT8U　OSTaskChangePrio(INT8U 　oldprio, INT8U 　newprio);	更改任务的优先级
INT8U　OSTaskSuspend(INT8U　prio);	无条件挂起一个任务,参数指定为 OS_PRIO_SELF 时挂起任务自己。与 OSTaskResume 配对使用
INT8U　OSTaskResume(INT8U　prio);	恢复(或就绪)一个被 OSTaskSuspend 挂起的任务,而且是唯一可恢复被 OSTaskSuspend 挂起任务的函数
INT8U　OSTaskQuery(INT8U 　prio, OS_TCB 　* p_task_data);	查询任务信息

续表

函 数 原 型	功　　能
INT8U　OSTaskStkChk(INT8U　prio, OS_STK_DATA　*p_stk_data);	检查任务堆栈信息,例如,栈未用空间和已用空间。该函数要求使用 OSTaskCreateExt 创建任务,且 opt 参数指定为 OS_TASK_OPT_STK_CHK
INT8U　OSTaskNameGet(INT8U　prio, 　　　　　　　　　　INT8U　*pname, 　　　　　　　　　　INT8U　*perr);	得到已命名任务的名称,为 ASCII 字符串,长度最大为 OS_TASK_NAME_SIZE(包括结尾 NULL 空字符),用于调试(中断服务程序不能调用该函数)。3 个参数的含义为任务优先级号、任务名、出错信息码
void　OSTaskNameSet(INT8U　prio, 　　　　　　　　　INT8U　*pname, 　　　　　　　　　INT8U　*perr);	为任务命名,名称为 ASCII 字符串,长度最大为 OS_TASK_NAME_SIZE(包括结尾 NULL 空字符),用于调试(中断服务程序不能调用该函数)。3 个参数的含义为任务优先级号、任务名、出错信息码

μC/OS-Ⅱ系统中有两个创建任务的函数,即 OSTaskCreate 和 OSTaskCreateExt。任务本质上是具有无限循环体的函数。一般地,要创建一个任务,有以下步骤。

(1) 编写一个带有无限循环体的函数,由于具有无限循环体,故函数没有返回值。该函数具有一个 void * 类型的指针,该指针可以指向任何类型的数据,通过该指针可以在任务创建时向任务传递一些数据,这种传递只能发生一次,一旦任务开始工作,就无法再通过函数参数向任务传递数据了。该函数的典型样式如程序段 11-1 所示。

程序段 11-1　任务函数典型样式(带有无限循环体的函数)

```
1    void Task01(void * pdat)
2    {
3        INT8U err;
4        //此处的语句仅当任务第一次执行时被执行一次
5        OSTaskNameSet(OS_PRIO_SELF,"AppTask_1",&err);
6        for(;;)
7        {
8            //添加要执行的任务功能
9            OSTimeDlyHMSM(0,0,1,0);
10           //添加需要的功能代码
11       }
12   }
```

第 1 行为函数头,表明该函数的返回值为空,参数类型为 void *,函数名为 Task01。函数名应为以字母或下画线开头的字符串,函数名中不能有空格。第 3~5 行为一些处理语句,这些语句只能被执行一次,即第一次执行该函数体对应的任务时被执行一次,然后,进入第 6~11 行的无限循环体执行。第 6~11 行为无限循环体,循环体中应该出现 OSTimeDlyHMSM 之类的延时函数或事件请求函数。

(2) 为要创建的任务指定优先级号,每个任务都有唯一的优先级号,取值范围从 0~OS_LOWEST_PRIO−2(OS_LOWEST_PRIO 为文件 os_cfg.h 中的宏定义常量,最大值为 254),一般地,用户任务优先级为 5~OS_LOWEST_PRIO−3。优先级号常用宏常量来定义,例如:

```
#define    Task01Prio        5
```

（3）为要创建的任务定义堆栈，必须使用 OS_STK 类型定义堆栈，例如：

```
OS_STK    Task01Stk[200];
```

（4）调用 OSTaskCreate 或 OSTaskCreateExt 函数创建任务。例如：

```
OSTaskCreate (Task01,
              (void *)0,
              &Task01Stk[199],
              Task01Prio);
```

或

```
OSTaskCreateExt (Task01,
                 (void *)0,
                 &Task01Stk[199],
                 Task01Prio,
                 1,
                 &Task01Stk[0],
                 200,
                 (void *)0,
                 OS_TASK_OPT_STK_CHK | OS_TASK_OPT_STK_CLR);
```

OSTaskCreateExt 函数的 9 个参数的含义依次为：任务对应的函数名为 Task01、任务对应的函数参数为空、任务堆栈栈顶为 Task01Stk[199]、任务优先级号为 Task01Prio、任务身份号为 1（无实质意义）、任务堆栈栈底为 Task01Stk[0]、任务堆栈长度为 200、扩展的任务外部空间访问指针为空、要进行堆栈检查且全部堆栈元素清零。在 Cortex-M3 中，堆栈的生长方向为由高地址向低地址方向，所以，栈顶地址为数组的最后一个元素，而栈底地址为数组的第一个元素。

经过上述四步，一个基于函数 Task01 的任务就创建好了，在不造成混淆的情况下，一般该任务也称为 Task01。

在 μC/OS-Ⅱ中，用户任务共有 5 种状态，如图 11-1 所示。

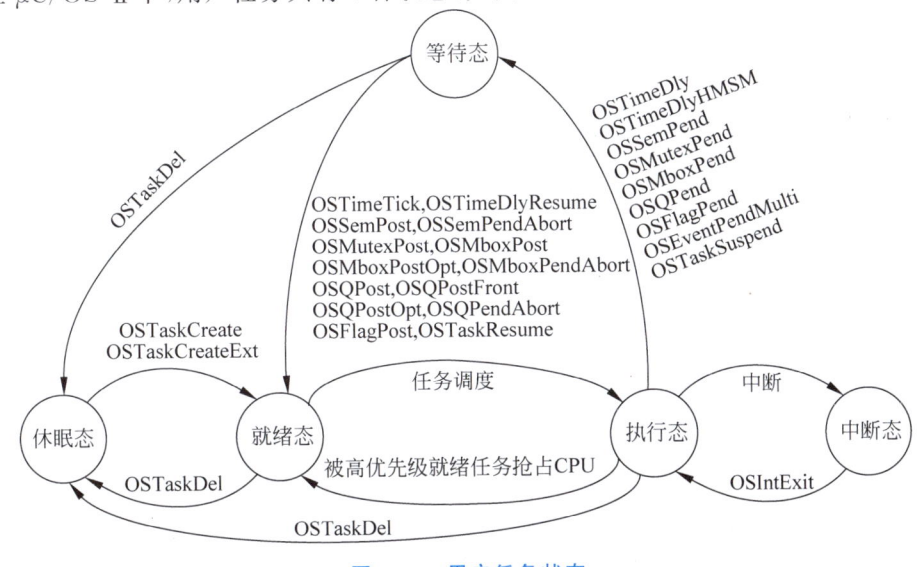

图 11-1 用户任务状态

图 11-1 中出现的函数作用可参考文献[6,7]。一个用户任务调用 OSTaskCreate 或 OSTaskCreateExt 函数创建好后,直接处于就绪态。调用 OSTaskDel 函数后,会使用户任务进入休眠态,此时只能通过再次调用 OSTaskCreate 或 OSTaskCreateExt 函数创建任务,任务才能使用。多个任务同时就绪时,任务调度器将使优先级最高的任务优先得到 CPU 使用权而去执行,被剥夺了 CPU 使用权但没有执行完的任务将进入就绪态。处于执行态的任务被中断服务函数中断后,将进入中断态,当中断服务程序完成后,将从中断态返回执行态,此时 μC/OS-Ⅱ将在从中断返回的任务以及所有就绪的任务中选择优先级最高的任务,使其占用 CPU 而得到执行。处于执行态的任务当执行到延时函数(OSTimeDly 或 OSTimeDlyHMSM)、请求事件函数(OSSemPend、OSMutexPend、OSMboxPend、OSQPend、OSFlagPend 或 OSEventPendMulti)或任务挂起函数(OSTaskSuspend)时,该任务进入等待延时、事件或任务恢复的等待态。当处于等待态的任务等待超时(OSTimeTick)、等待延时取消(OSTimeDlyResume)、事件被释放(OSSemPost、OSMutexPost、OSMboxPost、OSMboxPostOpt、OSQboxPostFront、OSQPostOpt、OSQPost、OSFlagPost)、请求事件取消(OSSemPendAbort、OSMboxPendAbort、OSQPendAbort)或任务恢复(OSTaskResume)时,任务由等待态进入就绪态。

视频讲解

11.2 μC/OS-Ⅱ多任务工程实例

本节介绍一个具 6 个用户任务和 3 个系统任务的多任务实例。在工程 22 的基础上新建工程 23,保存在目录"D:\STM32F103ZET6 工程\工程 23"下,此时的工程 23 与工程 22 完全相同,然后进行如下的实现步骤。

(1) 新建文件 task02.c 和 task02.h,保存在目录"D:\STM32F103ZET6 工程\工程 23\USER"下,其代码如程序段 11-2 和程序段 11-3 所示。

程序段 11-2　文件 task02.c

```
1    //Filename: task02.c
2
3    #include "includes.h"
4
5    void Task02(void *pdat)
6    {
7        Int16U th;
8        Int08U t10,t01,h10,h01;
9
10       SetPenColorEx(BLUE);
11       SetGroundColorEx(WHITE);
12
13       for(;;)
14       {
15           OSTimeDlyHMSM(0,0,2,0);
16
17           th = DHT11ReadData();
18           t10 = (th >> 8) / 10;
19           t01 = (th >> 8) % 10;
20           h10 = (th & 0xFF) / 10;
21           h01 = (th & 0xFF) % 10;
```

```
22        DrawHZ16X16(10,50,(Int08U *)"温度",2);
23        DrawChar(10 + 2 * 16,50,(Int08U)':');
24        DrawChar(10 + 2 * 16 + 8,50,(Int08U)(t10 + '0'));
25        DrawChar(10 + 40 + 8,50,(Int08U)(t01 + '0'));
26        DrawHZ16X16(10 + 48 + 8,50,(Int08U *)"摄",1);
27        DrawHZ16X16(10,70,(Int08U *)"湿度",2);
28        DrawChar(10 + 2 * 16,70,(Int08U)':');
29        DrawChar(10 + 2 * 16 + 8,70,(Int08U)(h10 + '0'));
30        DrawChar(10 + 40 + 8,70,(Int08U)(h01 + '0'));
31        DrawChar(10 + 48 + 8,70,(Int08U)'%');
32      }
33   }
```

在task02.c文件中,第10行设置前景画笔色为蓝色,第11行设置背景画笔色为白色;在无限循环体内部(第15～31行)循环执行:延时2s(第15行)、读温/湿度值(第17行)、输出温/湿度值(第18～31行)。

程序段11-3　文件task02.h

```
1   //Filename:task02.h
2
3   #ifndef  _TASK02_H
4   #define  _TASK02_H
5
6   #define  Task02ID        2u
7   #define  Task02Prio      (Task02ID + 4u)
8   #define  Task02StkSize   200u
9
10  void Task02(void * pdat);
11
12  #endif
```

在task02.h文件中,宏定义了任务Task02的ID为2(第6行)、优先级号为6(第7行)、任务堆栈大小为200(第8行);第10行声明了任务函数Task02。

(2) 新建文件task03.c和task03.h,保存在目录"D:\STM32F103ZET6 工程\工程23\USER"下,其代码如程序段11-4和程序段11-5所示。

程序段11-4　文件task03.c

```
1   //Filename: task03.c
2
3   #include "includes.h"
4
5   void Task03(void * pdat)
6   {
7     Int32U i = 0;
8     Int08U ch[20];
9
10    DrawString(10,110,(Int08U *)"Task03 Counter:0",20);
11    for(;;)
12    {
13      OSTimeDlyHMSM(0,0,1,0);
14      i++;
15      Int2String(i,ch);
16      DrawString(10 + 15 * 8,110,ch,20);
17    }
18  }
```

文件 task03.c 中，第 10 行在 LCD 屏坐标(10,10)处输出"Task03 Counter：0"，然后进入无限循环体(第 11~17 行)，循环执行：延时 1s(第 13 行)、变量 i 自增 1(第 14 行)、将变量 i 转化为字符串 ch(第 15 行)、在坐标(130,110)处输出字符串 ch。

程序段 11-5　文件 task03.h

```
1   //Filename: task03.h
2
3   #ifndef  _TASK03_H
4   #define  _TASK03_H
5
6   #define  Task03ID        3u
7   #define  Task03Prio      (Task03ID + 4u)
8   #define  Task03StkSize   200u
9
10  void Task03(void * pdat);
11
12  #endif
```

在 task03.h 文件中，宏定义了任务 Task03 的 ID 为 3(第 6 行)、优先级号为 7(第 7 行)、任务堆栈大小为 200(第 8 行)；第 10 行声明了任务函数 Task03。

(3) 新建文件 task04.c 和 task04.h，保存在目录"D:\STM32F103ZET6 工程\工程 23\USER"下，其代码如程序段 11-6 和程序段 11-7 所示。

程序段 11-6　文件 task04.c

```
1   //Filename: task04.c
2
3   #include "includes.h"
4
5   void Task04(void * pdat)
6   {
7     Int32U i = 0;
8     Int08U ch[20];
9
10    DrawString(10,130,(Int08U *)"Task04 Counter:0",20);
11    for(;;)
12    {
13      OSTimeDlyHMSM(0,0,2,0);
14      i++;
15      Int2String(i,ch);
16      DrawString(10 + 15 * 8,130,ch,20);
17    }
18  }
```

文件 task04.c 中，第 10 行在 LCD 屏坐标(10,130)处输出"Task04 Counter：0"，然后进入无限循环体(第 11~17 行)，循环执行：延时 2s(第 13 行)、变量 i 自增 1(第 14 行)、将变量 i 转化为字符串 ch(第 15 行)、在坐标(130,130)处输出字符串 ch。

程序段 11-7　文件 task04.h

```
1   //Filename: task04.h
2
3   #ifndef  _TASK04_H
4   #define  _TASK04_H
```

```
5
6      #define    Task04ID           4u
7      #define    Task04Prio         (Task04ID + 4u)
8      #define    Task04StkSize      200u
9
10     void Task04(void * pdat);
11
12     #endif
```

在 task04.h 文件中，宏定义了任务 Task04 的 ID 为 4（第 6 行）、优先级号为 8（第 7 行）、任务堆栈大小为 200（第 8 行）；第 10 行声明了任务函数 Task04。

（4）新建文件 task05.c 和 task05.h，保存在目录"D:\STM32F103ZET6 工程\工程 23\USER"下，其代码如程序段 11-8 和程序段 11-9 所示。

程序段 11-8　文件 task05.c

```
1      //Filename: task05.c
2
3      #include "includes.h"
4
5      void Task05(void * pdat)
6      {
7        Int32U i = 0;
8        Int08U ch[20];
9
10       DrawString(10,150,(Int08U *)"Task05 Counter:0",20);
11       for(;;)
12       {
13           OSTimeDlyHMSM(0,0,4,0);
14           i++;
15           Int2String(i,ch);
16           DrawString(10 + 15 * 8,150,ch,20);
17       }
18     }
```

文件 task05.c 中，第 10 行在 LCD 屏坐标（10,150）处输出"Task05 Counter：0"，然后进入无限循环体（第 11～17 行），循环执行：延时 4s（第 13 行）、变量 i 自增 1（第 14 行）、将变量 i 转化为字符串 ch（第 15 行）、在坐标（130,150）处输出字符串 ch。

程序段 11-9　文件 task05.h

```
1      //Filename: task05.h
2
3      #ifndef   _TASK05_H
4      #define   _TASK05_H
5
6      #define    Task05ID           5u
7      #define    Task05Prio         (Task05ID + 4u)
8      #define    Task05StkSize      200u
9
10     void Task05(void * pdat);
11
12     #endif
```

在 task05.h 文件中，宏定义了任务 Task05 的 ID 为 5（第 6 行）、优先级号为 9（第 7

行)、任务堆栈大小为200(第8行)；第10行声明了任务函数Task05。

(5) 新建文件task06.c和task06.h，保存在目录"D:\STM32F103ZET6 工程\工程 23\USER"下，其代码如程序段11-10和程序段11-11所示。

程序段11-10　文件task06.c

```
1    //Filename: task06.c
2
3    #include "includes.h"
4
5    void Task06(void *pdat)
6    {
7      Int32U i = 0;
8      Int08U ch[20];
9
10     DrawString(10,170,(Int08U *)"Task06 Counter:0",20);
11     for(;;)
12     {
13       OSTimeDlyHMSM(0,0,8,0);
14       i++;
15       Int2String(i,ch);
16       DrawString(10+15*8,170,ch,20);
17     }
18   }
```

文件task06.c中，第10行在LCD屏坐标(10,170)处输出"Task06 Counter：0"，然后进入无限循环体(第11~17行)，循环执行：延时8s(第13行)、变量i自增1(第14行)、将变量i转化为字符串ch(第15行)、在坐标(130,170)处输出字符串ch。

程序段11-11　文件task06.h

```
1    //Filename: task06.h
2
3    #ifndef  _TASK06_H
4    #define  _TASK06_H
5
6    #define  Task06ID       6u
7    #define  Task06Prio     (Task06ID + 4u)
8    #define  Task06StkSize  200u
9
10   void Task06(void *pdat);
11
12   #endif
```

在task06.h文件中，宏定义了任务Task06的ID为6(第6行)、优先级号为10(第7行)、任务堆栈大小为200(第8行)；第10行声明了任务函数Task06。

(6) 修改task01.c文件，如程序段11-12所示。

程序段11-12　文件task01.c

```
1    //Filename:task01.c
2
3    #include "includes.h"
4
5    void Task01(void *pdat)
```

```
 6    {
 7        DispOSVersion(10,10);
 8
 9        CreateEvents();
10        CreateTasks();
11
12        OS_CPU_SysTickInit(720000);          //100Hz
13
14        OSStatInit();
15
16        for(;;)
17        {
18            OSTimeDlyHMSM(0,0,1,0);
19            LED(0,LED_ON);
20            OSTimeDlyHMSM(0,0,1,0);
21            LED(0,LED_OFF);
22        }
23    }
24
```

第 5～23 行为用户任务 Task01 的任务函数。第 7 行在 LCD 屏的坐标(10,10)处输出 μC/OS-Ⅱ版本号；第 9 行调用 CreateEvents 函数创建事件(目前为空)；第 10 行调用函数 CreateTasks 创建其他的用户任务，如第 31～78 行所示；第 12 行启动系统节拍定时器，工作频率为 100Hz；第 14 行初始化统计任务。第 16～22 行为无限循环体，循环执行：延时 1s(第 18 行)、LED0 灯亮(第 19 行)、延时 1s(第 20 行)、LED0 灯灭(第 21 行)。

```
25    OS_STK Task02Stk[Task02StkSize];
26    OS_STK Task03Stk[Task03StkSize];
27    OS_STK Task04Stk[Task04StkSize];
28    OS_STK Task05Stk[Task05StkSize];
29    OS_STK Task06Stk[Task06StkSize];
30
```

第 25～29 行定义用户任务 Task02～Task06 的堆栈数组。

```
31    void CreateTasks(void)
32    {
33        OSTaskCreateExt(Task02,
34                        (void *)0,
35                        &Task02Stk[Task02StkSize-1],
36                        Task02Prio,
37                        Task02ID,
38                        &Task02Stk[0],
39                        Task02StkSize,
40                        (void *)0,
41                        (OS_TASK_OPT_STK_CHK | OS_TASK_OPT_STK_CLR));
```

第 33～41 行为一条语句，调用系统函数 OSTaskCreateExt 创建用户任务 Task02，9 个参数的含义依次为：用户任务函数名为 Task02、任务函数参数为空、任务堆栈栈顶地址指向 &Task02Stk[Task02StkSize-1]、任务优先级号为 Task02Prio、任务 ID 为 Task02ID、任务堆栈栈底地址指向 &Task02Stk[0]、堆栈大小为 Task02StkSize、任务扩展空间的指针为空、任务创建时进行堆栈检查且堆栈元素全部清零。后续用户任务 Task03～Task06 的创建方法相类似。

```
42        OSTaskCreateExt(Task03,
43                        (void *)0,
44                        &Task03Stk[Task03StkSize-1],
45                        Task03Prio,
46                        Task03ID,
47                        &Task03Stk[0],
48                        Task03StkSize,
49                        (void *)0,
50                        (OS_TASK_OPT_STK_CHK | OS_TASK_OPT_STK_CLR));
51        OSTaskCreateExt(Task04,
52                        (void *)0,
53                        &Task04Stk[Task04StkSize-1],
54                        Task04Prio,
55                        Task04ID,
56                        &Task04Stk[0],
57                        Task04StkSize,
58                        (void *)0,
59                        (OS_TASK_OPT_STK_CHK | OS_TASK_OPT_STK_CLR));
60        OSTaskCreateExt(Task05,
61                        (void *)0,
62                        &Task05Stk[Task05StkSize-1],
63                        Task05Prio,
64                        Task05ID,
65                        &Task05Stk[0],
66                        Task05StkSize,
67                        (void *)0,
68                        (OS_TASK_OPT_STK_CHK | OS_TASK_OPT_STK_CLR));
69        OSTaskCreateExt(Task06,
70                        (void *)0,
71                        &Task06Stk[Task06StkSize-1],
72                        Task06Prio,
73                        Task06ID,
74                        &Task06Stk[0],
75                        Task06StkSize,
76                        (void *)0,
77                        (OS_TASK_OPT_STK_CHK | OS_TASK_OPT_STK_CLR));
78    }
79
```

第31~78行的函数CreateTasks中,依次创建了用户任务Task02~Task06。

```
80    void CreateEvents(void)
81    {
82    }
```

(7) 修改includes.h文件,如程序段11-13所示。

程序段11-13　文件includes.h

```
1    //Filename: includes.h
2
3    #include "stm32f10x.h"
4    #define ARM_MATH_CM3
5    #include "arm_math.h"
```

```
 6
 7    #include "vartypes.h"
 8    #include "bsp.h"
 9    #include "exti.h"
10    #include "key.h"
11    #include "beep.h"
12    #include "led.h"
13    #include "tim2.h"
14    #include "uart2.h"
15    #include "fsmc.h"
16    #include "lcd.h"
17    #include "temhum.h"
18
19    #include "strfun.h"
20    #include "ucos_ii.h"
21    #include "task01.h"
22    #include "task02.h"
23    #include "task03.h"
24    #include "task04.h"
25    #include "task05.h"
26    #include "task06.h"
```

对比程序段 10-3 可知,这里添加了第 22～26 行,即包括了用户任务 Task02～Task06 的头文件 task02.h～task06.h。

(8) 将文件 task02.c、task03.c、task04.c、task05.c 和 task06.c 添加到工程管理器的 USER 分组下,完成后的工程 23 如图 11-2 所示。

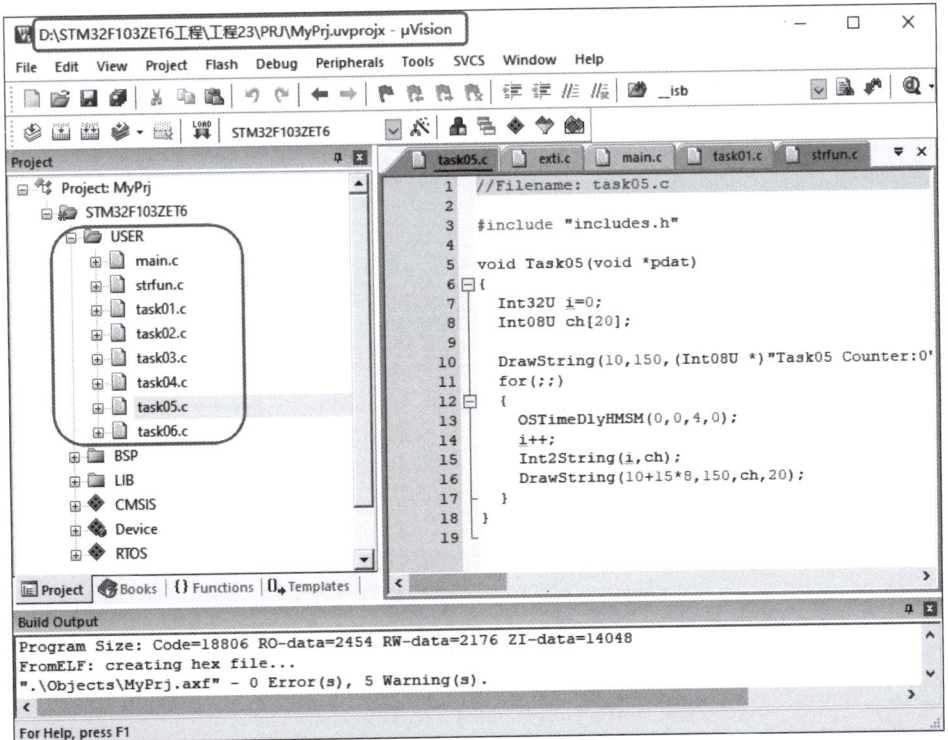

图 11-2　工程 23 工作窗口

在图 11-2 中，编译链接并运行工程 23，将在 LCD 屏上显示如图 11-3 所示结果，同时，LED0 灯每隔 1s 闪烁一次。注：图 11-2 中编译结果"Build Output"中有 5 个警告信息，其中，3 个警告信息来自于程序中带有中文字符串；2 个警告信息是由于 μC/OS-Ⅱ系统中的函数参数没有使用。

在图 11-3 中，用户任务 Task02 用于动态显示温度和湿度值；用户任务 Task03～Task06 动态显示计数值。

工程 23 的文件目录结构如表 11-2 和图 11-4 所示。

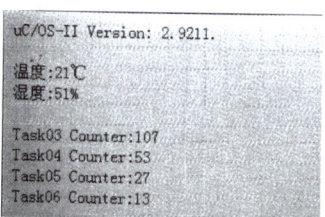

图 11-3　LCD 屏显示结果（LCD 屏左上角的截图）

表 11-2　工程 23 的文件目录结构

序号	子目录	文件	性质	来源
1	USER	main. c、includes. h、vartypes. h、strfun. c、strfun. h、task01. c、task01. h、task02. c、task02. h、task03. c、task03. h、task04. c、task04. h、task05. c、task05. h、task06. c、task06. h	用户应用程序文件	用户编写
2	BSP	beep. c、beep. h、bsp. c、bsp. h、exti. c、exti. h、fsmc. c、fsmc. h、key. c、key. h、lcd. c、lcd. h、textlib. h、led. c、led. h、temhum. c、temhum. h、tim2. c、tim2. h、uart2. c、uart2. h	板级支持包文件	用户编写
3	STM32F10x_FWLib	stm32f10x_conf. h	库函数配置文件	官方网站
4	STM32F10x_FWLib\inc	misc. h、stm32f10x_adc. h、stm32f10x_bkp. h、stm32f10x_can. h、stm32f10x_cec. h、stm32f10x_crc. h、stm32f10x_dac. h、stm32f10x_dbgmcu. h、stm32f10x_dma. h、stm32f10x_exti. h、stm32f10x_flash. h、stm32f10x_fsmc. h、stm32f10x_gpio. h、stm32f10x_i2c. h、stm32f10x_iwdg. h、stm32f10x_pwr. h、stm32f10x_rcc. h、stm32f10x_rtc. h、stm32f10x_sdio. h、stm32f10x_spi. h、stm32f10x_tim. h、stm32f10x_usart. h、stm32f10x_wwdg. h	库函数文件	官方网站
5	STM32F10x_FWLib\src	misc. c、stm32f10x_adc. c、stm32f10x_bkp. c、stm32f10x_can. c、stm32f10x_cec. c、stm32f10x_crc. c、stm32f10x_dac. c、stm32f10x_dbgmcu. c、stm32f10x_dma. c、stm32f10x_exti. c、stm32f10x_flash. c、stm32f10x_fsmc. c、stm32f10x_gpio. c、stm32f10x_i2c. c、stm32f10x_iwdg. c、stm32f10x_pwr. c、stm32f10x_rcc. c、stm32f10x_rtc. c、stm32f10x_sdio. c、stm32f10x_spi. c、stm32f10x_tim. c、stm32f10x_usart. c、stm32f10x_wwdg. c	库函数头文件	官方网站
6	PRJ	MyPrj. uvprojx、MyPrj. uvoptx、MyPrj. uvguix. Administrator	工程文件	Keil MDK 创建

续表

序号	子目录	文件	性质	来源
7	PRJ\RTE	RTE_Components.h	运行环境组件头文件	Keil MDK 创建
8	PRJ\RTE\Device\STM32F103ZE	startup_stm32f10x_hd.s、system_stm32f10x.c、RTE_Device.h	CPU相关文件	Keil MDK 创建
9	PRJ\RTE\RTOS	app_cfg.h、os_cfg.h	µC/OS-Ⅱ 配置文件	Keil MDK 创建
10	PRJ\Listings	MyPrj.map 等	列表文件	Keil MDK 创建
11	PRJ\Objects	MyPrj.axf、MyPrj.hex 等	目标文件	Keil MDK 创建

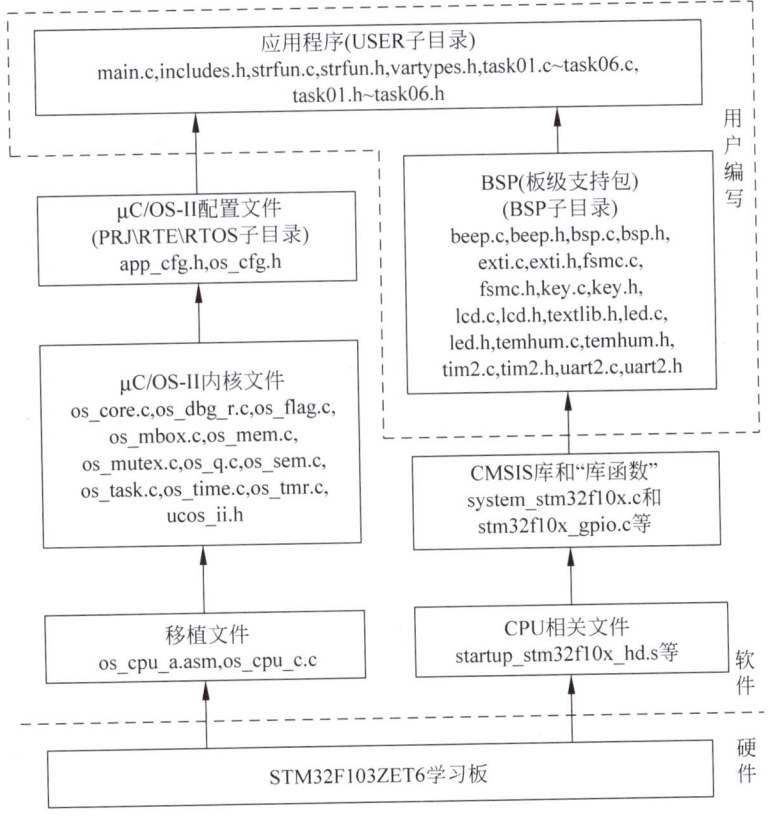

图 11-4 工程 23 文件结构

表 11-2 中列出的子目录的上一级目录为"D:\STM32F103ZET6 工程\工程 23",表中列出了工程 23 的全部文件,并标注了文件的性质和来源。表 11-2 中的"STM32F10x_FWLib\inc"表示子目录 STM32F10x_FWLib 下的子目录 inc。

图 11-4 展示了工程 23 的文件结构,也是典型的基于 µC/OS-Ⅱ 系统的工程文件结构图,其中,将 µC/OS-Ⅱ 系统文件分为内核文件、移植文件和配置文件,一般地,内核文件用户不能修改,移植文件不需要用户修改,然而配置文件往往需要用户根据硬件平台进

行适当的调整。图 11-4 中的"CPU 相关文件"是指直接访问 Cortex-M3 内核的文件,多指与异常和中断相关的文件;"CMSIS库"最初的形态是 ARM 公司针对 ARM 内核封装的一些库函数,后来,芯片厂商也向 CMSIS 库中投放自己的外设封装函数,现在 CMSIS 库延伸为内核与外设的一些驱动函数库;"库函数"是意法半导体公司针对 STM32F10x 微控制器设计的外设驱动库函数。由图 11-4 可知,用户需要编写的文件只有"BSP(板级支持包)"和"应用程序"文件,其中"BSP"文件是结合了硬件平台上 STM32F103ZET6 芯片的外围电路驱动特性,而开发的外围电路设备驱动函数,一般可通过调用 CMSIS 库函数简化设计过程;"应用程序"层位于工程的最上层,根据工程需要实现的功能而进行相应的程序设计。

工程 23 中的任务信息如表 11-3 所示。

表 11-3 工程 23 中的任务信息

任务 ID	优先级号	任 务 名	堆栈大小/字	执行频率/Hz
1	5	Task01	200	1
2	6	Task02	200	1/2
3	7	Task03	200	1
4	8	Task04	200	1/2
5	9	Task05	200	1/4
6	10	Task06	200	1/8
0xFFFD	61	定时器任务	200	10
0xFFFE	62	统计任务	200	10
0xFFFF	63	空闲任务	200	始终就绪

在表 11-3 中,任务的 ID 没有实质性含义,μC/OS-Ⅱ中没有赋予任务 ID 作用(事实上,在 μC/OS-Ⅲ中任务 ID 也没有实质性意义),但 μC/OS-Ⅱ为系统任务指定了 ID。在 μC/OS-Ⅱ中,任务是通过优先级号进行识别的,优先级号越小,优先级越高,并且不同任务的优先级号不能相同。从表 11-3 可知,三个系统任务都是每隔 0.1s 执行一次。

工程 23 的执行流程如图 11-5 所示。

由图 11-5 可知,在主函数中初始化 μC/OS-Ⅱ系统,然后,创建第一个用户任务 Task01,接着启动多任务工作环境,之后,μC/OS-Ⅱ系统调度器将接管 STM32F103ZET6,始终把 CPU 分配给就绪的最高优先级任务。因此,μC/OS-Ⅱ是一个可抢先型的内核,高优先级的任务总能抢占低优先级任务的 CPU 而被优先执行。用户任务 Task01 使得 LED0 灯每 1s 闪烁一次。用户任务 Task02 每延时 2s 执行一次,将读到的 DHT11 温/湿度值打印在 LCD 显示屏中。用户任务 Task03 每延时 1s 执行一次,在 LCD 屏上输出计数值,该计数值也是任务 Task03 的执行次数;用户任务 Task04 每延时 2s 执行一次,在 LCD 屏上输出计数值;用户任务 Task05 每延时 4s 执行一次,在 LCD 屏上输出计数值;用户任务 Task06 每延时 8s 执行一次,在 LCD 屏上输出计数值。LCD 屏的显示结果如图 11-3 所示。

图 11-5 工程 23 执行流程

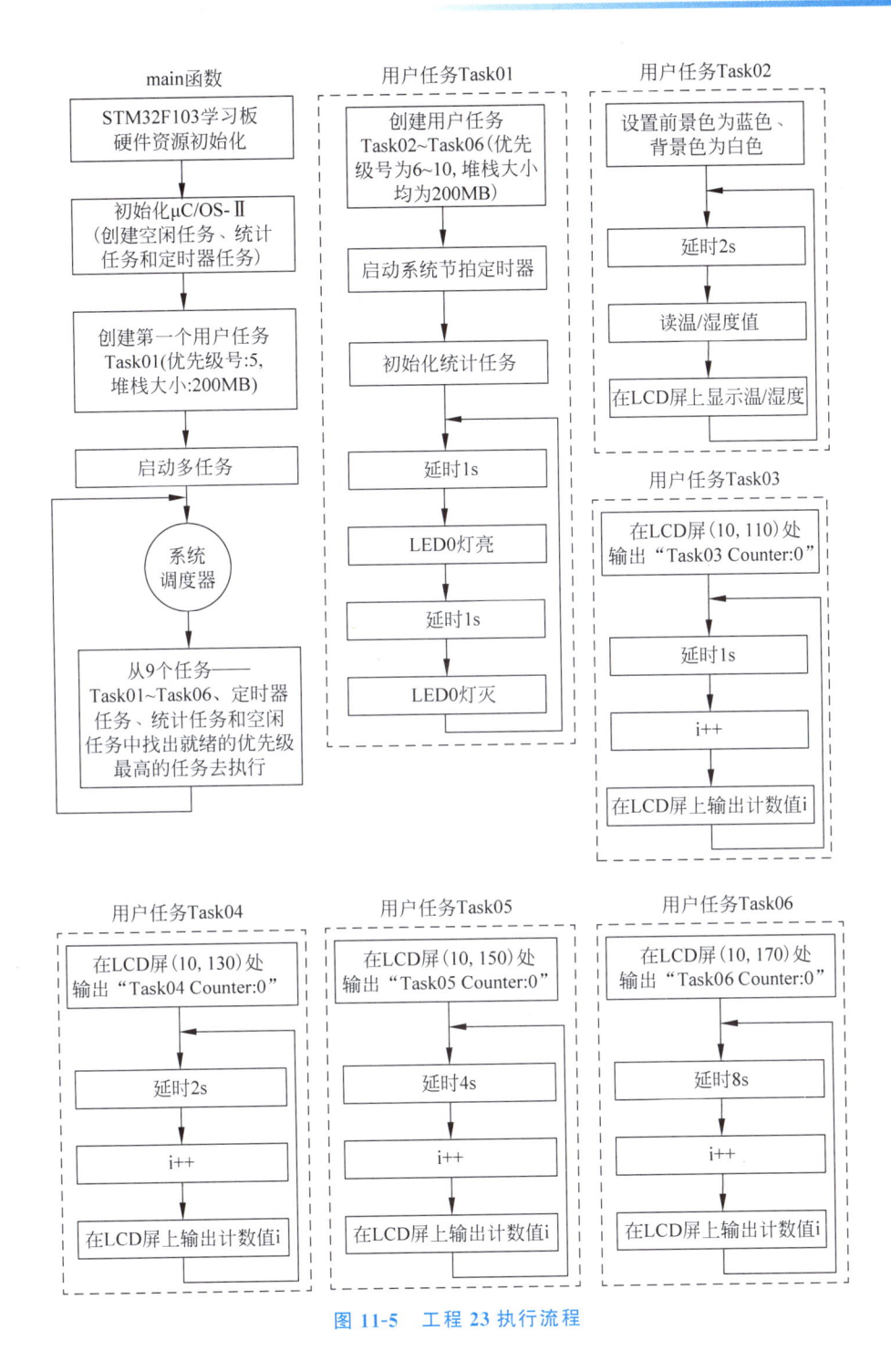

11.3 统计任务实例

统计任务可用于统计微控制器的 CPU 使用率以及各个任务（包括它本身）的堆栈使用情况，下面的工程 24 介绍了统计任务的使用方法。

在工程 23 的基础上新建"工程 24",保存在目录"D:\STM32F103ZET6 工程\工程 24"下,此时的工程 24 与工程 23 完全相同,然后进行如下的工作。

(1) 修改 strfun.c 文件,如程序段 11-14 所示。

程序段 11-14　文件 strfun.c

```
1    //Filename: strfun.c
2
3    #include "includes.h"
4
```

此处省略的第 5~52 行与程序段 10-5 中第 5~52 行完全相同。

```
53
54    void DispStk(Int16U x,Int16U y,Int08U prio)
55    {
56      OS_STK_DATA stk;
57      Int08U str[20];
58
59      OSTaskStkChk(prio,&stk);
60      DrawString(x,y,(Int08U *)"Used:",40);
61      Int2String(stk.OSUsed,str);
62      DrawString(x+5*8,y,str,20);
63      DrawString(x+8*8,y,(Int08U *)",Free:",10);
64      Int2String(stk.OSFree,str);
65      DrawString(x+14*8,y,str,20);
66    }
```

第 54~66 行为在 LCD 屏坐标(x,y)处显示优先级号为 prio 的任务的堆栈信息的函数 DispStk。第 59 行调用系统函数 OSTaskStkChk 获得优先级号为 prio 的任务的堆栈信息,结构体变量 stk 有两个成员,其中,stk.OSUsed 表示使用的堆栈大小,stk.OSFree 表示空闲的堆栈大小。第 60~62 行显示使用的堆栈大小;第 63~65 行显示空闲的堆栈大小。

(2) 修改 strfun.h 文件,如程序段 11-15 所示。

程序段 11-15　文件 strfun.h

```
1    //Filename: strfun.h
2
3    #include "vartypes.h"
4
5    #ifndef _STRFUN_H
6    #define _STRFUN_H
7
8    void Int2String(Int32U v,Int08U *str);
9    Int16U LengthOfString(Int08U *str);
10   void DispOSVersion(Int16U x,Int16U y);
11   void DispStk(Int16U x,Int16U y,Int08U prio);
12
13   #endif
```

对比程序段 10-6,这里添加了对显示堆栈信息函数 DispStk 的声明(第 11 行)。

(3) 修改 task01.c 文件,如程序段 11-16 所示。

程序段 11-16　文件 task01.c

```
1    //Filename:task01.c
```

第11章 μC/OS-Ⅱ任务管理

```
2
3      #include "includes.h"
4
5      void Task01(void * pdat)
6      {
7          Int08U str[20];
8
9          DispOSVersion(10,10);
10
11         CreateEvents();
12         CreateTasks();
13
14         OS_CPU_SysTickInit(720000);    //100Hz
15
16         OSStatInit();
17
18         while(1)
19         {
20             OSCtxSwCtr = 0;
21
```

第 20 行的变量 OSCtxSwCtr 为 μC/OS-Ⅱ系统变量,用于记录任务的切换次数。

```
22             OSTimeDlyHMSM(0,0,1,0);
23             LED(0,LED_ON);
24             OSTimeDlyHMSM(0,0,1,0);
25             LED(0,LED_OFF);
26
27             DrawString(10,200,(Int08U * )"Idle Task's Stack----------",40);
28             DispStk(10 + 27 * 8,200,OS_LOWEST_PRIO);
```

第 27 行在 LCD 屏坐标(10,200)处输出信息"Idle Task's Stack---------",第 28 行在坐标(10+27*8,200)处显示空闲任务的堆栈信息。

```
29             DrawString(10,220,(Int08U * )"Statistic Task's Stack-----",40);
30             DispStk(10 + 27 * 8,220,OS_LOWEST_PRIO - 1);
31             DrawString(10,240,(Int08U * )"Timer Task's Stack---------",40);
32             DispStk(10 + 27 * 8,240,OS_LOWEST_PRIO - 2);
33             DrawString(10,260,(Int08U * )"User Task01's Stack--------",40);
34             DispStk(10 + 27 * 8,260,Task01Prio);
35             DrawString(10,280,(Int08U * )"User Task02's Stack--------",40);
36             DispStk(10 + 27 * 8,280,Task02Prio);
37             DrawString(10,300,(Int08U * )"User Task03's Stack--------",40);
38             DispStk(10 + 27 * 8,300,Task03Prio);
39             DrawString(10,320,(Int08U * )"User Task04's Stack--------",40);
40             DispStk(10 + 27 * 8,320,Task04Prio);
41             DrawString(10,340,(Int08U * )"User Task05's Stack--------",40);
42             DispStk(10 + 27 * 8,340,Task05Prio);
43             DrawString(10,360,(Int08U * )"User Task06's Stack--------",40);
44             DispStk(10 + 27 * 8,360,Task06Prio);
45
```

第 29~30 行显示统计任务的堆栈信息;第 31~32 行显示定时器任务的堆栈信息;第 33~34 行显示用户任务 Task01 的堆栈信息;第 35~44 行依次显示用户任务 Task02~Task06 的堆栈信息。

```
46            DrawString(10,390,(Int08U *)"Tasks:",10);
47            Int2String(OSTaskCtr,str);
48            DrawString(10 + 6 * 8,390,(Int08U *)"    ",10);
49            DrawString(10 + 6 * 8,390,str,20);
50
```

第46～49行显示工程24中的任务个数,这里变量OSTaskCtr为系统变量。

```
51            DrawString(10,410,(Int08U *)"Task Switch/sec:",30);
52            Int2String(OSCtxSwCtr/2,str);
53            DrawString(10 + 16 * 8,410,(Int08U *)"    ",10);
54            DrawString(10 + 16 * 8,410,str,20);
55
```

第51～54行显示任务切换次数,这里OSCtxSwCtr除以2是因为每2s统计一次,而显示的信息为每秒任务切换次数。

```
56            DrawString(10,430,(Int08U *)"CPUUsage:",30);
57            if(OSCPUUsage > 0 && OSCPUUsage < = 100)
58                Int2String(OSCPUUsage,str);
59            else
60            {
61                str[0] = '0';str[1] = '\0';
62            }
63            DrawString(10 + 9 * 8,430,(Int08U *)"    ",10);
64            DrawString(10 + 9 * 8,430,str,20);
65            DrawChar(10 + 12 * 8,430,'%');
66        }
67    }
68
```

此处省略的第69～126行与程序段11-12中的第25～82行完全相同。

文件task01.c共有126行代码。第56～66行显示CPU使用率,这里的变量OSCPUUsage为系统变量。

（4）工程24运行时在LCD屏上的显示结果如图11-6所示。

由图11-6可知,每个任务(包括系统任务)使用的堆栈和空闲的堆栈之和为200,即堆栈大小为200。任务个数为9个,每秒任务切换44次,CPU使用率为0。结合表11-3中各个任务的执行频率可知,任务的切换次数为(1＋1/2＋1＋1/2＋1/4＋1/8＋10＋10)＋空闲任务的切换次数(约为20)≈44次,与图11-6中显示的任务切换次数吻合。

需要特别注意的是,各个任务的堆栈空间应至少有50%是空闲的,这样的系统才是稳健的。因为绝大多数情况下,程序运行失常是由于任务的堆栈空间不足而造成的。所以,实际工程中,统计任务将密切监控各个任务(包括它自身)的堆栈空闲情况,当发现有某个任务的堆栈空闲大小小于其堆栈总量的10%时,将通过LED灯或蜂鸣器报警。因此,统计任务在实际工程中必不可少。

图11-6 工程24运行时LCD屏上的显示结果

11.4 系统定时器

定时器管理是 μC/OS-Ⅱ 中最有特色的一部分内容,也是最能体现 Labrosse 深厚编程功底的代码部分。定时器管理相关的函数位于文件 os_tmr.c 中,函数原型列于表 11-4 中,不能在中断服务程序中调用这些函数。

表 11-4 定时器管理函数

函数原型	功 能
OS_TMR *OSTmrCreate(INT32U dly, 　　　　　　　　　　INT32U period, 　　　　　　　　　　INT8U opt, 　　　　　　　　OS_TMR_CALLBACK callback, 　　　　　　　　　　void * callback_arg, 　　　　　　　　　　INT8U * pname, 　　　　　　　　　　INT8U * perr);	创建一个定时器。定时器可以周期性连续运行,或仅运行一次,当定时计数减到 0 后,将执行回调函数(callback),callback 函数可以向任务发送信号量,也可以执行其他功能,要求这个函数应尽可能短小。必须调用 OSTmrStart 启动定时器。对于仅运行一次的定时器,调用 OSTmrStart 可再次启动它,调用 OSTmrDel 可删除它(可在回调函数中删除它)
BOOLEAN OSTrmStart(OS_TMR * ptmr, 　　　　　　　　　INT8U * perr);	启动定时器减计数
void OSTmrStop(OS_TMR * ptmr, 　　　　　　　　INT8U opt, 　　　　　　　　void * callback_arg, 　　　　　　　　INT8U * perr);	停止定时器减计数,停止定时器时可以调用回调函数或向回调函数传递新的参数。如果调用该函数时定时器已经停止了,则回调函数不会被调用
INT32U OSTmrRemainGet(OS_TMR * ptmr, 　　　　　　　　　　　INT8U * perr);	得到定时器的当前计数值(以时钟节拍为单位)
INT8U OSTmrStateGet(OS_TMR * ptmr, 　　　　　　　　　　INT8U * perr);	得到定时器的当前状态,一个定时器有 4 种状态,即没有创建(OS_TMR_STATE_UNUSED)、没有运行或已停止(OS_TMR_STATE_STOPPED)、一次运行(ONE-SHOT)模式下已减计数完成(OS_TMR_STATE_COMPLETED)以及正在运行(OS_TMR_STATE_RUNNING)
BOOLEAN OSTmrDel(OS_TMR * ptmr, 　　　　　　　　　INT8U * perr);	删除一个定时器。如果定时器正在减计数(即使用中),它将被停止而后删除;如果定时器已经不再使用,则直接被删除
INT8U OSTmrNameGet(OS_TMR * ptmr, 　　　　　　　　　INT8U * pdest, 　　　　　　　　　INT8U * perr);	得到定时器的名称,pdest 长度至多为 OS_CFG_TMR_NAME_SIZE
void OSTmrSignal(void);	刷新定时器计数值,用于 OSTimeTickHook 函数中

创建定时器的方法如下。

(1) 定义一个定时器,例如:"OS_TMR * tm01;";然后定义该定时器的回调函数,例如:"void Tmr01CBFun(void * ptmr, void * callback_arg);",回调函数是指定时器定时完成后将自动调用的函数,一般在该函数中释放信号量、事件标志组或消息邮箱,激活某个用户任务去执行特定的功能。

(2) 调用 OSTmrCreate 函数创建该定时器,例如:

```
tm01 = OSTmrCreate( 10, 10, OS_TMR_OPT_PERIODIC,
                    Tmr01CBFun, (void *)0, "Timer 01", &err);
```

OSTmrCreate 函数有 7 个参数,依次为初次定时延时值、定时周期值、定时方式、回调函数、回调函数参数、定时器名称和出错信息。初次定时延时值,表示第一次定时结束时要经历的时间;定时周期值表示周期性定时器的定时周期。这里都为 10,由于定时器的频率为 10Hz,因此,10 表示 1s。定时方式有两种,即周期型定时 OS_TMR_OPT_PERIODIC 和单拍型 OS_TMR_OPT_ONE_SHOT,后者定时器仅执行一次,延时时间为其第一个参数,此时,第二个参数无效,所以,回调函数将仅被执行一次。

(3) 系统定时器的动作:启动系统定时器,如"OSTmrStart(tm01, &err);";停止定时器。停止定时器函数原型为:

```
OSTmrStop(OS_TMR * ptmr, INT8U opt, void * callback_arg, INT8U * perr);
```

上述函数的 4 个参数依次为定时器、定时器停止后是否调用回调函数的选项、传递给回调函数的参数和出错信息码。当 opt 为 OS_TMR_OPT_NONE 时,不调用回调函数;当为 OS_TMR_OPT_CALLBACK 时,定时器停止时调用回调函数,使用原回调函数的参数;当为 OS_TMR_OPT_CALLBACK_ARG 时,定时器停止时调用回调函数,但使用 OSTmrStop 函数中指定的参数 callback_arg。

(4) 可获得软定时器的状态,例如:

```
INT8U   st;
st = OSTmrStateGet(tm01, &err);
```

上述代码将返回定时器 tm01 当前的状态,如果定时器没有创建,则返回常量 OS_TMR_STATE_UNUSED;如果定时器处于运行态,返回常量 OS_TMR_STATE_RUNNING;如果定时器处于停止状态,则返回常量 OS_TMR_STATE_STOPPED。

(5) 当定时到期时,将自动调用定时器的回调函数,一般不允许在回调函数中放置耗时较多的数据处理代码,通常回调函数只有几行代码,用于释放信号量、事件标志组或消息邮箱。

下面通过实例阐述系统定时器的用法。

(1) 在工程 24 的基础上新建"工程 25",保存在目录"D:\STM32F103ZET6 工程\工程 25"下,此时的工程 25 与工程 24 完全相同。

(2) 新建文件 uctmr.c 和 uctmr.h,保存在目录"D:\STM32F103ZET6 工程\工程 25\USER"下,其代码如程序段 11-17 和程序段 11-18 所示。

程序段 11-17　文件 uctmr.c

```
1    //Filename: uctmr.c
2
3    #include "includes.h"
4
5    void  Tmr01CBFun(void * ptmr, void * parg)
6    {
7      static Int32U cnt = 0;
8      Int08U ch[20];
```

```
9       cnt++;
10      Int2String(cnt,ch);
11      DrawString(300,20,ch,20);
12  }
13
```

第 5～12 行定义了定时器回调函数 Tmr01CBFun。第 9 行计数变量 cnt 自增 1；第 10 行将变量 cnt 转化为字符串 ch；第 11 行在 LCD 屏坐标(300,20)处输出字符串 ch，即变量 cnt 的值。

```
14  Int08U  StartTmr01(void)
15  {
16      Int08U err,st;
17      OS_TMR *tm01;
18
19      tm01 = OSTmrCreate(10,10,OS_TMR_OPT_PERIODIC,Tmr01CBFun,(void *)0,
20                         (Int08U *)"Timer 01",&err);
21      OSTmrStart(tm01,&err);
22      st = OSTmrStateGet(tm01,&err);
23      if(st == OS_TMR_STATE_RUNNING)
24          return 0;
25      else
26          return 1;
27  }
```

第 14～27 行为创建和启动定时器的函数 StartTmr01。第 19、20 行创建了定时器 tm01；第 21 行启动定时器 tm01；第 22 行获得定时器的状态；第 23 行判断定时器如果处于运行态，则返回 0（第 24 行），否则返回 1（第 25、26 行）。

程序段 11-18　文件 uctmr.h

```
1   //Filename: uctmr.h
2
3   #include "vartypes.h"
4
5   #ifndef _UCTMR_H
6   #define _UCTMR_H
7
8   Int08U  StartTmr01(void);
9
10  #endif
```

文件 uctmr.h 中声明了文件 uctmr.c 中定义的函数 StartTmr01。

(3) 修改文件 includes.h，如程序段 11-19 所示。

程序段 11-19　文件 includes.h

```
1   //Filename: includes.h
2
```

此处省略的第 3～25 行与程序段 11-13 的第 3～25 行代码相同。

```
26  #include "task06.h"
27  #include "uctmr.h"
```

对比程序段 11-13，这里添加了第 27 行，即包括了头文件 uctmr.h。

（4）修改文件 task06.c。在文件 task06.c 的无限循环体外部添加语句"StartTmr01();"，该语句可以添加到程序段 11-10 中的第 9 行。

工程 25 建设好后，编译链接并运行它，可以看到 LCD 屏的坐标(300,20)处显示计数变量 cnt 的值，每秒增加 1，不用担心它会溢出，该变量是 32 位无符号整型，要过 1657 年后才能溢出为 0。

11.5 本章小结

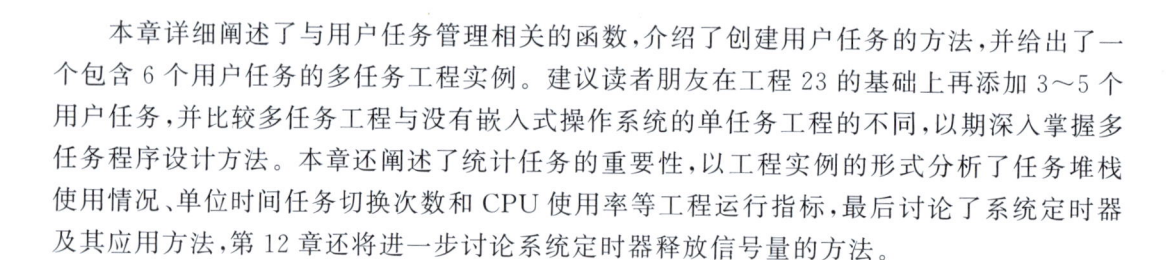

本章详细阐述了与用户任务管理相关的函数，介绍了创建用户任务的方法，并给出了一个包含 6 个用户任务的多任务工程实例。建议读者朋友在工程 23 的基础上再添加 3~5 个用户任务，并比较多任务工程与没有嵌入式操作系统的单任务工程的不同，以期深入掌握多任务程序设计方法。本章还阐述了统计任务的重要性，以工程实例的形式分析了任务堆栈使用情况、单位时间任务切换次数和 CPU 使用率等工程运行指标，最后讨论了系统定时器及其应用方法，第 12 章还将进一步讨论系统定时器释放信号量的方法。

习题

1. 结合表 11-1 说明与任务管理相关的系统函数有哪些，并说明各自的含义和用法。
2. 阐述用户任务函数与普通的函数有什么区别。
3. 阐述如何使用统计任务统计各个用户任务的堆栈信息和 CPU 使用率。
4. 编写工程借助于用户任务实现 LED 灯闪烁和 LCD 屏动画效果。
5. 编写工程借助于定时器任务实现 LED 灯闪烁。

第 12 章 μC/OS-Ⅱ信号量与互斥信号量
CHAPTER 12

信号量和互斥信号量是 μC/OS-Ⅱ中最重要的两个组件,信号量用于实现任务间的同步以及任务同步中断服务函数的运行,互斥信号量用于保护共享资源。本章将介绍信号量与互斥信号量的概念和程序设计方法。

本章的学习目标:
➢ 了解 μC/OS-Ⅱ系统互斥信号量的工作原理;
➢ 熟悉 μC/OS-Ⅱ系统信号量的工作原理;
➢ 掌握信号量的应用程序设计方法。

12.1 μC/OS-Ⅱ信号量

信号量本质上是一个全局计数器的实现机制,释放信号量的任务使得该计数器的值加1,请求到信号量的任务使该计数器的值减1,如果计数器的值为0,则请求该信号量的任务将挂起等待,直到别的任务释放该信号量。通过这种方式,使得释放信号量的任务可以控制请求信号量的任务的运行。信号量相关的函数列于表 12-1 中,这些函数的定义位于 μC/OS-Ⅱ内核文件 os_sem.c 中。

表 12-1 信号量相关函数

函数原型	功 能
OS_EVENT * OSSemCreate(INT16U cnt);	创建并初始化一个信号量,参数 cnt 取值为 0~65535,0 表示没有信号量

void   OSSemPend(OS_EVENT   * pevent,
            INT16U   timeout,
            INT8U   * err);
	请求信号量。如果信号量的值大于 0,则调用该函数的任务获得信号量,并继续执行,信号量的值减 1;如果信号量的值为 0,调用该函数的任务挂起等待,直到信号量被其他任务释放或等待超时;如果有多个任务等待同一个信号量,μC/OS-Ⅱ将进行任务调度,使优先级最高的任务获得 CPU 使用权(中断服务程序不能调用该函数)

续表

函 数 原 型	功　能
INT8U　OSSemPost(OS_EVENT　* pevent);	释放信号量。将信号量的值加 1 后返回，如果有多个任务在等待该信号量，优先级最高的任务将就绪，μC/OS-Ⅱ 进行任务调度，调用该函数的任务和就绪的任务中优先级更高的任务得到执行权
OS_EVENT　* OSSemDel(OS_EVENT * pevent, 　　　　　　　　INT8U　opt, 　　　　　　　　INT8U　* perr);	删除一个信号量。一般在调用该函数前，应删除所有请求该信号量的任务(中断服务程序不能调用该函数)
INT8U　OSSemQuery(OS_EVENT　* pevent, 　　　　　　　　OS_SEM_DATA * p_sem_data);	查询当前信号量的信息
INT8U　OSSemPendAbort(OS_EVENT　* pevent, 　　　　　　　　INT8U　opt, 　　　　　　　　INT8U　* err);	放弃等待信号量，使等待该信号量的所有任务或最高优先级任务(由参数 opt 确定)就绪(中断服务程序不能调用该函数)
void　OSSemSet(OS_EVENT　* pevent, 　　　　　　　INT16U　cnt, 　　　　　　　INT8U　* perr);	设置信号量的值，用于计数；当信号量用于保护共享资源时，不应该使用该函数
INT16U　OSSemAccept(OS_EVENT　* pevent);	请求信号量。与 OSSemPend 的不同之处在于，如果信号量(表示的共享资源)不可用，调用该函数的任务并不挂起等待，可用于中断服务程序中

信号量的工作原理如图 12-1 所示。

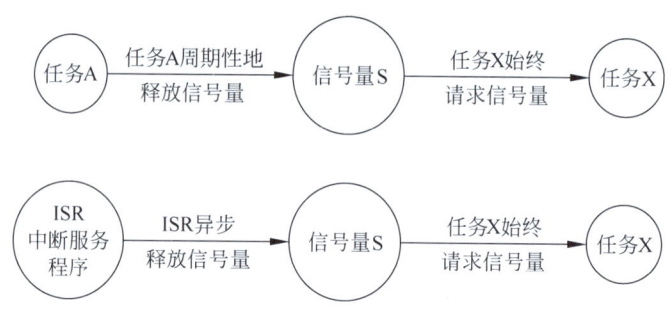

图 12-1　信号量工作原理

由图 12-1 可知，借助于信号量，任务 X 可以同步另一个任务 A 的执行，也可同步中断服务程序的执行。信号量本质上是一个全局的计数器变量，当任务 A 释放该信号量时，信号量 S 的值自增 1，任务 A 周期性地释放信号量 S，则 S 的值周期性地自增 1；任务 X 始终请求信号量 S，如果 S 的值大于 0，表示信号量有效，任务 X 将请求成功，之后信号量 S 的值自减 1，当信号量 S 的值为 0 时，表示无信号量，则任务 X 需等待，直到某个任务 A 释放信号量 S，使 S 的值大于 0。

中断服务程序可以释放信号量。当某一个中断到来后，其中断服务程序得到执行，一般地，中断服务程序不应包括太多的处理代码，而应该通过释放信号量，使请求该信号量的任务就绪去执行与该中断相关的操作。

与信号量相关的主要操作有创建信号量 OSSemCreate、请求信号量 OSSemPend 和释放信号量 OSSemPost。使用信号量的步骤如下。

(1) 定义事件,如"OS_EVENT * sem01;"。

(2) 创建信号量,如"sem01＝OSSemCreate(0);",此时,创建了信号量 sem01,信号量的初始值为 0。

(3) 在任务 A 中周期性地释放该信号量,调用"OSSemPost(sem01);"实现。

(4) 在任务 X 中始终请求该信号量,调用"OSSemPend(sem01,0,&err);"实现,该函数的第二个参数表示等待超时,如果为 0,表示请求不到信号量时永久等待;如果为大于 0 的整数,表示任务 X 等待该整数值的时钟节拍后仍然没有请求到信号量时,则不再等待而是继续执行。

12.2　μC/OS-Ⅱ互斥信号量

互斥信号量可以实现一个任务对共享资源的独占式访问,即当一个任务访问共享资源时,其他要访问该共享资源的任务需要等到该任务使用完共享资源后再进行访问。使用互斥信号量保护共享资源可有效地避免死锁,当低优先级的任务申请到互斥信号量而使用共享资源时,将临时提升其优先级,使其略高于全部申请互斥信号量任务的优先级,这种现象称为优先级提升或优先级反转,提升后的优先级称为优先级继承优先级(PIP)。当该任务使用完共享资源后,其优先级将还原为原来的优先级。

互斥信号量只有 0 和 1 两个值,与信号量的操作类似,常用的互斥信号量管理函数列于表 12-2 中,这些函数位于 μC/OS-Ⅱ内核文件 os_mutex.c 中。

表 12-2　互斥信号量管理函数

函　数　原　型	功　　能
OS_EVENT * OSMutexCreate(INT8U prio, INT8U * perr);	创建并初始化一个互斥信号量,用于使任务获得对共享资源的独占式访问权。必须确保 prio 的值小于所有可能请求互斥信号量的任务优先级值, prio 称为优先级继承优先级(PIP)
void OSMutexPend(OS_EVENT * pevent, INT16U timeout, INT8U * perr);	请求互斥信号量。如果调用该函数的任务得到了互斥信号量,则认为该函数将要访问的共享资源没有被其他任务占用,即该函数可以独占式访问该共享资源;如果没有得到互斥信号量,则该任务挂起等待,直到其他任务释放互斥信号量或等待超时。如果有多个任务等待互斥信号量,则进行任务调度;如果出现优先级反转,则低优先级任务的优先级提升到 PIP
INT8U OSMutexPost(OS_EVENT * pevent);	如果任务调用 OSMutexAccept 或 OSMutexPend 请求到互斥信号量,并且使用完共享资源后,必须调用该函数释放互斥信号量。如果任务的优先级被提升了,则该函数还原该任务优先级;如果有多个任务请求互斥信号量,该函数将进行任务调度(中断服务程序不能调用该函数)

续表

函 数 原 型	功　　能
OS_EVENT　* OSMutexDel(OS_EVENT　* pevent, 　　　　　　　　INT8U　opt, 　　　　　　　　INT8U　* perr);	删除一个互斥信号量。一般在删除一个互斥信号量之前，应删除所有能访问它的任务（中断服务程序不能调用该函数）
INT8U　OSMutexQuery(OS_EVENT　* pevent, 　　　　　　　OS_MUTEX_DATA　* p_mutex_data);	查询互斥信号量的当前状态信息（中断服务程序不能调用该函数）
BOOLEAN　OSMutexAccept(OS_EVENT　* pevent, 　　　　　　　　INT8U　* perr);	请求互斥信号量。与 OSMutexPend 不同的是，当互斥信号量无效时，调用该函数的任务不挂起等待（中断服务程序不能调用该函数）。如果获得了互斥信号量，必须在使用完共享资源后调用 OSMutexPost 释放该互斥信号量

互斥信号量的工作情况如图 12-2 所示。

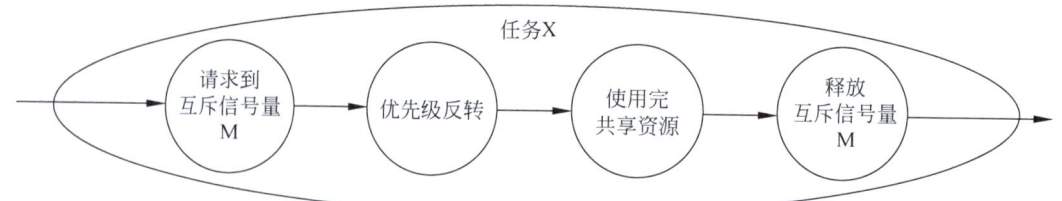

图 12-2　互斥信号量的工作情况

互斥信号量只有 0 和 1 两个值，表示两种状态，即互斥信号量被占用和未被占用。如图 12-2 所示，某一任务 X 需要使用共享资源时，首先需要请求互斥信号量 M，如果没有请求到，说明共享资源正在被其他任务使用；如果请求到 M，则优先级反转到比其他要请求该共享资源的所有任务的优先级略高的优先级继承优先级，任务 X 使用完共享资源后，释放互斥信号量 M。可见，互斥信号量的请求和释放是在同一个任务中实现的。

使用互斥信号量的步骤如下。

（1）定义事件，如"OS_EVENT * mtx01;"。

（2）定义优先级继承优先级（PIP）的值 PIP_Prio，PIP 的数值应比所有请求同一共享资源的任务的优先级数值要小。

（3）创建互斥信号量，如"mtx01＝OSMutexCreate(PIP_Prio，&err);"。

（4）如果某一任务 X 要使用共享资源，应先调用 OSMutexPend 函数请求互斥信号量，如"OSMutexPend(mtx01，0，&err);"；请求到互斥信号量之后，开始使用共享资源，使用完后再调用 OSMutexPost 函数释放互斥信号量，如"OSMutexPost(mtx01);"。函数 OSMutexPend 的第 2 个参数为等待超时参数，如果为 0，表示请求不到互斥信号量时，一直等待；如果为大于 0 的整数，表示等待该整数值的时钟节拍后仍然请求不到互斥信号量时，则放弃等待。

12.3　信号量与互斥信号量实例

本节将建设工程 26，体现信号量与互斥信号量的用法，这里新建了用户任务 Task07 和 Task08，Task07 每隔 1s 释放一次信号量 sem01，Task08 始终请求信号量 sem01，从而

Task08 同步 Task07 的执行；然后，新建了系统定时器 tm02，在 tm02 中每秒释放信号量 sem02，又新建了用户任务 Task09，Task09 始终请求信号量 sem02，从而 Task09 同步定时器 tm02 的执行；然后，在外部按键 1 和 2 的中断服务函数中释放信号量 sem03，在新建的任务 Task10 中请求信号量 sem03，从而 Task10 同步外部按键中断的执行；最后，在 Task02 中使用互斥信号量 mtx01 保护采集温/湿度的值，在新建的用户任务 Task11 中用 mtx01 保护显示温/湿度的值。工程 26 的具体建设步骤如下。

（1）在工程 25 的基础上新建"工程 26"，保存在目录"D:\STM32F103ZET6 工程\工程 26"下，此时的工程 26 与工程 25 完全相同。

（2）修改 task01.c 文件，如程序段 12-1 所示。

程序段 12-1   文件 task01.c

```
1      //Filename:task01.c
2
```

此外省略的第 3～44 行与程序段 11-16 的第 3～44 行相同。

```
45         DrawString(10,380,(Int08U * )"User Task07's Stack--------",40);
46         DispStk(10 + 27 * 8,380,Task07Prio);
47         DrawString(10,400,(Int08U * )"User Task08's Stack--------",40);
48         DispStk(10 + 27 * 8,400,Task08Prio);
49         DrawString(10,420,(Int08U * )"User Task09's Stack--------",40);
50         DispStk(10 + 27 * 8,420,Task09Prio);
51         DrawString(10,440,(Int08U * )"User Task10's Stack--------",40);
52         DispStk(10 + 27 * 8,440,Task10Prio);
53         DrawString(10,460,(Int08U * )"User Task11's Stack--------",40);
54         DispStk(10 + 27 * 8,460,Task11Prio);
55
```

第 45、46 行显示用户任务 Task07 的堆栈信息；第 47、48 行显示用户任务 Task08 的堆栈信息；第 49、50 行显示用户任务 Task09 的堆栈信息；第 51、52 行显示用户任务 Task10 的堆栈信息；第 53、54 行显示用户任务 Task11 的堆栈信息。

```
56         DrawString(10,490,(Int08U * )"Tasks:",10);
57         Int2String(OSTaskCtr,str);
58         DrawString(10 + 6 * 8,490,(Int08U * )"    ",10);
59         DrawString(10 + 6 * 8,490,str,20);
60
```

第 56～59 行显示工程 26 中的任务个数。

```
61         DrawString(10,510,(Int08U * )"Task Switch/sec:",30);
62         Int2String(OSCtxSwCtr/2,str);
63         DrawString(10 + 16 * 8,510,(Int08U * )"    ",10);
64         DrawString(10 + 16 * 8,510,str,20);
65
```

第 61～64 行显示每秒任务切换次数。

```
66         DrawString(10,530,(Int08U * )"CPUUsage:",30);
67         if(OSCPUUsage > 0 && OSCPUUsage <= 100)
68             Int2String(OSCPUUsage,str);
69         else
70         {
```

```
71                      str[0] = '0';str[1] = '\0';
72              }
73              DrawString(10 + 9 * 8,530,(Int08U *)"    ",10);
74              DrawString(10 + 9 * 8,530,str,20);
75              DrawChar(10 + 12 * 8,530,'%');
76          }
77      }
78
```

第 66~75 行显示 CPU 利用率。

```
79      OS_STK Task02Stk[Task02StkSize];
80      OS_STK Task03Stk[Task03StkSize];
81      OS_STK Task04Stk[Task04StkSize];
82      OS_STK Task05Stk[Task05StkSize];
83      OS_STK Task06Stk[Task06StkSize];
84      OS_STK Task07Stk[Task07StkSize];
85      OS_STK Task08Stk[Task08StkSize];
86      OS_STK Task09Stk[Task09StkSize];
87      OS_STK Task10Stk[Task10StkSize];
88      OS_STK Task11Stk[Task11StkSize];
89      void CreateTasks(void)
90      {
```

此处省略的第 91~135 行为创建用户任务 Task02~Task06，与程序段 11-12 中的第 33~77 行相同。

```
136         OSTaskCreateExt(Task07,
137                         (void *)0,
138                         &Task07Stk[Task07StkSize - 1],
139                         Task07Prio,
140                         Task07ID,
141                         &Task07Stk[0],
142                         Task07StkSize,
143                         (void *)0,
144                         (OS_TASK_OPT_STK_CHK | OS_TASK_OPT_STK_CLR));
145         OSTaskCreateExt(Task08,
146                         (void *)0,
147                         &Task08Stk[Task08StkSize - 1],
148                         Task08Prio,
149                         Task08ID,
150                         &Task08Stk[0],
151                         Task08StkSize,
152                         (void *)0,
153                         (OS_TASK_OPT_STK_CHK | OS_TASK_OPT_STK_CLR));
154         OSTaskCreateExt(Task09,
155                         (void *)0,
156                         &Task09Stk[Task09StkSize - 1],
157                         Task09Prio,
158                         Task09ID,
159                         &Task09Stk[0],
160                         Task09StkSize,
161                         (void *)0,
162                         (OS_TASK_OPT_STK_CHK | OS_TASK_OPT_STK_CLR));
163         OSTaskCreateExt(Task10,
```

```
164                     (void * )0,
165                     &Task10Stk[Task10StkSize - 1],
166                     Task10Prio,
167                     Task10ID,
168                     &Task10Stk[0],
169                     Task10StkSize,
170                     (void * )0,
171                     (OS_TASK_OPT_STK_CHK | OS_TASK_OPT_STK_CLR));
172     OSTaskCreateExt(Task11,
173                     (void * )0,
174                     &Task11Stk[Task11StkSize - 1],
175                     Task11Prio,
176                     Task11ID,
177                     &Task11Stk[0],
178                     Task11StkSize,
179                     (void * )0,
180                     (OS_TASK_OPT_STK_CHK | OS_TASK_OPT_STK_CLR));
181     }
182
```

第 136～180 行为 5 条语句,用于创建用户任务 Task07～Task11。

```
183     OS_EVENT   * sem01, * sem02, * sem03;
184     OS_EVENT   * mtx01;
185     void CreateEvents(void)
186     {
187         Int08U err;
188         sem01 = OSSemCreate(0);
189         sem02 = OSSemCreate(0);
190         sem03 = OSSemCreate(0);
191         mtx01 = OSMutexCreate(3,&err);
192     }
```

第 183 行定义事件 sem01、sem02 和 sem03,用作三个信号量;第 184 行定义事件 mtx01,用作互斥信号量。第 185～192 行为创建事件的函数 CreateEvents,其中,第 188 行创建信号量 sem01,第 189 行创建信号量 sem02,第 190 行创建信号量 sem03,第 191 行创建互斥信号量 mtx01,这里优先级继承优先级(PIP)号为 3。

(3) 新建文件 task07.c、task07.h、task08.c 和 task08.h,保存在目录"D:\STM32F103ZET6 工程\工程 26\USER"下,其代码如程序段 12-2～程序段 12-5 所示。

程序段 12-2 文件 task07.c

```
1     //Filename: task07.c
2
3     # include "includes.h"
4
5     extern OS_EVENT * sem01;
6
7     void Task07(void * pdat)
8     {
9         StartTmr02();
10
11        while(1)
12        {
```

```
13              OSTimeDly(100);         //OSTimeDlyHMSM(0,0,1,0);
14              OSSemPost(sem01);
15          }
16    }
```

文件 task07.c 中，第 5 行声明外部定义的事件 sem01；第 9 行调用函数 StartTmr02 启动系统定时器 tm02（见程序段 11-6）；进入无限循环体（第 11～15 行）后，每延时 1s（第 13 行），释放一次信号量 sem01（第 14 行）。这里，OSTimeDly 为系统函数，只有一个参数，为延时的时钟节拍数，设为 100 时，则延时 1s，因为系统时钟节拍频率为 100Hz。

程序段 12-3　文件 task07.h

```
1     //Filename: task07.h
2
3     #ifndef  _TASK07_H
4     #define  _TASK07_H
5
6     #define  Task07ID           7u
7     #define  Task07Prio        (Task07ID + 4u)
8     #define  Task07StkSize     200u
9
10    void Task07(void * pdat);
11
12    #endif
```

文件 task07.h 中宏定义了任务 Task07 的 ID 为 7、优先级号为 11、堆栈大小为 200 字（第 6～8 行），然后，第 10 行声明了任务函数 Task07。

程序段 12-4　文件 task08.c

```
1     //Filename:task08.c
2
3     #include "includes.h"
4
5     extern OS_EVENT * sem01;
6
7     void Task08(void * pdat)
8     {
9         Int08U err;
10        Int32U i = 0;
11        Int08U ch[20];
12
13        DrawString(300,40,(Int08U *)"Sem 01 Counter:0",20);
14        for(;;)
15        {
16            OSSemPend(sem01,0,&err);
17            i++;
18            Int2String(i,ch);
19            DrawString(300 + 15 * 8,40,ch,20);
20        }
21    }
```

文件 task08.c 中，第 5 行声明外部定义的事件 sem01；第 13 行在 LCD 屏坐标（300,40）处输出字符串"Sem 01 Counter：0"。无限循环体（第 14～20 行）内循环执行：请求信号量 sem01，如果没有请求到，则一直等待（第 16 行）；如果请求成功，则计数变量 i 自增 1（第 17

行);将 i 转化为字符串 ch(第 18 行);在坐标(300+15*8,40)处显示字符串 ch(第 19 行)。

程序段 12-5 文件 task08.h

```
1    //Filename: task08.h
2
3    #ifndef  _TASK08_H
4    #define  _TASK08_H
5
6    #define  Task08ID        8u
7    #define  Task08Prio      (Task08ID + 4u)
8    #define  Task08StkSize   200u
9
10   void Task08(void * pdat);
11
12   #endif
```

文件 task08.h 中宏定义了任务 Task08 的 ID 为 8、优先级号为 12、堆栈大小为 200 字(第 6~8 行),然后,第 10 行声明了任务函数 Task08。

(4) 修改 uctmr.c 和 uctmr.h 文件,如程序段 12-6 和程序段 12-7 所示。

程序段 12-6 文件 uctmr.c

```
1    //Filename: uctmr.c
2
```

此处省略的第 3~27 行与程序段 11-17 的第 3~27 行相同。

```
28
29   extern OS_EVENT * sem02;
30   void  Tmr02CBFun(void * ptmr, void * parg)
31   {
32     OSSemPost(sem02);
33   }
34
```

第 29 行声明外部定义的事件 sem02;第 30~34 行为定时器 tm02 的回调函数 Tmr02CBFun;第 32 行释放信号量 sem02。

```
35   void  StartTmr02(void)
36   {
37     Int08U err;
38     OS_TMR * tm02;
39     tm02 = OSTmrCreate(10,10,OS_TMR_OPT_PERIODIC, Tmr02CBFun,(void * )0,
40                        (Int08U * )"Timer 02",&err);
41     OSTmrStart(tm02,&err);
42   }
```

第 35~42 行为创建并启动定时器 tm02 的函数 StartTmr02。第 38 行定义定时器 tm02;第 39、40 行创建定时器 tm02;第 41 行启动定时器 tm02。

由上述代码可知,定时器 tm02 每 1s 执行一次它的回调函数,即每 1s 释放一次信号量 sem02。

程序段 12-7 文件 uctmr.h

```
1    //Filename: uctmr.h
2
```

```
3    # include "vartypes.h"
4
5    # ifndef  _UCTMR_H
6    # define  _UCTMR_H
7
8    Int08U  StartTmr01(void);
9    void    StartTmr02(void);
10
11   # endif
```

文件 uctmr.h 中声明了文件 uctmr.c 中定义的函数 StartTmr01 和 StartTmr02。

(5) 新建文件 task09.c 和 task09.h，保存在目录"D:\STM32F103ZET6 工程\工程 26\USER"下，其代码如程序段 12-8 和程序段 12-9 所示。

程序段 12-8　文件 task09.c

```
1    //Filename: task09.c
2
3    # include "includes.h"
4
5    extern OS_EVENT * sem02;
6
7    void Task09(void * pdat)
8    {
9      Int08U err;
10     Int32U i = 0;
11     Int08U ch[20];
12
13     DrawString(300,60,(Int08U *)"Sem 02 Counter:0",20);
14     for(;;)
15     {
16         OSSemPend(sem02,0,&err);
17         i++;
18         Int2String(i,ch);
19         DrawString(300 + 15 * 8,60,ch,20);
20     }
21   }
```

文件 task09.c 中，第 5 行声明外部定义的事件 sem02；第 13 行在 LCD 屏坐标(300, 60)处显示"Sem 02 Counter：0"。无限循环体(第 14～20 行)内循环执行：请求信号量 sem02，如果请求不成功，则一直等待(第 16 行)；如果请求成功，则变量 i 自增 1(第 17 行)；将 i 转化为字符串 ch(第 18 行)；在坐标(300＋15*8,60)处显示字符串 ch(第 19 行)。

程序段 12-9　文件 task09.h

```
1    //Filename: task09.h
2
3    # ifndef  _TASK09_H
4    # define  _TASK09_H
5
6    # define  Task09ID       9u
7    # define  Task09Prio     (Task09ID + 4u)
8    # define  Task09StkSize  200u
9
10   void Task09(void * pdat);
```

```
11
12    #endif
```

文件task09.h中宏定义了任务Task09的ID为9、优先级号为13、堆栈大小为200字(第6~8行)，然后，第10行声明了任务函数Task09。

(6) 修改文件exti.c，如程序段12-10所示。

程序段12-10　文件exti.c

```
1     //Filename: exti.c
2
```

此处省略的第3~25行与程序段5-15的第3~25行相同。

```
26
27    Int08U keyn = 0;
28    extern OS_EVENT * sem03;
29    void EXTI2_IRQHandler()
30    {
31      OSIntEnter();
32      keyn = 2;
33      OSSemPost(sem03);
34      EXTI_ClearFlag(EXTI_Line2);
35      NVIC_ClearPendingIRQ(EXTI2_IRQn);
36      OSIntExit();
37    }
38
```

第27行定义全局变量keyn；第28行声明外部定义的事件sem03；第29~37行为按键2的中断服务函数。第31行和第36行是一对系统函数，分别表示进入中断和退出中断；第32行将全局变量keyn设为2；第33行释放信号量sem03。

```
39    void EXTI3_IRQHandler()
40    {
41      OSIntEnter();
42      keyn = 1;
43      OSSemPost(sem03);
44      EXTI_ClearFlag(EXTI_Line3);
45      NVIC_ClearPendingIRQ(EXTI3_IRQn);
46      OSIntExit();
47    }
48
```

第39~47行为按键1的中断服务函数。第42行将全局变量keyn赋为1；第43行释放信号量sem03。结合第27~37行可知，当按下按键1时，keyn=1，并释放信号量sem03；当按下按键2时，keyn=2，并释放信号量sem03。

```
49    void EXTI4_IRQHandler()
50    {
51      OSIntEnter();
52      BEEP();
53      EXTI_ClearFlag(EXTI_Line4);
54      //NVIC_ClearIRQChannelPendingBit(EXIT4_IRQChannel);
55      NVIC_ClearPendingIRQ(EXTI4_IRQn);
56      OSIntExit();
57    }
```

第 49～57 行为按键 3 的中断服务函数,当按下按键 3 时,蜂鸣器的状态将发生切换,如果原来鸣叫,则关闭;如果原来静默,则鸣叫。

(7) 新建文件 task10.c 和 task10.h,保存在目录"D:\STM32F103ZET6 工程\工程 26\USER"下,其代码如程序段 12-11 和程序段 12-12 所示。

程序段 12-11　文件 task10.c

```
1    //Filename: task10.c
2
3    #include "includes.h"
4
5    extern OS_EVENT *sem03;
6    extern Int08U keyn;
7
8    void Task10(void *pdat)
9    {
10       Int08U err;
11
12       for(;;)
13       {
14           OSSemPend(sem03,0,&err);
15           switch(keyn)
16           {
17               case 1:
18                   DrawString(400,10,(Int08U *)"Key 1",10);
19                   break;
20               case 2:
21                   DrawString(400,10,(Int08U *)"Key 2",10);
22                   break;
23           }
24       }
25   }
```

文件 task10.c 中,第 5 行声明外部定义的事件 sem03;第 6 行声明外部定义的变量 keyn。任务 Task10 的无限循环体(第 12～24 行)中,循环执行:请求信号量 sem03,如果请求不成功,则一直等待(第 14 行);如果请求成功,判断 keyn 的值(第 15 行);如果 keyn=1(第 17 行),则在 LCD 屏上显示"Key 1"(第 18 行);如果 keyn=2(第 20 行),则在 LCD 屏上显示"Key 2"(第 21 行)。

程序段 12-12　文件 task10.h

```
1    //Filename: task10.h
2
3    #ifndef _TASK10_H
4    #define _TASK10_H
5
6    #define Task10ID        10u
7    #define Task10Prio      (Task10ID + 4u)
8    #define Task10StkSize   200u
9
10   void Task10(void *pdat);
11
12   #endif
```

文件 task10.h 中宏定义了任务 Task10 的 ID 为 10、优先级号为 14、堆栈大小为 200 字（第 6～8 行），然后，第 10 行声明了任务函数 Task10。

（8）修改文件 task02.c，如程序段 12-13 所示。

程序段 12-13　文件 task02.c

```
1     //Filename: task02.c
2
3     #include "includes.h"
4
5     extern OS_EVENT * mtx01;
6     Int16U th;
7
8     void Task02(void * pdat)
9     {
10        Int08U err;
11
12        SetPenColorEx(BLUE);
13        SetGroundColorEx(WHITE);
14
15        for(;;)
16        {
17            OSTimeDlyHMSM(0,0,2,0);
18            OSMutexPend(mtx01,0,&err);
19            th = DHT11ReadData();
20            OSMutexPost(mtx01);
21        }
22    }
```

在文件 task02.c 中，第 5 行声明外部定义的事件 mtx01；第 6 行定义全局变量 th，该变量是任务 Task02 和 Task11 公用的共享资源。第 12 行设置前景画笔色为蓝色；第 13 行设置背景画笔色为白色。无限循环体（第 15～21 行）内循环执行：延时 2s（第 17 行）；请求互斥信号量 mtx01，请求不成功时，则一直等待（第 18 行）；请求成功后，读取温/湿度值（第 19 行）；第 20 行释放互斥信号量 mtx01。这里使用互斥信号量可以保证访问 th 时，不受其他使用 th 的任务的影响。

（9）新建文件 task11.c 和 task11.h，保存在目录"D:\STM32F103ZET6 工程\工程 26\USER"下，其代码如程序段 12-14 和程序段 12-15 所示。

程序段 12-14　文件 task11.c

```
1     //Filename: task11.c
2
3     #include "includes.h"
4
5     extern OS_EVENT * mtx01;
6     extern Int16U th;
7
8     void Task11(void * pdat)
9     {
10        Int08U err;
11        Int08U t10,t01,h10,h01;
12
13        for(;;)
```

```
14          {
15              OSTimeDlyHMSM(0,0,1,0);
16              OSMutexPend(mtx01,0,&err);
17              t10 = (th >> 8) / 10;
18              t01 = (th >> 8) % 10;
19              h10 = (th & 0xFF) / 10;
20              h01 = (th & 0xFF) % 10;
21              OSMutexPost(mtx01);
22
23              DrawHZ16X16(10,50,(Int08U *)"温度",2);
24              DrawChar(10 + 2 * 16,50,(Int08U)':');
25              DrawChar(10 + 2 * 16 + 8,50,(Int08U)(t10 + '0'));
26              DrawChar(10 + 40 + 8,50,(Int08U)(t01 + '0'));
27              DrawHZ16X16(10 + 48 + 8,50,(Int08U *)"摄",1);
28              DrawHZ16X16(10,70,(Int08U *)"湿度",2);
29              DrawChar(10 + 2 * 16,70,(Int08U)':');
30              DrawChar(10 + 2 * 16 + 8,70,(Int08U)(h10 + '0'));
31              DrawChar(10 + 40 + 8,70,(Int08U)(h01 + '0'));
32              DrawChar(10 + 48 + 8,70,(Int08U)'%');
33          }
34      }
```

文件task11.c中,第5行声明外部定义的事件mtx01;第6行声明外部定义的变量th。任务Task11循环执行：延时1s(第15行);请求互斥信号量mtx01,如果请求不成功,则一直等待(第16行);如果请求成功,第17~20行读全局变量th的值,生成温度和湿度的十位和个位;第21行释放互斥信号量mtx01;第23~32行在LCD屏上显示温度值和湿度值。这里,互斥信号量可以保证在第17~20行的执行过程中,全部变量th的值不会被其他任务改变,这里第17~20行共4条C语句,即使只有一条C语句,仍然需要使用互斥信号量进行资源保护,因为一条C语句往往对应3~6条机器指令(只有在单条机器指令的条件下,才不需要互斥信号量保护)。

程序段 12-15　文件 task11.h

```
1       //Filename: task11.h
2
3       # ifndef   _TASK11_H
4       # define   _TASK11_H
5
6       # define   Task11ID        11u
7       # define   Task11Prio      (Task11ID + 4u)
8       # define   Task11StkSize   200u
9
10      void Task11(void * pdat);
11
12      # endif
```

文件task11.h中宏定义了任务Task11的ID为11、优先级号为15、堆栈大小为200字(第6~8行),然后,第10行声明了任务函数Task11。

(10) 修改文件includes.h,如程序段12-16所示。

程序段 12-16　文件 includes.h

```
1       //Filename: includes.h
2
```

此处省略的第 3～27 行与程序段 11-19 的第 3～27 行相同。

```
28    #include "task07.h"
29    #include "task08.h"
30    #include "task09.h"
31    #include "task10.h"
32    #include "task11.h"
```

第 28～32 行包括了用户任务 Task07～Task11 的头文件。

(11) 将文件 task07.c～task11.c 添加到工程管理器的 USER 分组下，完成后的工程 26 如图 12-3 所示。

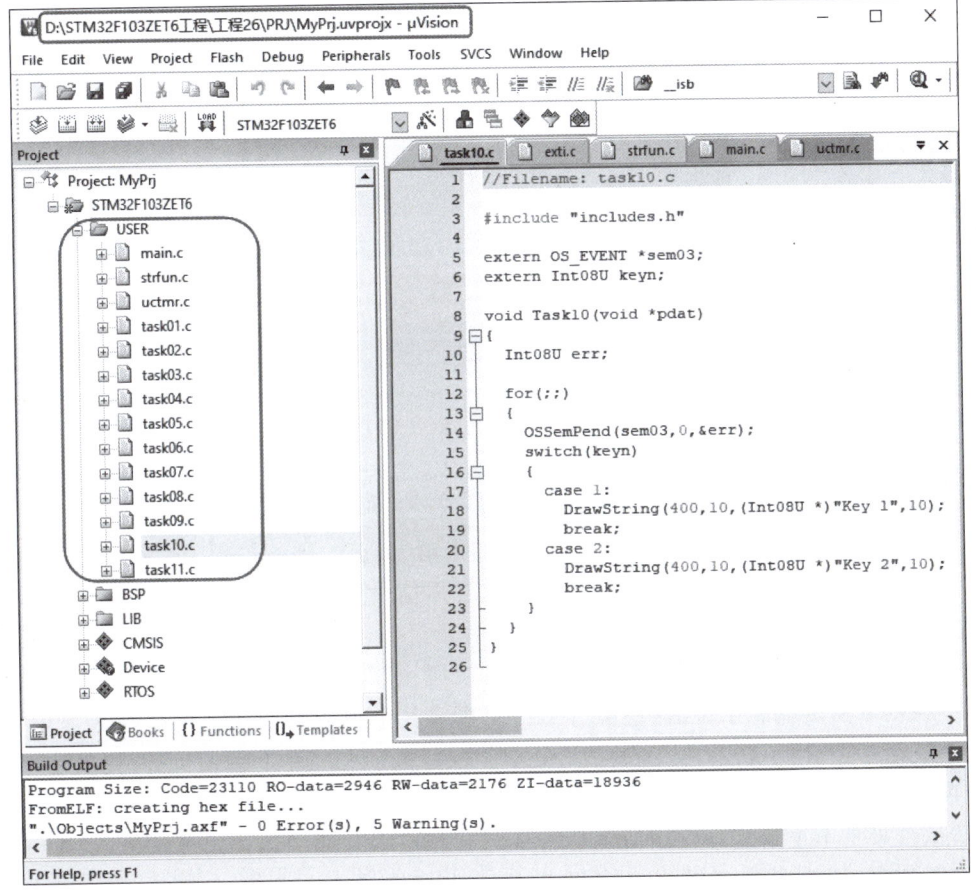

图 12-3　工程 26 工作窗口

在图 12-3 中，编译链接并运行工程 26，在 LCD 屏上显示如图 12-4 所示信息。

在图 12-4 中，显示了工程 26 在工程 25 基础上新添加的任务 Task07～Task11 的堆栈使用情况，此时的任务总数为 14，每秒任务切换次数为 50，CPU 使用率仍然为 0。

注意：系统初始化时，系统函数 OSStatInit 将计算 0.1s 内空闲任务运行的次数，存储在全局变量 OSIdleCtrMax 中。STM32F103 执行速度快，所以使得 OSIdleCtrMax 的数值较大，致使 CPU 使用率趋于 0。

这里信号量 Sem 01 和 Sem02 的请求次数在理论上应相等，然而，由图 12-4 可见，随着时间推移两者差别较大(该问题留待深入阅读 μC/OS-Ⅱ 系统文件后在课内讨论，需阅读的

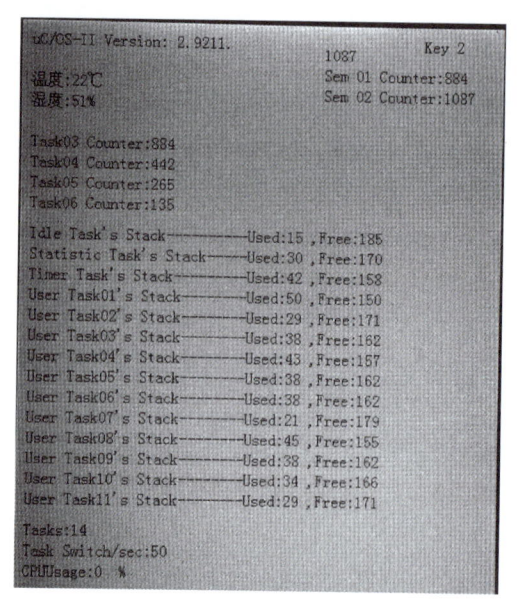

图 12-4　工程 26 运行时 LCD 屏显示信息

文件有 os_cpu_c.c、os_core.c、os_tmr.c、os_sem.c 和 os_task.c 等，这种情况在 μC/OS-Ⅲ 系统中不存在)。

工程 26 的执行流程如图 12-5 所示。

在图 12-5 中，省略了用户任务 Task03～Task06 的执行情况，这些任务可参考图 11-5。由图 12-5 可知，用户任务 Task01 创建了其余的 10 个用户任务、3 个信号量和 1 个互斥信号量，并负责统计各个任务的堆栈使用情况、每秒任务切换次数和 CPU 使用率。用户任务 Task02 每隔 2s 请求一次互斥信号量 mtx01，如果请求成功，则读取温/湿度值，然后释放互斥信号量。用户任务 Task11 每隔 1s 请求一次互斥信号量 mtx01，如果请求成功，则获取温度和湿度值的十位数和个位数，然后释放互斥信号量 mtx01，接着在 LCD 屏上显示温度和湿度的值。试想一下，若没有互斥信号量 mtx01，则由于 Task02 优先级高于 Task11，所以 Task11 在提取温度值的十位后(还没有来得及提取其个位数和湿度值的十位数与个位数) Task02 就绪了，获得了新的温/湿度值，Task02 执行完后，Task11 继续执行，接着使用新的温/湿度值提取温度的个位数和湿度的十位数与个位数，并将它们显示在 LCD 屏上，显然，这个显示结果是不正确的。互斥信号量 mtx01 可以有效地避免这类情况发生。

在图 12-5 中，系统定时器 tm02 每秒释放一次信号量 sem02，用户任务 Task09 始终请求信号量 sem02，从而也每秒执行一次，在 LCD 屏上输出 sem02 请求到的次数。

用户任务 Task07 每隔 1s 释放一次信号量 sem01，通过信号量 sem01 使得 Task08 同步 Task07 的执行，Task08 也每秒执行一次，在 LCD 屏上输出 sem01 请求到的次数。

按键 1 被按下一次，就释放一次信号量 sem03，同时，设置全局变量 keyn=1；按键 2 每次被按下，也将释放一次信号量 sem03，同时设置全局变量 keyn=2。用户任务 Task10 始终请求信号量 sem03，请求成功后，根据 keyn 的值，在 LCD 屏上输出相应的按键信息。这种"信号量+全局变量"的方法，不但可以实现任务同步任务或中断服务程序的执行，而且可以在任务间传递信息或由中断服务程序向任务传递信息，一定意义上体现了消息邮箱的实现机理(13.1 节介绍)。

第12章 µC/OS-II信号量与互斥信号量

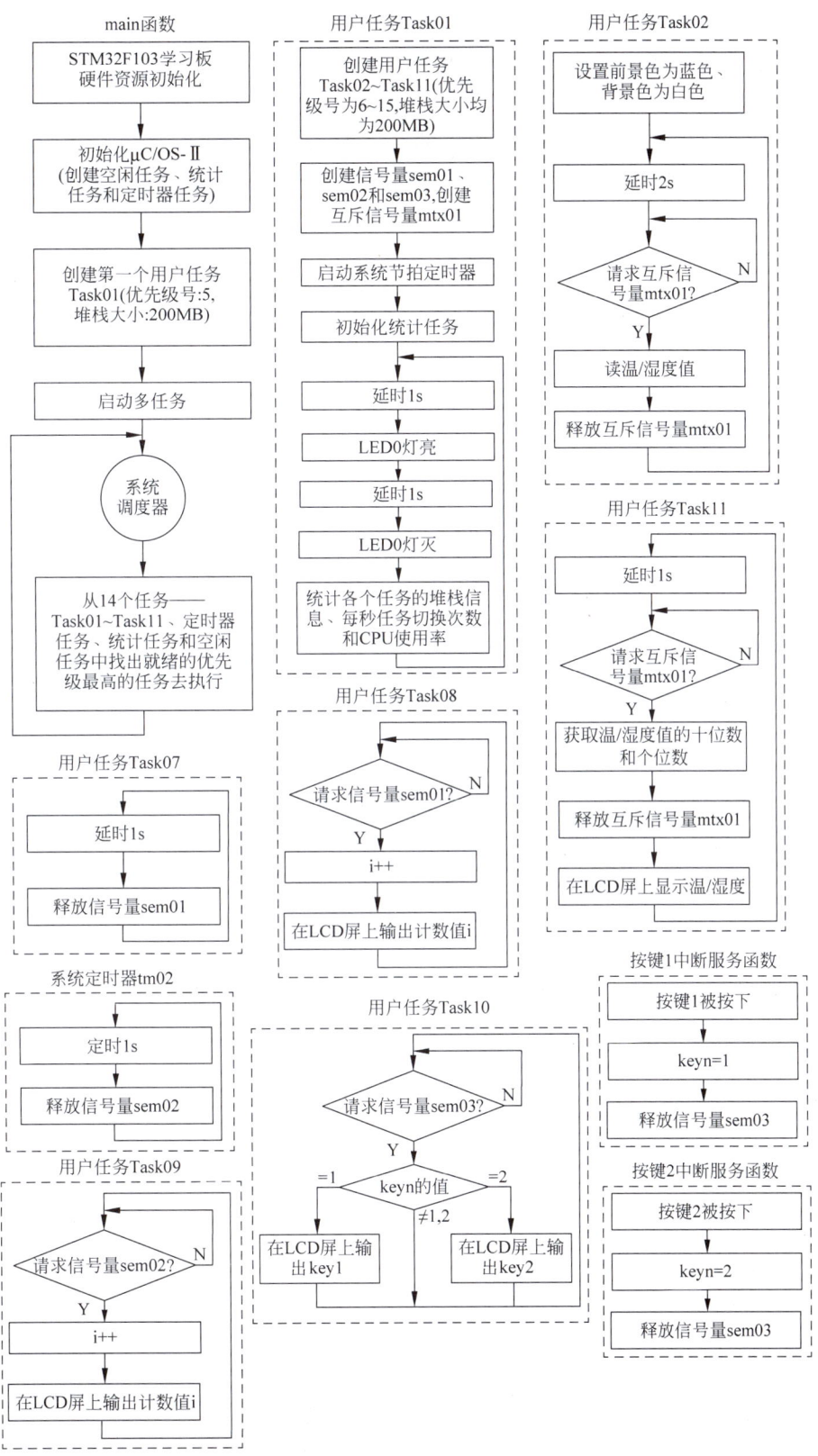

图 12-5 工程 26 执行流程

12.4 本章小结

本章详细介绍了信号量和互斥信号量的用法,信号量的主要作用在于实现两个用户任务间的同步执行,或用户任务同步中断服务程序的执行。"信号量＋全局变量"的方式还可以实现在任务间传递信息,或由中断服务程序向任务传递信息。互斥信号量的作用在于保护共享资源,避免出现死锁或者全局变量访问出错。信号量和互斥信号量均属于事件,在os_cfg.h文件中宏定义了OS_MAX_EVENTS的值为20(参考表10-2和程序段10-10第19行),因此,工程26中,最多可创建的信号量和互斥信号量为20个。实际工程中,若使用的信号量数量较多,应设置较大的OS_MAX_EVENTS宏常量的值。

习题

1. 简要说明信号量与互斥信号量的工作原理和用法。
2. 编写工程创建两个信号量,实现LCD屏定时计数器显示功能。
3. 编写工程创建一个互斥信号量,实现LCD屏温/湿度值显示功能。

第 13 章 μC/OS-Ⅱ消息邮箱与消息队列
CHAPTER 13

消息邮箱和消息队列是 μC/OS-Ⅱ系统中非常重要的两个组件。信号量主要用于任务间的同步，而消息邮箱和消息队列不仅可以实现任务间的同步，而且可用于任务间相互通信。本章将详细介绍消息邮箱和消息队列的概念和用法。

本章的学习目标：
➢ 了解消息邮箱的工作原理；
➢ 熟悉消息邮箱与消息队列的系统函数；
➢ 掌握消息邮箱与消息队列的应用方法。

13.1 μC/OS-Ⅱ消息邮箱

消息邮箱不仅能实现任务间的同步，而且还可用于任务间相互通信。在 μC/OS-Ⅱ中，与消息邮箱管理相关的函数有 8 个，位于 μC/OS-Ⅱ内核文件 os_mbox.c 中，如表 13-1 所示。

表 13-1 消息邮箱管理函数

函数原型	功　　能
OS_EVENT * OSMboxCreate(void * msg);	创建并初始化一个消息邮箱。如果参数不为空，则新建的邮箱将包含消息
void * OSMboxPend(OS_EVENT * pevent, INT16U timeout, INT8U * perr);	向邮箱请求消息，如果邮箱中有消息，则消息传递到任务中，邮箱清空；如果邮箱中没有消息，当前任务挂起等待，直到邮箱中有消息或等待超时。如果有多个任务等待同一个消息，则该消息到来时，μC/OS-Ⅱ使优先级最高的任务获得消息并运行（中断服务程序不能调用该函数）
INT8U OSMboxPost(OS_EVENT * pevent, void * pmsg);	向邮箱传入消息（可理解为向邮箱释放消息），如果有任务在等待该消息，则其中高优先级的任务将会：(1)如果此任务优先级低于调用该函数的任务，则在调用该函数的任务执行完后，立即得到消息并执行；(2)如果此任务优先级高于调用该函数的任务，则此任务立即执行，调用该函数的任务被挂起等待。pmsg 不允许传递空指针

续表

函数原型	功 能
INT8U　OSMboxPostOpt(OS_EVENT　*pevent, 　　　　　　　　　　　void　*pmsg, 　　　　　　　　　　　INT8U　opt);	向邮箱中释放消息。opt可取： (1) OS_POST_OPT_BROADCAST,消息将广播给所有请求该消息邮箱的任务； (2) OS_POST_OPT_NONE,此时与OSMbox-Post含义相同； (3) OS_POST_OPT_NO_SCHED,释放消息后不进行任务调度,可用于一次性地释放多个消息后,再进行任务调度
OS_EVENT　*OSMboxDel(OS_EVENT　*pevent, 　　　　　　　　　　　INT8U　opt, 　　　　　　　　　　　INT8U　*perr);	删除一个消息邮箱。通常,在删除邮箱前应删除那些请求该邮箱的任务(中断服务程序不能调用该函数)
INT8U　OSMboxQuery(OS_EVENT　*pevent, 　　　　　　　　OS_MBOX_DATA　*p_mbox_data);	查询邮箱当前的消息及等待该消息的事件列表
INT8U　OSMboxPendAbort(OS_EVENT　*pevent, 　　　　　　　　　　　INT8U　opt, 　　　　　　　　　　　INT8U　*perr);	中止任务对消息邮箱的请求,使等待该消息的任务继续执行(中断服务程序不能调用该函数)
void　*OSMboxAccept(OS_EVENT　*pevent);	向指定的邮箱请求消息,如果没有消息,则调用该函数的任务不挂起等待；如果有消息,则消息传递到任务中,然后清空邮箱。可被任务或中断服务程序调用,多用于中断服务程序中

消息邮箱的工作情况如图13-1所示。

由图13-1可知,任务和中断服务程序可以释放消息,只有任务才能请求消息,邮箱中仅能存放一条消息,如果释放消息的速度比请求消息的速度快,则释放的消息将丢失。可以通过广播的方式,使得释放的消息传递给所有请求该消息邮箱的任务。如果当前邮箱为空,且有某一任务X正在请求邮箱,则当另一任务A向邮箱中释放消息时,释放的消息将直接送给任务X,而不用经过邮箱中转。如果使用哑元消息(如(void *)1),可以实现一对一或多对一的同步,此时消息邮箱与信号量的作用相同。但是,用作同步,消息邮箱比信号量的速度慢。

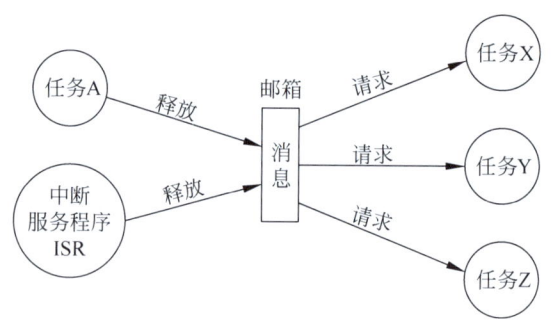

图13-1　消息邮箱的工作情况

消息邮箱的用法如下。

(1) 定义事件,如"OS_EVENT *mbox01;"。

(2) 定义全局一维数组保存消息,如"INT8U msgbx[80];"。

(3) 创建消息邮箱,如"mbox01=OSMboxCreate(NULL);",NULL参数表示创建的邮箱中没有消息。

(4) 在某一个任务A中释放消息,如"OSMboxPost(mbox01,(void *)msgbx);",如果发送的消息为"Msg：A-X",则需要事先将该消息存在msgbx中,可以使用"strcpy((char *)

msgbx,"Msg：A-X")；"。

（5）在另一个任务 X 中请求消息,如"pmsg＝OSMboxPend(mbox01，0，&err)；",这里的 pmsg 为"void ＊"类型的任务局部变量,这样,消息"Msg：A-X"就从任务 A 传递到任务 X 中了。

13.2　μC/OS-Ⅱ消息队列

消息队列可以视为消息邮箱的数组形式,消息邮箱一次只能传递一则消息,而消息队列可以一次传递多则消息。因此,消息邮箱是消息队列的一种特例。消息队列的工作情况如图 13-2 所示。

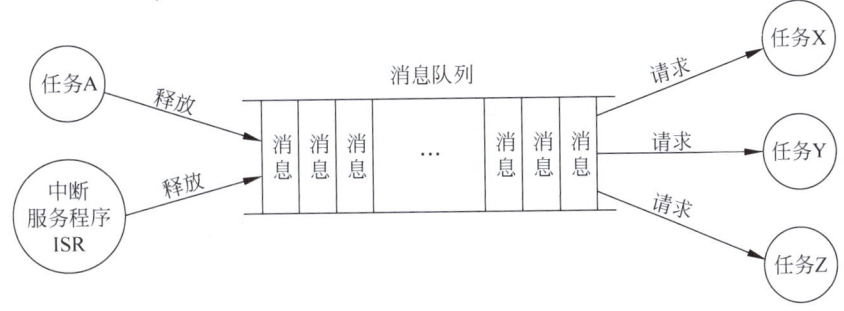

图 13-2　消息队列的工作情况

由图 13-2 可知,任务和中断服务程序可以向消息队列中释放消息,只有任务才能从消息队列中请求消息,任务可以始终请求消息,也可周期性地请求消息。消息队列具有一定的长度,其长度为可包含的消息个数,如果向队列中释放消息的速度大于从队列中请求消息的速度,那么消息队列将溢出。

在 μC/OS-Ⅱ中,与消息队列相关的管理函数约有 10 个,列于表 13-2 中,这些函数位于μC/OS-Ⅱ内核文件 os_q.c 中。

表 13-2　消息队列管理函数

函 数 原 型	功　　能
OS_EVENT　＊OSQCreate(void　＊＊start，INT16U　size)；	创建一个消息队列,允许任务或中断服务程序发送一些指针类型的变量(消息)给一个或多个任务,消息内容由应用程序指定
void　＊OSQPend(OS_EVENT　＊pevent，INT16U　timeout，INT8U　＊perr)；	向消息队列请求消息。如果队列中有消息,则该消息传递给任务,并从队列中清除该消息；如果队列中没有消息,则调用该函数的任务被挂起等待,直到有消息或等待超时。当有多个任务请求到同一消息队列时,μC/OS-Ⅱ进行任务调度,使优先级最高的任务得到消息。(中断服务程序不能调用该函数)
INT8U　OSQPost(OS_EVENT　＊pevent，void　＊pmsg)；	向消息队列送入消息(即向队列释放消息),消息队列为先进先出(FIFO)方式。如果队列已满,则消息不会进入队列,OSQPost 立即返回；否则,消息进入队列,如果有任务在请求该消息队列,则μC/OS-Ⅱ进行任务调度,当前任务和所有请求该消息队列的任务中最高优先级的任务得到执行权

续表

函数原型	功　能
INT8U　OSQPostFront(OS_EVENT　* pevent, 　　　　　　　　　　　void　* pmsg);	向消息队列送入消息(即向队列释放消息),消息插入队列前端,消息队列为后进先出(LIFO)方式。如果队列已满,则消息不会插入队列,OSQPostFront立即返回;否则,消息插入队列,如果有任务在请求该消息队列,则μC/OS-Ⅱ进行任务调度,当前任务和所有请求该消息队列的任务中最高优先级的任务得到执行权
INT8U　OSQPostOpt(OS_EVENT　* pevent, 　　　　　　　　　　void　* pmsg, 　　　　　　　　　　INT8U　opt);	向队列中释放消息。opt 可取以下值: (1) OS_POST_OPT_NONE,与 OSQPost 相同; (2) OS_POST_OPT_FRONT,与 OSQPostFront相同; (3) OS_POST_OPT_BROADCAST,每个消息均广播给所有请求消息队列的任务; (4) OS_POST_OPT_NO_SCHED,释放消息后不进行任务调度,借助该参数可以一次性向队列中释放多个消息,在释放完最后一个消息时,不使用该参数,从而进行任务调度
OS_EVENT　* OSQDel(OS_EVENT　* pevent, 　　　　　　　　　INT8U　opt, 　　　　　　　　　INT8U　* perr);	删除一个消息队列。通常,删除消息队列前,应删除所有请求该消息队列的任务(中断服务程序不能调用该函数)
void　* OSQAccept(OS_EVENT　* pevent, 　　　　　　　　　INT8U　* perr);	向消息队列请求消息。与 OSQPend 不同的是,如果队列中没有消息,调用该函数的任务并不挂起等待,主要用于中断服务程序中。如果队列中有消息,该消息传递到任务中,在 OSQAccept 返回前,该消息从队列中移除
INT8U　OSQPendAbort(OS_EVENT　* pevent, 　　　　　　　　　　INT8U　opt, 　　　　　　　　　　INT8U　* perr);	放弃请求消息队列,继续执行当前任务(中断服务程序不能调用该函数)
INT8U　OSQQuery(OS_EVENT　* pevent, 　　　　　　　　OS_Q_DATA　* p_q_data);	查询消息队列信息
INT8U　OSQFlush(OS_EVENT　* pevent);	清空消息队列

消息队列的使用方法如下。

(1) 定义事件,如"OS_EVENT * q01;"。

(2) 定义一维指针数组,如"void * ptq[10];";定义全局二维数组存放队列中的消息,如"INT8U msgq[10][80];"。

(3) 创建消息队列,如"q01=OSQCreate(&ptq[0],10);",这里创建了一个长度为 10 的消息队列。

(4) 在某一任务 A 中,向队列中释放消息,如"OSQPost(q01,(void *)&msgq[0][0]);"。

(5) 在另一任务 X 中,向队列请求消息,如"pmsg=OSQPend(q01,0,&err);",这里

pmsg 为"void *"类型的局部变量,指向请求到的消息。

需要强调指出的是,消息队列(或消息邮箱)本身只包含指向消息的指针,并不提供保存消息的空间,因此,从一个任务传递到另一个任务的消息,需要保存在全局数组变量或任务级数组变量中。消息队列比消息邮箱更加灵活,可以创建一个全局的二维数组,例如,"INT8U msgq[20][80];",这里二维数组的第一个下标"20"与消息队列的长度没有关系;然后,可以在 20 个不同的任务中向消息队列释放消息,例如,第 i 个任务中,"OSQPost (q01,(void *)&msgq[i][0]);"。或者各个任务均使用自己的任务级别的一维数组变量保存消息,然后调用 OSQPost 函数向消息队列中释放消息。由此可见,消息队列(或消息邮箱)实现了任务间共享信息的访问机制,而不是真的把"消息"由一个任务传递到另一个任务。

13.3 消息邮箱与消息队列实例

视频讲解

在工程 26 的基础上新建"工程 27",保存在目录"D:\STM32F103ZET6 工程\工程 27"下,此时的工程 27 与工程 26 完全相同。拟使工程 27 实现的功能与工程 26 也完全相同,但是,在实现手段上发生了如表 13-3 所示的变化。

表 13-3 工程 27 与工程 26 的实现方法变化情况

序号	功 能	工程 26 实现方法	工程 27 实现方法
1	Task08 同步 Task07	信号量 sem01	消息邮箱 mbox01
2	Task09 同步定时器 tm02	信号量 sem02	消息邮箱 mbox02
3	Task10 同步按键 1 和 2	信号量 sem03	消息队列 q01
4	Task11 与 Task02 共用温/湿度值	互斥信号量 mtx01	消息邮箱 mbox03

详细的工程建设步骤如下。
(1) 修改文件 task01.c,如程序段 13-1 所示。

程序段 13-1 文件 task01.c

```
1    //Filename:task01.c
2
```

此处省略的第 3~182 行与程序段 12-1 的第 3~182 行相同。

```
183    OS_EVENT  * mbox01, * mbox02, * mbox03;
184    OS_EVENT  * q01;
185    void * ptq[10];
186    void CreateEvents(void)
187    {
188        mbox01 = OSMboxCreate(NULL);
189        mbox02 = OSMboxCreate(NULL);
190        mbox03 = OSMboxCreate(NULL);
191        q01 = OSQCreate(&ptq[0],10);
192    }
```

第 183 行定义三个事件,即 mbox01、mbox02 和 mbox03,用作消息邮箱;第 184 行定义事件 q01,用作消息队列;第 185 行定义存放消息队列的指针数组 ptq。第 186~192

行为创建事件的函数 CreateEvents。第 188 行创建消息邮箱 mbox01；第 189 行创建消息邮箱 mbox02；第 190 行创建消息邮箱 mbox03；第 191 行创建消息队列 q01，队列长度为 10。

(2) 修改 task07.c 和 task08.c 文件，如程序段 13-2 和程序段 13-3 所示。

程序段 13-2　文件 task07.c

```
1    //Filename: task07.c
2
3    #include "includes.h"
4
5    extern OS_EVENT  *mbox01;
6
7    void Task07(void *pdat)
8    {
9      StartTmr02();
10
11     while(1)
12     {
13       OSTimeDly(100);
14       OSMboxPost(mbox01,(void *)1);
15     }
16   }
```

文件 task07.c 中，第 5 行声明外部定义的事件 mbox01。第 9 行启动定时器 tm02。第 11～15 行为无限循环体，每延时 1s，向消息邮箱 mbox01 中释放哑元消息（void *)1。

程序段 13-3　文件 task08.c

```
1    //Filename:task08.c
2
3    #include "includes.h"
4
5    extern OS_EVENT  *mbox01;
6
7    void Task08(void *pdat)
8    {
9      Int08U err;
10     Int32U i = 0;
11     Int08U ch[20];
12
13     DrawString(300,40,(Int08U *)"Sem 01 Counter:0",20);
14     for(;;)
15     {
16       OSMboxPend(mbox01,0,&err);
17       i++;
18       Int2String(i,ch);
19       DrawString(300 + 15 * 8,40,ch,20);
20     }
21   }
```

对比程序段 12-4，这里仅第 5 行和第 16 行做了改动。第 5 行声明外部定义的事件 mbox01；第 16 行请求消息邮箱 mbox01，如果请求不成功，则一直等待；如果请求成功，则第 17～19 行显示计数变量 i 的值。

(3) 修改 uctmr.c 和 task09.c 文件,如程序段 13-4 和程序段 13-5 所示。

程序段 13-4　文件 uctmr.c

```
1    //Filename: uctmr.c
2
```

此处省略的第 3~27 行与程序段 11-17 的第 3~27 行相同。

```
28
29   extern OS_EVENT * mbox02;
30   void   Tmr02CBFun(void * ptmr, void * parg)
31   {
32     OSMboxPost(mbox02,(void * )2);
33   }
34
```

第 29 行声明外部定义的事件 mbox02;第 30~33 行为定时器 tm02 的回调函数,其中向消息邮箱 mbox02 释放哑元消息(void *)2(第 32 行)。

```
35   void   StartTmr02(void)
36   {
37     Int08U err;
38     OS_TMR * tm02;
39     tm02 = OSTmrCreate(10,10,OS_TMR_OPT_PERIODIC, Tmr02CBFun,(void * )0,
40                        (Int08U * )"Timer 02",&err);
41     OSTmrStart(tm02,&err);
42   }
```

第 35~42 行创建并启动定时器 tm02。

程序段 13-5　文件 task09.c

```
1    //Filename: task09.c
2
3    # include "includes.h"
4
5    extern OS_EVENT * mbox02;
6
7    void Task09(void * pdat)
8    {
9      Int08U err;
10     Int32U i = 0;
11     Int08U ch[20];
12
13     DrawString(300,60,(Int08U * )"Sem 02 Counter:0",20);
14     for(;;)
15     {
16       OSMboxPend(mbox02,0,&err);
17       i++;
18       Int2String(i,ch);
19       DrawString(300 + 15 * 8,60,ch,20);
20     }
21   }
```

对比程序段 12-8,这里仅第 5 行和第 16 行做了改动,其中,第 5 行声明外部定义的事件 mbox02;第 16 行请求消息邮箱 mbox02,如果请求不成功,则一直等待,如果请求成功,则执行第 17~19 行。

（4）修改 task02.c 和 task11.c 文件，如程序段 13-6 和程序段 13-7 所示。

程序段 13-6　文件 task02.c

```
1    //Filename: task02.c
2
3    #include "includes.h"
4
5    extern OS_EVENT *mbox03;
6    Int08U msgbx[20];
7
8    void Task02(void *pdat)
9    {
10     Int16U th;
11
12     SetPenColorEx(BLUE);
13     SetGroundColorEx(WHITE);
14
15     for(;;)
16     {
17         OSTimeDlyHMSM(0,0,2,0);
18         th = DHT11ReadData();
19         msgbx[0] = th >> 8;      //温度
20         msgbx[1] = th & 0xFF;    //湿度
21         OSMboxPost(mbox03,(void *)msgbx);
22     }
23   }
```

文件 task02 中，第 5 行声明外部定义的事件 mbox03；第 6 行定义全局数组变量 msgbx 存放消息。在无限循环体（第 15~22 行）内循环执行：延时 2s（第 17 行）；读温/湿度值，赋给局部变量 th（第 18 行）；将温度值赋给 msgbx[0]（第 19 行）；将湿度值赋给 msgbx[1]（第 20 行）；向消息邮箱 mbox03 释放消息 msgbx。

程序段 13-7　文件 task11.c

```
1    //Filename: task11.c
2
3    #include "includes.h"
4
5    extern OS_EVENT *mbox03;
6
7    void Task11(void *pdat)
8    {
9      Int08U err;
10     void *pmsg;
11     Int08U t,h;
12     Int08U t10,t01,h10,h01;
13
14     for(;;)
15     {
16         pmsg = OSMboxPend(mbox03,0,&err);
17         t = ((Int08U *)pmsg)[0];
18         t10 = t / 10;
19         t01 = t % 10;
20         h = ((Int08U *)pmsg)[1];
```

```
21          h10 = h / 10;
22          h01 = h % 10;
23
24          DrawHZ16X16(10,50,(Int08U *)"温度",2);
25          DrawChar(10 + 2 * 16,50,(Int08U)':');
26          DrawChar(10 + 2 * 16 + 8,50,(Int08U)(t10 + '0'));
27          DrawChar(10 + 40 + 8,50,(Int08U)(t01 + '0'));
28          DrawHZ16X16(10 + 48 + 8,50,(Int08U *)"摄",1);
29          DrawHZ16X16(10,70,(Int08U *)"湿度",2);
30          DrawChar(10 + 2 * 16,70,(Int08U)':');
31          DrawChar(10 + 2 * 16 + 8,70,(Int08U)(h10 + '0'));
32          DrawChar(10 + 40 + 8,70,(Int08U)(h01 + '0'));
33          DrawChar(10 + 48 + 8,70,(Int08U)'%');
34       }
35    }
```

文件 task11.c 中,第 5 行声明外部定义的事件 mbox03;第 10 行定义 void * 类型指针,用于指向请求到的消息。无限循环体(第 14~34 行)内,第 16 行请求消息邮箱 mbox03,如果请求不成功,则一直等待,如果请求成功,则 pmsg 指向请求到的消息;第 17 行从请求到的消息中提取温度值;第 18、19 行获得温度值的十位和个位;第 20 行从消息中提取湿度值;第 21、22 行获得湿度值的十位和个位;第 24~33 行在 LCD 屏上显示温度值和湿度值。根据程序段 13-6 第 18~21 行,可知消息为数组 msgbx,其第 0 个元素为温度值,第 1 个元素为湿度值。

由程序段 13-6 和 13-7 可知,通过消息邮箱,一个文件中的局部指针变量可以访问另一个文件中的全局变量,从而实现了任务间信息的传递。

(5) 修改文件 strfun.c 和 strfun.h,如程序段 13-8 和程序段 13-9 所示。

程序段 13-8　文件 strfun.c

```
1     //Filename: strfun.c
2
```

此处省略的第 3~66 行与程序段 11-14 中的第 3~66 行相同。

```
67
68    void   StrCpy(Int08U *dst,Int08U *src,Int08U n)
69    {
70       Int08U i = 0;
71       Int08U *s1,*s2;
72       s1 = src;
73       s2 = dst;
74       while((i < n) && ((*s1)!= '\0'))
75       {
76          i++;
77          *s2++ = *s1++;
78       }
79       *s2 = '\0';
80    }
```

第 68~80 行为字符串复制函数 StrCpy,将字符串 src 复制到 dst 中,复制的字符串长度小于或等于 n。

程序段 13-9　文件 strfun.h

```
1     //Filename: strfun.h
2
3     #include "vartypes.h"
4
5     #ifndef  _STRFUN_H
6     #define  _STRFUN_H
7
8     void Int2String(Int32U v,Int08U * str);
9     Int16U LengthOfString(Int08U * str);
10    void DispOSVersion(Int16U x,Int16U y);
11    void DispStk(Int16U x,Int16U y,Int08U prio);
12    void StrCpy(Int08U * dst,Int08U * src,Int08U n);
13
14    #endif
```

对比程序段 11-15，这里添加了第 12 行，即声明了字符串复制函数 StrCpy。

(6) 修改文件 exti.c 和 task10.c，如程序段 13-10 和程序段 13-11 所示。

程序段 13-10　文件 exti.c

```
1     //Filename: exti.c
2
```

此处省略的第 3~25 行与程序段 5-15 的第 3~25 行相同。

```
26
27    extern OS_EVENT * q01;
28    Int08U  msgq[2][20];
29    void EXTI2_IRQHandler()
30    {
31      OSIntEnter();
32      StrCpy(msgq[1],(Int08U * )"Key 2",10);
33      OSQPost(q01,(void * )&msgq[1][0]); //DrawString(400,10,(Int08U * )"Key 2",10);
34      EXTI_ClearFlag(EXTI_Line2);
35      NVIC_ClearPendingIRQ(EXTI2_IRQn);
36      OSIntExit();
37    }
38
```

第 27 行声明外部定义的事件 q01；第 28 行定义二维数组 msgq，存储消息队列中的消息。在按键 2 的中断服务函数（第 29~37 行）中，第 32 行将字符串"Key 2"复制到数组 msgq[1]中；第 33 行将 msgq[1]作为消息释放到消息队列 q01 中。

```
39    void EXTI3_IRQHandler()
40    {
41      OSIntEnter();
42      StrCpy(msgq[0],(Int08U * )"Key 1",10);
43      OSQPost(q01,(void * )&msgq[0][0]);  //DrawString(400,10,(Int08U * )"Key 1",10);
44      EXTI_ClearFlag(EXTI_Line3);
45      NVIC_ClearPendingIRQ(EXTI3_IRQn);
46      OSIntExit();
47    }
48
```

在按键 1 的中断服务函数(第 39～47 行)中,第 42 行将字符串"Key 1"复制到数组 msgq[0]中;第 43 行将 msgq[0]作为消息释放到消息队列 q01 中。

```
49    void EXTI4_IRQHandler()
50    {
51      OSIntEnter();
52      BEEP();
53      EXTI_ClearFlag(EXTI_Line4);
54      //NVIC_ClearIRQChannelPendingBit(EXIT4_IRQChannel);
55      NVIC_ClearPendingIRQ(EXTI4_IRQn);
56      OSIntExit();
57    }
```

第 49～57 行为按键 3 的中断服务函数。

程序段 13-11　文件 task10.c

```
1     //Filename: task10.c
2
3     #include "includes.h"
4
5     extern OS_EVENT * q01;
6
7     void Task10(void * pdat)
8     {
9       Int08U err;
10      void * pmsg;
11
12      for(;;)
13      {
14        pmsg = OSQPend(q01,0,&err);
15        DrawString(400,10,(Int08U *)pmsg,10);
16      }
17    }
```

在文件 task10.c 中,第 5 行声明外部定义的事件 q01;第 10 行定义局部指针变量 pmsg,用于指向接收到的消息。在无限循环体(第 12～16 行)内,第 14 行请求消息队列,如果请求不成功,则一直等待,如果请求到消息,则第 15 行在 LCD 屏上显示该消息。

从程序段 13-10 和程序段 13-11 可知,字符串信息可以由一个文件(这里是中断服务程序)的全局变量传递给另一个文件(这里是用户任务)的局部变量。

工程 27 与工程 26 的执行结果完全相同,其执行结果也如图 12-4 所示,其执行流程如图 13-3 所示。

由图 13-3 可知,消息邮箱 mbox01 用作任务 Task08 与 Task07 同步,消息邮箱 mbox02 用作用户任务 Task09 与定时器 tm02 同步。因此,消息邮箱 mbox01 和 mbox02 都使用哑元消息,消息本身没价值,只有请求到消息这件事是有价值的。消息邮箱 mbox03 用作用户任务 Task02 向 Task11 传递温度值和湿度值,因此,消息本身是有价值的,用户任务 Task11 接收到消息后,将从消息中提取温度值和湿度值。工程 27 中给出了一个消息队列,该队列长度为 10,但是只有 2 个消息源,其一为按键 1 对应的消息"Key 1",其二为按键 2 对应的消息"Key 2"。当某个按键被按下后,其对应的消息将被释放到消息队列 q01 中,在用户任务 Task10 中请求该消息队列,并将接收到的消息显示在 LCD 屏上。

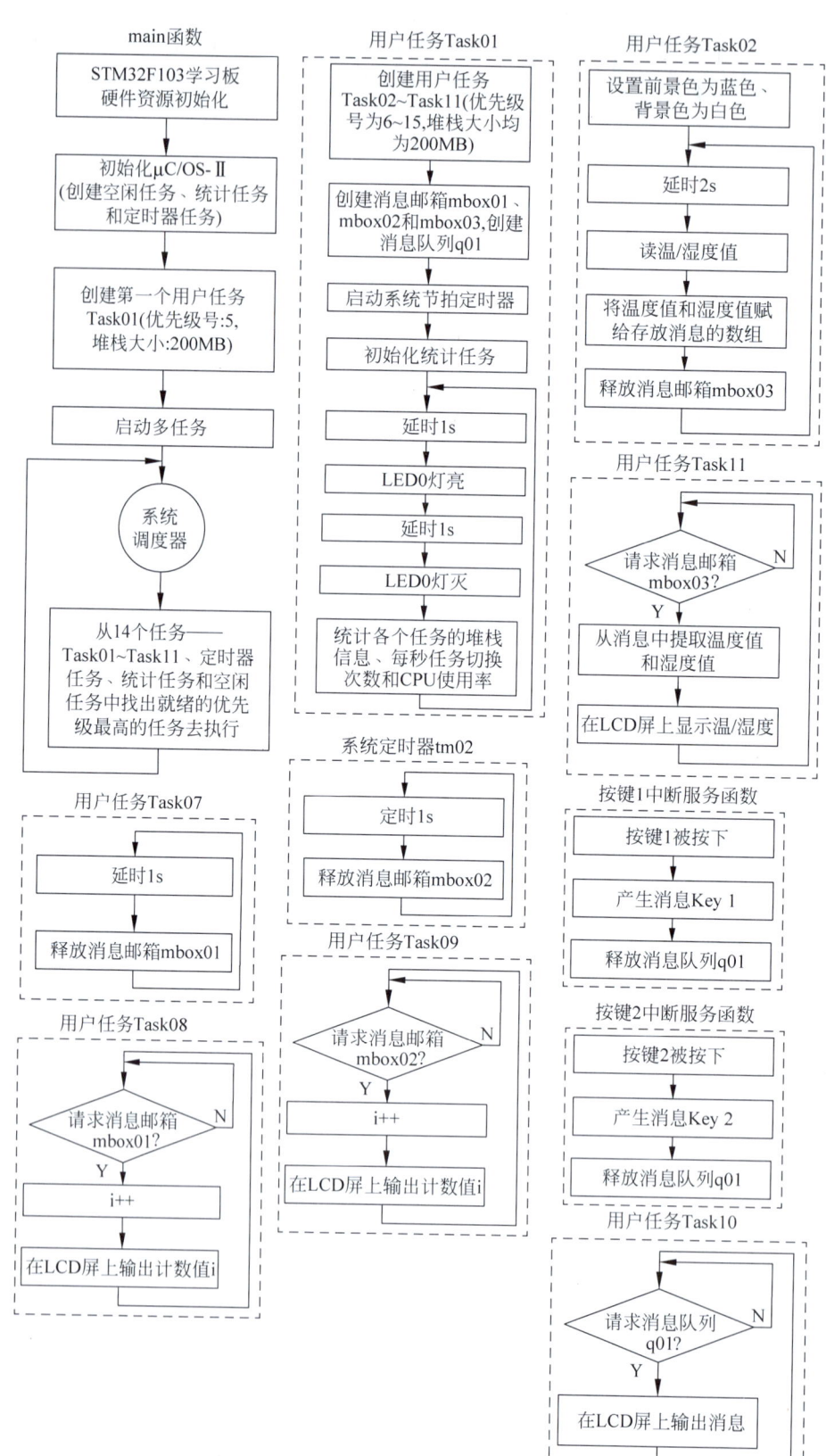

图 13-3 工程 27 执行流程

13.4　本章小结

本章介绍了消息邮箱和消息队列的概念和用法,消息队列是 μC/OS-Ⅱ 中最难理解的组件,也是功能最强大的组件。消息邮箱只是消息队列的特例,是队列长度为 1 时的消息队列。消息邮箱和消息队列均可以用作任务间同步,可以替代信号量的功能,同时,还能进行任务间的通信或者实现中断服务程序向用户任务传递信息。一定程度上可以说,掌握了消息队列,就掌握了 μC/OS-Ⅱ 嵌入式实时操作系统的应用技术。由于消息邮箱可视为长度为 1 的消息队列,因此,在 μC/OS-Ⅲ 系统中,只有消息队列,而没有消息邮箱组件。

习题

1. 结合表 13-1 说明与消息邮箱相关的系统函数有哪些,并说明各自的含义和用法。
2. 结合表 13-2 说明与消息队列相关的系统函数有哪些,并说明各自的含义和用法。
3. 结合图 13-1 和图 13-2 阐述消息邮箱和消息队列的工作原理及其异同点。
4. 编写工程创建一个消息邮箱,实现 LCD 屏显示按键信息。
5. 编写工程创建一个消息队列,用按键模拟行路,在 LCD 屏上实现计步器的界面和功能(提示:可参考安卓系统中的"计步软件"主界面)。

参 考 文 献

[1] 刘军,张洋,严汉宇.例说 STM32[M].北京:北京航空航天大学出版社,2014.
[2] 刘军,张洋,严汉宇.原子教你玩 STM32(寄存器版)[M].北京:北京航空航天大学出版社,2013.
[3] 张洋,刘军,严汉宇.原子教你玩 STM32(库函数版)[M].北京:北京航空航天大学出版社,2013.
[4] 张勇.ARM 原理与 C 程序设计[M].西安:西安电子科技大学出版社,2009.
[5] 张勇,方勋,蔡凯,等.μC/OS-Ⅱ原理与 ARM 应用程序设计[M].西安:西安电子科技大学出版社,2010.
[6] 张勇.嵌入式操作系统原理与面向任务程序设计[M].西安:西安电子科技大学出版社,2010.
[7] Labrosse J J. MicroC/OS-Ⅱ the Real-Time Kernel, Second Edition[M]. San Francisco: CMP Books, 2002.
[8] 张勇,夏家莉,陈滨,等.嵌入式实时操作系统 μC/OS-Ⅲ应用技术[M].北京:北京航空航天大学出版社,2013.
[9] 张勇,吴文华,贾晓天.ARM Cortex-M0 LPC1115 开发实战[M].北京:北京航空航天大学出版社,2014.
[10] 张勇.ARM Cortex-M3 嵌入式开发与实践[M].北京:清华大学出版社,2015.
[11] 张勇.ARM Cortex-M0+嵌入式开发与实践[M].北京:清华大学出版社,2014.
[12] 张勇,陈爱国,唐颖军.ARM Cortex-M0+嵌入式微控制器原理与应用——基于 LPC84X、IAR EWARM 与 μC/OS-Ⅲ操作系统[M].北京:清华大学出版社,2020.